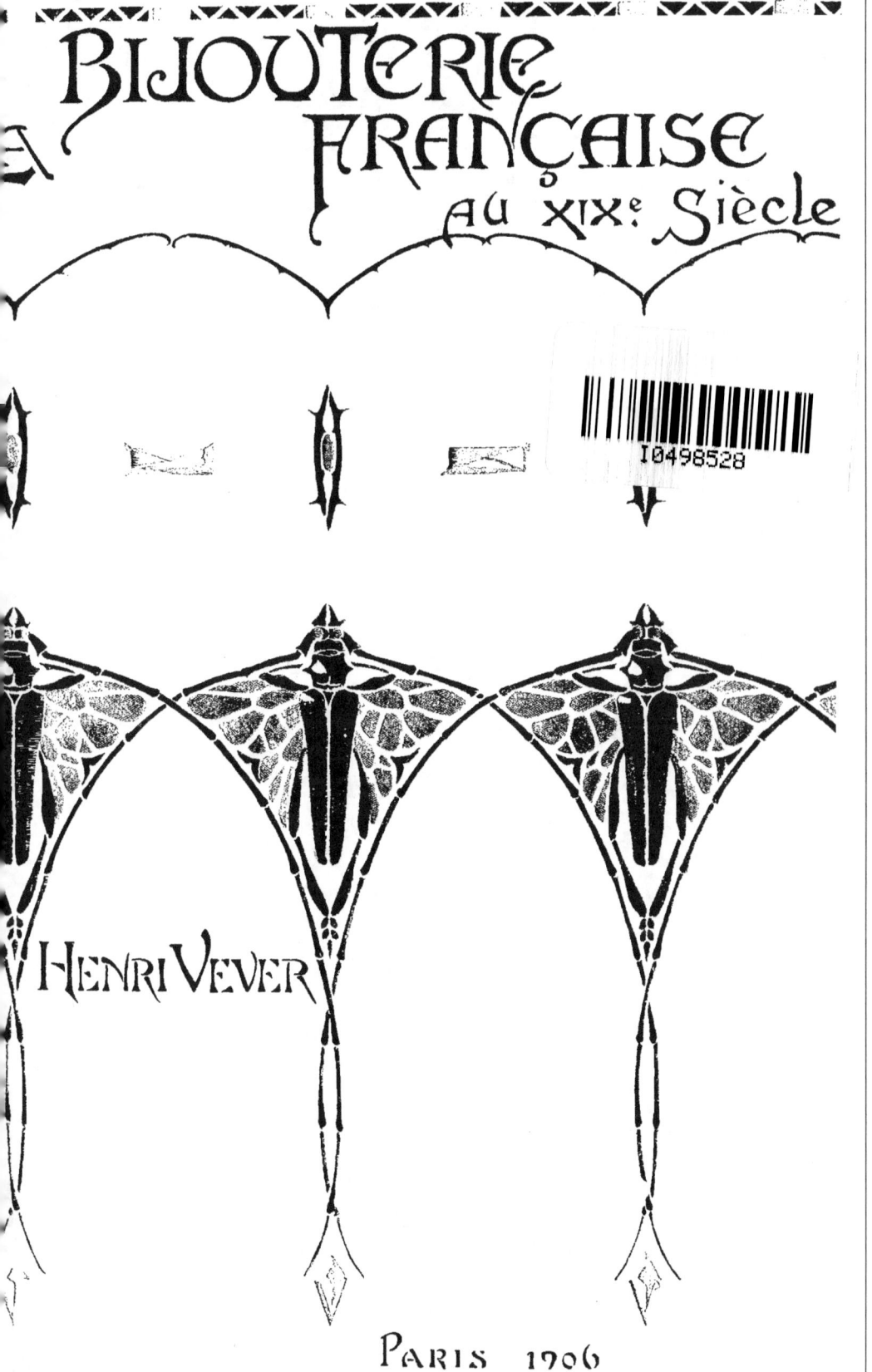

LA BIJOUTERIE FRANÇAISE AU XIXᵉ Siècle

HENRI VEVER

PARIS 1906

A monsieur Eug. Le Senne
bien sympathique hommage

H. Vever

LA
BIJOUTERIE FRANÇAISE
AU XIXe SIÈCLE

(1800-1900)

IL A ÉTÉ TIRÉ DE CET OUVRAGE

MILLE EXEMPLAIRES NUMÉROTÉS DE 1 A 1000

EXEMPLAIRE N° 146

IMPRIMÉ POUR

M. Eugène LE SENNE

LA

BIJOUTERIE FRANÇAISE

AU XIXᵉ SIÈCLE

(1800-1900)

PAR

HENRI VEVER

BIJOUTIER-JOAILLIER

I

Consulat — Empire — Restauration — Louis-Philippe

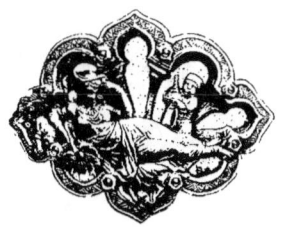

PARIS

H. FLOURY, LIBRAIRE-ÉDITEUR

1, BOULEVARD DES CAPUCINES, 1

—

1906

Tous droits de traduction et de reproduction réservés.

LA
BIJOUTERIE FRANÇAISE
AU XIXe SIÈCLE

(1800-1900)

ÉCRIRE l'histoire du bijou en France pendant le XIXe siècle serait une entreprise considérable, qui demanderait beaucoup de recherches et de temps pour être menée à bonne fin. Nous laissons à de plus vaillants le soin de la tenter, et de traiter avec tout le développement qu'il mérite un sujet aussi intéressant.

Notre but est plus modeste : nous essaierons seulement de montrer, dans ses grandes lignes, l'évolution du bijou pendant cette période, nous efforçant de le faire simplement, mais avec exactitude et sincérité. Nous laisserons de côté, autant que possible, l'orfèvrerie proprement dite, c'est-à-dire les services de table, l'argenterie, les pièces d'art, et en général tous les objets qui ne concourent pas à la parure personnelle et qui se rattachent plutôt au mobilier qu'au vêtement. Si cependant quelques noms d'orfèvres figurent dans cette étude, c'est parce que, d'une part, les limites qui séparent l'orfèvrerie, la bijouterie et la joaillerie, sont parfois difficiles à établir, et aussi parce que certains orfèvres se sont également distingués dans ces différentes branches de notre industrie et ont contribué à leur évolution et à leur progrès.

Nous avons puisé, pour ce travail, aux sources les plus autorisées et les plus impartiales. Pour ce qui concerne le

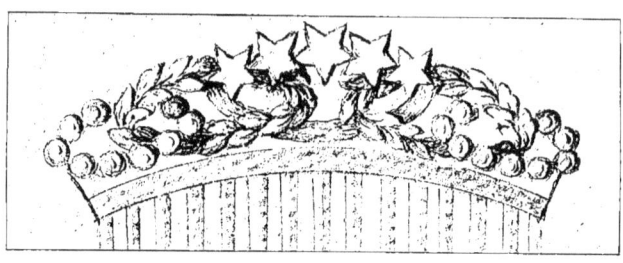

PEIGNE, D'APRÈS UN DESSIN ORIGINAL DE LA MAISON BAPST (VERS 1800).
(Archives de la maison Bapst et Falize.)

premier tiers du siècle, — on pourrait presque dire la première moitié, — nous avons utilisé principalement les ouvrages du Comte de Laborde, du Duc de Luynes, les rapports officiels sur les différentes Expositions, les articles de journaux, etc. Nous avons aussi recouru, dans une large mesure, à la tradition orale, recueillant de la bouche des fils les récits qu'eux-mêmes avaient entendu faire par leurs pères. Malheureusement, au point de vue graphique, les

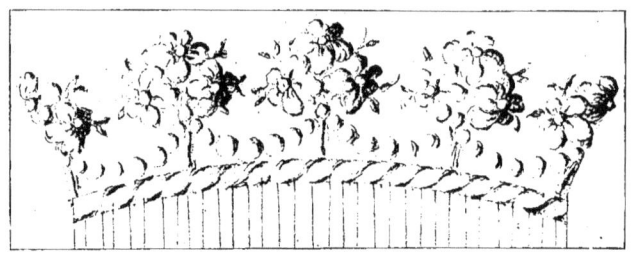

PEIGNE, D'APRÈS UN DESSIN ORIGINAL DE LA MAISON BAPST (VERS 1800).
(Archives de la maison Bapst et Falize.)

documents authentiques relatifs à cette époque font pour ainsi dire défaut; presque tous les bijoux importants ont été dispersés, fondus ou brisés, en raison des bouleversements politiques et du changement inévitable de la mode. Les dia-

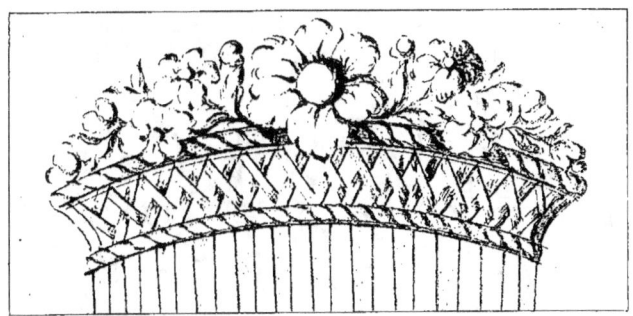

PEIGNE, D'APRÈS UN DESSIN ORIGINAL DE LA MAISON BAPST (VERS 1800).
(Archives de la maison Bapst et Falize.)

mants de la Couronne eux-mêmes n'ont pas échappé à cette loi commune : presque tous ont été remontés plusieurs fois, notamment lors du couronnement des différents souverains qui se sont succédé sur le trône de France ; de sorte qu'aucun des nombreux joyaux commandés par Napoléon pour son Sacre ou pour son mariage avec Marie-Louise n'a été con-

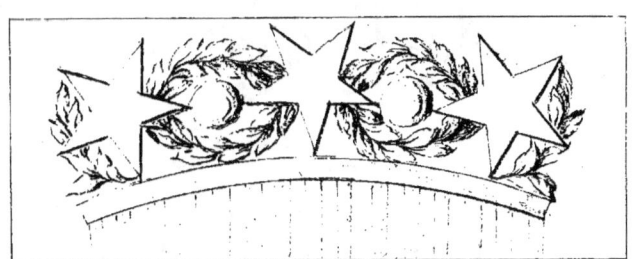

PEIGNE, D'APRÈS UN DESSIN ORIGINAL DE LA MAISON BAPST (VERS 1800).
(Archives de la maison Bapst et Falize.)

servé jusqu'à nos jours. Les plus anciens ne remontent pas au delà du règne de Louis XVIII. Quant aux bijoux plus modestes que portait la bourgeoisie pendant le premier Empire et la Restauration, ils sont aujourd'hui assez rares, et ceux qui sont parvenus jusqu'à nous intacts et sans avoir subi de modifications ne se rencontrent que difficilement. D'autre part, presque tous les dessins d'atelier ont disparu. Il

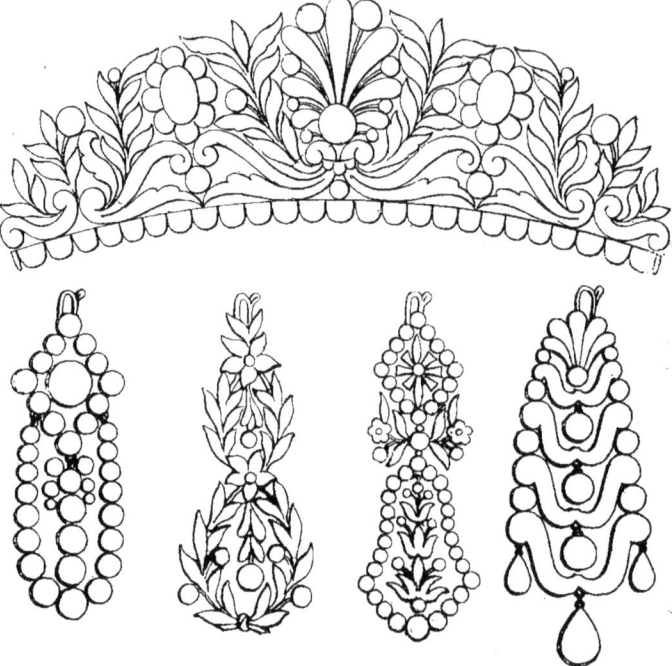

DIADÈME ET PENDANTS D'OREILLES JOAILLERIE (PREMIER EMPIRE).
(Grandeur d'exécution.)

est aussi très regrettable que l'Administration de la Garantie ait cru devoir détruire les plaques de cuivre sur lesquelles étaient réglementairement apposés les poinçons des maîtres, et qui, dans bien des cas, auraient été d'un si grand secours pour connaître exactement le fabricant de chaque bijou. La première moitié du siècle est donc une période des plus ingrates à faire revivre par l'image. Nous suppléerons dans la mesure du possible à cette insuffisance de documents directs, en nous adressant aux gravures et aux tableaux que

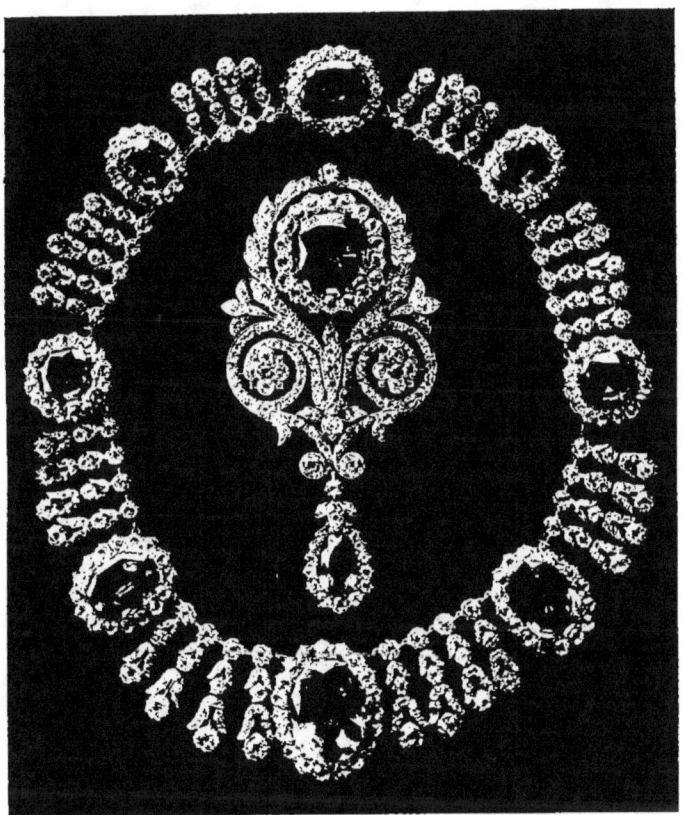

PARURE SAPHIRS ET DIAMANTS DE LA REINE MARIE-ANTOINETTE,
léguée par la reine Marie-Amélie à sa petite-fille, Mme la Comtesse de Paris.
(Appartenant actuellement à Mme la Duchesse d'Orléans.)

nous ont laissés les artistes contemporains des époques que nous examinerons.

Pour la seconde moitié du siècle, nous avons été principalement renseignés, et fort aimablement d'ailleurs, par ceux de nos confrères qui ont le plus contribué aux progrès réalisés à ce moment, et c'est précisément parce qu'il nous

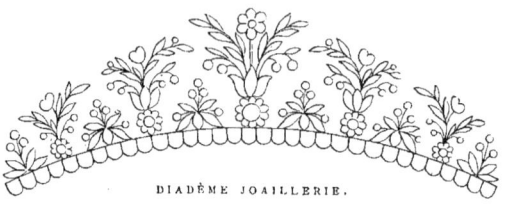

DIADÈME JOAILLERIE.

a semblé qu'il y avait un grand intérêt — pendant qu'il en était temps encore — à recueillir, de la bouche même de

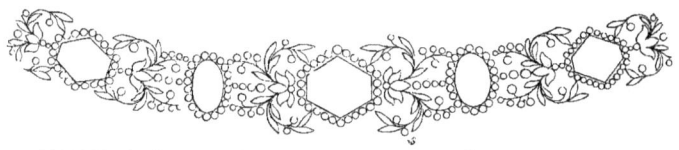

COLLIER AVEC PLAQUES POUR CORNALINES, CAMÉES OU MINIATURES.

ces témoins authentiques du Passé, le récit de ce qu'ils ont fait eux-mêmes ou de ce qu'ils ont vu, que l'idée nous est venue d'entreprendre ce travail sans prétention, histoire sommaire du bijou aux époques les plus rapprochées de nous, laissant à d'autres le soin de le compléter.

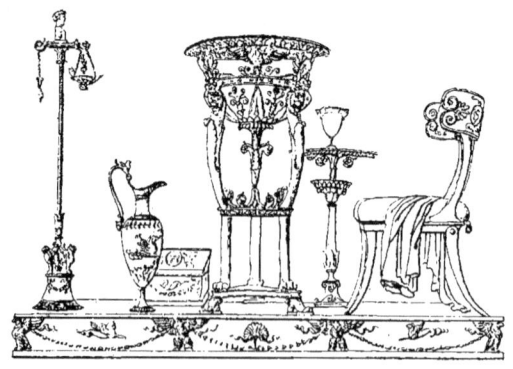

COMPOSITION DE PERCIER ET FONTAINE.

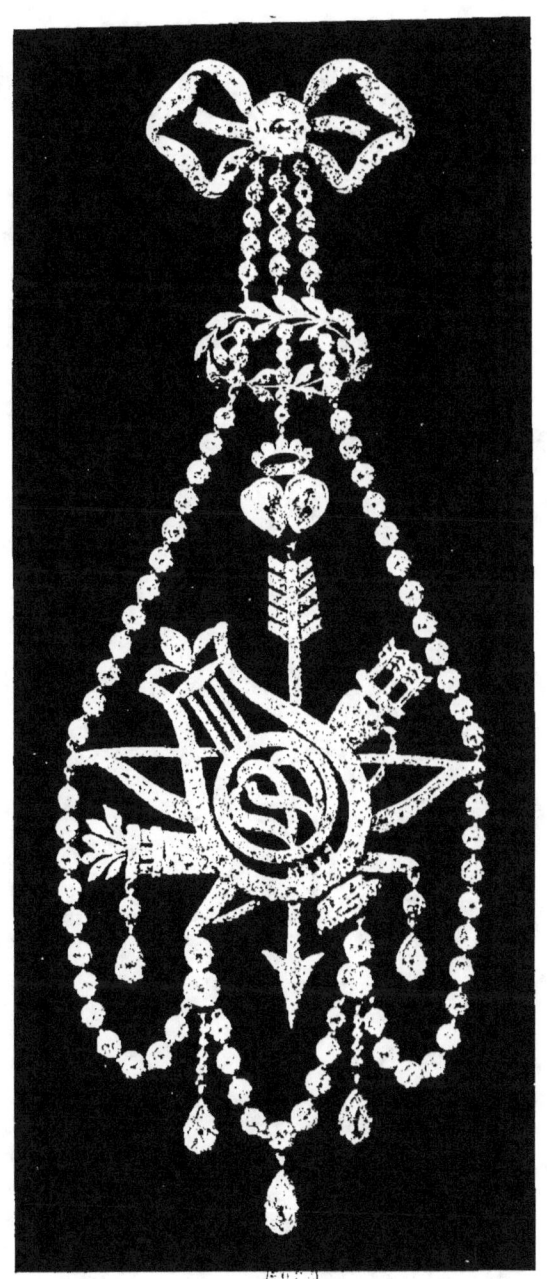

SPÉCIMEN DE JOAILLERIE A PLAT DE LA FIN DU XVIIIe SIÈCLE
par Bapst (Grandeur d'exécution.)

LE CONSULAT ET L'EMPIRE

Pour bien se rendre compte de l'évolution de la Bijouterie et de l'Orfèvrerie pendant le xix siècle, il est nécessaire de remonter un peu plus haut et d'examiner dans quel état la grande tourmente révolutionnaire avait laissé ces industries de luxe. Nous le ferons en toute impartialité et sans aucune préoccupation politique.

Le vent de liberté qui devait bientôt souffler en tempête, à la fin du xviii siècle, avait balayé les Corporations. Les Maîtrises, déjà supprimées en 1776 sur l'initiative de Turgot, puis rétablies peu de temps après, à la suite des réclamations très pressantes des orfèvres, furent définitivement abolies le 17 mars 1791 par la Constituante qui établit en même temps le droit de patente.

PROJET D'ÉPÉE POUR LE PREMIER CONSUL
COMPRENANT
« LE RÉGENT » SUR LA GARDE.

Et cependant, malgré l'esprit de monopole qu'on peut leur reprocher, et malgré des abus regrettables, on ne saurait méconnaître les avantages considérables que présentaient les anciennes Corporations, véritables conservatoires professionnels, puisque leurs règlements avaient, entre autres buts, celui d'empêcher les incapables d'être patrons avant d'avoir acquis les connaissances nécessaires. L'obligation absolue d'exécuter un travail difficile, que l'on appelait « chef-d'œuvre », était une épreuve très sérieuse imposée à celui qui aspirait à la Maîtrise. Les anciens textes le disent formellement : « Seront les Fils de Maîtres, aussi bien que les Apprentifs, également tenus de faire ledit Chef-d'œuvre pour parvenir à la Maîtrise; sans qu'ils en puissent être dispensés sur quelque prétexte que ce soit, à peine de nullité dans leurs Réceptions[1]. » Et ailleurs : « Cette Expérience est une *Épreuve* nécessaire pour juger de la *Suffisance* des Sujets qui aspirent à la Maîtrise dans notre corps. » Il est incontestable que ces règles étaient instituées pour établir des garanties empêchant la décadence du métier. Cette suppression des Maîtrises fut un coup terrible porté à nos industries, qui mirent près de cent ans à s'en remettre. En étudier en détail les conséquences nous entraînerait hors des limites du programme restreint que nous nous sommes tracé. Cependant, nous devons constater que cette liberté, accordée par la Révolution à tous et sans contrôle, quoique très séduisante au premier abord, fut en réalité désastreuse pour notre Corporation.

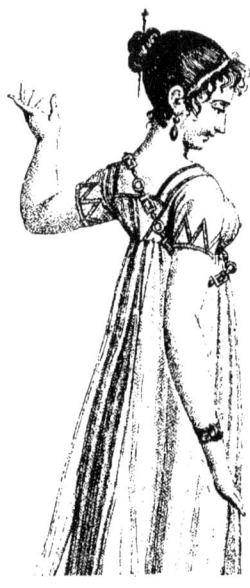

CITOYENNE DE L'AN VIII
avec une chaîne à gros maillons portée *en sautoir* sur l'épaule, bracelet, boucle d'oreille et épingle à cheveux.

Ainsi que l'a si bien dit notre regretté confrère Lucien Falize, dans son très remarquable rapport sur l'Exposition

---

1. *Statuts et Privilèges du Corps des Marchands-Orfèvres-Joyailliers de la ville de Paris,* par Pierre Le Roy, ancien garde de l'Orfèvrerie-Joyaillerie de Paris. De l'imprimerie de Paulus-du-Mesnil, imprimeur-libraire, rue Sainte-Croix en la Cité. 1734.

LE CONSULAT ET L'EMPIRE

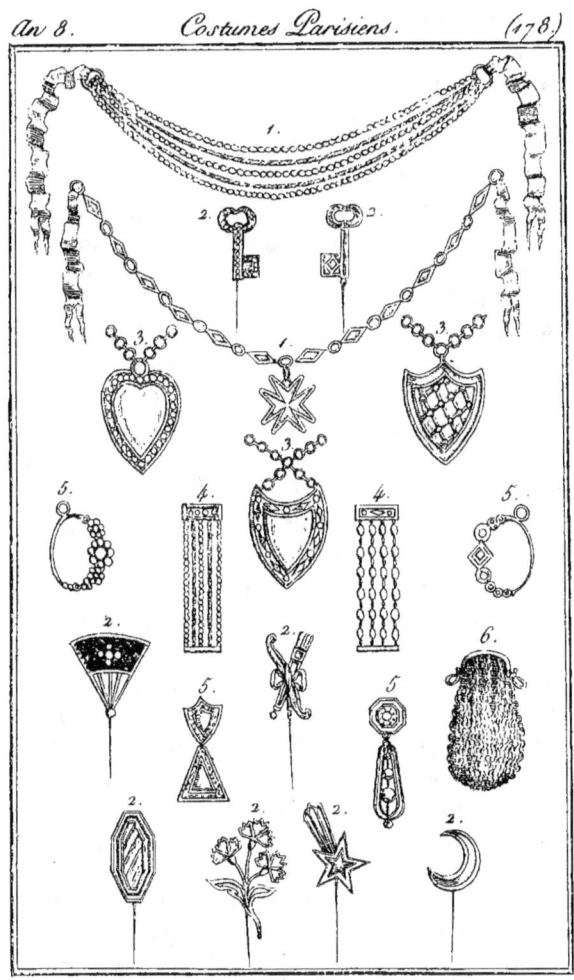

1. Colliers. 2. Épingles. 3. Médaillons. 4. Brasselets. 5. Boucles d'Oreilles. 6. Bourse à Monnaie.

de 1889 : « Entre tous les métiers de luxe, celui de l'orfèvre est celui qui eut le plus à souffrir. La liberté qu'on lui avait promise, on la lui reprenait même en partie, car la loi du 19 brumaire an VI (9 novembre 1797) remettait l'orfèvrerie en tutelle, lui imposait une règle plus étroite, une surveillance plus jalouse qu'autrefois. Ce n'était plus à ses experts-jurés qu'on confiait la surveillance des titres, la garde et l'apposition des poinçons : l'État se faisait le maître et le gardien de la marque, frappait un impôt et soumettait l'orfèvre à une réglementation jalouse, à des visites domiciliaires dont les formes vexatoires sont encore en vigueur. »

Nous sommes donc obligé de constater que l'œuvre de la grande Révolution, qui a tant de progrès à son actif, ne fut pas également féconde sur tous les points, et qu'en particulier pour nos industries[1], au lieu de l'affranchissement rêvé, elle apporta un bouleversement complet qui nécessita un recommencement total. Cette reconstitution laborieuse absorba le meilleur des efforts des orfèvres et des bijoutiers pendant de longues années. Le Comte de Laborde, plus rapproché que nous de cette période critique, nous en a laissé un tableau sombre et malheureusement exact, en ce qui concerne principalement les industries d'art, lorsqu'il écrivait : « Comme la faux de la mort qui passe, aux jours des grandes épidémies, sur une population consternée, la Révolution renversa tout sur son passage, les institutions du pays et les associations de l'industrie; elle effaça les souvenirs historiques en dévastant les églises, ces musées du peuple, et les monuments, ces modèles de l'art, en saccageant les archives de l'État et des familles, les bibliothèques publiques et particulières ; elle rompit toutes les traditions, celles des élèves en fermant les écoles, celles des maîtres en supprimant les académies, celles des ouvriers en fermant les manufactures royales, en désorganisant la famille industrielle, et, pour comble de dérision, elle proclama l'indépendance de l'art et de l'indus-

---

1. Il s'en fallut alors de bien peu que les Gobelins ne fussent supprimés complètement. En tous cas, les orfèvres qui, depuis Louis XIV, y étaient logés et y avaient des ateliers, furent congédiés pour n'y plus jamais revenir. C'est depuis ce moment que la Manufacture est exclusivement réservée à la fabrication des tapisseries

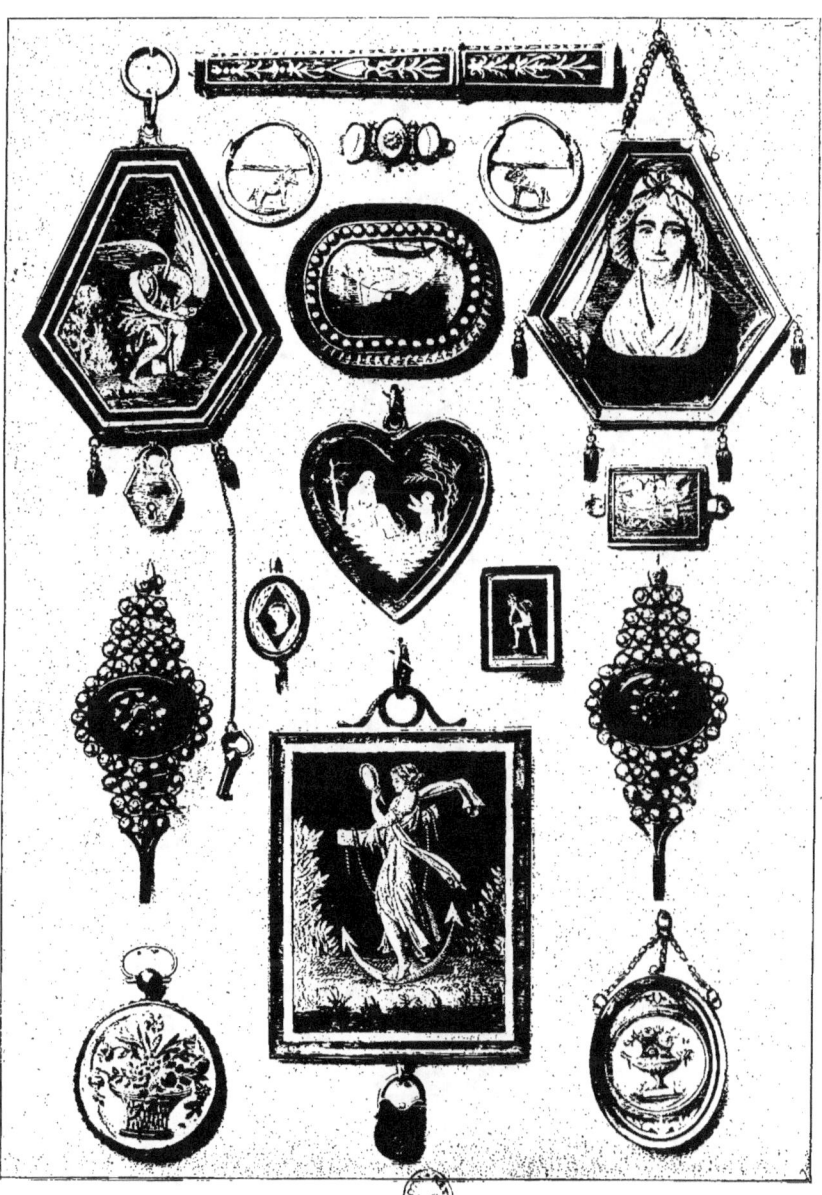

BIJOUX DE L'ÉPOQUE DU CONSULAT.
(Pendants de cou à cadenas, avec sujets en verre églomisé; boucles d'oreilles, médaillons, etc.)

trie, qui n'étaient pas esclaves, au moment même où elle

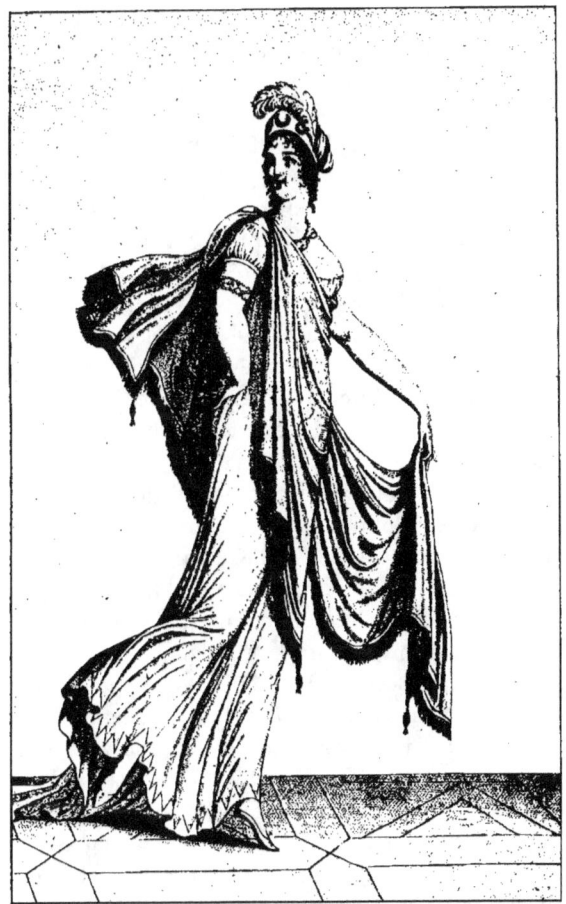

COSTUME DE BAL, VERS 1800.
Diadème en or avec croissants, collier, bracelets au-dessus du coude.

anéantissait, par l'échafaud et par l'exil, la société distinguée qui en avait été la généreuse et intelligente protectrice. »

Et, plus loin, il ajoute : « Les artistes font dès lors défaut à l'industrie. Avec la suppression des Corporations, avait disparu ce fond d'anciennes familles industrielles, dans lesquelles se trouvaient les artistes de chaque spécialité. Désormais, un jeune homme, né dans un métier, a-t-il quelque disposition, il se croit du talent et quitte son industrie; il la dédaigne pour transporter ses espérances et ses travaux dans une zone qu'il croit plus élevée. L'industrie est livrée à des praticiens sans initiative, sans idées, et si elle demande des modèles aux artistes, ils les lui donnent, mais sans avoir la conscience de la destination des objets et des procédés employés à leur fabrication. Le créateur est d'un côté, le metteur en œuvre de l'autre, et il s'élève des réclamations également justes des deux parts : les artistes sont mécontents de voir leurs modèles mal exécutés, les fabricants ou leurs ouvriers déclarent ces modèles inexécutables. Cette absence d'entente produisit une scission déplorable et un dédain réciproque. »

Ainsi disparut l'unité de pensée et de direction, qui assurait la perfection de la main-d'œuvre et l'harmonie parfaite entre la composition et l'exécution. En supprimant les obligations réciproques imposées au maître et à l'apprenti, on priva ce dernier de l'école incomparable qu'était l'atelier d'alors, où se transmettaient et s'enseignaient toutes les traditions et tous les secrets du métier, où chacun devenait apte à tout faire, sans avoir besoin de recourir à des spécialistes. La division du travail, qui s'est établie vers le milieu du XIXe siècle, fut sans doute favorable à la rapidité et au bon marché de la production, mais elle fut regrettable, non seulement au point de vue artistique, mais encore parce qu'elle amoindrit nécessairement l'amour du métier devenu moins intéressant, et qu'elle compromit, nous le répétons, le sentiment d'unité qui doit régner dans toutes les parties d'une œuvre.

Mais aussi bien que les conditions de la production, celles de la consommation furent complètement bouleversées. Il est facile de concevoir que la période révolu-

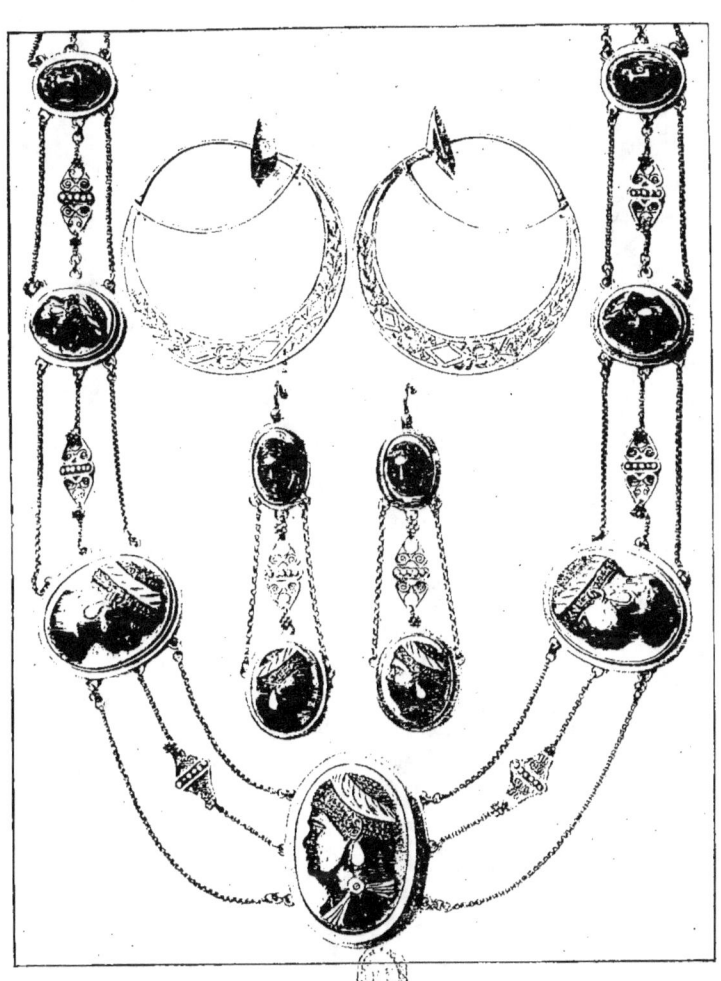

COLLIER ET PENDANTS D'OREILLES, CAMÉES TÊTES DE NÈGRES,
GRANDS ANNEAUX D'OREILLES.
(ÉPOQUE DU CONSULAT).

tionnaire fut loin de la favoriser, et qu'en particulier la Terreur de 1793, en faisant disparaître à la fois bijoux et clients, laissa les joailliers sans travail comme sans ressources. Non seulement les nobles, mais tous ceux qui possédaient, étant devenus suspects, avaient dû se cacher ou se réfugier à l'étranger. En émigrant, ils avaient emporté leurs objets les plus précieux et souvent avaient été réduits à les vendre pour vivre.

La guillotine abattait les têtes qu'avaient autrefois parées les aigrettes et les diadèmes, sans parler des couronnes ! Toute marque extérieure de richesse, même de modestes boucles d'argent aux souliers, était un signe accusateur d'aristocratie et presque un arrêt de mort. Aussi, les seuls bijoux qu'on osât porter à cette époque étaient-ils ceux qui pouvaient servir d'attestation de civisme : les boucles d'oreilles, représentant des faisceaux de licteurs, des triangles, des bonnets phrygiens ; les objets

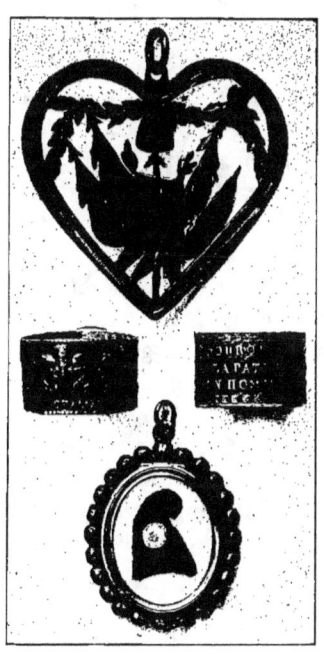

BIJOUX RÉVOLUTIONNAIRES.

fabriqués avec des pierres de la Bastille ; les emblèmes égalitaires de toute sorte, voire même de petites guillotines. Le tout était fabriqué en or à dix ou douze carats, et ce métal de mauvais aloi était encore d'un titre trop élevé pour les assignats qu'on était obligé d'accepter en paiement.

Après cette époque épouvantable, un besoin de détente se fit naturellement sentir, et, avec la sécurité, le luxe commença à renaître. Sans doute, sous le Directoire, la mode fut d'abord incertaine et les ateliers s'étant rouverts sous la direction des anciens maîtres, le style des premiers ouvrages fabriqués alors fut naturellement celui des dernières années de la Monarchie disparue. Ce style avait pris naissance antérieurement, sous l'inspiration de Mme de Pompadour, pour réagir contre l'abus du genre rocaille mis à la mode par un élève de J.-H. Mansart, Oppenord, « qui avait pris dans l'atelier d'ébénisterie de son père de mauvaises habitudes d'ornemaniste » et qui fut un des premiers à fausser le goût, car, malheureusement, il fit école. Cette lassitude du public éclairé pour cette ornementation tourmentée avait presque coïncidé avec le très important mouvement littéraire et archéologique que provoqua, dans le monde civilisé tout entier, la découverte cherchée de Pompéi en 1755, succédant à celle fortuite d'Herculanum en 1713 ; on était assoiffé de nouveau et de naturel et l'engouement fut très vif. Les adversaires du genre rocaille s'étaient donc trouvés naturellement conduits à se tourner vers l'art antique, qu'ils cherchèrent à épurer et à imiter sans bien le connaître encore. On ressuscita le grec et le romain, en visant à une simplicité que l'on croyait classique et de bon goût, et qui fut charmante, en effet, tant qu'elle resta dans de sages limites. Après avoir heureusement transformé la décoration architecturale, le mobilier, l'illustration du livre, etc., la mode nouvelle s'étendit au vêtement [1].

Le Directoire ne fit qu'accentuer encore, et cette fois jusqu'à l'exagération, ce retour à l'Antiquité, et l'on vit alors des merveilleuses, des nymphes, des déesses et d'autres élégantes, vêtues de légers peplums à la romaine, portant trois bracelets à chaque bras : l'un près de l'épaule, l'autre au-dessus du coude, et le troisième au poignet. Des

---

[1]. « Déjà, en 1791, lors de la translation des cendres de Voltaire au Panthéon, le cortège était tout à l'antique, et, dans les rues de Paris, circulèrent les costumes de la vieille Rome, avec la réserve imposée par l'ordre établi, mais avec un succès qui n'attendait, pour donner l'essor aux réformes les plus radicales, que la rupture de toutes les barrières et l'abandon des traditions. » (Rapport du Comte de Laborde sur l'Exposition de 1851.)

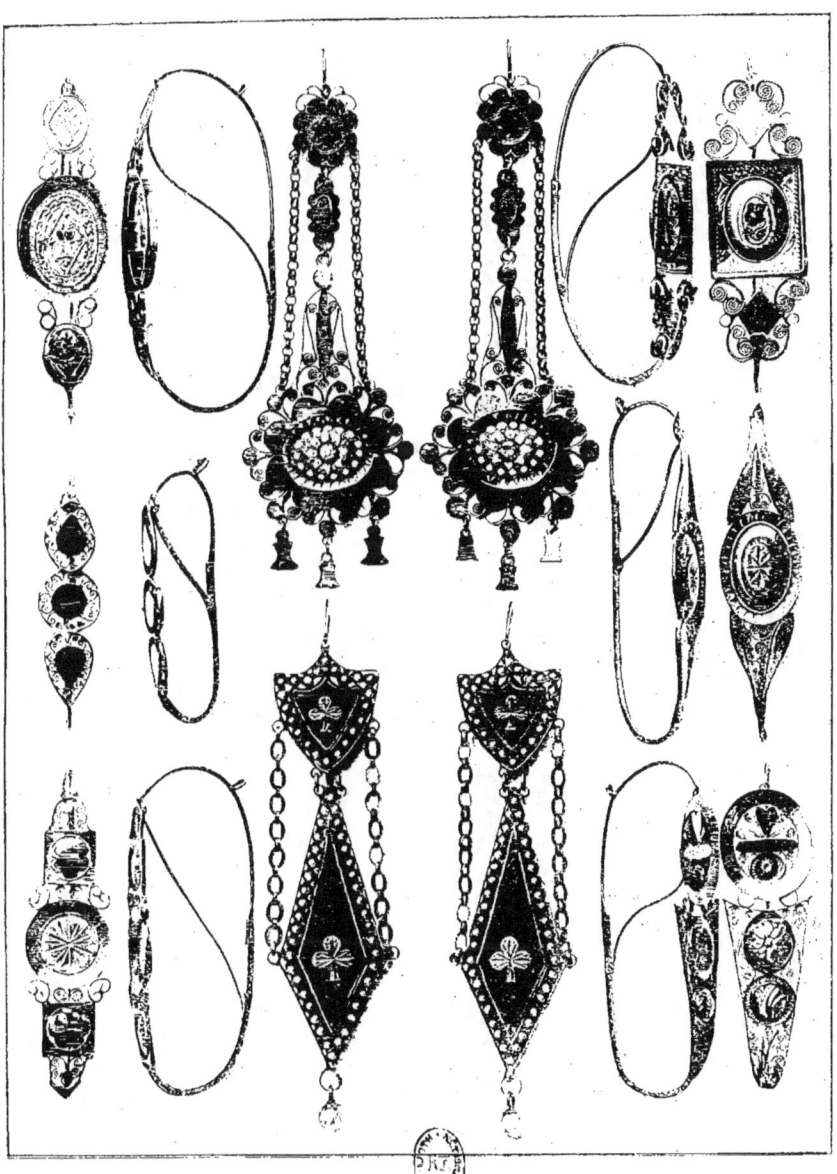

BOUCLES D'OREILLES DITES « POISSARDES ».
(Face et profil, grandeur d'exécution.)

bagues aux deux mains, à tous les doigts, même aux pouces,

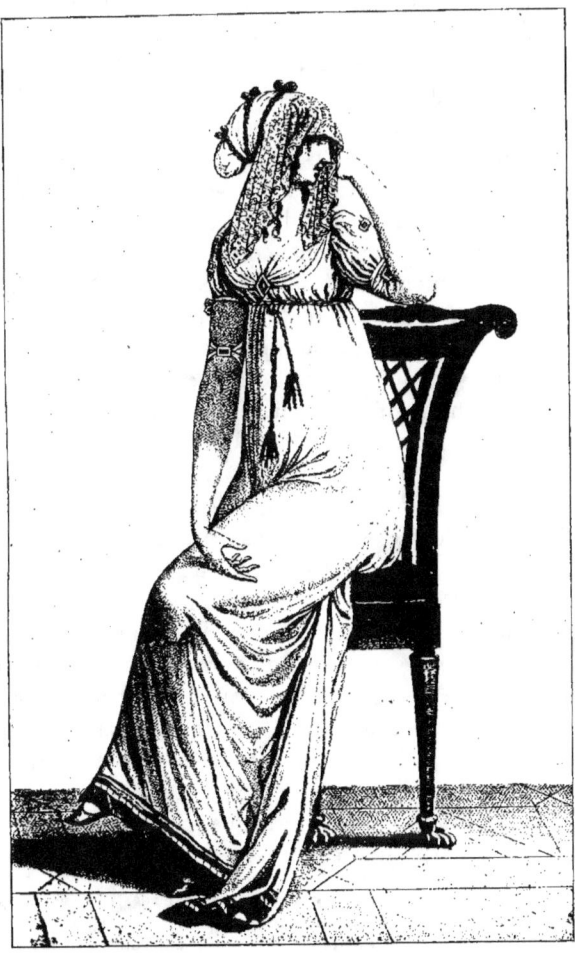

MANCHES ET CORSAGE ORNÉS DE BIJOUX
Trois chaines avec nœuds retiennent la coiffure.

elles avaient en outre de grands anneaux ronds aux oreilles et une large plaque de ceinture sous les seins.

M*me* Tallien s'était promenée aux Champs-Élysées, vêtue d'un maillot couleur de chair, que recouvrait une simple tunique de linon, parée d'anneaux d'or aux cuisses et aux jambes, et de bagues en diamants aux pieds, chaussés seulement de cothurnes.

Ce goût du nu dans la toilette était encore très en vogue au commencement du XIXe siècle, malgré les critiques des personnes de « la Société » et les sages avis des médecins[1].

La femme s'efforçait alors de ressembler aux statues des divinités grecques et était amenée naturellement à préférer l'absence d'ornement dans sa parure, afin de laisser, en quelque sorte, le plus de place possible au nu. Avec de telles tendances, on comprend que les bijoux aient été négligés, au moins sous le rapport de l'invention et du dessin. Beaucoup de femmes n'en portaient point, ou se contentaient d'*un rien,* comme on disait alors. Celles des merveilleuses qui, au contraire, en portaient plutôt trop, ne les voulaient que très simples, leur demandant de souligner seulement la beauté de leurs formes et de ne pas risquer, par un dessin trop cherché, de distraire l'attention de la pureté de leurs lignes. Ce fut le beau temps des coiffures à la Cérès, à la Circassienne ou à l'Antique, qui justifiaient l'emploi d'épis, de réseaux ou cercles d'argent, d'or ou de diamants. Ce fut aussi le triomphe des tuniques grecques, des robes-chemises jaune *queue de serin,* amarante, abricot, pistache ou lilas ; de ces coiffures à la Titus, dans lesquelles « les cheveux qui tombent sur le visage sont si longs, et ceux du chignon si courts, que l'on dirait que les perruques ont été retournées ».

Sans doute, à plusieurs reprises, les modes, momenta-

---

1. « ...Rien de plus agréable que vos costumes modernes, que vos tuniques grecques, qui laissent à découvert la poitrine et les bras ; rien de plus séduisant pour vos adorateurs, et surtout de plus lucratif pour nous autres médecins... »

« M*me* X., jeune, jolie, aimable, riche, etc., est morte, le 13 de ce mois, pour avoir voulu, malgré les représentations de son époux, se vêtir suivant la mode actuelle... M*me* X. est la victime de cette manie déplorable de se découvrir la gorge et les bras comme les jeunes Grecques. Ce qui plaisait à Athènes tue à Paris ; voilà ce que les femmes oublient. » (*Journal de La Mésangère,* an VIII.)

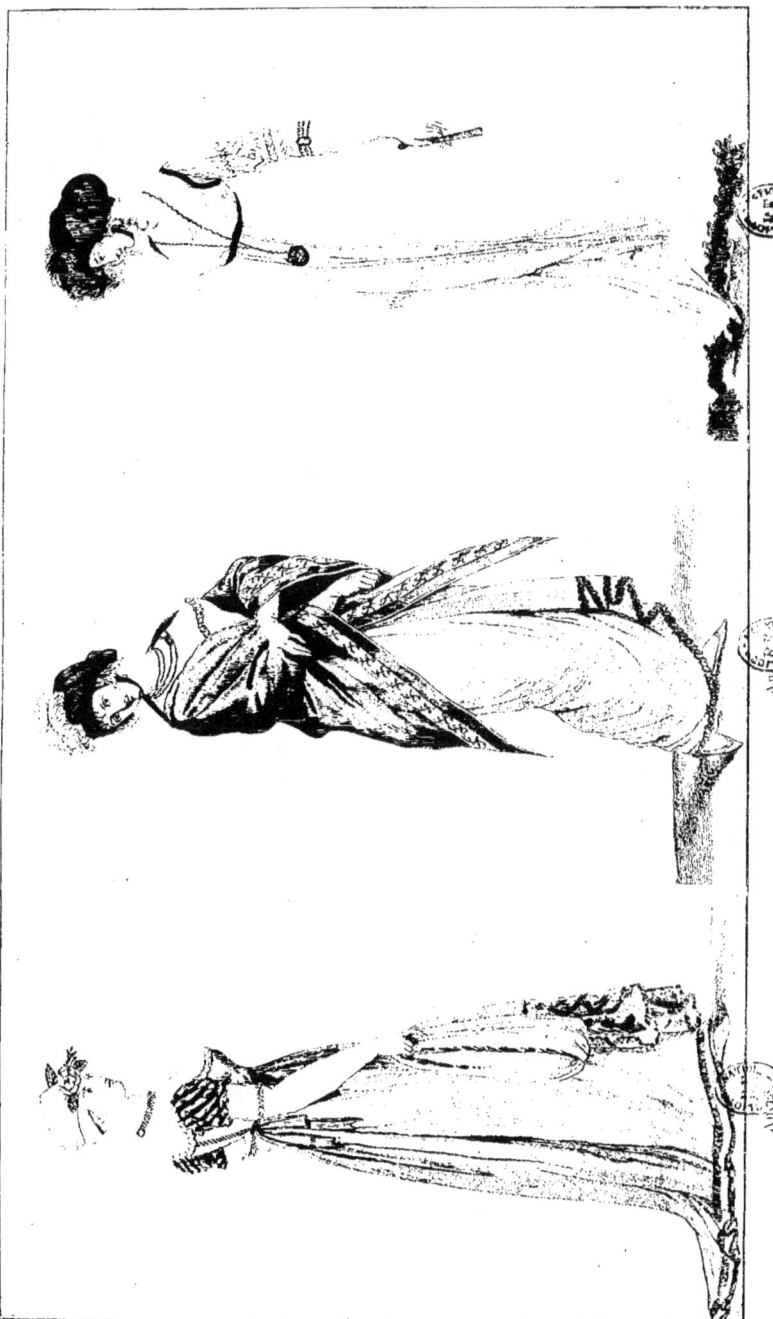

QUELQUES BIJOUX DU COMMENCEMENT DU XIX° SIÈCLE, PAR DEBUCOURT ET BOILLY.

nément infidèles à l'Antiquité, s'inspireront des événements du jour, et, pour les élégantes de l'an VIII, il sera du suprême bon ton de porter des turbans à la Mameluck, des cachemires, des percales des Indes mises en faveur par la campagne d'Égypte.

Les bijoux seront alors des scarabées, des sphinx, des obélisques. Mais, en réalité, l'influence prépondérante à cette époque est celle de David. Ce peintre, chef d'école alors tout puissant, imprégna, si l'on peut dire, de son goût excessif pour l'antique tout ce qui se fabriqua à ce moment : les bijoux, les meubles, l'orfèvrerie, les bronzes, subirent sa loi tyrannique[1]. Certes, David, qu'on alla jusqu'à surnommer le

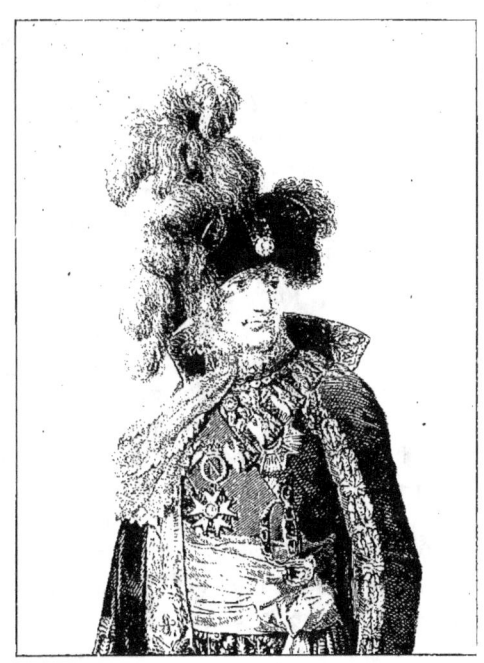

NAPOLÉON EN « PETIT COSTUME », PAR ISABEY.
Avec le bouton de chapeau
et la ganse en joaillerie qui y est attachée.

[1]. La réforme gagna jusqu'à la cuisine, où les plats durent changer de nom. « ...Sur nos plateaux de dessert, dit un journal du temps, vous ne voyez plus des vases de fleurs, des cornets de dragées, mais une vue de Rome, un temple d'Égypte, un monument de la Grèce. Les enfants des bonnes maisons se ruent après dîner sur les plateaux ; ils dévorent le sommet d'une pyramide d'Égypte, la base du Mont-Aventin, une frise du temple d'Éphèse, et de cette manière ils apprennent la géographie en mangeant le dessert. »

« Corneille de la peinture », fut incontestablement un grand peintre, « mais il n'entendait absolument rien à la décoration[1], et, dans son malheureux plagiat de l'antiquité, il ne tenait aucun compte des conditions d'existence de notre société moderne. Comme mobilier, il ne comprenait que des formes carrées, anguleuses, où l'on était sans cesse exposé à se heurter, des chaises curules à dos de bois, des pliants à pattes de griffon, des guéridons en forme de trépieds, des pendules en forme d'autels, des urnes, enfin tout ce qui pouvait faire ressembler une salle de bal, un salon ou une salle à manger, au décor traditionnel de quelque tragédie classique. »

« David, dit le Comte de Laborde, après avoir renversé l'Académie[2], institution en tout cas bien inoffensive, après l'avoir honnie dans son atelier, devint, pour sa punition, le type de l'académicien vide et ennuyeux ; son style, la marque caractéristique et le stigmate de ce qu'il y a de plus pauvre dans l'art : le style académique. »

Son influence fut donc néfaste, et la réforme qu'il entreprit fut nuisible, parce qu'elle bouleversa toute la grâce et le charme de l'école française du xviiie siècle, dont les traditions furent irrémédiablement perdues. Les froides reproductions de l'antique, les meubles aux formes incommodes, aux profils maigres et anguleux, pauvrement relevés par de petits et chétifs ornements ciselés, pour lesquels excellait Raviro[3], et qui étaient plaqués de loin en loin sur l'acajou,

---

1. F. de Lasteyrie, *Histoire de l'Orfèvrerie*.
2. David avait conservé un ressentiment justifié contre les membres de l'Académie des Beaux-Arts, qui lui refusèrent jusqu'à trois fois le prix de Rome. Il ne l'obtint, malgré son grand talent, qu'à son quatrième concours, en 1774. Boucher, son grand-oncle, avait obtenu le prix de Rome en 1722, et son élève Fragonard, qui mourut en 1806, l'obtint en 1752, à l'âge de 20 ans. Ingres, élève de David, l'obtint brillamment en 1801, à l'âge de 21 ans : c'était la continuation du succès de l'école de son maître. Avec Ingres et Delacroix recommencera, en 1830, la lutte épique entre les classiques et les romantiques, entre la couleur et le dessin, avec autant d'âpreté qu'entre l'école de David et celle de Boucher.
3. Antoine Raviro, sculpteur-ciseleur, au Lion d'Or, rue de la Ferronnerie. On peut voir, dans le grand salon carré du Louvre, son portrait, par Riesener.

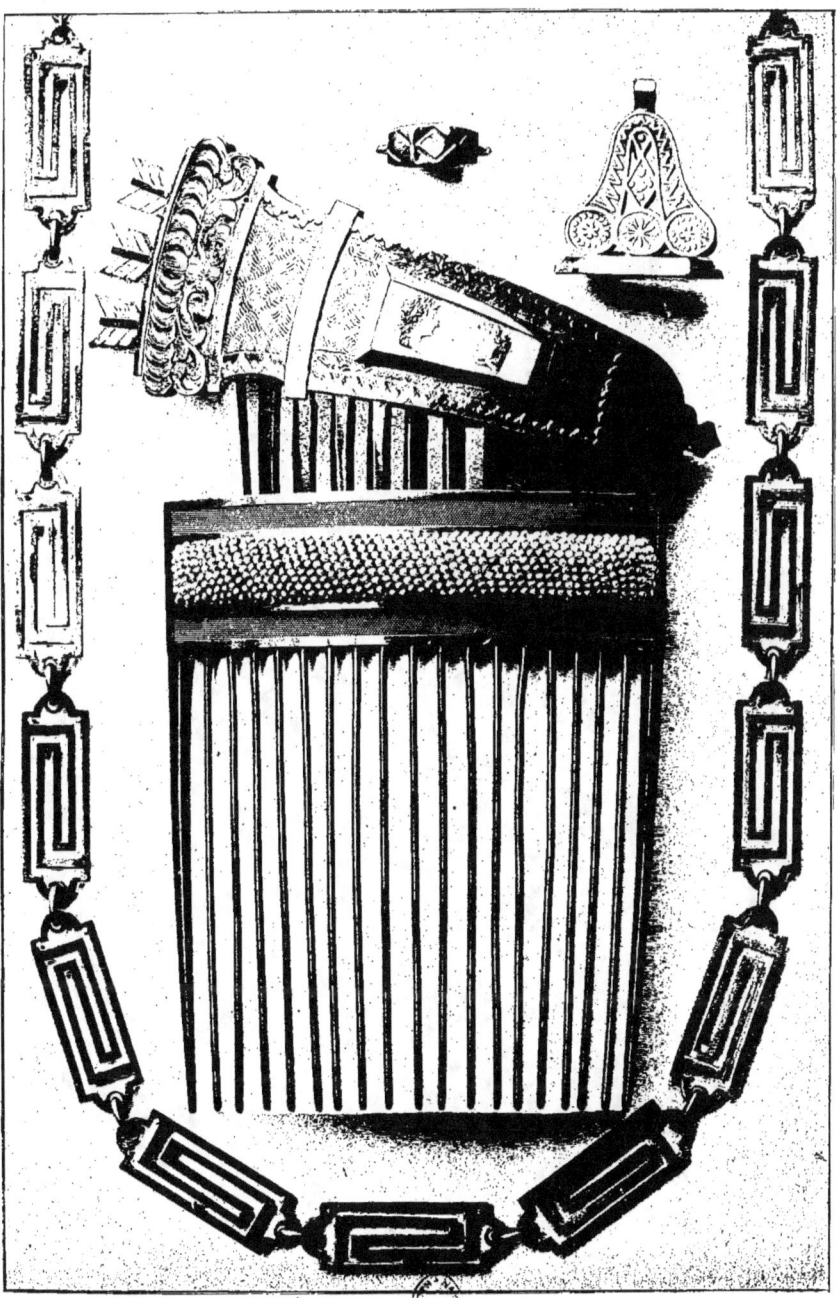

PEIGNE CARQUOIS, PEIGNE AVEC PERLES, CHAINE SAUTOIR, CACHET BRELOQUE, BAGUE.

sont là pour nous en convaincre, bien que les marchands de curiosité fassent actuellement, dans un but purement commercial, de grands efforts pour remettre à la mode le style Empire, auquel on doit assurément quelques jolies choses, mais qui n'est en somme, et l'on ne saurait trop le répéter, que la décadence et la déformation du style Louis XVI.

Pour en finir avec ce sujet, rappelons accessoirement que les élèves et les amis de David affichaient un tel dédain pour l'art délicat et raffiné de ceux qui les avaient précédés, qu'ils achetaient à vil prix, sur les quais, où elles étaient exposées à terre, les toiles des peintres les plus charmants du xviiie siècle, entre autres de Boucher, et se faisaient gloire de recouvrir ces œuvres délicieuses de leurs compositions

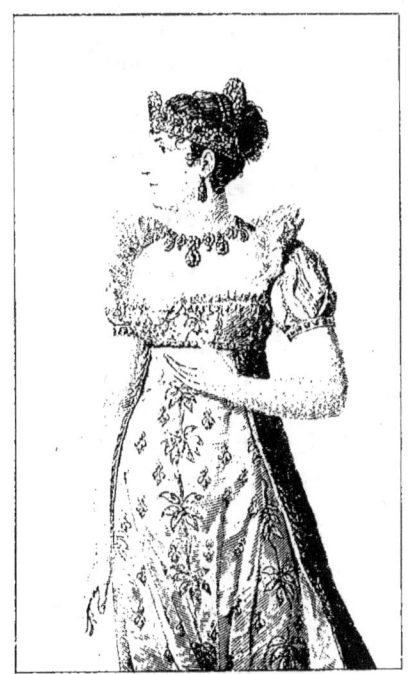

L'IMPÉRATRICE JOSÉPHINE, PAR ISABEY.
Peigne, diadème, cercles de brillants sur la tête, pendants d'oreilles, collier, ceinture en joaillerie. Les cercles, au bas des manches, ainsi que les lignes verticales qui les ornent, sont en pierreries.

froides et austères, qui en étaient la plus complète antithèse, substituant ainsi le style « pompier » au style « Pompadour ».

L'orfèvrerie et la bijouterie devaient, naturellement, subir l'influence de ce goût sévère et académique. Les architectes Percier et Fontaine, et un peu plus tard Laffitte, fournirent aux orfèvres des modèles d'un style froid et ennuyeux à force de correction précise, véritable style d'architecte (ceci dit sans offenser personne, car je parle des architectes d'alors).

Pour comble de malheur, ils furent exécutés par les ciseleurs avec une incontestable habileté de main, mais avec une absence de goût et une sécheresse désolantes[1]; on s'éloignait ainsi de plus en plus du style Louis XVI, dont les traditions de souplesse et de grâce furent, hélas! perdues pour toujours.

La reprise du luxe, qui avait débuté sous le Directoire, ne fit que s'accentuer à partir de 1800. A cette aurore du XIXe siècle, le Premier Consul, acclamé comme le Libérateur de la France, idole de Paris, inaugure une ère de réformes et de gloire. Après dix années d'anarchie, la confiance renaît, rendant aux affaires une activité inconnue depuis longtemps. L'industrie nationale se relève rapidement et, pour l'encourager encore, une Exposition est ouverte pour elle en 1801, concurremment avec celle des Beaux-Arts, dans la grande cour du Louvre, appelé alors le Palais des Sciences et des Arts[2]. La bijouterie, prenant part au mouvement général, se ranime peu à peu, et les ateliers, désorganisés par la Révolution, se reforment progressivement.

Poursuivant son plan de restauration, Bonaparte, sous qui perce déjà Napoléon, donne des réceptions brillantes; les salons sont rouverts, les bijoux sortent de leurs cachettes[3]. A partir de Marengo, qu'on célèbre avec un enthousiasme indescriptible, les victoires et les fêtes se succèdent sans interruption pendant les premières années du siècle. Grisé

---

1. La colonne Vendôme ou d'Austerlitz, construite avec le bronze des canons pris par la Grande-Armée en 1805, est un monument bien caractéristique de ce qu'était l'art décoratif à cette époque, et, par analogie, permet de se rendre compte de la manière sèche et précise dont on comprenait la ciselure.

2. Si cette Exposition de l'an IX ne fut pas la première dans l'ordre chronologique (une autre ayant eu lieu au même endroit en 1798), elle fut du moins la première qui eut un caractère d'universalité indiscutable, puisque les produits de toute nature y furent admis.

3. Les bijoux en or reparurent bien avant la monnaie d'or.

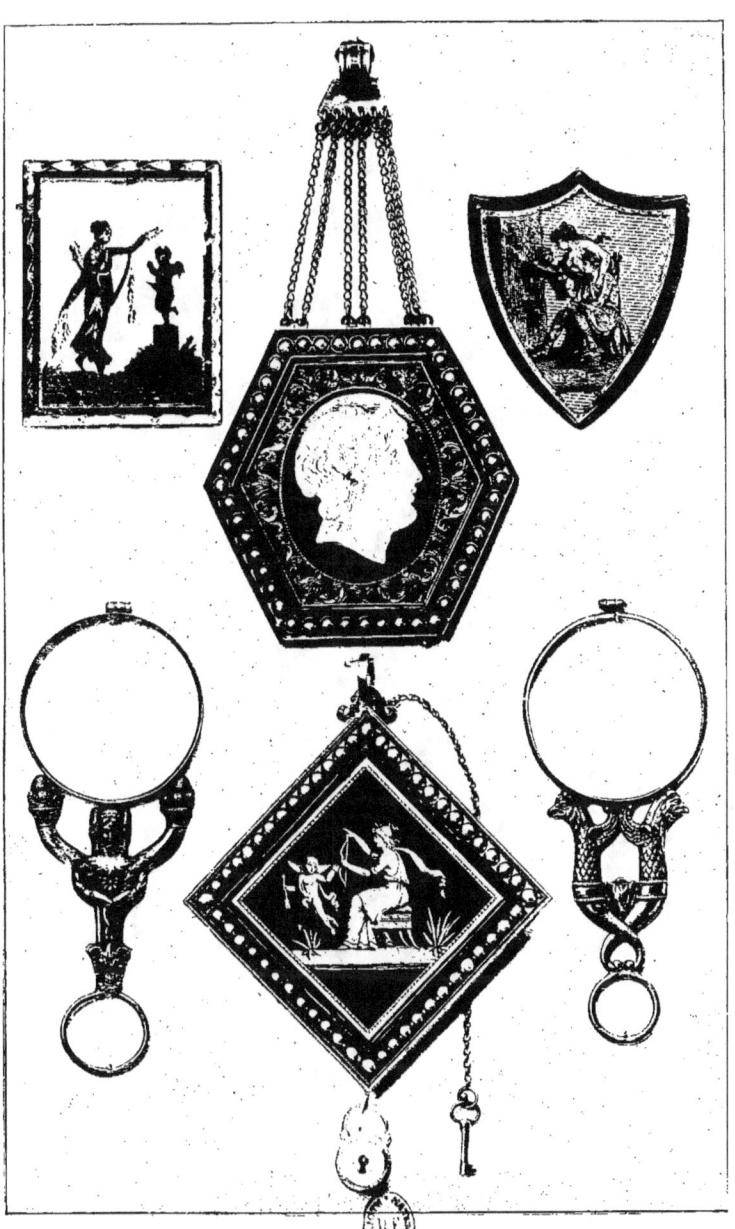

PENDANTS DE COU, PLAQUES DE MÉDAILLONS, LORGNONS
(COMMENCEMENT DU XIXᵉ SIÈCLE).

par la gloire, on ne pensait qu'au plaisir. Il semblait qu'après en avoir été privé pendant si longtemps, ce fût devenu

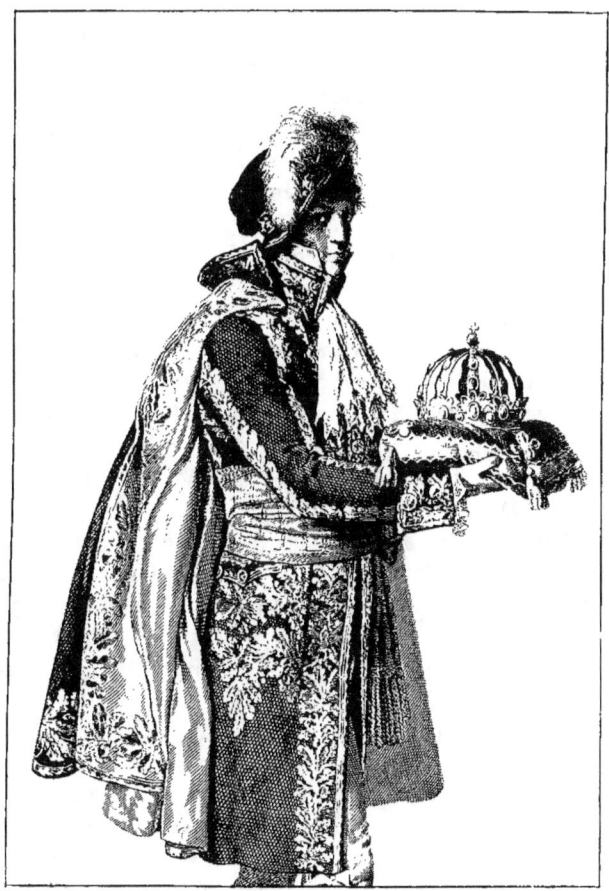

MARÉCHAL D'EMPIRE (MURAT)
PORTANT LA COURONNE DU SACRE DE NAPOLÉON Ier (DESSINÉ PAR ISABEY).
Cette couronne en or, avec camées anciens, fut exécutée par Nitot.

un impérieux besoin. Le public se portait en foule dans les théâtres, aux jeux Olympiques, aux bals masqués de l'Opéra rétablis (celui de 26 février, à six francs le billet, avait produit plus de 25.000 francs de recette).

Cette fièvre de jouissances devait profiter grandement aux industries qui s'occupent de la parure féminine et en particulier à celle du bijou. Aussi, les maisons de bijouterie réputées et prospères étaient-elles nombreuses à cette époque. Parmi les principaux joailliers et orfèvres, citons : Auguste, qui, après avoir été logé au Louvre sous Louis XVI, s'était installé place du Carrousel; Biennais, rue Saint-Honoré, n° 283 ; Nitot[1], qui changea de domicile à plusieurs reprises et qui, après avoir débuté rue Saint-Honoré, se transporta place du Carrousel, n° 36, puis rue de Rivoli, n° 4, puis, vers 1813, au n° 15 de la place Vendôme; Marguerite, rue Saint-Honoré, n° 177 ; Devoix[2], quai des Orfèvres, n° 42 ; Bapst, quai de l'École, n° 30 ; Meller-Mellerio, rue Vivienne, n° 20 ; Lazard[2], place des Victoires, n° 5 ; Leconte[1], rue du Coq-Saint-Honoré, n° 9 ; Richard[1], cour de Harlay, n° 10 ; S. Halphen, rue de La Feuillade, n° 4 ; Moiana, rue Richelieu, n° 29 ; Daux, rue Saint-Honoré, n° 129 ; Blomart, quai de la Mégisserie, n° 74 ; Lemale, rue Montorgueil, n° 62 ; Minier, rue Neuve-des-Petits-Champs, n° 5 ; Grancher, quai Conti; Dubief, rue Richelieu, n° 84 ; Pitaux, rue Vivienne, n° 65, à la Corbeille galante; etc.

Auguste, le premier de cette liste, était un de ces anciens Maîtres qui, après la Révolution, tentèrent de rattacher le Présent au Passé. Il avait été orfèvre en titre de Louis XVI et avait exécuté la couronne que ce Roi porta lors de son sacre, en 1774, ce qui indique qu'il était également joaillier.

Ainsi que plusieurs autres orfèvres, Auguste avait commencé par travailler le bronze, auquel le talent de Gouthière avait donné une si grande vogue. Sans égaler ce maître, il fut cependant un des plus habiles ciseleurs du xviiie siècle. Établi en face des Tuileries, place du Carrousel, dans une maison démolie seulement en 1852, Auguste avait ouvert

---

1. Membre du Bureau du Commerce de la Joaillerie de Paris.
2. Président du Bureau du Commerce de la Joaillerie de Paris.

un atelier qui occupait de 5o à 6o personnes; il réorganisa des travaux et s'efforça vaillamment de renouer la chaîne

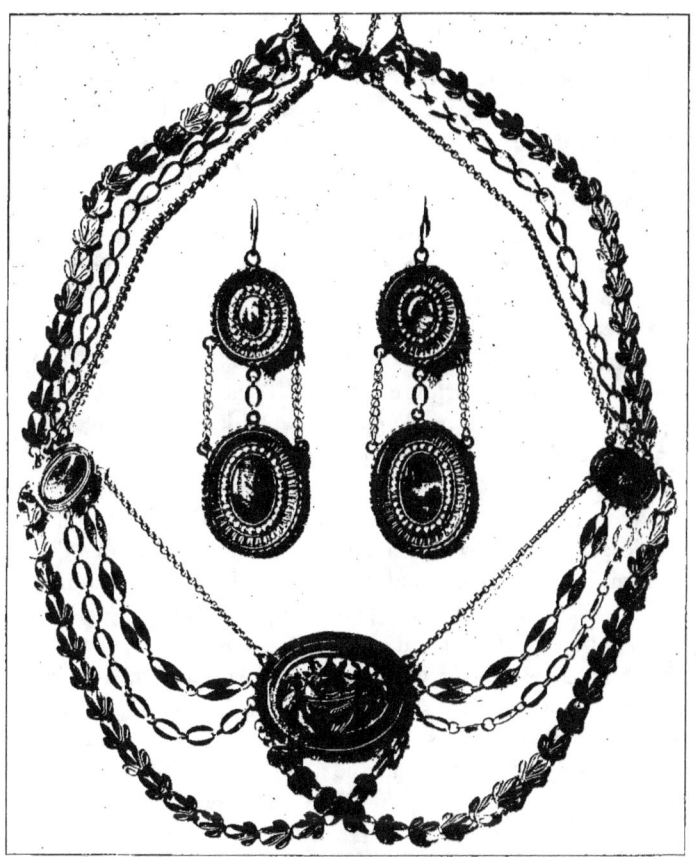

COLLIER EN OR AVEC CHAINETTES ESTAMPÉES
PENDANTS D'OREILLES AVEC AGATES ARBORISÉES

des traditions si brutalement brisée; mais il ne put retrouver ni des artistes inspirateurs, ni des ouvriers intelligents comme ses anciens collaborateurs, et ses productions d'alors n'approchent en rien des belles œuvres que lui-même avait exécutées autrefois. Il modifia son style en l'adaptant au goût du jour, et reçut, en commun avec Odiot, la médaille d'or à l'Exposition de 1802. Ce malheureux Auguste, malgré tant d'efforts, ne put échapper à la ruine ; sa faillite fut déclarée, dit-on, le jour même où son fils fut couronné à l'Institut comme premier grand prix de sculpture. Forcé de se retirer, il vit vendre à l'encan ses modèles et ses outils. Ainsi finit cette maison qui avait peut-être été un moment la plus importante de l'Europe.

La disparition d'Auguste laissa le champ libre à ses concurrents et particulièrement à deux orfèvres aussi heureux que lui dans leurs travaux, mais plus expérimentés dans la direction de leurs affaires, Odiot père et Biennais.

Claude Odiot (1759-1849), né dans l'importante et déjà ancienne maison d'orfèvrerie et joaillerie que dirigeait sa mère[1], pouvait, comme Auguste, établir la transition entre l'industrie de l'ancienne Monarchie et celle de l'Empire. Travaillant pour tous les grands personnages de l'époque, il donna une très grande impulsion à l'orfèvrerie. Sa production fut considérable ; il avait la spécialité de ce que l'on appelait alors le genre anglais, contre lequel Fauconnier devait réagir plus tard avec tant d'énergie. Devenu orfèvre de l'Empereur, Odiot eut autant de succès qu'Auguste, et partagea avec lui la médaille d'or en 1802. Lors de la ruine de l'ancien orfèvre du Roi, il acheta une partie de ses modèles, y joignit les siens, et sa grande intelligence pratique le mit promptement dans la voie d'une prospérité bien méritée. Sans avoir fait d'études spéciales, il avait une aptitude

---

1. Avant la Révolution et après encore, Mme Vve Odiot était établie marchande au coin de la rue de l'Échelle et de la rue Saint-Honoré, au n° 270 ; elle ne fabriquait pas, mais elle se fournissait chez MM. Giroux et Boulanger, très bons fabricants de second ordre, qui demeuraient dans le quartier du Palais de Justice. Vers 1800, elle quitta sa maison de détail, et son fils, déjà d'un âge mûr, s'établit orfèvre-fabricant, butte des Moulins (rue Lévêque, butte Saint-Roch, n° 1). M. Odiot, dont il est question ici, demeura aussi rue Saint-Honoré, n° 250 ; c'est le grand-père de MM. Ernest et Gustave Odiot, de la rue Basse-du-Rempart ; il est mort en 1849, à 90 ans. Tous les orfèvres de cette époque ont travaillé chez lui.

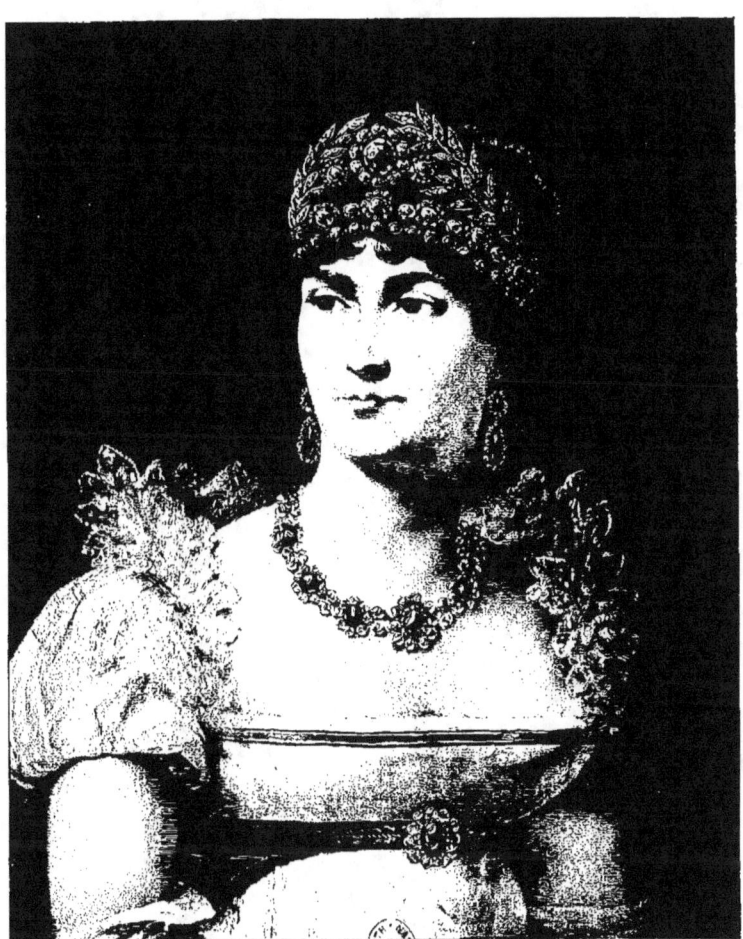

L'IMPÉRATRICE JOSÉPHINE EN 1805
par Gérard.
Grande parure de joaillerie.

particulière pour les ouvrages d'art et de goût. Il s'entoura d'artistes habiles, discerna les bons conseils, et joignit à toutes ces qualités l'esprit des affaires à un très haut degré[1].

Les désastres de l'Invasion fournirent à Odiot l'occasion de témoigner sa gratitude à Napoléon, en défendant courageusement Paris comme colonel d'une des légions de la garde nationale. Il se distingua, à côté du maréchal Moncey, lors de la défense de la barrière de Clichy, en 1814, en même temps qu'Horace Vernet, qui reçut des mains de l'Empereur la croix de la Légion d'honneur, à l'âge de 25 ans, non pour sa peinture, mais pour sa brillante conduite devant l'ennemi. Horace Vernet reproduisit quelques années plus tard cet épisode dans un de ses meilleurs tableaux. Odiot, à qui il appartint, le donna au musée du Luxembourg en 1835[2].

En même temps qu'Odiot, il faut citer Biennais, bien qu'il n'ait pas appartenu tout d'abord à l'orfèvrerie, ainsi que l'indiquent les notes suivantes envoyées par F.-D. Fro-

---

1. Rapport du duc de Luynes.
2. En 1835, M. Odiot père adressa au grand référendaire de la Chambre des Pairs la lettre suivante, qui fut communiquée à tous les journaux :

« Monsieur,

» Je suis décidé à donner de mon vivant et de suite, au musée des arts modernes du Luxembourg, trente pièces en bronze exécutées de la même manière que je fabriquais mon orfèvrerie, et qui m'ont valu la médaille d'or à toutes les expositions qui ont eu lieu depuis leur création, sous le Consulat, jusqu'au 15 août 1827, époque où j'ai cessé de fabriquer, et un vase d'argent qui démontre l'effet que produisent les ornements adaptés avec des vis non apparentes sur un fond bruni.

» Pour ces divers ouvrages, j'ai été secondé, pour les dessins, par MM. Prudhon, Moreau, Garneray et Cuviller; pour les modelages, par MM. les académiciens Chaudet, Dumont et Roguier, artistes de la plus grande distinction.

» Je donne aussi à la galerie du Luxembourg mon tableau représentant la *Barrière de Clichy*, par M. Horace Vernet, et un dessin encadré, lequel représente les différentes pièces qui ont été exécutées dans mon établissement.

» Oserai-je vous prier, Monsieur le Duc, de faire part de ma proposition à MM. les Pairs de France, et d'obtenir leur acceptation ?

» J'ai l'honneur d'être, etc.

» ODIOT père. »

ment-Meurice au duc de Luynes en 1852 : « A l'époque de la campagne d'Égypte ou d'Italie, M. Biennais, tabletier, rue Saint-Honoré, là où est la fabrique de chocolat de M. Dewinck, avait fait crédit d'un nécessaire de voyage à beaucoup d'officiers et, dit-on, au général en chef lui-même. Au retour, cette marque de confiance porta profit, et M. Biennais fut bientôt en possession de la confiance de la maison impériale.

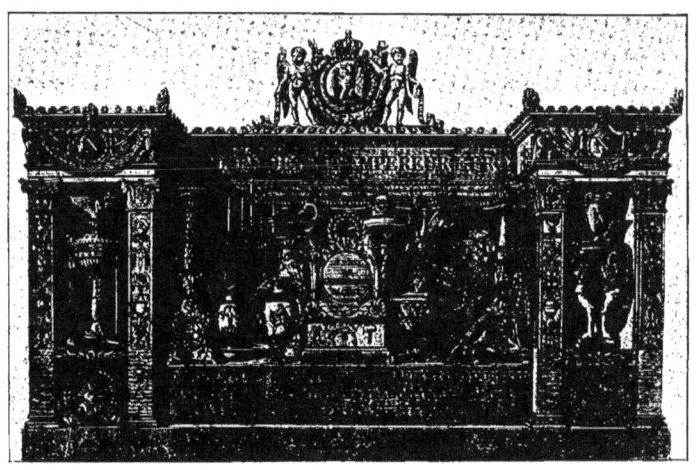

EN-TÊTE DE FACTURE DE BIENNAIS.

» M. Biennais était complètement étranger à l'orfèvrerie; les pièces mêmes d'argenterie qu'il mettait dans les nécessaires qu'il vendait ne se fabriquaient pas chez lui; il était tabletier dans la plus simple et la plus véritable expression du mot. En fort peu de temps, il se trouva à la tête de la plus importante maison d'orfèvrerie, de bijouterie, de joaillerie, de cette époque, et l'on n'exagère pas en portant à six cents le nombre des ouvriers occupés par lui. »

On le voit, Biennais, bien qu'entré tard dans la profession, n'y avait pas trop mal réussi. Il n'abandonna du reste pas la fabrication des nécessaires, dont il s'était si bien trouvé, et joignit également à son établissement un atelier de joaillerie, où il continua le genre Louis XVI, adapté au goût de l'époque. Ses montures, plates et peu décorées, consistaient

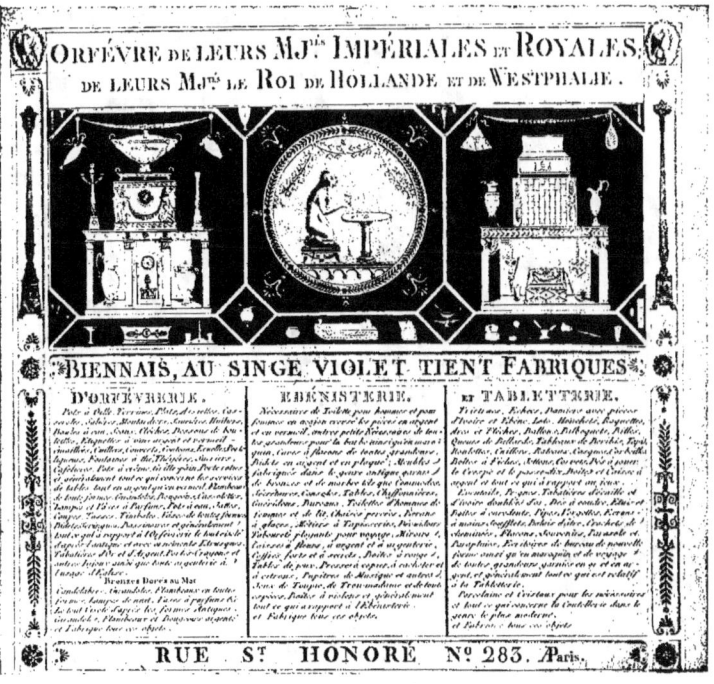

ADRESSE DE BIENNAIS
Grandeur de l'original 24 c. × 22 c. (Bibliothèque de l'Union centrale des Arts décoratifs.)

surtout, comme celles de beaucoup de ses confrères d'ailleurs, en chatons reliés par des culots d'ornements.

Percier lui dessina presque tous ses modèles (un recueil important en est conservé à la bibliothèque des Arts décoratifs). Il exécuta, comme pièces importantes de bijouterie, plusieurs épées de cérémonie pour l'Empereur; ses principales pièces d'orfèvrerie sont l'autel avec bas-reliefs, le crucifix et les flambeaux, qui servirent pour le mariage de Napoléon avec Marie-Louise. L'*Azur* de 1811 le fait figurer dans la liste des orfèvres-joailliers-bijoutiers, et le mentionne, en outre, comme fabriquant les Ordres ; il demeurait rue Saint-Honoré, n° 283, à l'enseigne du *Singe Violet*. Il eut pour successeur Cahier, qui figure dans l'*Azur* de 1811, sous les rubriques « d'églisier » et de « marchand joaillier », demeurant quai des Orfèvres, n° 58. En 1819, Cahier acheta le fonds de Biennais, réunit les deux maisons en une, et continua rue Saint-Honoré tout le système de fabrication de son prédécesseur. Il fut nommé orfèvre du roi sous la Restauration, et exécuta encore de nombreux travaux sous Charles X.

Un des joailliers les plus importants du premier Empire fut, sans contredit, Nitot, dont la renommée remonte au Couronnement, et qui fut appelé à exécuter les principales parures du Sacre, auquel Napoléon, devenu Empereur des Français en 1804[1], tenait à donner un éclat incomparable. L'on résolut, dans ce but, d'utiliser les pierreries de l'ancienne Couronne.

L'histoire du vol des Diamants de la Couronne, au Garde-Meuble[2], en 1792, est trop connue et trop bien racontée par M. Germain Bapst, dans le remarquable ouvrage qu'il leur a consacré, pour que nous en reparlions ici. On sait que plusieurs de ces diamants furent retrouvés quelques mois après le vol, soit, comme le *Régent,* cachés au domicile des voleurs, soit enfouis dans les Champs-Élysées, alors simple terrain vague. On sait aussi que lorsque Bonaparte arriva au pouvoir, la presque totalité des diamants de l'État étaient engagés à l'étranger. Il fit rembourser les avances d'argent

---

1. « De tous les jours de l'an, le plus animé, depuis 1789, a été celui de 1804. On se coudoyait dans les rues Saint-Denis, Saint-Martin, Saint-Honoré, des Lombards, comme au Palais du Tribunat ; plusieurs bijoutiers des galeries du Tribunat avaient illuminé à la manière des confiseurs. Madame Bonaparte a visité les magazins de M. M. Lignereux, rue Taitbout ; Vacher, rue Vivienne ; Biennais, rue Saint-Honoré. » (Journal du 15 nivôse, an XII.)

2. Actuellement ministère de la Marine, place de la Concorde.

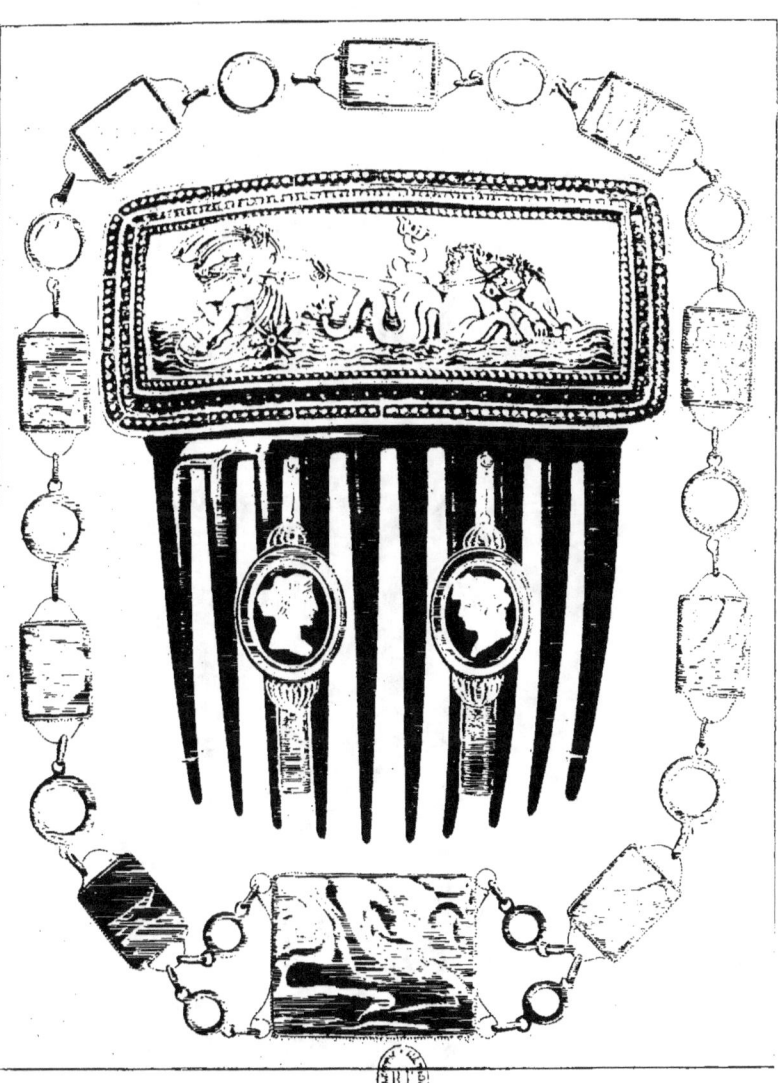

PEIGNE CAMÉE COQUILLE, PERLES ET ÉMAIL BLEU
BOUCLES D'OREILLES, COLLIER (COMMENCEMENT DE L'EMPIRE).

qui avaient été faites sur ces pierres et il réussit en grande partie à reconstituer cette collection unique ; il l'augmenta même considérablement par les achats importants qui furent faits à l'occasion du sacre et, plus tard, au moment du mariage de Marie-Louise.

Ce furent les joailliers Foncier, aidé de son gendre

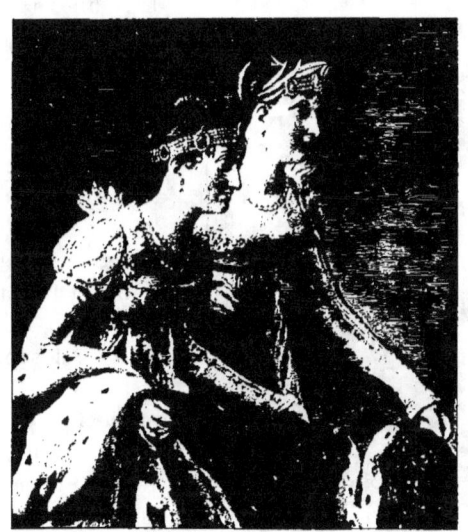

LES DUCHESSES DE LA ROCHEFOUCAULD ET DE LA VALETTE.

Marguerite, et Nitot, que Napoléon chargea d'exécuter les nouvelles montures.

« Edme-Marie Foncier, fils de Jean-Louis-Nicolas, orfèvre sous Louis XVI, dit M. Germain Bapst, était depuis longtemps en rapport avec la famille Beauharnais et fut, pour cette raison, choisi par Joséphine, pour les fournitures à faire, à partir du traité de paix d'Amiens. Par suite de nombreuses commandes qu'il avait exécutées, Foncier devint fort riche et se retira bientôt, laissant sa maison à l'aîné de ses gendres, Bernard-Armand Marguerite. On raconte aussi que Foncier, quelque temps après le 18 brumaire, acheta des rentes françaises pour une somme de cent mille livres, et que le Premier Consul, ayant appris ce fait, le nomma son joaillier ordinaire, en raison de la reconnaissance qu'il lui gardait pour avoir eu ainsi confiance dans son gouvernement. Quelques années plus tard, Foncier, qui avait encore deux filles à marier, fut un jour appelé par Napoléon, qui lui annonça, sur le ton de boutade qui lui était familier, qu'il avait décidé le mariage de ses deux filles avec deux de ses aides de camp, les généraux Duhesme et Defrance. »

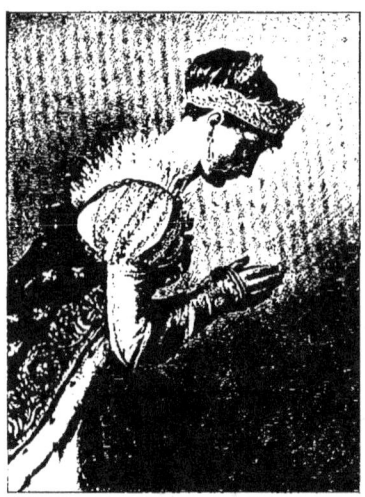

L'IMPÉRATRICE JOSÉPHINE AU SACRE.
Peigne, diadème, pendants d'oreilles en brillants, bracelet sur la manche avec camée.

J'ai vu un curieux billet de Joséphine, appartenant à la famille du général Defrance, qui est ainsi conçu : « Au citoyen Foncier. Faites-moi le plaisir, citoyen de m'apporter demain matin mon colier de diamant attendu que Bonaparte croit qu'il est engagé, et pour lui prouver le contraire je désire l'avoir chez moi. Je vous souhaite le bonsoir. — LAPAGERIE BONAPARTE. »

C'est Foncier qui avait la confiance de Joséphine : elle lui remit ses diamants au moment où le bruit courut de la mort de Bonaparte en Égypte, prétendant se mettre ainsi à l'abri des revendications de ses créanciers et de celles aussi de la famille Bonaparte. Après que Foncier se fût retiré des affaires, c'est à Nitot que Joséphine s'adressa de préférence.

Nitot avait débuté vers 1780 comme simple petit bijou-

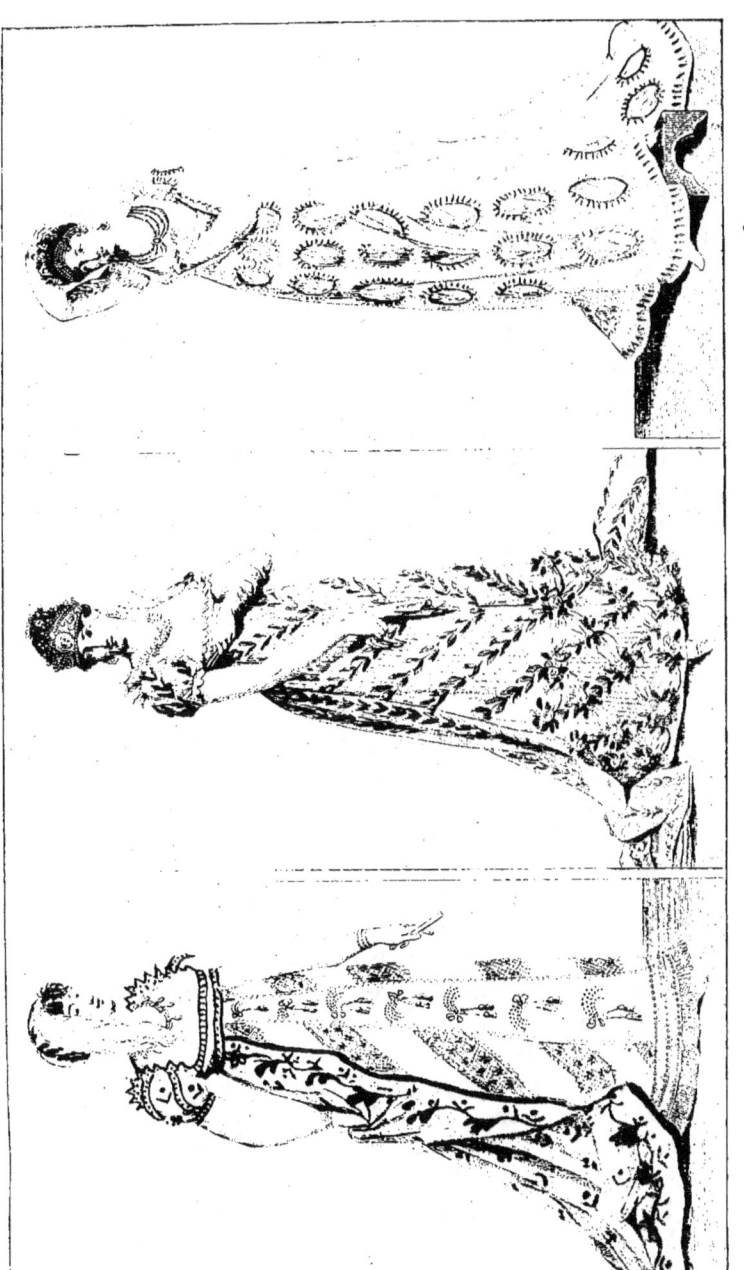

1809.
Collier en brillants avec pendeloques perles, bracelets.

1811.
Bandeau de diamants sur fond d'or, peigne, pendants d'oreilles, collier.

1809.
Bandeau de diamants dans la coiffure, collier à quatre rangs de chaînettes, pendants d'oreilles.

TOILETTES DE COUR, PAR BOILLY.

tier-horloger, rue Saint-Honoré, s'occupant alors fort peu de joaillerie, et c'est à une circonstance fortuite qu'il dut d'être nommé joaillier de l'Empereur. Voici comment notre confrère, M. Massin, raconte cette aventure, dont il tenait les détails véridiques de Joseph Halphen, petit-fils de Salomon Halphen, qui fut l'associé de Nitot à l'époque :

« Un soir que Bonaparte se rendait au Théâtre-Français, les chevaux de sa voiture prirent peur, s'emportèrent et vinrent s'abattre rue St-Honoré, juste en face de la boutique de Nitot, lequel, voyant ce qui se passait, se précipita au secours du Premier Consul, le fit entrer chez lui et lui prodigua des soins dont le vainqueur et héros impassible de tant de batailles avait, paraît-il, grand besoin. Remis de la secousse éprouvée, Bonaparte remercia Nitot, promettant de se souvenir de lui, ce qu'il fit, du reste, comme on va le voir.

» Le 18 mai 1804, le Sénat offrait le titre d'Empereur des Français au Premier Consul. Tout aussitôt on parla du Sacre, et Nitot, qui avait plus de titres à la gratitude de Napoléon que de connaissances en joaillerie, conçut néanmoins l'ambition de fournir les insignes du Sacre. C'est alors qu'il s'entendit avec Salomon Halphen, joaillier négociant à Paris, dont l'expérience pouvait lui donner les moyens de réussir. Les deux associés arrêtèrent leur plan et se rendirent aux Tuileries, dont les portes s'ouvrirent toutes grandes au nom de Nitot.

» Voici nos solliciteurs en face du maître de l'Europe ! Nitot, balbutiant et tremblant, expose sa requête. Il demande tout simplement l'honneur de fournir les insignes impériaux. A cette demande, l'Empereur, qui connaît Nitot et n'a qu'une confiance médiocre dans ses capacités artistiques, fait une moue un peu dédaigneuse, ce que voyant celui-ci s'enhardit. Il présente alors son ami comme l'homme le plus entendu en joaillerie et prêt à le seconder dans la tâche à remplir. « Soit, dit alors l'Empereur, c'est accordé, seulement le temps presse, tu vas commencer immédiatement ! »

Nitot ne demandait pas mieux, mais quelque chose lui

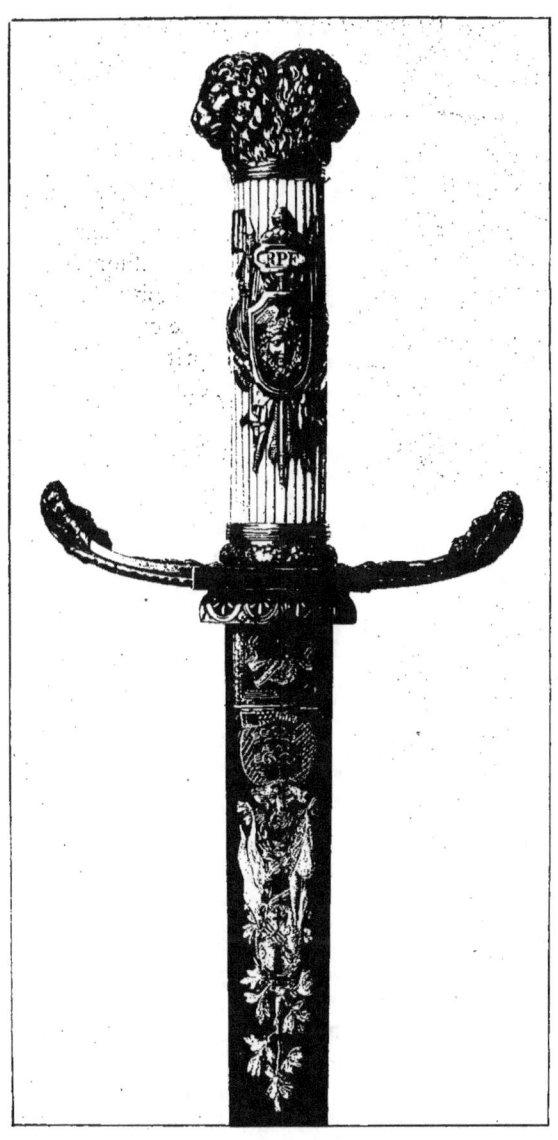

GLAIVE DU PREMIER CONSUL A POIGNÉE D'OR ET D'IVOIRE.
(Ancien Musée des Souverains.)

manquait. Prenant son courage à deux mains, il s'écria : « Sire, nous voulons bien, mais nous n'avons pas le sou ! » Cri du cœur et de détresse qui fut entendu, car l'Empereur, après avoir dit que la chose pouvait s'arranger, signait, séance tenante, l'ouverture d'un crédit de 2.500.000 francs sur le Trésor, première avance sur des fournitures qui devaient s'élever de quinze à dix-huit millions. Et si Nitot et son ami gagnèrent chacun un joli million avec les insignes qu'ils eurent à fournir, ce fut grâce à ce que les chevaux du Premier Consul avaient eu le bon esprit de prendre le mors aux dents et de jeter leur maître dans la boutique et les bras d'un horloger ! »

Si, d'après le récit de M. Massin, Napoléon pouvait avoir à ce moment quelque hésitation au sujet des capacités de Nitot, alors peu connu, la réussite parfaite des pièces capitales de joaillerie, dont il lui confia l'exécution pendant toute la durée de son règne, prouve qu'il fut bien inspiré en s'adressant à lui. D'ailleurs, déjà, en 1803, le Premier Consul avait montré le cas qu'il faisait de Nitot en lui confiant la monture d'une épée ornée de gros diamants et portant sur sa garde le *Régent*.

« C'était la première fois, dit M. Germain Bapst, que le *Régent* quittait une parure de souveraine pour venir orner le sabre d'un soldat ; mais ce soldat était le vainqueur d'Arcole et de Marengo et devait, quelques années plus tard, se servir de son épée, ornée du *Régent,* pour inscrire sur les tables de l'histoire de France les noms d'Austerlitz et d'Iéna. »

Cette épée, très élégante de forme, que l'Empereur porta le jour de son Sacre, avec le « petit costume » (ainsi qu'Isabey l'a indiqué sur le dessin que nous avons reproduit page 17, et Regnault dans son portrait en pied de Napoléon le Grand, où l'Empereur est représenté avec tous les attributs impériaux), fut exécutée dans l'atelier de Nitot. Sur la garde, étincelle le *Régent*, aux côtés duquel veillent deux dragons ailés, dont la queue se termine en forme de fer de flèche. La

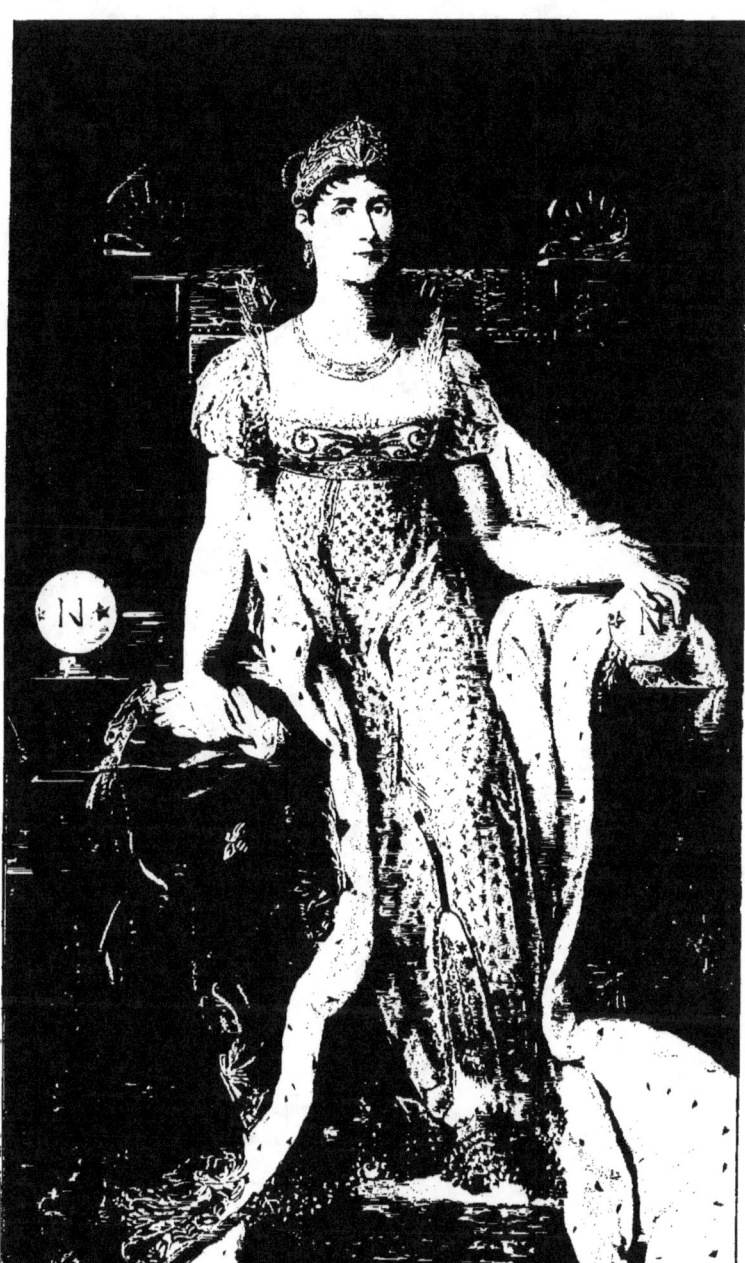

L'IMPÉRATRICE JOSÉPHINE EN 1807
par Guillon Le Thière.
Diadème, collier, camée sur la ceinture.

poignée est en jaspe sanguin, sur lequel sont appliqués trois

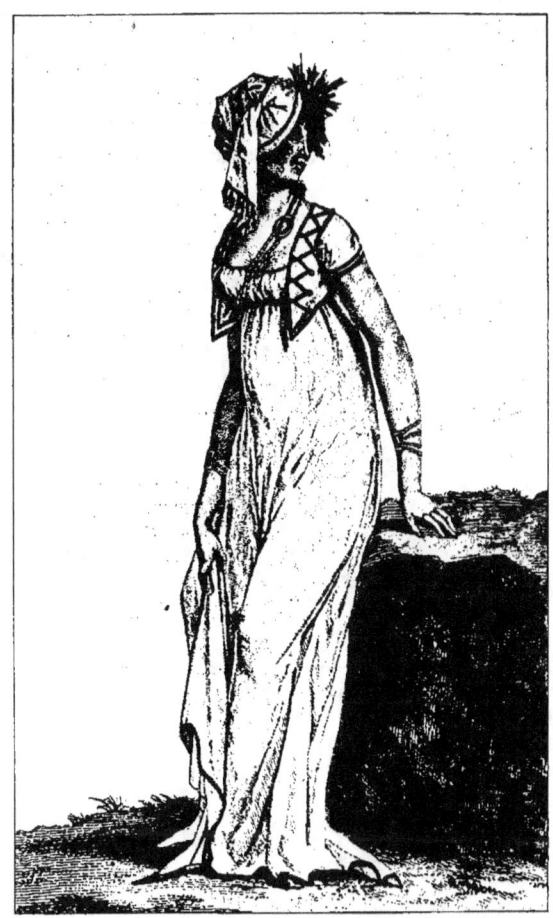

COSTUME DE BAL MONTRANT DES BRACELETS A CHAINETTES
ET UNE CHAINE AVEC CAMÉE PORTÉE EN SAUTOIR SUR L'ÉPAULE (AN VIII).

gros diamants [1]. Toute l'ornementation, très finement

1. Le diamant du centre pèse 16 carats 1/2 et les deux poires pèsent ensemble 18 carats 1/4.

ciselée, est encore fortement imprégnée du style Louis XVI.

Le fourreau est en écaille, avec un ornement d'or au tiers supérieur et à l'extrémité inférieure. La lame en acier, triangulaire et évidée à gouttière, porte la marque « Boutet, manufacture à Versailles ». Elle est ornée, dans la partie qui avoisine la poignée, de damasquine représentant, en dessous, un trophée avec drapeaux, guirlandes, etc., et dessus, des rayons ou « gloires ».

De même qu'il changea de costume avant de pénétrer dans la cathédrale, où il voulait paraître en empereur romain, Napoléon suspendit à son côté un glaive plus en harmonie avec son costume théâtral. En effet, c'est avec un glaive sur la garde duquel un aigle d'or étend ses ailes, que l'ont représenté, non seulement David, dans le tableau du *Sacre,* mais encore un grand nombre d'artistes [1].

---

1. Quoi qu'il en soit, pour ce qui concerne l'épée, Napoléon ordonna en 1811 qu'elle fût démontée et que le *Régent,* ainsi que les autres diamants qui l'enrichissaient, fussent employés pour faire un nouveau glaive.

C'est alors que F.-R. Nitot fils, successeur d'Étienne Nitot, qui était mort en 1809, demanda et obtint de conserver cette épée, au lieu de la détruire, et qu'il remplaça les pierres fines par des imitations. Un procès-verbal du 15 juin 1812 constate la remise qui en fut faite au joaillier, pour la valeur de l'or à fondre, soit 900 francs, que l'on porta en déduction sur la facture de 82.910 francs, dont il est question plus loin.

F.-R. Nitot fit un coffret en cristal, surmonté d'un aigle ciselé, et y déposa précieusement, sur un fond de velours rouge, l'épée nue à côté de son fourreau. L'inscription suivante y fut inscrite en lettres d'or :

ÉPÉE DU PREMIER CONSUL BONAPARTE
CONSACRÉE PAR S. S. PIE VII
AU COURONNEMENT DE L'EMPEREUR NAPOLÉON
II DÉCEMBRE M.D.CCC.IV
HOMMAGE AU TOMBEAU DE L'EMPEREUR

F. REGNAULT-NITOT, 1852.

D'après la dernière ligne de cette inscription, Nitot fils désirait que l'épée du Sacre fût placée aux Invalides, à côté du tombeau de l'Empereur, et c'est dans ce but qu'il avait composé son coffret un peu en forme de cénotaphe ; les parois de cristal permettaient de voir facilement le contenu, comme dans une vitrine. Il se proposait d'offrir cette précieuse relique à l'État, lorsqu'il mourut, en 1853. Son fils, le général Nitot, respectueux des intentions de son père, fit les démarches nécessaires pour que l'épée fût enfin déposée au tombeau de Napoléon, mais on lui objecta qu'il y avait déjà l'épée d'Austerlitz et qu'on ne pouvait accepter son présent que pour le musée des Souverains. Il la conserva

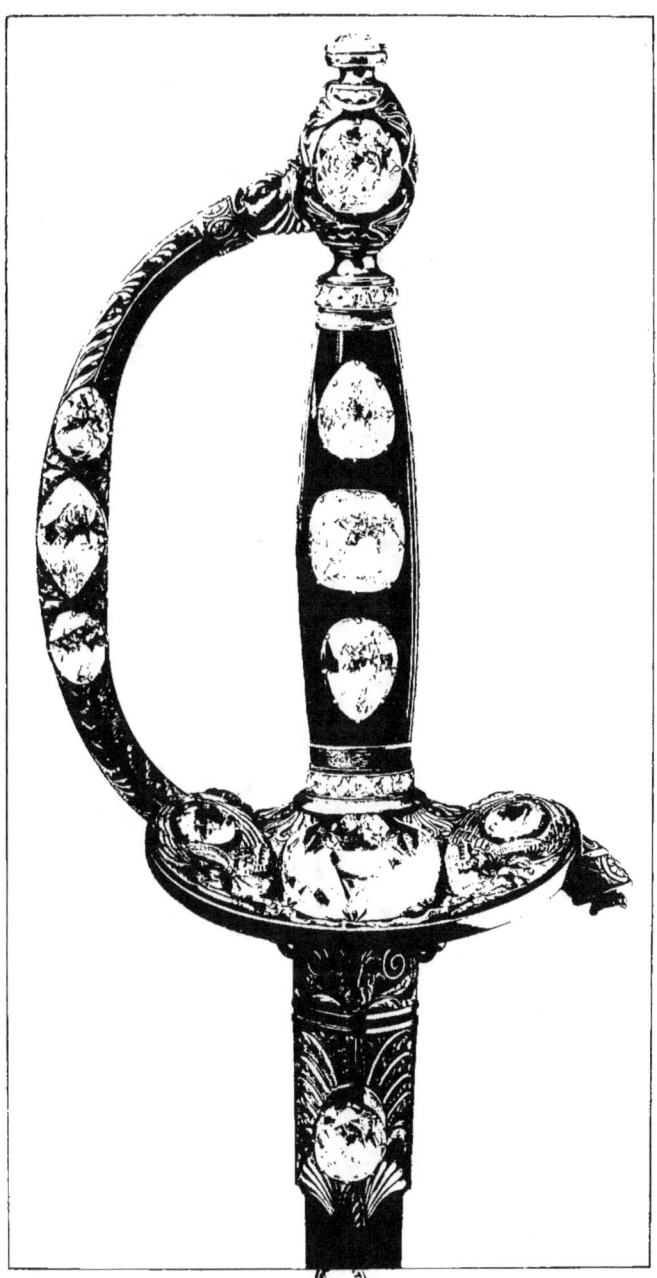

ÉPÉE DU SACRE DE NAPOLÉON Ier, AVEC LE RÉGENT SUR LA GARDE,
EXÉCUTÉE PAR NITOT EN 1803, DÉMONTÉE EN 1811.
L'ensemble des diamants pesait 254 carats. (Appartient au lieutenant-colonel Edgar Nitot.)

LE CONSULAT ET L'EMPIRE 37

Le tableau du *Sacre de Napoléon*, par David[1], maintenant au Louvre, est, malgré de nombreuses inexactitudes, un document extrêmement précieux pour l'histoire du bijou, car il représente, d'après nature, les importants joyaux de l'Impératrice Joséphine, ainsi que ceux des princesses et des dames d'honneur.

Nous en reproduisons le fragment le plus intéressant au

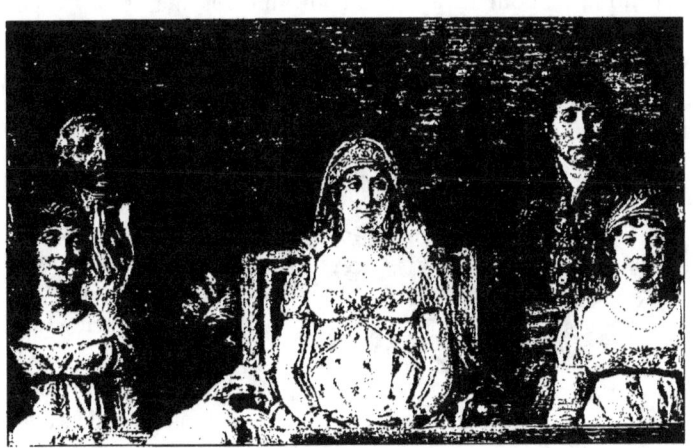

MADAME MÈRE AYANT A SA GAUCHE LA MARÉCHALE SOULT
ET A SA DROITE Mme DE FONTANGES,
est représentée dans le tableau de David comme assistant au sacre de son fils à Notre-Dame.

point de vue du bijou. L'Impératrice est vêtue d'une robe

donc, et lorsqu'à son tour il mourut, son fils, le lieutenant-colonel Nitot, de qui je tiens tous ces détails, écrivit au Président de la République, alors Jules Grévy, pour offrir encore l'épée dans les mêmes conditions ; mais sa lettre resta sans réponse. L'œuvre historique de son arrière-grand-père est donc toujours en sa possession, et c'est grâce à son obligeance qu'il m'a été possible de la reproduire ici.

1. Ce tableau, payé 75.000 francs à l'artiste, fut exposé au Salon de 1808, en même temps que le célèbre *Enlèvement des Sabines*; il eut un succès inouï : les artistes venaient y déposer des couronnes de lauriers ; l'Empereur lui-même, qui était généralement froid et réservé, après avoir longuement examiné l'œuvre au milieu d'un silence absolu, se tourna vers son peintre, et, voulant rendre un hommage public à son talent, il leva son chapeau, devant la brillante assistance qui l'accompagnait, et lui dit en s'inclinant légèrement : « David, je vous salue ! »

de satin blanc, brodé d'argent et d'or, avec de longues manches qui couvrent la moitié de la main et sur lesquelles sont fixés des bracelets de deux rangs de pierreries retenues par un camée. De merveilleuses pendeloques sont suspendues à ses oreilles. Le corsage et le haut des manches près de l'épaule sont striés de lignes brillantes de gros diamants. Un étincelant diadème en joaillerie orne la tête de Joséphine agenouillée pour recevoir la couronne des mains de Napoléon. Derrière l'Impératrice, on remarque la duchesse de La Rochefoucauld et Mme de La Valette, dames d'honneur, qui retiennent les plis de son lourd manteau d'hermine semé d'abeilles d'or.

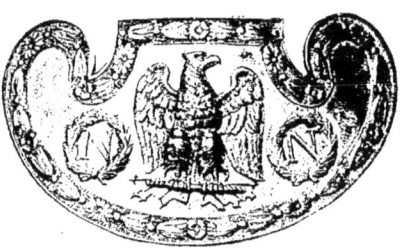

PLAQUE EN OR
DU BAUDRIER DE NAPOLÉON 1er.

Les personnages qui se trouvent séparés des dames d'honneur par les prie-dieu sont : la reine de Naples (Marie-Julie Clary), la reine de Hollande (Hortense de Beauharnais), avec une couronne de lauriers en diamants et une ceinture ornée d'un camée ; elle tient par la main son fils aîné, frère de Napoléon III. Viennent ensuite, la princesse Bacciochi (Élisa Bonaparte) avec une parure d'émeraudes, et la princesse Borghèse (Pauline Bonaparte), puis la grande-duchesse de Berg (Caroline Bonaparte, épouse de Murat) avec une parure de rubis, etc. Derrière les princesses, dominant tout le groupe, le grand maréchal du Palais, Duroc, coiffé d'un chapeau à grandes plumes, ainsi que les maréchaux placés derrière l'Impératrice et parmi lesquels on distingue Joachim Murat, grand-duc de Berg, tenant le coussin de velours sur lequel vient d'être prise la couronne. A sa droite, le maréchal Moncey tient la corbeille, dans laquelle on placera le manteau impérial. Dans une tribune qui domine la scène, Marie-

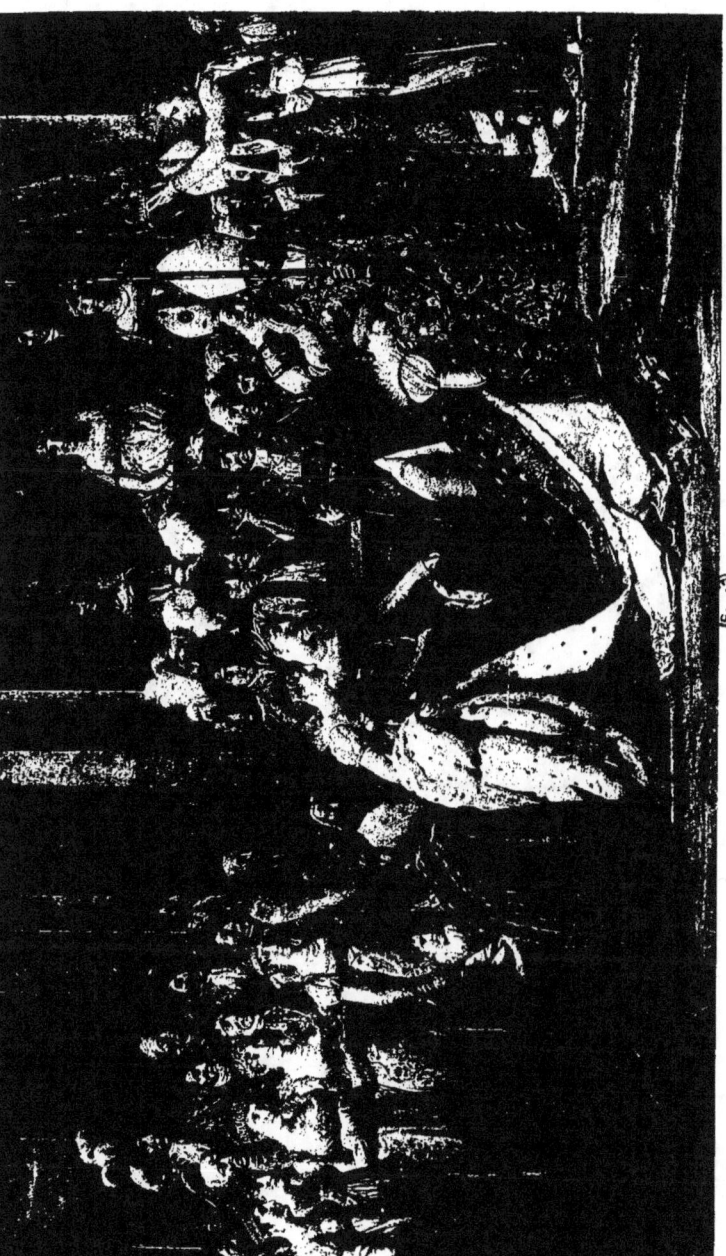

LE SACRE DE NAPOLÉON 1ᵉʳ A NOTRE-DAME (PARTIE CENTRALE DU TABLEAU DE DAVID).

Duroc. Chambellans. M. de Cossé-Brissac. M. de Beaumont, grand écuyer.
Grande Duchesse de Berg. M. de Rémusat. Junot. L'Archevêque de Paris. Mᵐᵉ de Fontanges. Madame Mère. La Maréchale Soult.
Princesse Borghèse. Reine de Hollande. Le Grand-maître des cérémonies. Moncey. Serrurier. Murat. L'Empereur.
Princesse Bacciochi. Reine de Naples. Mᵐᵉ de La Valette. Duchesse de La Rochefoucauld. L'Impératrice.

Lœtitia Ramolino, mère de l'Empereur, est représentée parée de riches joyaux, avec un camée à la ceinture, et ayant à sa droite Mme de Fontanges avec un collier à chaînettes, et à sa gauche la maréchale Soult, avec un diadème et des rivières de diamants[1].

La couronne dont Napoléon s'est couronné de ses propres mains, distincte de celle qu'il va déposer sur la tête de l'impératrice, se trouve actuellement dans la galerie d'Apollon. Elle est l'œuvre de Nitot. Toute en or, décorée de pierres dures gravées et de camées antiques, elle se compose d'un cercle fleuronné d'où partent huit branches qui se réunissent au sommet pour supporter un globe surmonté d'une croix.

C'est cette couronne que, six années plus tard, on trouvait démodée et

1. En réalité, Madame Mère n'assista pas au Sacre de son fils, mais, en dépit de l'exactitude, Napoléon exigea qu'elle figurât dans le tableau de David.

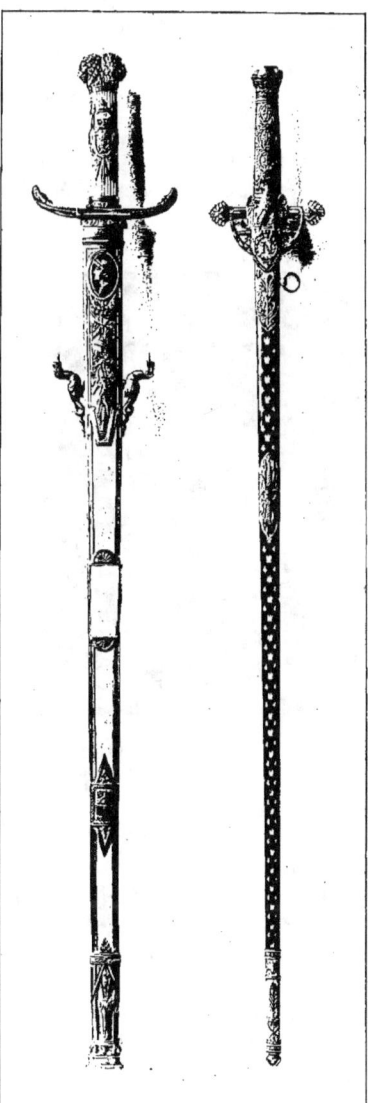

GLAIVE ET ÉPÉE DE NAPOLÉON Ier
EN OR, AVEC FOURREAU DE NACRE ET D'ÉCAILLE.
(Ancien Musée des Souverains.)

qui n'en fut pas moins imposée à Marie-Louise lors de son mariage, car, disait alors Napoléon : « Elle n'est pas belle, mais elle a un caractère particulier et je veux l'attacher à ma dynastie. »

Nitot fut également chargé d'orner la tiare offerte par l'Empereur au Pape, et qui était l'œuvre de l'orfèvre Auguste. Nitot la décora en surmontant chacune des trois couronnes traditionnelles de palmettes rehaussées, au centre, par une grosse émeraude, et dont les intervalles étaient garnis de rubis et de saphirs. La croix du sommet était toute en diamants. Cette tiare se trouve encore aujourd'hui au Vatican, dans le trésor des Papes.

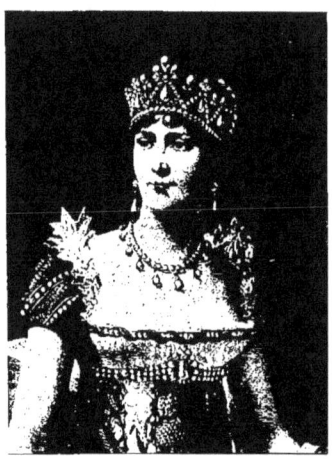

L'IMPÉRATRICE JOSÉPHINE
AVEC UNE PARURE DE PERLES.

Les anneaux impériaux qui furent bénits par Pie VII avant d'être passés au doigt des souverains étaient, pour Joséphine, un rubis — emblème de joie — et pour l'Empereur, une émeraude — emblème de révélation divine. « Le diadème[1], la couronne et la ceinture, confectionnés par Marguerite, coûtèrent 15.000 francs de façon. Marguerite avait fourni 2.261 brillants pour 867.369 francs 10 centimes. »

Les tableaux représentant des fêtes ou des cérémonies

1. D'après M. Frédéric Masson, Joséphine aurait porté deux diadèmes le jour du Sacre : l'un, en joaillerie et qui était estimé plus d'un million, aurait été mis pour se rendre des Tuileries à Notre-Dame et inversement. L'autre, en or couvert d'améthystes — emblème de l'union de l'amour et de la sagesse, — n'aurait été porté que pendant la cérémonie religieuse, de même que Napoléon quitta le « Petit costume » avec chapeau emplumé, pour revêtir, au moment de pénétrer dans la cathédrale, le « Grand costume » à la romaine, représenté dans le tableau de David.

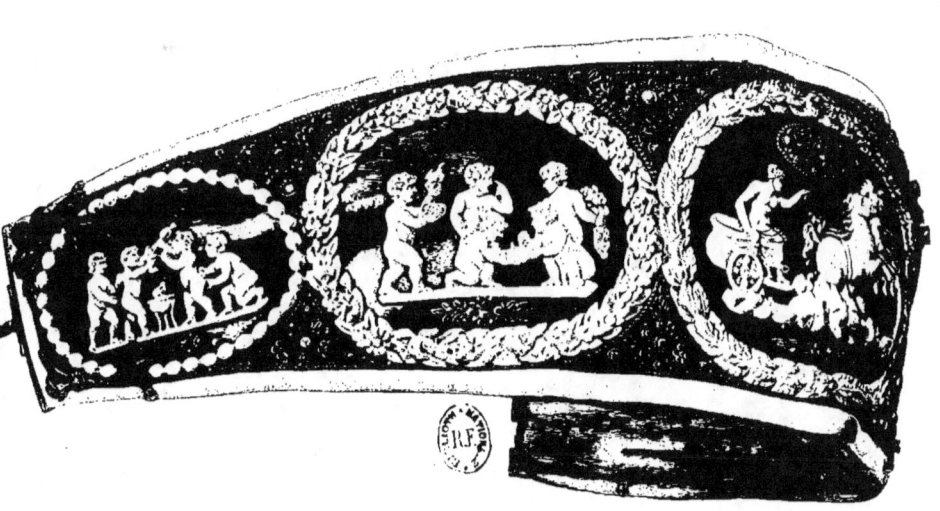

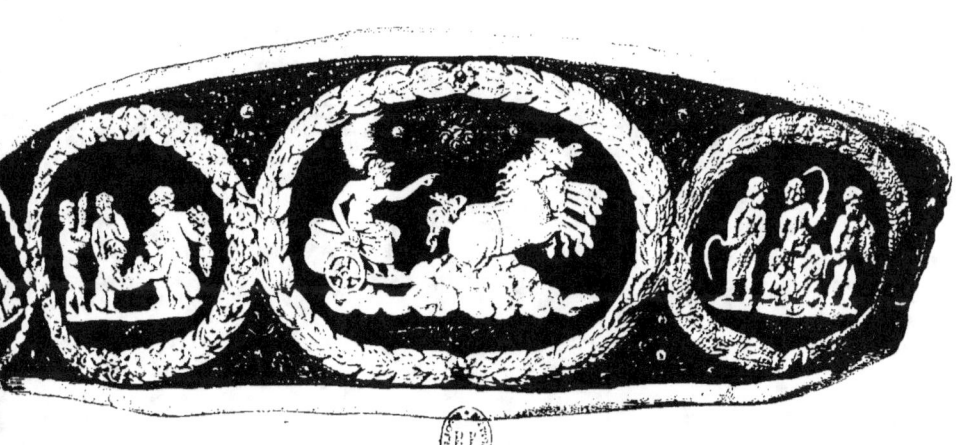

DIADÈME DE L'IMPÉRATRICE JOSÉPHINE
formé d'un camée coquille d'un seul morceau, avec applications d'ornements en or mat et pierreries.
(Appartient à M. Le Bargy.)

officielles, ou des personnages en tenue de gala, montrent que les bijoux d'apparat de cette époque étaient de grandes dimensions; les peignes, les diadèmes, les colliers, les ceintures, composaient des parures conçues dans un style pompeux, destinées à faire bonne figure dans des cérémonies dont le côté théâtral était très étudié.

Ce goût de Napoléon pour le faste était d'ailleurs partagé par Joséphine; personne n'ignore quels étaient le charme, le tact et la bonté de l'Impératrice : très élégante et jolie, elle aimait follement la toilette, qu'elle portait d'ailleurs avec une aisance et une grâce parfaites; elle avait, de plus, une véritable passion pour les bijoux. Mais Joséphine achetait sans compter, de sorte que, malgré une allocation annuelle pour sa toilette qui, en 1809, avait été portée à 450.000 francs,

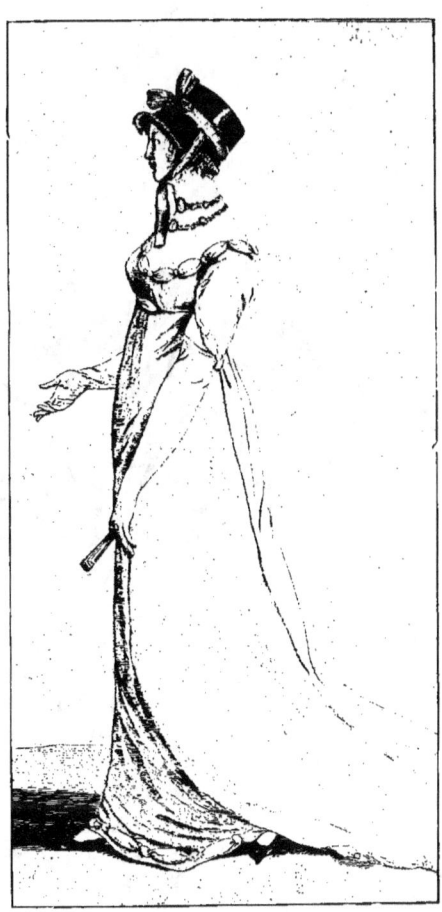

CITOYENNE DE L'AN X (1802).
Double collier avec camées ou avec « camahieus ».

elle en dépensait beaucoup plus et arriva facilement à dépasser la somme de onze cent mille francs par an. Les dettes s'augmentèrent si vite et si bien que l'Empereur fut obligé, de temps en temps, de combler le déficit. A une de ces liquidations de dettes, il fallut débourser à peu près trois millions et demi.

« Ce chiffre serait inexplicable, même avec la prodigalité la plus folle, dit M. Frédéric Masson[1], si les bijoutiers ne figuraient pas dans le compte de la *Toilette* : les bijoux

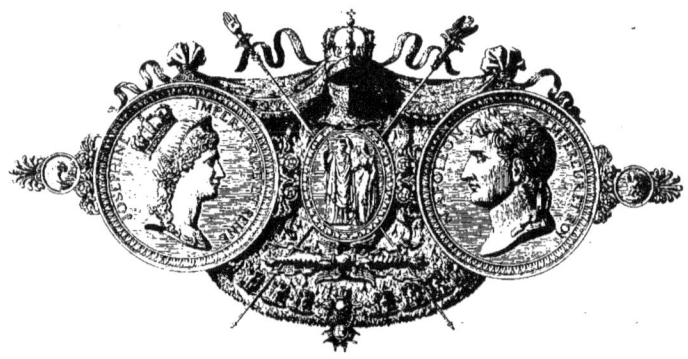

COMPOSITION DE PERCIER ET FONTAINE.
pour le Livre du Sacre.

achetés représentent, dans les dépenses acquittées par Joséphine, 1.625.644 francs 60 centimes — près de la moitié — et autant dans les dettes payées par l'Empereur. Tous les grands bijoutiers de Paris — et même d'ailleurs — ont cette étonnante cliente : Biennais, Depresle, Friese, Marguerite, Foncier, Fister, Nitot, Pitaux, Cablat, Belhate, Perret, Tourrier, Messin, les frères Marx, Conrado, Hollander, Lelong, Meller, Mellerio-Meller et les horlogers Bréguet, Lépine et Mugner, et Capperone et Teibaker, marchands de camées, et Oliva et Scotto, marchands de coraux ! »[2]

1. *Joséphine, Impératrice et Reine*, par Frédéric Masson. Paris, Goupil, 1899.
2. Nous empruntons encore au bel ouvrage de M. Masson, si plein de détails curieux et intéressants, ceux qui suivent ayant trait aux toilettes de

La prodigalité, le gaspillage de Joséphine devinrent tels, que ses fantaisies coûtèrent plus de vingt-cinq millions en six années. On peut s'expliquer par ces chiffres la prospérité

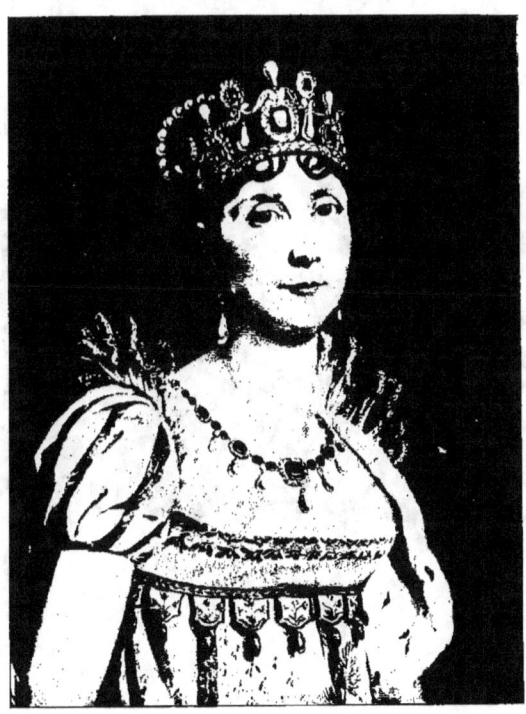

L'IMPÉRATRICE JOSÉPHINE, PAR GÉRARD.
Parure émeraudes, perles et diamants (Musée de Versailles).

inouïe du commerce de luxe et en particulier de la bijouterie,

Joséphine : «.... Voici une redingote de velours gros vert, que serre à la taille une ceinture en or ornée de camées ; voici, ouverte sur une robe de satin chamois, une redingote de velours pensée, boutonnée de topazes d'Orient et ceinturée par une chaîne d'or fermée par un médaillon d'améthyste, et voici, sur une robe de satin blanc, une redingote de velours cannelé blanc, à ceinture d'or en filigrane, incrustée de perles fines avec le médaillon, les boutons et les glands en saphirs et perles fines... » On peut voir par cet extrait quelle place importante le bijou tenait alors dans la toilette féminine.

et l'importance des pièces que les principaux joailliers eurent à exécuter à cette époque.

Marguerite exécuta, en 1804 et en 1805, plusieurs bijoux pour l'usage personnel de Napoléon, entre autres une ganse en joaillerie et un bouton de chapeau du prix de 362.000 francs; au centre du bouton était un diamant de plus de 25 carats, qui avait été payé 180.000 francs. Nous en avons donné plus haut la reproduction d'après le dessin d'Isabey (*Napoléon*

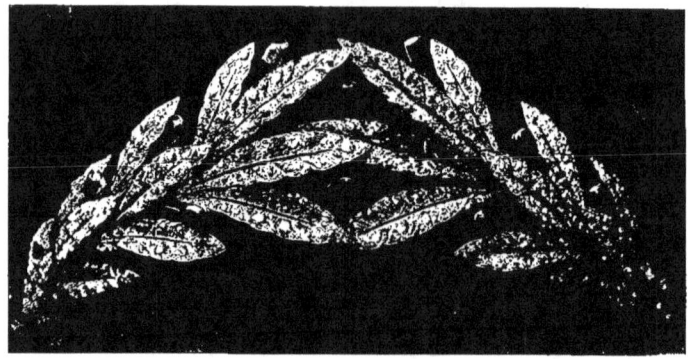

DIADÈME FEUILLES DE LAURIER, DIAMANTS ET RUBIS, EXÉCUTÉ PAR BAPST
POUR L'IMPÉRATRICE EUGÉNIE,
D'APRÈS UN PROTOTYPE DU TEMPS DE NAPOLÉON Ier.

en petit costume) fait pour *le Livre du Sacre* conservé au Musée du Louvre. A la même époque, Nitot et Marguerite [1] fournirent la chaîne et les plaques de la Légion d'honneur [2], pour une somme de 188.221 francs. A partir de 1807, les achats officiels devinrent de plus en plus importants.

1. Marguerite, qui demeurait rue Saint-Honoré, n° 177, fut nommé joaillier de la Couronne en 1811; Nitot, qui, après avoir demeuré rue Saint-Honoré, puis rue de Rivoli, n° 4, où il était joaillier de S. M. l'Impératrice-Reine, transporta sa maison place Vendôme, n° 15, sous la raison sociale : *Nitot Étienne et fils, joailliers et bijoutiers de LL. MM. l'Empereur, l'Impératrice, le Roi et la Reine de Westphalie*. Son fils continua ses affaires; nous verrons qu'il se retira à la suite des événements politiques de 1815 et céda sa maison à Fossin.

2. Bonaparte fonda l'ordre national de la Légion d'honneur en 1802.

Napoléon fit exécuter par Nitot un diadème de rubis, avec feuilles de laurier en diamants, qui peut être considéré comme le prototype de tous ceux du même genre qui ont été exécutés depuis. Nous donnons la reproduction de l'un d'eux, et bien des joailliers seront sans doute surpris, en le voyant, de reconnaître un modèle dont ils ignoraient probablement l'origine et qui a été répété maintes fois jusqu'à nos jours.

Dans le tableau de Regnault que nous reproduisons, et qui représente Napoléon et Joséphine assistant au mariage du prince Jérôme et de la princesse de Wurtemberg (22 août 1807), l'Empereur, en « petit costume » du Sacre, y figure avec un vaste chapeau à plumes blanches, sur lequel est fixé le fameux bouton de chapeau

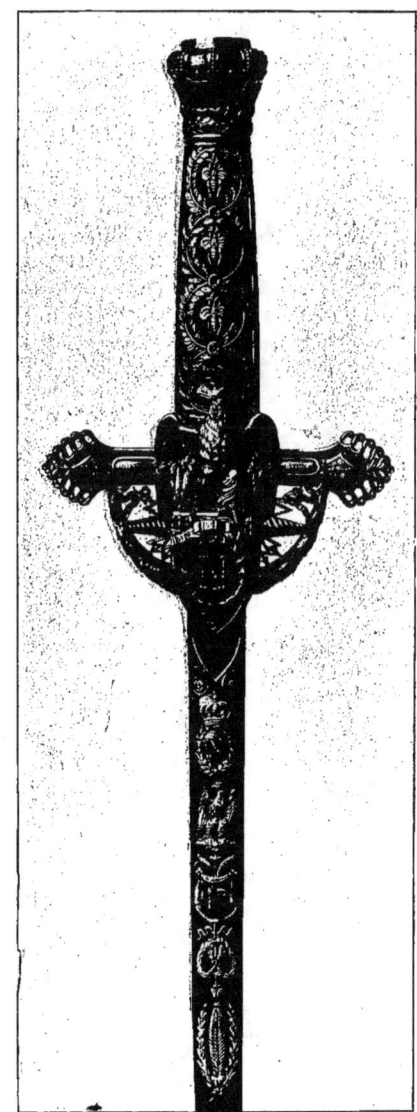

ÉPÉE DE NAPOLÉON Ier EN FORME DE GLAIVE EN OR CISELÉ.
(Ancien Musée des Souverains.)

de 362.000 francs, malheureusement peu visible sur notre gravure ; il porte également les insignes de la Légion d'honneur en brillants, dont il a été parlé plus haut. La toilette de l'Impératrice est rehaussée d'une merveilleuse parure de perles : sur la tête, aux oreilles, au cou, à la ceinture, aux poignets, et jusque sur les manches et sur la bordure de sa robe, ce ne sont que perles admirables.

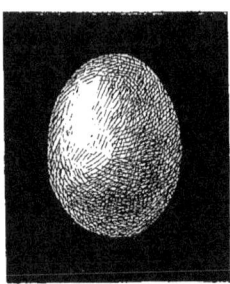

PERLE DE 337 GRAINS
achetée par Napoléon 1er à Nitot,
en 1811,
pour le prix de 40.000 francs.
(Grandeur exacte).

Dans cette splendide collection ne figure pas encore la grosse perle, en forme d'œuf, du poids de 337 grains, achetée à Nitot[1] en 1811 pour le prix de 40.000 francs. Cette perle, qui avait figuré au centre d'un diadème exécuté pour Marie-Louise, fut vendue en 1887 par l'administration des Domaines qui, avec une désinvolture égale à son ignorance, lui avait donné le nom absolument fantaisiste de *Régente*, qu'elle n'a jamais porté.

Assise à la gauche de l'Empereur, Madame Mère porte

[1]. Marie-Étienne Nitot, dont la famille est originaire des environs de Château-Thierry, est né à Paris le 2 avril 1750 ; il y mourut le 9 septembre 1809. Sa maison resta à l'un de ses quatre fils, qui était déjà son associé : François-Regnault Nitot, né à Paris en 1779. Ce dernier mourut le 19 janvier 1853, place Vendôme, n° 15, laissant une fille, devenue comtesse Treilhard, et cinq fils ; l'un d'eux épousa Mlle Baurain, dont les parents étaient dans le commerce de la joaillerie. Un autre, Ferdinand, devint général sous Napoléon III et mourut en 1888. Son fils, le lieutenant-colonel Édgar Nitot, encore existant, après s'être engagé à dix-sept ans, prit une part glorieuse à la célèbre charge des cuirassiers à Rezonville.

Tandis que Nitot s'illustrait dans la joaillerie, un de ses proches parents, frère ou cousin, remportait des succès d'artiste comme chanteur à l'Opéra, sous le nom de Dufrène, et comme graveur, en reproduisant au trait l'œuvre de Flaxman. Ce Nitot-Dufrène était aussi grand amateur de belles gravures ; il en avait réuni une collection remarquable qu'il céda à un Russe, en 1813, pour 80.000 francs. Il se fixa ensuite aux environs de Bordeaux, où il mourut vers 1829.

Le nom de Nitot a été donné à une des rues de Paris (quartier de Chaillot), située à l'emplacement où se trouvait la propriété du célèbre joaillier.

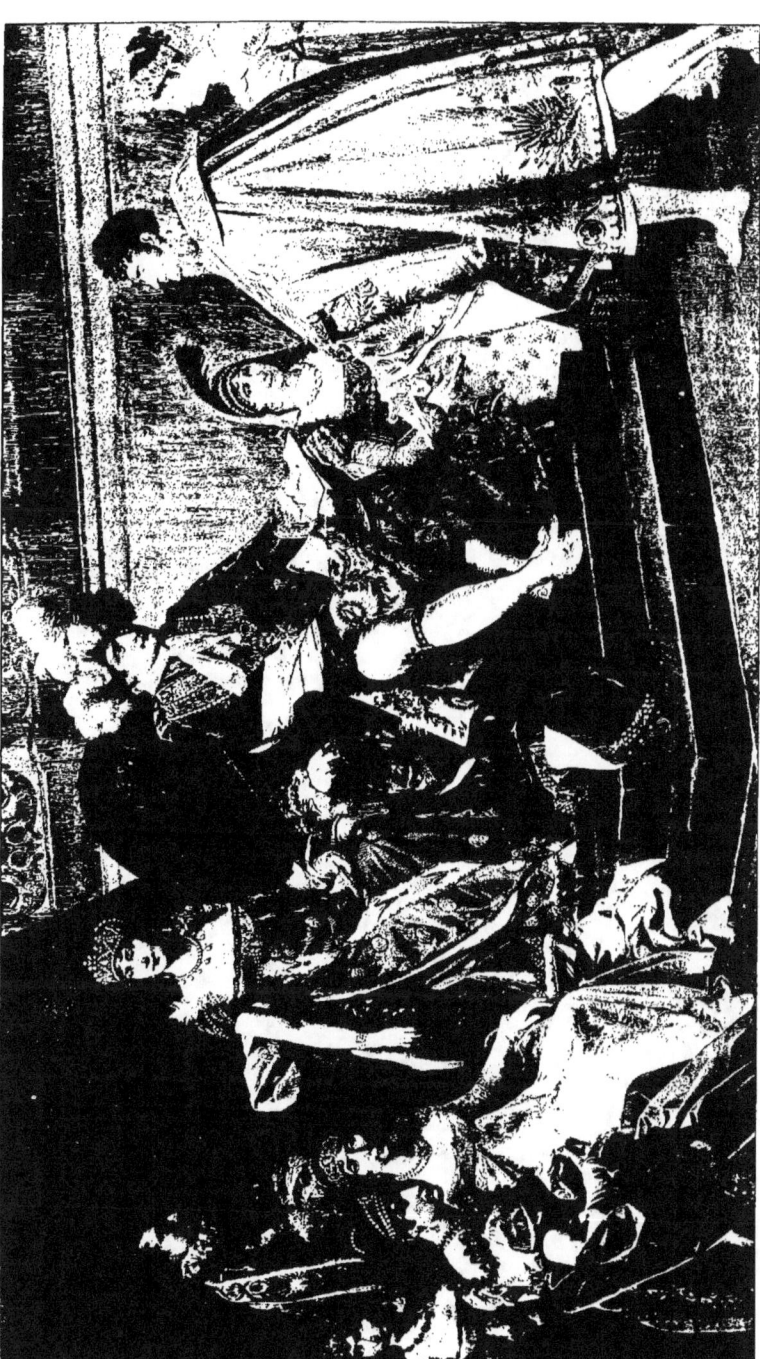

NAPOLÉON 1ᵉʳ ET L'IMPÉRATRICE JOSÉPHINE AU MARIAGE DU PRINCE JÉRÔME ET DE LA PRINCESSE DE WURTEMBERG (22 AOUT 1807)
PAR J.-B. REGNAULT (MUSÉE DE VERSAILLES), FRAGMENT.

Joseph Bonaparte, roi de Naples. L'Impératrice. L'Empereur. Madame Mère. Princesse de Wurtemberg.
Hortense-Eugénie de Beauharnais. Marie-Julie Clary. Jérôme Bonaparte.
Marie-Pauline Bonaparte.

une aigrette et des rivières de diamants dans les cheveux ; au premier plan, à droite, sur des fauteuils, la Reine de Naples et les princesses impériales, ornées de parures de

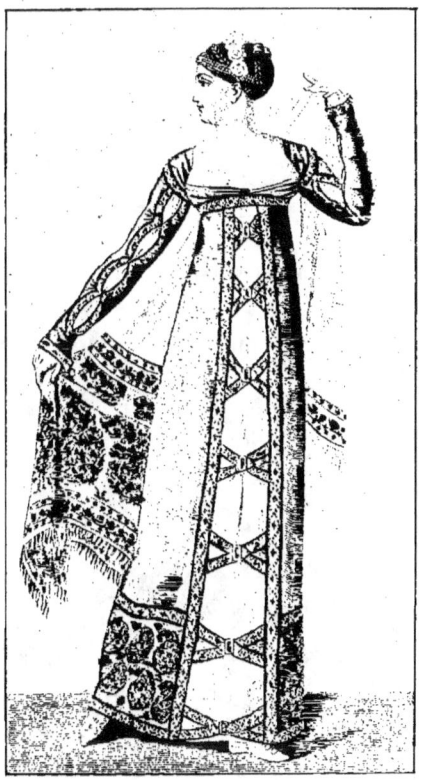

TOILETTE DE BAL. (1811).
Bandeau de perles dans la coiffure, garniture de boucles sur le devant de la robe.

perles, de diamants et de camées. Debout derrière, Joseph Bonaparte, Roi de Naples.

Nous avons dit comment Nitot devint joaillier de l'Empereur. Avec un pareil patronage, ses affaires étaient très prospères, et, indépendamment de la commande fantastique dont on a lu le récit, il faisait pour plus d'un million d'affaires par an, chiffre énorme pour l'époque. On rapporte qu'il effectua le voyage de Rome pour y porter la fameuse

PEIGNE EN JOAILLERIE (VERS 1811).

tiare du Pape et que, en commerçant avisé, il eut soin d'emporter une pacotille de bijoux. Passant par Milan, où Napoléon se faisait sacrer roi d'Italie, il fit de bonnes affaires avec Joséphine, dont il connaissait le goût pour

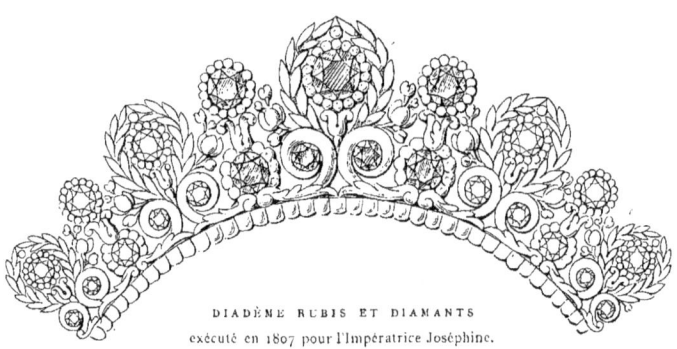

DIADÈME RUBIS ET DIAMANTS
exécuté en 1807 pour l'Impératrice Joséphine.

les joyaux, et reçut à cette occasion le titre de joaillier de l'Impératrice.

C'est en 1811 que l'ancienne épée de cérémonie du Premier Consul fut démontée, pour être transformée en glaive par Nitot. Le *Régent* qui figurait précédemment sur la garde fut alors transporté sur le pommeau ; tandis que

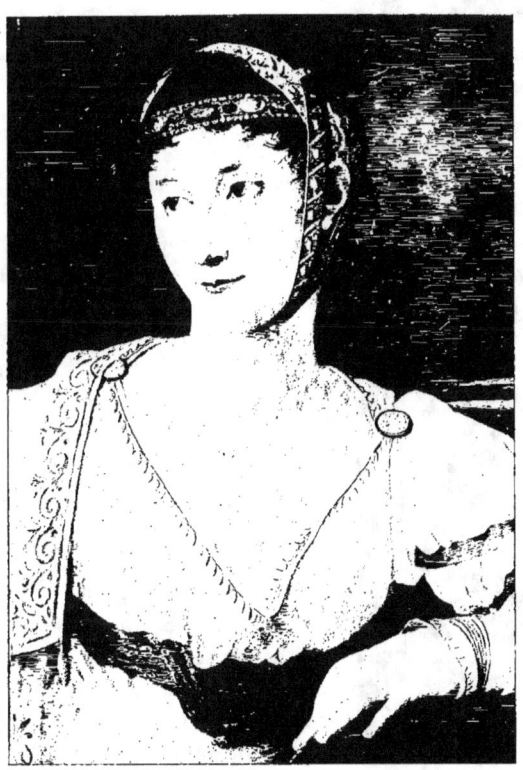

LA PRINCESSE BORGHÈSE (PAULINE BONAPARTE)
PAR ROBERT LEFEBVRE.
Plaques d'opales dans la coiffure et sur les épaules, bracelets en petites chaines d'or.
(Musée de Versailles.)

les autres pierres, également très précieuses, furent réparties sur la poignée, le fourreau et le baudrier[1] en velours blanc

[1]. Les grosses roses qui l'ornaient provenaient de l'épée de Louis XVI et d'une ceinture de l'Impératrice. Les dessins que nous reproduisons font partie des archives de la maison Chaumet.

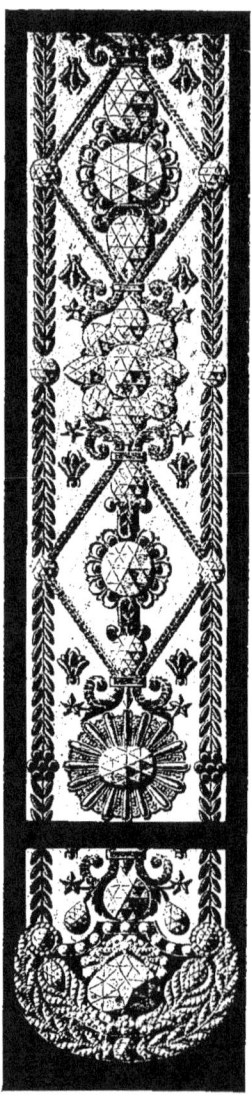

BAUDRIER DE NAPOLÉON I*
PAR NITOT ET FILS (1812).
Largeur, 0ᵐ08.

de ce glaive impérial. La facture de Nitot, datée du 16 novembre 1812, existe aux Archives nationales ; elle porte 74.036 fr. 62 pour le glaive, 8.874 fr. 32 pour le baudrier ; ensemble 82.910 fr. 94. Il ne faut pas comprendre dans cette somme les pierres qui appartenaient à l'État.

Nitot fut également chargé d'exécuter, pour l'Impératrice, une parure composée d'une collection de gros rubis entourés de diamants et reliés entre eux par des motifs de joaillerie ; cette parure comprenait un collier, un peigne, une coiffure, un diadème, des pendants d'oreilles, une ceinture et une paire de bracelets, car la mode exigeait alors qu'on portât un bracelet identique à chaque bras ; cet usage fut suivi sous les régimes successifs par les souveraines et les princesses, jusqu'en 1870. Les princesses de la famille d'Orléans s'y conforment encore de nos jours, paraît-il, dans toutes leurs parures d'apparat.

Napoléon aimait les cérémonies, la pompe, le grand apparat ; les dames de la cour rivalisaient de luxe aux fêtes somptueuses données chaque semaine aux Tuileries et pour lesquelles aucune excuse n'était admise ; on ne pouvait prétexter ni une absence du mari, ni une indisposition, ni même un deuil : il fallait danser par ordre. Les ministres étrangers qui voulaient plaire devaient aussi donner des fêtes. De plus, l'Empereur, désireux de favoriser les affaires, imposait le luxe à ses grands dignitaires, aux « illustres parvenus » dont il avait fait la fortune. Non seulement il les obligeait à avoir de belle argenterie massive et non repoussée ou estampée, mais encore à donner des fêtes nombreuses et brillantes : concerts, soirées, bals, dans lesquels les brillants uniformes[1] des officiers se mêlaient aux pierreries éblouissantes des femmes.

A plus forte raison, aux réceptions impériales, le luxe était-il de rigueur. Les dames de la cour étaient couvertes de diamants, et dans le

[1]. En plus des décorations et des épées d'apparat, Napoléon avait fait exécuter par le joaillier de la Couronne des épaulettes, des boutons d'habit et des boucles en diamants.

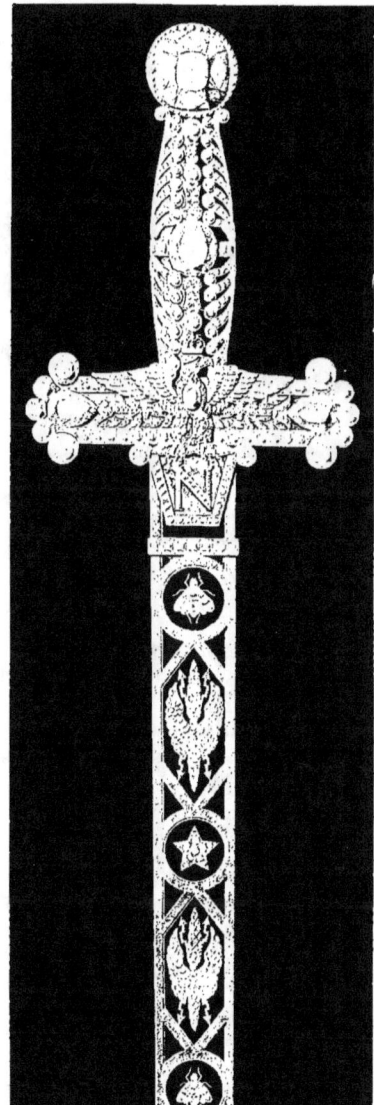

GLAIVE DE NAPOLÉON 1ᵉʳ (1812)
AVEC LE « RÉGENT » SUR LE POMMEAU

fameux quadrille, *les Péruviens allant au temple du Soleil*, qui fut dansé aux Tuileries en 1812, elles en portèrent, dit-on, pour une valeur de vingt millions de francs, somme très considérable pour le temps.

Cette période somptueuse, qui avait commencé en 1804, se prolongea jusqu'au mariage de Napoléon avec Marie-Louise. A cette occasion et pour les réceptions qui eurent lieu sans interruption en 1810, 1811 et au commencement de 1812, l'Empereur fit de nouvelles acquisitions de perles, de diamants, de pierreries, pour une somme d'environ six millions[1]; un joaillier nommé Chaine en vendit alors pour plus de 800.000 francs.

Lors de son mariage avec Marie-Louise, l'Empereur s'occupa personnellement et fort activement de la corbeille. Il envoya Berthier à Vienne, porter des parures merveilleuses, qui éblouirent la jeune archiduchesse, habituée à une vie simple et familiale et élevée dans des idées d'économie. C'était, entre autres, une grande parure en diamants, montée par Nitot, dans les ornements de laquelle se retrouvaient les palmettes et les culots caractéristiques du style de cette époque. Cette parure se composait de : un diadème, un collier, un peigne, une paire de boucles d'oreilles, une ceinture et une couronne, et la paire de bracelets traditionnelle, le tout valant, à dire d'expert, 3.325.724 francs 19 centimes[2].

---

1. A titre de curiosité, nous relevons dans *l'Azur* de 1811 un spécimen d'insertion qui montre l'étrange variété de ce que l'on pouvait se procurer chez certains négociants d'alors, et aussi le soin que l'on prenait déjà de recourir à la publicité des annonces :

OPPENHEIM (S.-M.), rue St Martin, vis à vis celle Aubry-le-Boucher, n. 30 ; Joaillier, Diamantaire, Lapidaire breveté par S. M. l'Empereur Roi, et tient assortiment de diamans, pierres de couleurs en parures et pierres détachées de toutes les grosseurs et qualités ; pierres gravées antiques et modernes, perles, coques, cornalines, coraux, agates, pastilles du sérail, essence de roses, boules de la Chine, et généralement tout ce qu'emploient les joailliers, bijoutiers et metteurs-en-œuvres.

Graveur lapidaire, fabricant de mosaïques, de sujets peints, dorés et gravés en nacre et en cheveux ; tient collection de minéraux, coquillages et curiosités. Vend, achète et taille diamans, pierres de couleurs, et généralement toutes les pierres fines et fausses.

2. En même temps que l'importance de cette parure, il y a lieu de remar-

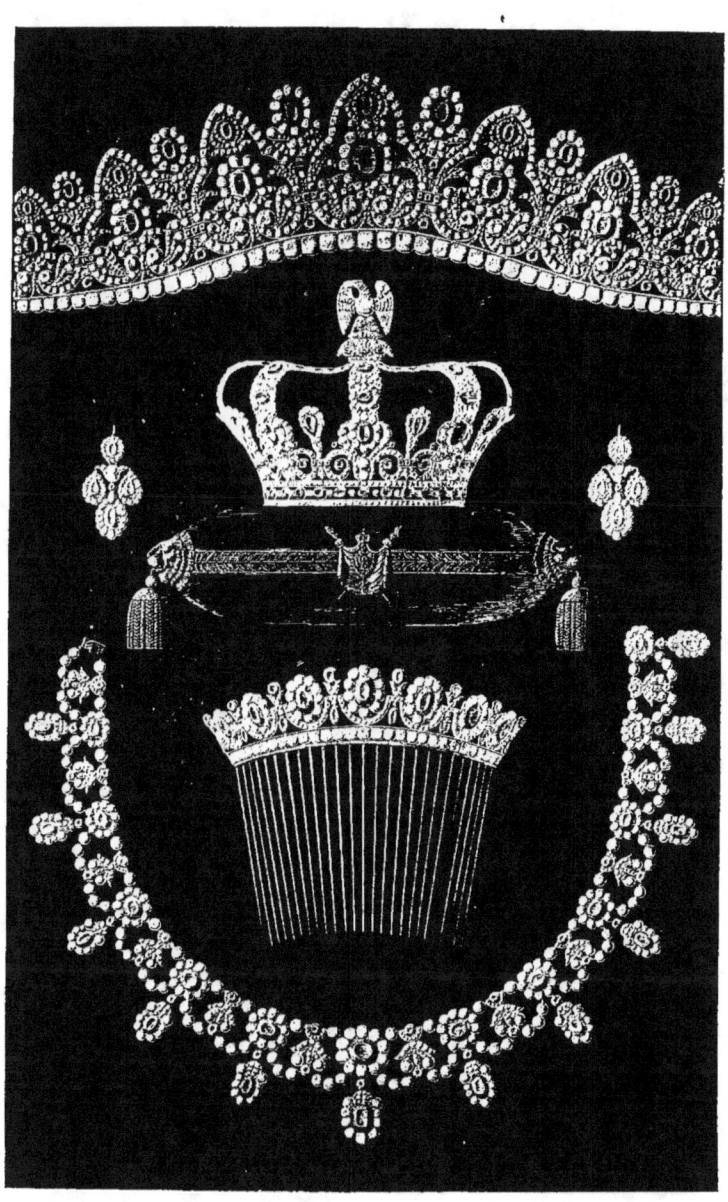

GRANDE PARURE DE RUBIS ET BRILLANTS EXÉCUTÉE PAR NITOT ET FILS
Diamètre de la couronne, à la base, 0m10. (Archives de la maison Chaumet.)

La parure de perles valait 509.773 francs ; la parure d'émeraudes et brillants, 289.865 francs ; la parure d'opales et brillants, 275.953 francs. Ces parures étaient enfermées dans un écrin de velours vert, orné de bas reliefs et serti d'abeilles en vermeil, de 7.700 francs. On n'avait point oublié les bourses d'usage, en perles d'or ou d'émail, de 730 francs, contenant cinquante doubles-napoléons à fleur de coin [1].

Au total, avec les douze gros brillants entourant le portrait de l'Empereur, que Berthier devait remettre à l'archiduchesse, il y avait pour 4.633.345 francs de bijoux. La corbeille et le trousseau passaient ainsi cinq millions [2].

La cérémonie religieuse eut lieu le 2 avril 1810, dans le grand salon carré du Louvre, transformé en chapelle pour la circonstance. D'après les récits que nous ont laissés les historiens, Napoléon était au moins aussi richement paré de joyaux que l'impératrice. Il portait une toque de velours noir, garnie de huit rangs de diamants, que surmontaient trois plumes blanches attachées par un nœud de diamants au centre duquel brillait le *Régent* ; au col, le grand collier de la Légion, en joaillerie ; au côté, un glaive avec pierreries merveilleuses. « Tout sur lui est diamants : la garniture et la ganse de sa toque, l'épaulette qui retient son manteau, les boucles des Jarretières et des souliers, le collier de la Légion, la poignée du glaive. Et c'est de diamants que Marie-Louise semble vêtue, tant elle en est chargée sur sa robe faite de rayons lunaires [3]. »

Mais ce fut presque le dernier éclat des joailleries éblouissantes, car la nouvelle Impératrice était loin d'avoir pour le luxe et la dépense le même goût que Joséphine. Élevée avec simplicité et économie, elle semblait gênée dans

quer le coup d'œil vraiment précis de l'expert, qui en a établi la valeur au centime près.

1. Marie-Louise donna un de ces doubles-napoléons à chacun des malades français qui se trouvaient alors dans les hôpitaux de Vienne.
2. Frédéric Masson, *l'Impératrice Marie-Louise*. Paris, Goupil et Cie, 1902.
3. Frédéric Masson, *loc. cit.*

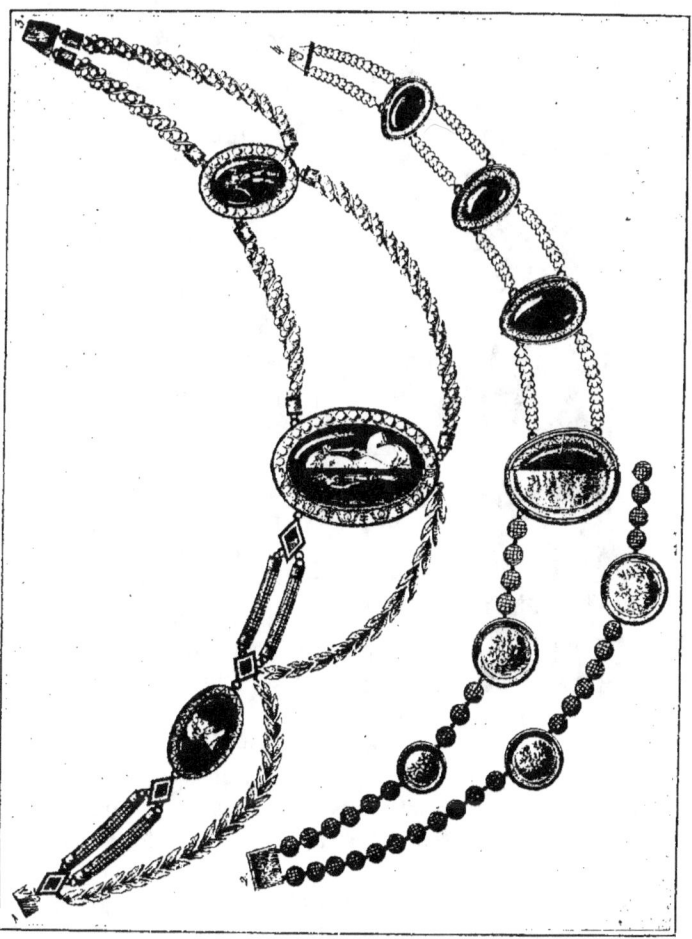

1. Collier à Branches en Palmettes.
2. Collier à Plaques d'Agathe Berbérine.
3. Collier à Branches en Cordes de Perles fines.
4. Collier à Branches en Palmettes.

(Les plaques en cornaline, en camées ou en intailles.)

Gravure extraite des *Meubles et Objets de goût*, par La Mésangère. (Bibliothèque Nationale.)

sa haute situation; elle dépensait fort peu et ne se laissait même pas tenter par les bijoux, qu'elle aimait cependant.

« De ceux qu'elle achète pour elle, non pour des présents, six seulement passent 8.000 francs; les trois gros achats, c'est une parure de turquoises, diamants et perles de 31.096 francs; pour 78.848 francs, le complément de la parure en opales de la Corbeille (grand bandeau formant ceinture, deux bandelettes et deux bracelets), et pour 16.858 francs, le complément de la parure en rubis du Brésil et diamants. Le reste, de pure fantaisie, de souvenir, de tendresse : Almanach-souvenir émaillé avec peinture sur émail, bracelets en pierres de couleurs, formant les noms de Napoléon et de Louise, bracelets en or, en pierres de couleur ou en cheveux avec des miniatures, boîtes avec des bas-reliefs d'allégorie, collier avec les portraits des archiduchesses, c'est là le plus dispendieux; après, des petites bagues dont la plus chère est de 484 francs, des chaînes d'or ou de jaseron pour les montres, quelque fermoir d'escarcelle pour un sac à la Catherine de Foix ou pour une aumônière, des parures de jayet ou de corail, d'incrustations de Florence, d'agate, d'améthyste, de bleu de nacre, de pastilles vertes ou de grains de lapis, des

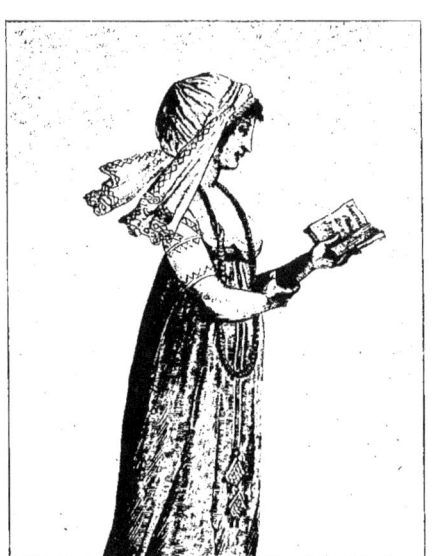

COLLIER SERPENT EN TISSU D'OR SOUPLE
PETITES AUMÔNIÈRES EN OR (AN VIII).

500 francs, des 300 francs, des 30 francs, des 18 francs; en tout quinze objets excédant 1.000 francs. Si, par année, elle dépense chez les bijoutiers 50.000 francs, c'est tout au plus (52.941 francs en 1810, 26.286 francs en 1811, 38.866 francs en 1812, 51.049 francs en 1813), et là-dessus, combien d'objets on va la voir donner!

Ici encore un exemple suffit pour montrer le caractère :

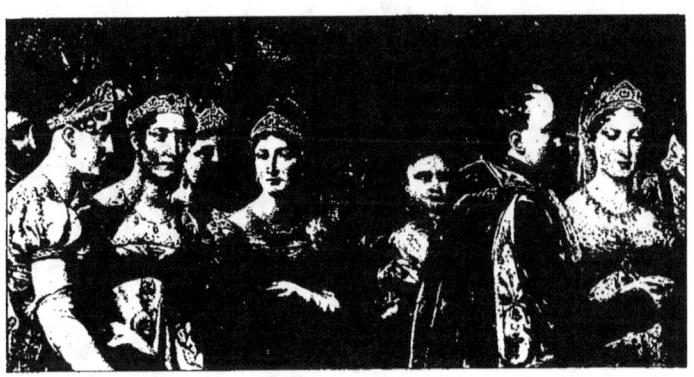

MARIAGE DE NAPOLÉON I*ᵉʳ* ET DE MARIE-LOUISE AU LOUVRE (2 AVRIL 1810)
PAR ROUGET. (FRAGMENT.)
(Musée de Versailles.)

1. Marie-Pauline Bonaparte, princesse Borghèse (parure de diamants).
2. Marie-Anne-Élisa Bonaparte, grande duchesse de Toscane (parure d'émeraudes).
3. Hortense-Eugénie de Beauharnais, reine de Hollande (parure de diamants).
4. Marie-Annonciade-Caroline Bonaparte, reine de Naples (parure de rubis).

le joaillier de la Couronne lui fait présenter une parure de rubis du Brésil, montée au dernier goût : diadème, collier, peigne, boucles d'oreilles, ceinture; cela vaut 46.000 francs. Elle en a grande envie; mais le jour de l'an approche, elle compte faire à ses sœurs pour 25.000 francs de cadeaux, n'a plus à disposer que de 15.000, et, voulant finir l'année sans une dette, renvoie la parure. Le secrétaire des Dépenses, avant de la rendre au joaillier, conte l'histoire à Duroc, qui en régale aussitôt l'Empereur. Napoléon ordonne une parure exactement semblable, mais avec des rubis de 400.000 francs, et il l'offre à l'Impératrice, qui, joyeuse du présent, est mécontente d'avoir été trahie. »

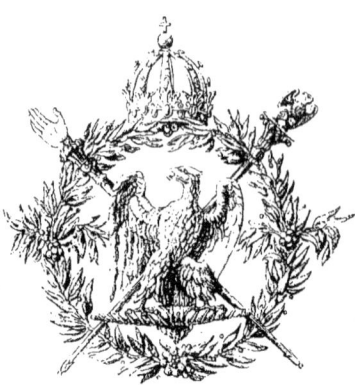

ARMES DE L'EMPIRE, PAR PERCIER.

C'est à cette époque qu'Odiot et Thomire, le célèbre bronzier, exécutèrent, d'après les dessins de Prud'hon, le berceau du Roi de Rome, d'une belle composition[1] et très habilement exécuté. La Ville de Paris l'offrit, le 5 mars 1811, à l'Impératrice Marie-Louise. On a pu revoir à l'Exposition de 1900, dans le pavillon de la Ville de Paris, ce magnifique spécimen de l'art décoratif à une époque où les beaux ouvrages sont fort rares; celui-ci est encore un objet d'admiration justifiée aujourd'hui, malgré les grands changements que le temps et l'évolution artistique ont apportés à notre goût si différent de celui qui régnait sous l'Empire. Ces orfèvres exécutèrent également, toujours d'après les dessins de Prud'hon, la toilette de l'Impératrice Marie-Louise, magnifique ouvrage tout en vermeil et

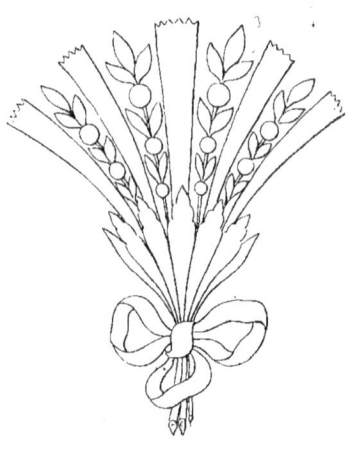

AIGRETTE JOAILLERIE.

1. Prud'hon, dont l'art est si opposé à celui de David, — qui, dans ses figures, voulait faire sentir l'anatomie même à travers les vêtements, — Pru-

lapis, qui avait été offerte le 15 août 1810. « Il consistait en un écran à glace, monté sur deux colonnes, avec des bras

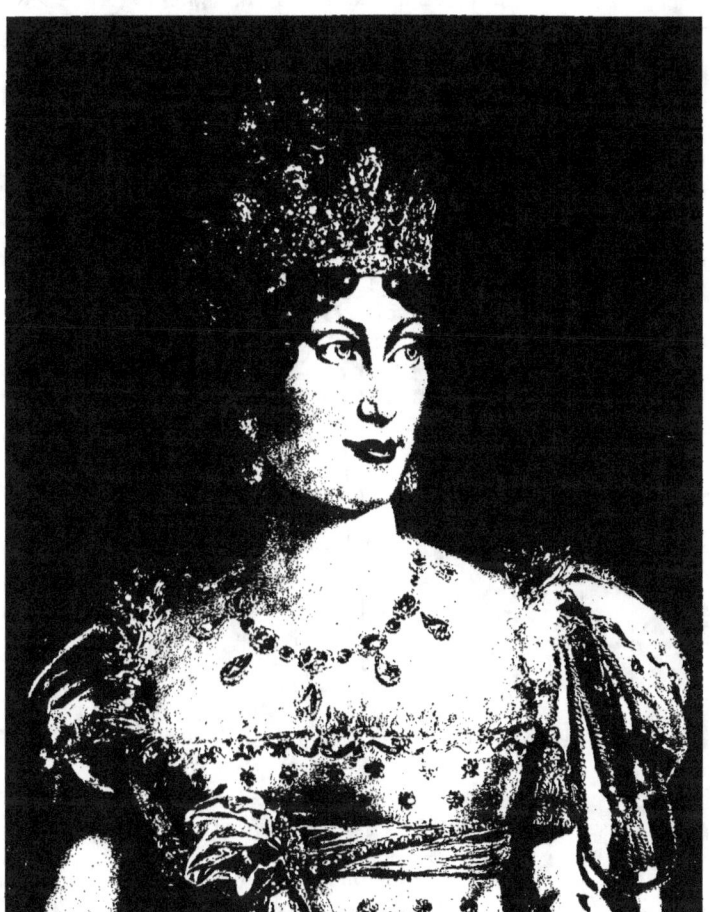

L'IMPÉRATRICE MARIE-LOUISE, PAR GÉRARD.

d'hon était, lui aussi, guidé par l'antiquité, mais avec infiniment plus de naturel et de souplesse (comme le fut d'ailleurs Clodion dans la sculpture décorative). Il montre ce que l'on aurait pu faire si, à son exemple, on avait voulu être moins sec et moins étriqué. Ses œuvres sont d'un style plus sou-

à figures soutenant les bougies ; au sommet, l'Empereur, en costume romain, et Marie-Louise, unis par l'Hyménée, se donnaient la main, et des amours amenaient l'Aigle de France et celle d'Autriche, enchaînées avec des fleurs ; les colonnes supportant l'écran reposaient sur des navires de

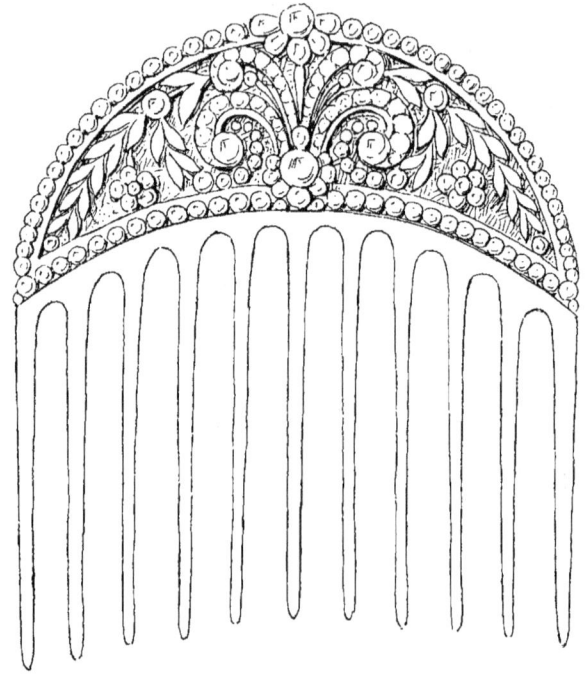

PEIGNE JOAILLERIE SUR FOND D'OR.
(Archives de la maison Bapst et Falize.)

style égyptien, faisant allusion aux armes de Paris ; le fauteuil, le lavabo dans le style antique, la toilette, dont la glace ovale était entourée d'amours, ne le cédaient pas, pour le mérite, à la pièce principale[1]. » Marie-Louise em-

---

riant, rajeuni, francisé, et les modèles d'orfèvrerie qu'il composa sont, en tous points, charmants et gracieux.

1. De Luynes.

porta cette toilette à Parme, lorsqu'elle reçut la souveraineté

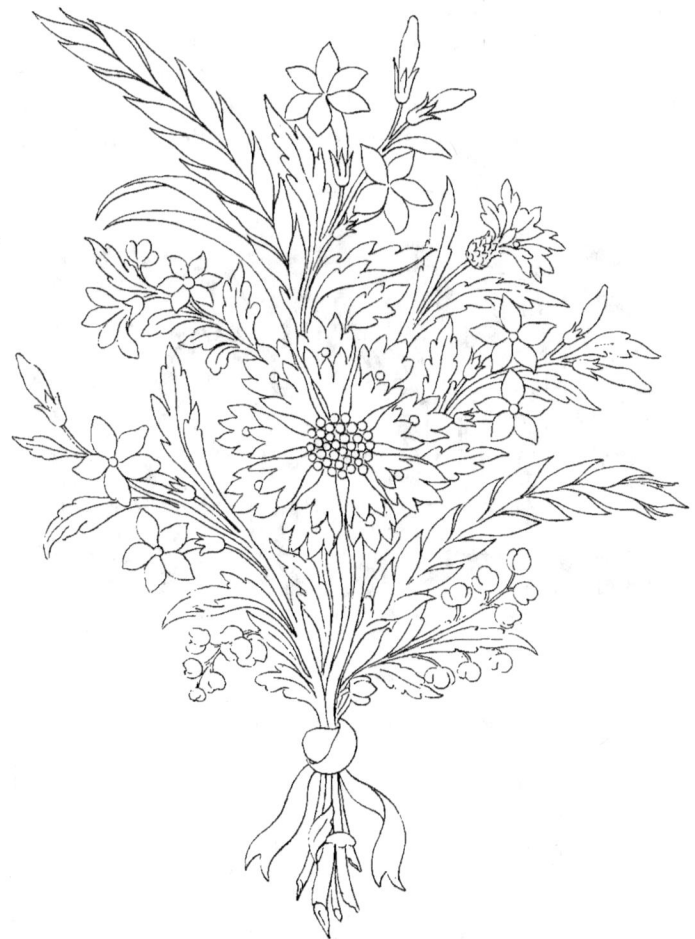

BOUQUET DE JOAILLERIE (GRANDEUR D'EXÉCUTION).
(Extrait de l'ouvrage publié par Vallardi vers 1811.)

de ce grand-duché; malheureusement, elle perdit de vue ce que ce souvenir pouvait avoir de précieux pour elle, et, ne considérant que la valeur intrinsèque d'un tel objet d'art, elle le fit fondre en 1832, pour subvenir aux besoins des orphelins du choléra.

Les collaborateurs d'Odiot et de Thomire, pour ces deux œuvres capitales, furent les fondeurs de bronze Eck et Durand. Quant au modelage des figures, il devrait être attribué, selon le duc de Luynes, au sculpteur Radiguet;

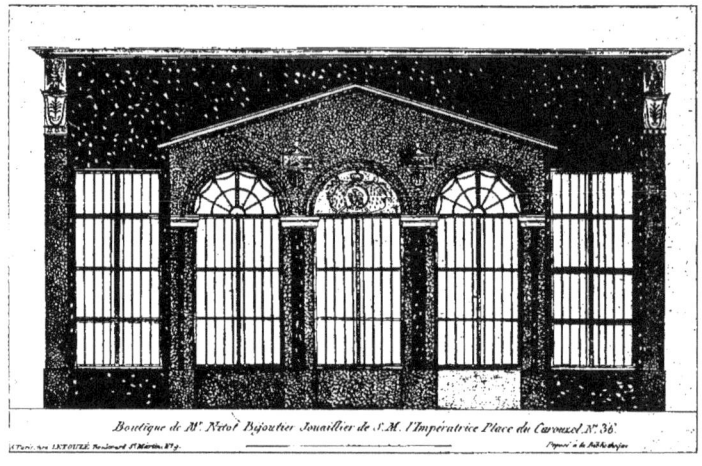

BOUTIQUE DE NITOT, PLACE DU CARROUSEL.
Extrait de la *Collection des Maisons de Commerce de Paris les mieux Décorées*.
(Bibliothèque de l'Union centrale des Arts décoratifs.)

selon M. F. Masson, à Rolland; suivant d'autres auteurs, à un nommé Roguet ou Roguier[1].

A partir de 1812, il n'y eut plus de commandes officielles

---

1. Un ouvrage in-folio, imprimé en 1811 chez Ballard, rue Jean-Jacques Rousseau, n° 8, et intitulé : « Description de la Toilette présentée à Sa Majesté l'Impératrice-Reine, et du Berceau offert à S. M. le Roi de Rome, par M. le Conseiller d'État comte Frochot, préfet du département de la Seine, et par le Corps municipal, au nom de la Ville de Paris, etc. », mentionne que ces objets sont « composés par M. Prud'hon, peintre de S. M. l'Impératrice, membre de la Légion d'honneur; exécutés sur ses dessins par MM. Thomire et Odiot, modelés par Roguet, sculpteur. »

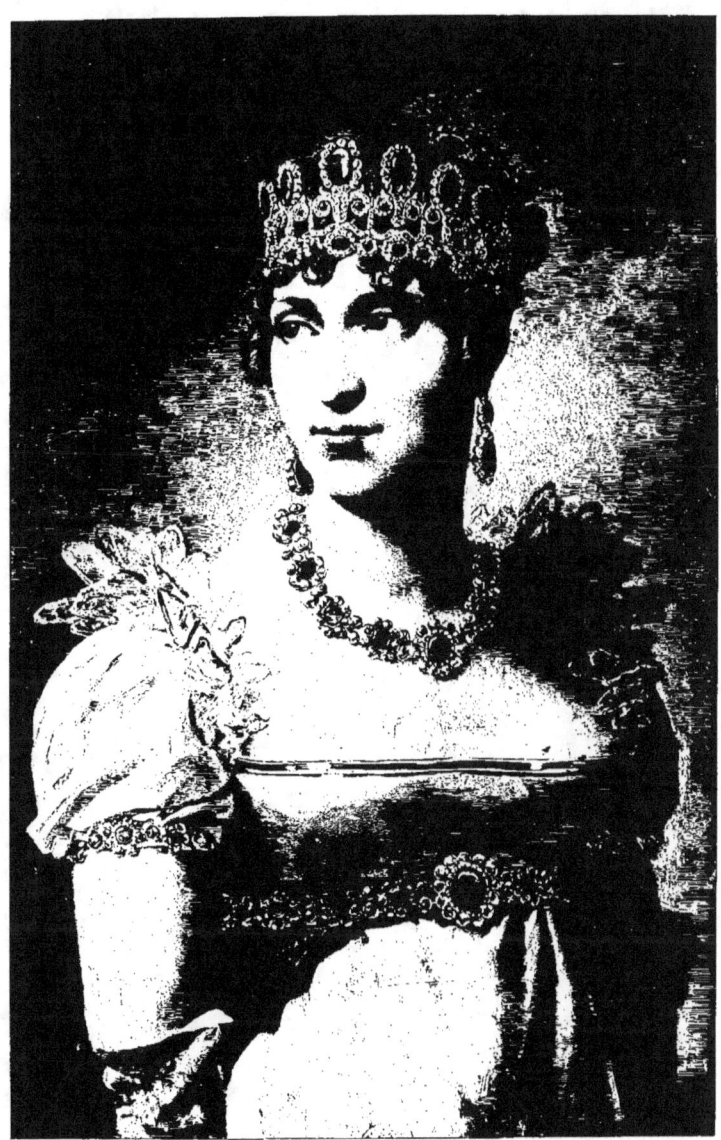

Cliché Braun, Clément et Cie.

LA REINE HORTENSE, MÈRE DE NAPOLÉON III
par J.-B. Regnault, 1807 (Musée de Versailles).
Diadème, peignes, collier, ceinture, bracelets de manches.

de joyaux. Il était donc tout naturel que l'exemple de l'Impératrice ramenât plus de modération dans le luxe. D'ailleurs, l'horizon politique, qui commençait à s'assombrir, contribuait également à restreindre les dépenses ; on avait d'autres occupations et préoccupations. Lors de la première invasion, l'Impératrice et le Roi de Rome quittèrent Paris, le 29 mars 1814, se rendant à Blois. C'est là qu'avant de continuer un voyage plein de périls, Marie-Louise prit le parti de porter sur elle le plus possible des diamants de la Couronne, afin de les sauver des cosaques qui infestaient la région.

La pièce la plus importante de ces joyaux était le glaive impérial, sur la poignée duquel le *Régent* se trouvait monté et dont la lame embarrassante était très difficile à dissimuler. M. de Méneval, qui, comme MM. d'Haus-

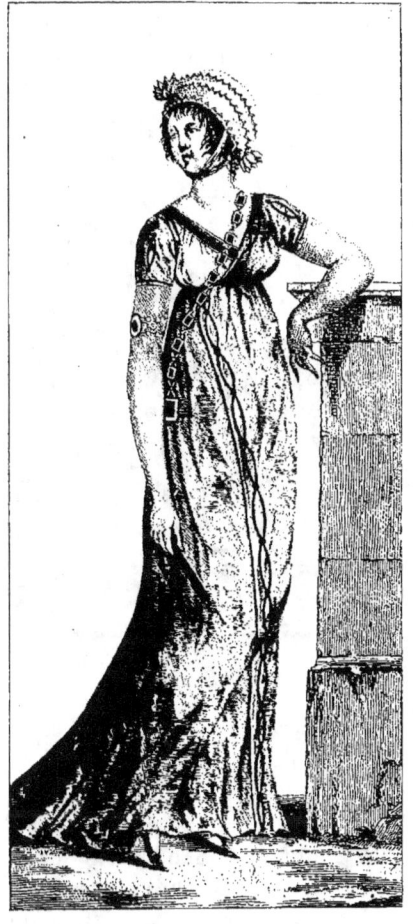

CITOYENNE DE L'AN VIII.
Chaîne portée en sautoir sur l'épaule terminée par un médaillon carré, bracelet avec camée au-dessus du coude.

sonville et de Gontaut, avait suivi l'Impératrice dans sa fuite, fut chargé par Marie-Louise de démonter cette épée. Il raconte, dans ses *Souvenirs historiques*[1], qu'il dut se résoudre, pour pouvoir l'emporter, à séparer la lame de la poignée. N'ayant aucun instrument à sa disposition, il mit la lame sous un des chenets de la cheminée de l'appartement de l'Impératrice, et, faisant une pression, il parvint facilement à la briser, car elle était en laiton. M. de Méneval put

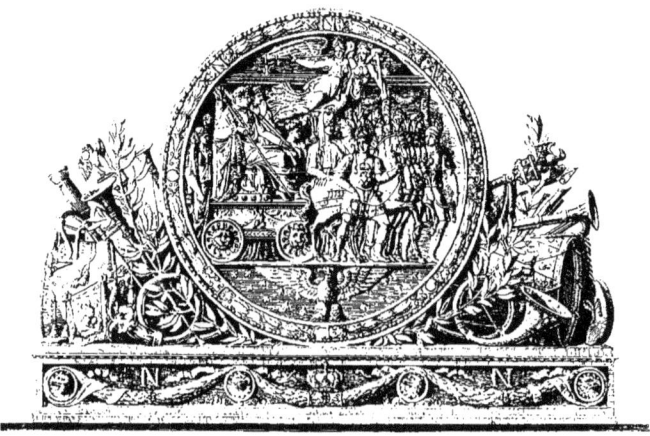

COMPOSITION DE CH. PERCIER.

ainsi cacher sous son vêtement cette poignée qui représentait une valeur de plus de douze millions, et rejoindre l'Impératrice, qu'il accompagna jusqu'à Orléans[2]. D'un autre côté, la version que M. Paul Bapst m'indique comme étant celle qu'il a toujours entendu raconter dans sa famille, est un peu différente. D'après lui, ce serait le roi Jérôme qui, après avoir inutilement tenté de faire sauter le *Régent* avec son couteau, aurait brisé la poignée du glaive.

1. De Méneval, *Napoléon et Marie-Louise*. Paris, Amyot, 1843.
2. Germain Bapst, *Histoire des joyaux de la Couronne de France*, p. 596. Paris, Hachette, 1889.

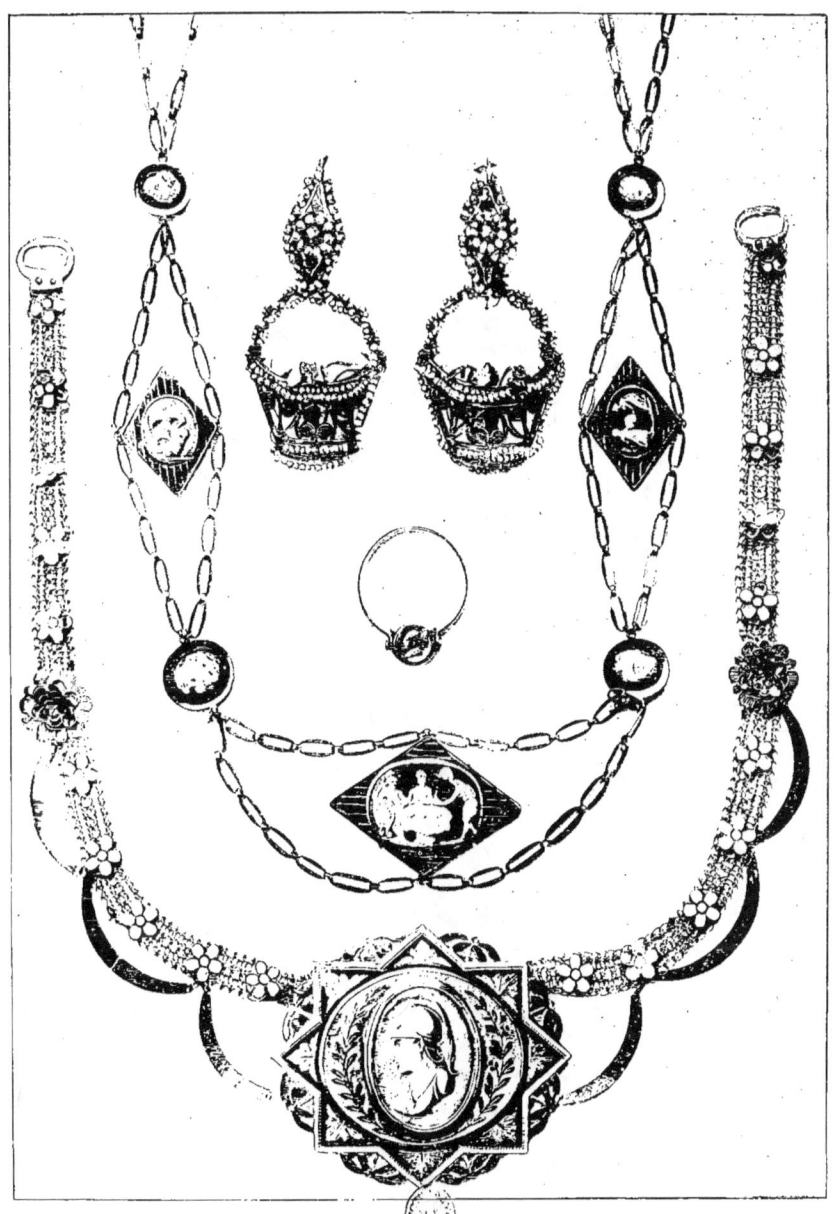

COLLIERS AVEC CAMÉES ET ÉMAUX, BOUCLES D'OREILLES PANIERS AVEC PETITES PERLES, BAGUE TOURNANTE AVEC LE PORTRAIT DU ROI DE ROME D'UN CÔTÉ ET CEUX DE NAPOLÉON ET MARIE-LOUISE DE L'AUTRE.

En résumé, de 1804 jusque vers 1814, la joaillerie fut très prospère et tint une place importante dans l'industrie. Il se vendit alors beaucoup de diamants, employés à former des colliers à plusieurs rangs, de longueur inégale, dits *en esclavage*, des garnitures de corsage et des peignes servant de bandeau ou de couronne. Indépendamment des peignes et des coiffures en couronnettes, qui se plaçaient sur le chignon, on portait aussi sur le devant de la tête des bandeaux, des tours de tête et des diadèmes importants. On s'en rendra facilement compte sur les gravures et les portraits que nous reproduisons.

Ces bandeaux ou tours de tête, en perles et en joaillerie, se plaçaient presque sur le front, à la naissance des cheveux, afin de cacher le bord de la perruque, car la mode, après avoir demandé des têtes tondues au début, voulut ensuite des cheveux, et les exigeait même d'une couleur déterminée. C'est ainsi que les perruques furent très répandues.

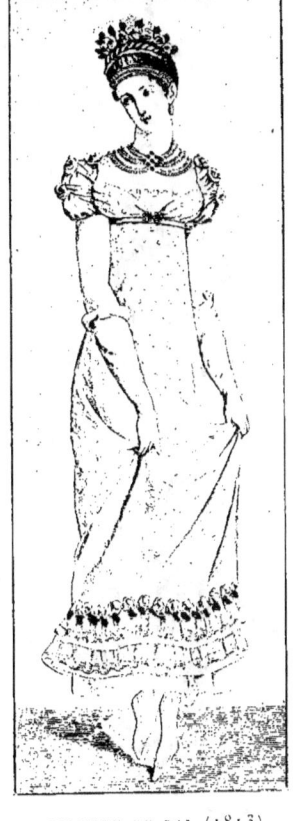

TOILETTE DE BAL (1813).
Peigne, bandeau,
collier, agrafes de ceinture.

Toute la joaillerie de ce temps se faisait à plat, c'est-à-dire sans modèle, sans relief, sans pièces rapportées ou superposées, comme si on l'eût découpée dans un épais morceau d'argent plané, légèrement *ramolayé*, c'est-à-dire modelé à l'échoppe. La mise à jour des pierres était parfaite, d'un fini remarquable ; les montures étaient

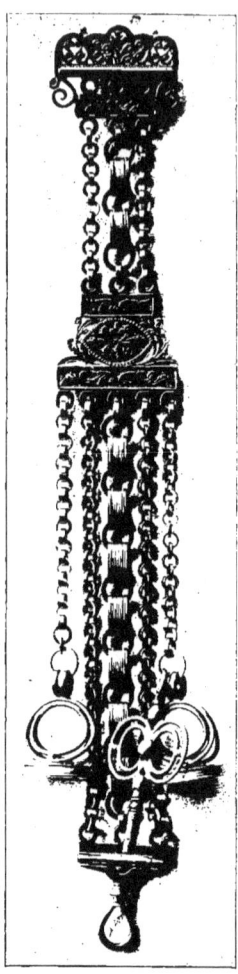

BRELOQUET EN OR
ACHETÉ EN 1810.
(L'ornement du haut est d'une date postérieure.)

exécutées avec soin ; mais, ainsi que nous l'avons déjà dit, elles laissaient à désirer pour le style et le goût. Les ornements se composaient de grecques, de palmes, de culots, d'arcades, de trèfles, de quadrillés et d'entourages, qui n'exigeaient aucun travail de composition ni aucun effort d'imagination.

Mais un des traits caractéristiques de la bijouterie à cette époque est la grande faveur accordée aux camées. Leur vogue fut considérable et dura longtemps. Non seulement on ne les considérait pas comme déplacés dans le voisinage des plus riches joailleries, mais on en composait des parures spéciales, dans lesquelles ils tenaient la place d'honneur, entourés et accompagnés de diamants importants. Il va sans dire qu'ils servirent également dans les parures plus modestes. Les camées véritablement antiques étant rares, on en fit sur pierre dure « dans le goût antique », et même on en fabriqua de nombreuses imitations gravées sur coquilles ou, plus économiquement encore, en verre moulé.

On en employait partout : « Une femme à la mode, dit le *Journal des Dames* du 25 ventôse an XIII, porte des camées à sa ceinture, des camées sur son collier, un camée sur chacun de ses bracelets, un camée sur son diadème. Sur son fauteuil antique sont des camées ; en place d'attiques, son salon offre

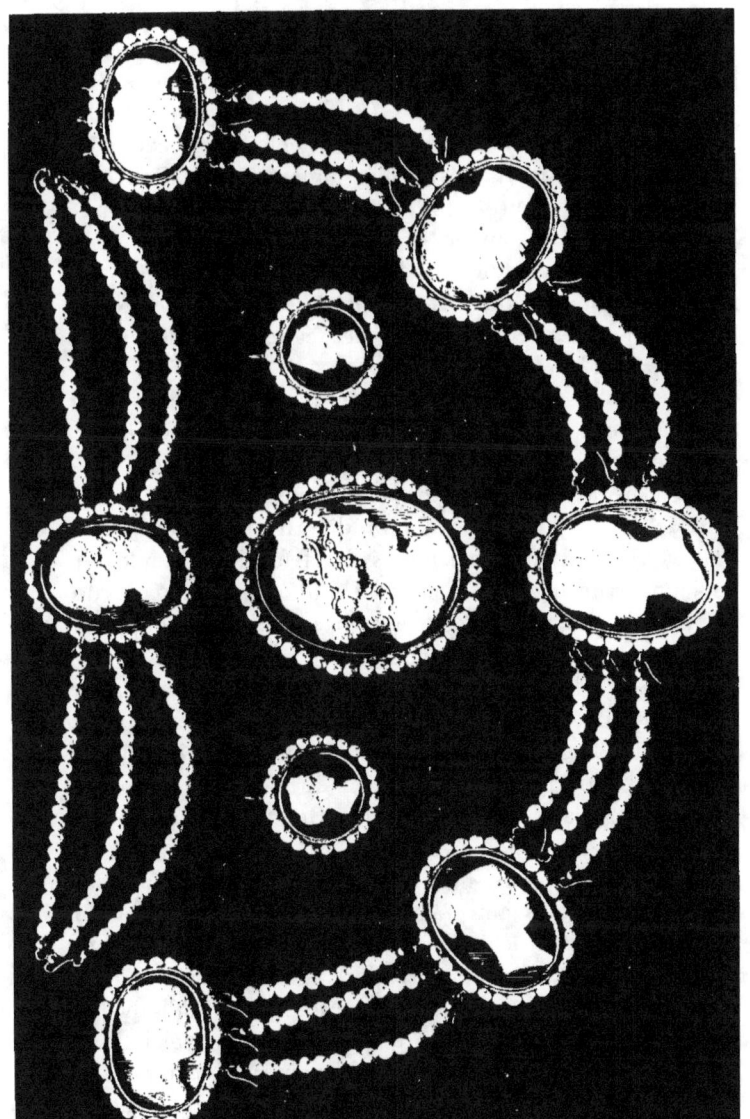

PARURE CAMÉES ET PERLES, ENVOYÉE DE ROME PAR NAPOLÉON 1ᵉʳ
A L'IMPÉRATRICE JOSÉPHINE.

Donnée à la Baronne de Forget, née Lavalette, petite-fille du Marquis de Beauharnais, par l'Impératrice Joséphine sa marraine.
(Appartient à Mᵐᵉ Parigot du Faÿ.)

des camées, et un camée égyptien, figurant sur la portière d'une voiture française, passe pour être l'ornement le plus distingué. »

« Les pierres antiques, et, à leur défaut, les coquilles gravées, sont plus en vogue que jamais (1804). Pour les étaler avec plus de profusion, les élégantes de la classe opulente ont remis à la mode les grands colliers dits *sautoirs*. A chaque retroussis de leurs bouts de manches drapés, est fixée une antique ; et dans leurs coëffures, les bandeaux ou les diadèmes, les ceintres de peignes et les têtes d'épingles ne présentent que des antiques. »

L'exemple, du reste, venait de haut. Napoléon avait institué une école spéciale pour favoriser la gravure sur pierres fines et en avait confié la direction à Jeuffroy, graveur en médailles, l'émule de Gatteaux et de Dupré (l'auteur de la pièce de cinq francs dite *à l'Hercule*). Cette école, qui tenait en même temps de la fabrique, employait de jeunes sourds-muets ; elle fut d'abord établie rue de l'Université, n° 296, puis transportée, en l'an XIII, dans l'ancien couvent des Cordeliers[1].

En 1805, l'Empereur fonda, pour les graveurs en pierres fines, un prix de Rome identique à ceux réservés jusqu'alors aux peintres, aux sculpteurs et aux architectes. Nous trouvons une autre preuve de l'intérêt que l'empereur portait aux camées, dans l'ouvrage de M. Germain Bapst sur les joyaux de la Couronne de France.

Napoléon, rapporte-t-il, estimant que les camées antiques ayant été exécutés autrefois pour servir à l'ornementation des bijoux, il était logique de rendre à un certain nombre d'entre eux leur destination première. Aussi, en 1808, rendit-il un décret par lequel l'administration de la Bibliothèque Impériale dut remettre au grand maréchal du palais plusieurs camées pour qu'ils fussent montés en parure. On choisit quatre-vingt-deux camées ou intailles dans l'ancien Cabinet du Roi. Lors du mariage de Marie-Louise, vingt-

1. Roger Peyre, *Napoléon Ier et son temps*.

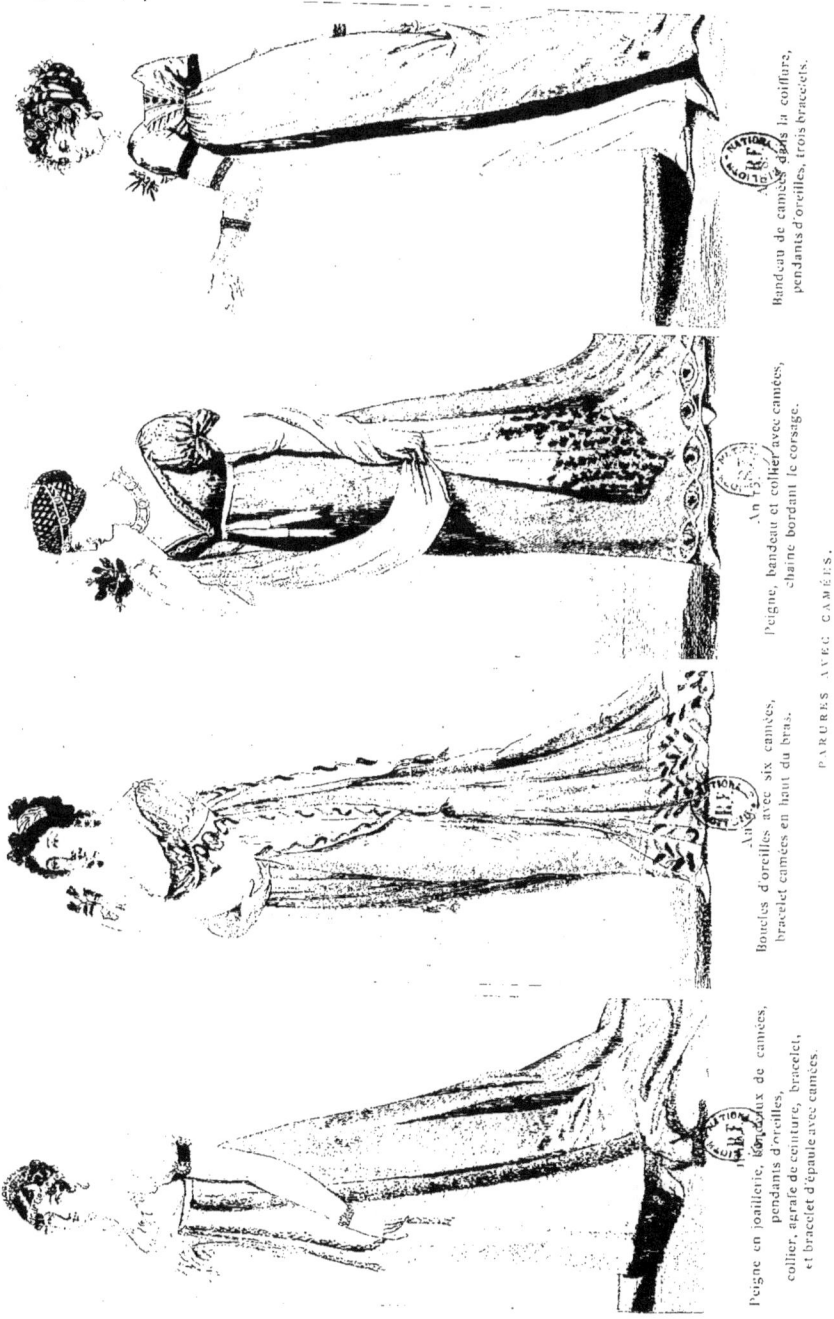

PARURES AVEC CAMÉES.

Peigne en joaillerie, bandeaux de camées, pendants d'oreilles, collier, agrafe de ceinture, bracelet, et bracelet d'épaule avec camées.

Boucles d'oreilles avec six camées, bracelet camées en haut du bras.

Peigne, bandeau et collier avec camées, chaîne bordant le corsage.

Bandeau de camées dans la coiffure, pendants d'oreilles, trois bracelets.

quatre de ces pierres furent montées avec des perles dans une grande parure composée d'un diadème, d'un collier, d'un peigne, de boucles d'oreilles, d'une plaque de ceinture, d'un médaillon, et — toujours comme nous l'avons dit —

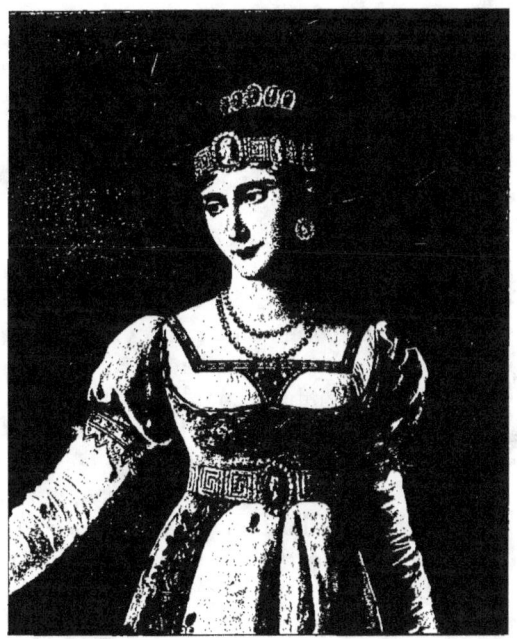

MARIE-PAULINE BONAPARTE, PRINCESSE BORGHÈSE.
TABLEAU PEINT PAR ROBERT LEFÈVRE EN 1806.
Peigne, tour de tête, boucles d'oreilles et ceinture avec camées. (Musée de Versailles.)

d'une paire de bracelets identiques. Le tout était ornementé de petites perles au nombre de 2.275.

Il existe un portrait de l'impératrice Joséphine, où elle est représentée avec un collier, composé de quinze à dix-huit grands camées ovales, entourés de brillants et reliés entre eux par quatre rangs de fines chaînettes en brillants ; son front est orné d'une large bande de gros camées ; elle porte,

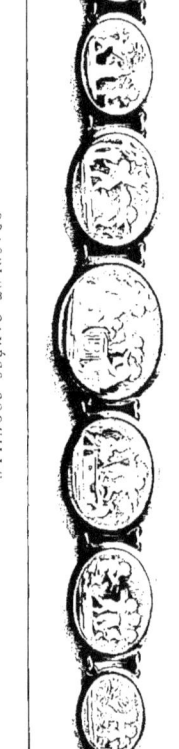

BRACELET CAMÉES COQUILLE

en outre, une couronne de chignon presque aussi importante, placée sur le haut de la tête. Le portrait de la princesse Pauline Borghèse, peint par Lefèvre en 1806, et dont nous donnons une reproduction, montre également une parure complète de camées : c'est d'abord un peigne, porté sur le sommet de la tête et formé de cinq de ces pierres, entourées de brillants et juxtaposées ; puis, un tour de tête où d'autres sont séparées par une large grecque en joaillerie; une grecque semblable forme la ceinture fermée par un superbe « Antique ». Des boucles d'oreilles de camées ronds, avec entourage de diamants, complètent cet ensemble. Enfin, une double rivière de chatons en brillants pend au cou de la princesse, tandis qu'une pierre précieuse est fixée au corsage, entre les seins.

La reine Hortense portait souvent sur le front un très large bandeau surmonté de nombreux et gros camées, quelque peu espacés en manière de fleurons. Le portrait de la reine de Naples, par Mme Vigée-Lebrun, que nous reproduisons, la représente parée d'un diadème de perles, au centre duquel est un grand camée ovale, et d'une ceinture composée de deux fils d'énormes perles réunis sous les seins par un autre camée. Un portrait bien connu de Madame Mère, par le baron Gérard, la représente aussi avec un beau camée dans la coiffure.

Une visite au musée de Versailles permettra de se rendre compte des joyaux qui se portaient alors. On verra qu'à côté des diamants et des pierres précieuses proprement dites (perles, rubis, émeraudes, saphirs), une large place était laissée aux pierres fines de moindre valeur. Des parures complètes, colliers, peignes, bracelets, diadèmes, etc., sont composés d'aigues-marines, de topazes roses ou jaunes, d'améthystes, de péridots, de cornalines, d'agates arborisées et d'autres pierres de petite valeur, car tout le monde ne pouvait pas s'offrir des diamants, cette pierre étant alors beaucoup plus rare qu'aujourd'hui; et il faut bien dire que, même lorsque le luxe était à son apogée, en même temps que les femmes des grands dignitaires portaient les riches parures dont nous avons parlé, les personnes de moindre fortune se contentaient de bijoux plus

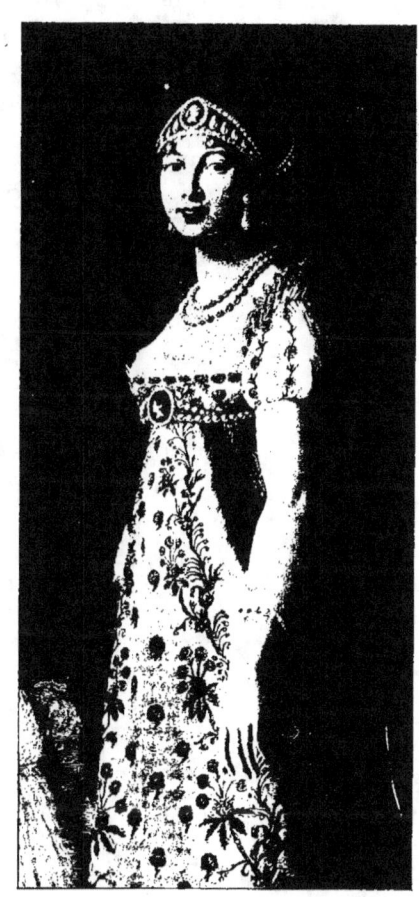

CAROLINE BONAPARTE, REINE DE NAPLES,
PAR Mme VIGÉE-LEBRUN.
Parure perles et camées. (Musée de Versailles.)

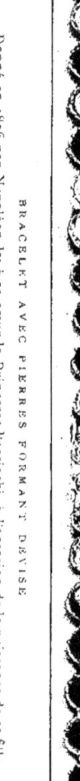

BRACELET AVEC PIERRES FORMANT DEVISE

Donné en 1806 par Napoléon I⁰ʳ à sa sœur la Princesse Bacciochi, à l'occasion de la naissance de sa fille

modestes. On montait souvent ces diverses pierres dans des montures en or très mat, décorées d'une sorte d'ornementation assez semblable aux grosses cordes du violon, qui sont entourées d'un fil ténu de métal. Cette ornementation, appelée *cannetille,* s'appliquait généralement à plat et s'entremêlait souvent de feuilles minuscules ou de petites rosaces estampées ; comme aspect, elle rappelait le filigrane, et la vogue s'en prolongea bien au delà du premier Empire, pendant toute la Restauration et même sous le règne de Louis-Philippe.

Il est des bijoux pour ainsi dire indépendants de la mode et qu'on fabriqua à toutes les époques : ce sont ceux dont la principale valeur est faite de sentiment et de souvenir. Pendant le Consulat et l'Empire, on exécuta, dans cet ordre d'idées, beaucoup de bijoux avec des cheveux ou des pierres symboliques[1]. Ces pierres étaient généralement sans grande valeur ni beauté particulière ; on n'exigeait d'elles d'autre mérite que celui d'avoir des noms commençant par des initiales qui, placées dans un ordre convenable, pussent composer des mots, des devises, des noms, etc. [2]

[1]. Nitot et fils fournirent à Marie-Louise, le 21 janvier 1812, un bracelet formé de cheveux tressés, au centre duquel un motif contenant des cheveux du Roi de Rome était composé d'un grand diamant plat entouré de pierres de couleur, choisies de manière à former le nom de Napoléon. (Archives Nationales, O^2 41.)

[2]. Le bracelet représenté ci-contre est un échantillon de ce qu'on faisait dans cet ordre d'idées. Malheureusement, on a remplacé postérieurement des pierres qui manquaient par d'autres, sans tenir compte des initiales de leur nom, et on en a interverti plusieurs, ce qui rend aujourd'hui la lecture de la devise impossible.

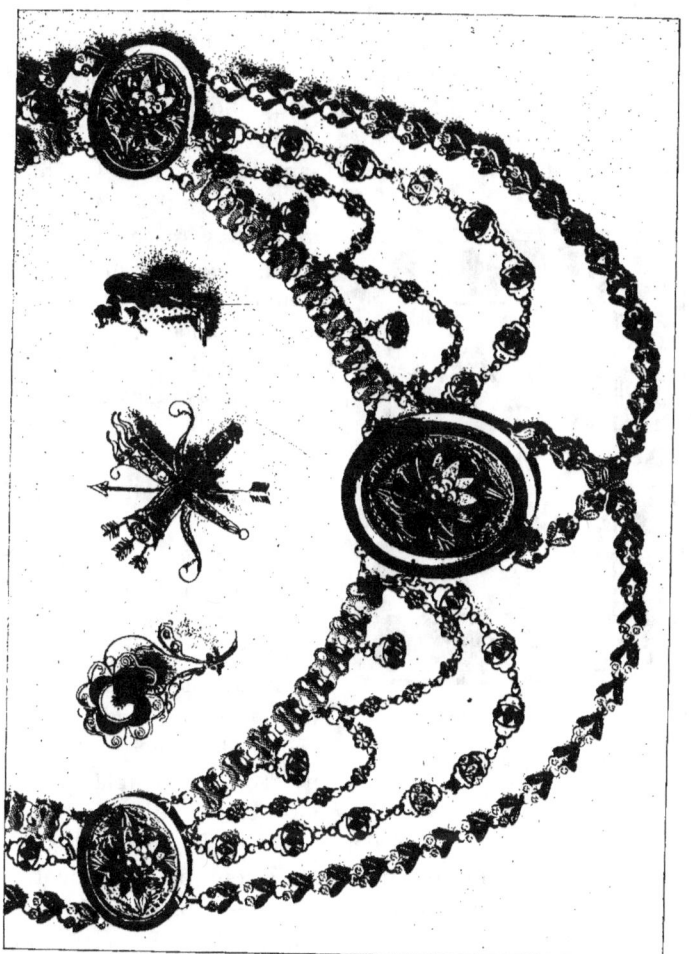

COLLIER ACHETÉ EN 1810.

D'ailleurs, les bijoux proprement dits étaient peu importants et d'une pauvreté d'imagination regrettable. La bourgeoisie en portait très peu et encore étaient-ils modestes et discrets ; bien des portraits, exécutés cependant par les meilleurs artistes de l'époque, — ce qui indique qu'ils étaient commandés par des personnes ayant une certaine fortune, — représentent leurs modèles sans aucun bijou. L'admirable portrait de *Mme Philibert Rivière,* par Ingres, actuellement au musée du Louvre, et qui a été peint, je crois, en l'an XIII, la représente simplement avec un collier de six rangs de chaîne jaseron, des bracelets de jaseron avec un petit fermoir uni et plat, quelques bagues d'une simplicité antique et des boucles d'oreilles hémisphériques en cannetille d'or n'ayant rien de remarquable.

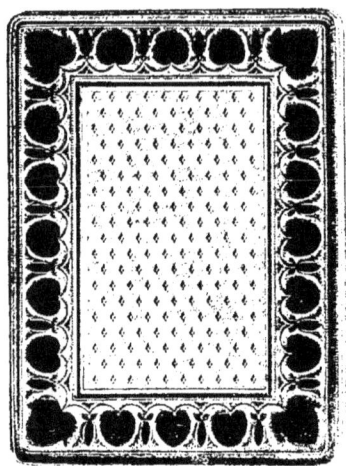

DESSOUS DE LA TABATIÈRE
OFFERTE
PAR L'IMPÉRATRICE JOSÉPHINE
A FONCIER, SON JOAILLIER.

Toutefois, de 1806 à 1809, les femmes à la mode se couvrirent de bijoux d'or, à ce point qu'elles semblaient des vitrines ambulantes ; aux doigts, les bagues s'étageaient ; les chaînes d'or, très en vogue, faisaient jusqu'à huit fois le tour du cou ; on les portait simples ou doubles, parfois très longues, avec une croix ou un médaillon carré en forme de petit livre, d'où leur nom de médaillons-*livres ;* souvent aussi on les portait passées sur l'épaule d'un seul côté, à la manière d'un baudrier, c'est-à-dire *en sautoir*, ce qui explique peut-être que ce nom soit resté à ces longues chaînes. Les gravures du journal de modes de La Mésangère, dont nous reproduisons quelques-unes, nous les montrent portées de cette manière. Les pendeloques, lourdes et massives, tiraient le lobe de l'oreille; aux bras serpentaient des bracelets de toutes formes, décorés de ciselure et d'émail; les colliers de perles en torsades ou en franges s'enroulaient aux cheveux disposés ou tordus en bourrelet sur le devant de la tête ou parfois retombant sur l'épaule. De longues épingles d'or fixaient la coiffure relevée à la chinoise; les diadèmes, formés de feuilles de laurier, or et diamants d'un côté, d'une branche d'olivier, or et perles de l'autre, ceignaient le front des élégantes. La vogue des peignes fut aussi très considérable; on en fit de toutes formes et souvent de fort riches, qui se plaçaient tantôt droit sur le sommet de la tête, tantôt obliquement sur le côté. Certains se composaient d'une branche de saule pleureur en or, diamants et perles; parmi les colliers, un des plus appréciés était le collier *au vainqueur,* mélange singulier de *vingt cœurs* variés en cornaline, en bois de palmier, en sardoine, en malachite, en améthyste, en grenat, en lapis, etc., suspendus à une chaîne d'or. La boîte à odeur du dernier goût s'appelait « bouton de rose »; le dessus était en émail et or; la fleur, finement tracée en perles fines, se trouvait peinte sous la forme réelle d'un bouton d'églantine[1].

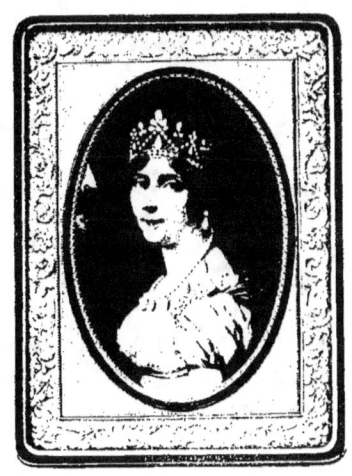

TABATIÈRE OFFERTE
PAR L'IMPÉRATRICE JOSÉPHINE
AU JOAILLIER FONCIER,
LE 25 JANVIER 1812.
(Miniature par Saint.)

Cet usage immodéré des bijoux ne tarda pas à amener

1. Octave Uzanne, *la Française du siècle.*

une réaction, exagérée comme toutes les réactions. On les porta désormais de plus en plus simples et, insensiblement, ils furent relégués dans leurs écrins. Le suprême bon ton pour une femme honnête fut de n'en porter que très peu ou même pas du tout. On les remplaça alors par des « schalls »[1], des écharpes, des cachemires avec palmes indiennes que retenaient de grandes broches ovales, où figurait, miniaturé par Isabey ou ses émules, quelque bel officier en train de se couvrir de gloire aux extrémités de l'Europe.

Pendant ce temps, les femmes du peuple, les « dames » de la halle, portaient au cou des portraits de militaires, peints dans de grands médaillons ovales, tandis que les croix à la Jeannette, qui s'étaient cachées pendant la Révolution, reparaissaient — lors du rétablissement du culte, — suspendues par des chaînes *jaseron*[2], au cou des paysannes et des femmes de chambre. Comme au siècle précédent, les breloquets étaient encore à la mode pour les hommes, qui portaient leur montre attachée à un seul cordon de soie ou à un ruban qui sortait du gousset du pantalon, sous le gilet, et qui supportait un paquet de breloques souvent très volumineux. Les tabatières tout en or, ou avec émaux et pierres, étaient toujours fort en honneur. L'usage du tabac à priser était très répandu ; le Maître lui-même donnait l'exemple ; mais, pour économiser son temps si précieux, ce grand homme pressé, qui pourtant distribua tant de riches tabatières dans sa vie, puisait à même son tabac dans la poche de son gilet doublée en peau, expressément à cette intention.

Beaucoup d'hommes portaient aux oreilles des anneaux

---

1. « ... Tout le monde porte un schall, mais tout le monde ne sait pas le porter. Le draper, avons-nous déjà dit, est un grand art. Le matin, il faut en faire tout bonnement un grand fichu, mais le soir, déployé dans toute sa longueur, le schall doit figurer un manteau tragique, de sorte qu'une belle ainsi drapée avec sa robe à palmettes, son diadème ou son manteau, ses bras nus, ses bas-chairs et ses souliers en sandales, ressemble à Phèdre, à Ariane ou à Agrippine. » (*Journal* de La Mésangère.)

2. Chaînes d'or à très petits anneaux, qui se fabriquaient presque exclusivement à Venise avec un fil très mince en forme de gouttière.

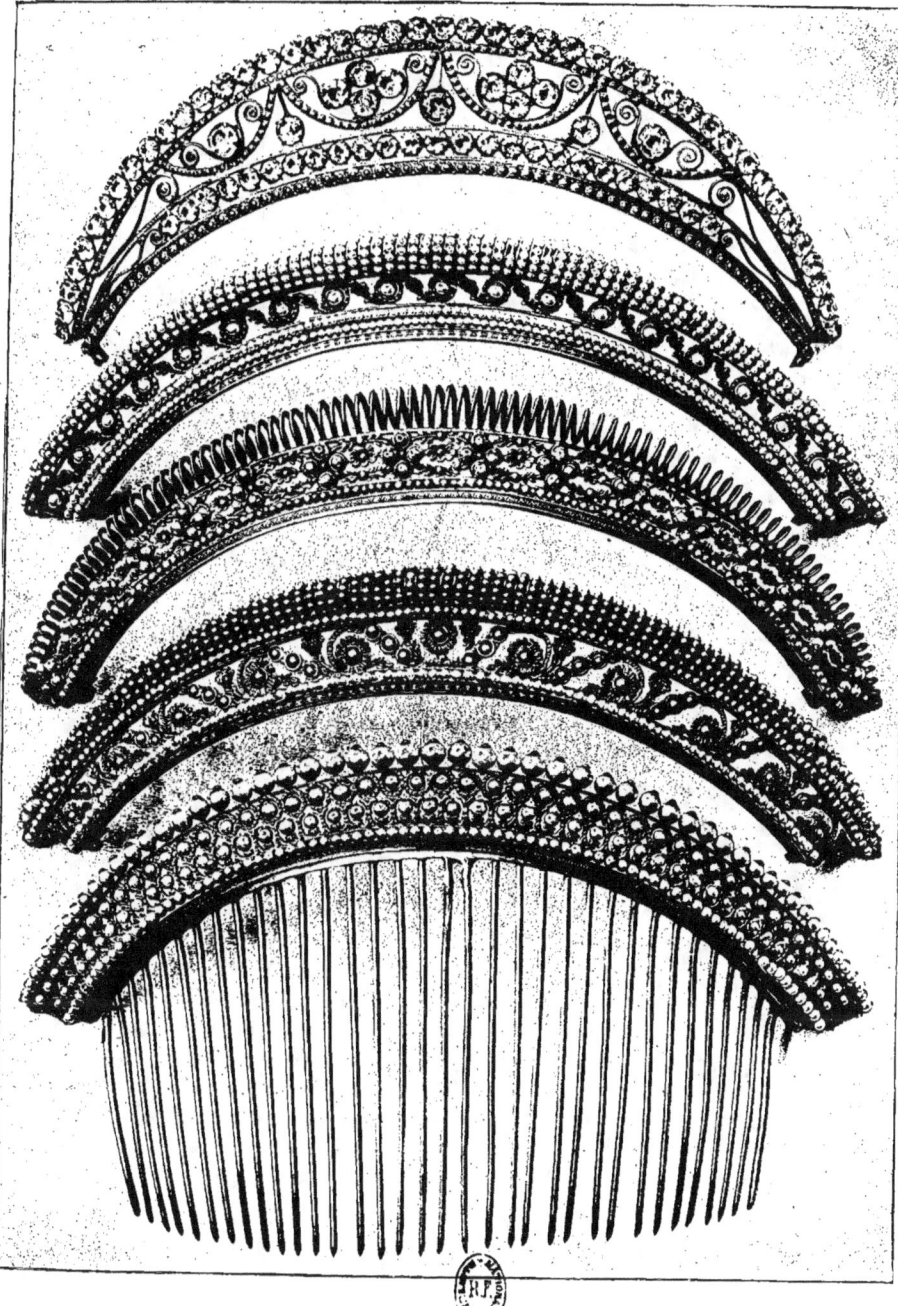

PEIGNES DU PREMIER EMPIRE.

Afin de montrer la manière dont elles étaient montées, on a retiré du 3ᵉ peigne les perles qui le garnissaient. On a supprimé également le noyau métallique qui occupait dans toute sa longueur le centre de la spirale d'argent doré. Autour de ce noyau, les perles, enfilées sur des fils de soie ou d'argent, étaient enroulées de manière à produire un effet identique à celui des 2ᵉ et 4ᵉ peignes de la planche.

d'or unis ou ouvragés, souvent d'assez grandes dimensions ; non seulement c'était une parure, mais, aussi, disait-on, un excellent préservatif pour les maladies d'yeux. L'usage de

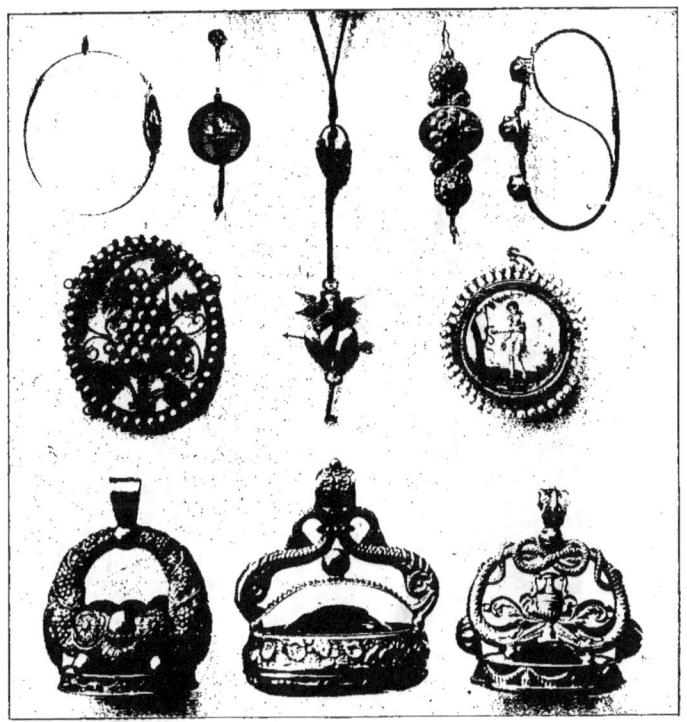

Boucles d'oreilles en or avec émail et grainti (face et profil).
Petit pendant avec cadenas, cœurs percés d'une flèche et colombes se becquetant ; la clef qui est suspendue sous les cœurs sert à ouvrir le cadenas derrière lequel est gravé le mot : « Amour ».
A droite, un médaillon avec miniature représentant Ève et le serpent.
A gauche, applique raisin, perles et or.
Trois cachets breloques or, avec topazes.

ces anneaux, très répandu chez nos arrière-grands-pères, s'est conservé jusqu'à nos jours dans certaines contrées de la France, et au banquet des maires, qui eut lieu le 22 septembre 1900, je fus frappé d'en voir porter encore par plusieurs de ces honorables magistrats, venus du fond de leur province.

Nous extrayons quelques passages du *Journal des Dames et des Modes,* de La Mésangère, qui donneront une idée des bijoux en faveur à cette époque :

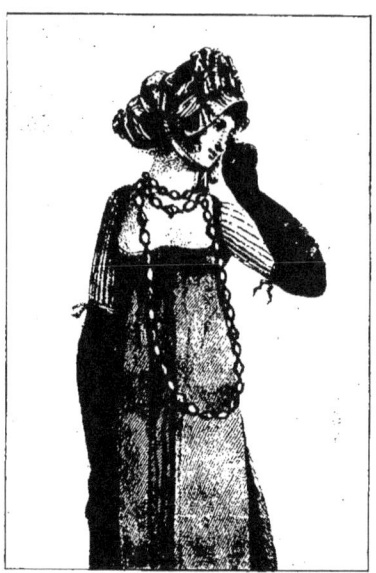

ÉLÉGANTE DE L'AN IX
PORTANT UNE CHAINE A GROS MAILLONS.

« ... On ne se contente plus d'un croissant ou d'un épi de diamans, c'est une gerbe entière qu'on rassemble sur la même coëffure... Les sacs, dits *ridicules,* admettent des paillettes comme les éventails. En Angleterre, un *Ridicule* se nomme un *Indispensable.* Suivant le *Morning Post* du 30 janvier 1800, les topazes et les améthystes, pour colliers et boucles d'oreilles, sont les pierres les plus recherchées. On y porte, comme chez nous, des croix suspendues à de longues chaînes d'or ; mais il ne paroît pas que nos médaillons quarrés, que l'on nomme *livres*[1], y soient parvenus. Les boucles que nos élégans ont quittées sont, en Angleterre, un article essentiel de parure. Les hommes en ont de quarrées, en argent ou en acier, travaillées en pointes de diamans. Les femmes qui ne s'en servent point pour leur chaussure

---

1. « Le médaillon le plus ordinaire est un *livre* qui renferme des tablettes : on le suspend à un *sautoir,* dont les plaques tiennent à deux chaînettes qui se rapprochent en angle droit. »

les adaptent à différentes parties de leur costume, soit pour former des festons aux garnitures, soit pour tenir lieu de gances ou de boutons à leurs robes. Ces boucles sont oblon-

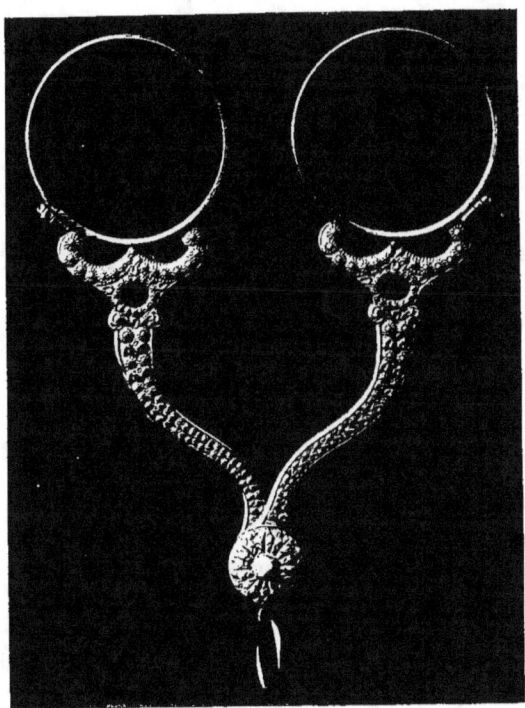

LORGNON EN OR.

gues, ovales ou rondes, faites de topazes, d'améthystes, d'or, de perles ou de diamans. »

« ... On a fait quelques Sautoirs en agathe herborisée. On fait des *esprits*[1] avec du fil d'or. Les sautoirs qui ont le plus de vogue sont ceux à mailles d'or tricotées, ronds et creux, qui imitent un serpent... Les sautoirs et les brasselets très-larges, à mailles d'or tricoté, sont maintenant préférés aux

1. Sorte d'aigrette de plumes.

sautoirs et aux brasselets à jour. Les boucles d'oreilles descendent très-bas, la plupart sont à double et même à triple anneau. » (Nivôse an IX.)

« ... Les sautoirs, toujours fort longs, sont maintenant composés de deux tubes de mailles élastiques, réunis, de distance en distance, par des coulants d'or émaillé. Les dernières boucles d'oreilles sont d'ambre ; on en voit de quarrées et d'octogones. On porte des montres en boule, isolées, ou dans le centre d'un médaillon quarré. » (10 messidor an IX.)

« ... A l'Opéra, il y avait beaucoup de réseaux et de résilles d'or. Ce que les joailliers nomment *résille* a les mailles si serrées, qu'il faut y regarder de près pour reconnaître que c'est un filet. Une grosse natte de cheveux faisait le tour de la tête et cachait le bord des résilles. Sur le devant des coëffures en cheveux, c'était une rangée de perles fines. La mode ne défend plus de mêler, dans la même parure, des perles aux diamans. Les colliers en grosses pierres fines et en chatons étaient les plus nombreux. Il y avait des boucles d'oreilles de diamans, de toutes formes ; on s'extasiait devant une guirlande de vigne, dont les raisins étaient en or poli et les feuilles en or mat, excepté les côtes. Cette guirlande était aussi fournie qu'une guirlande de feuilles ordinaires... Sur les ceintures, au lieu d'une antique, c'était un chiffre en diamans ou un solitaire... »

« ... Les colliers du nouveau goût sont remarquables par une large plaque quarrée, ovale, ou à six pans, qui tient à deux chaînes de mailles d'or, élastiques. Cette plaque est souvent garnie de perles fines. En général, les perles, pour toute espèce de bijoux, sont en grande faveur. Les serpens élastiques sont toujours de mode ; ils ont le grand avantage d'aller tantôt au bras, tantôt au cou, au poignet, de devenir, par conséquent, bracelets, colliers, bracelets courts. La pierre la plus fréquemment employée est la cornaline. » (15 brumaire an X.)

« ... Les colliers de la dernière mode sont les colliers *à la romaine*, à branches torses, portant tantôt une, tantôt trois plaques de cornaline ou d'agathe herborisée *(sic)*, de forme ovale, en travers ou debout, quelquefois quarrées. Les peignes, grand objet de luxe, sont à dessus arqué, en

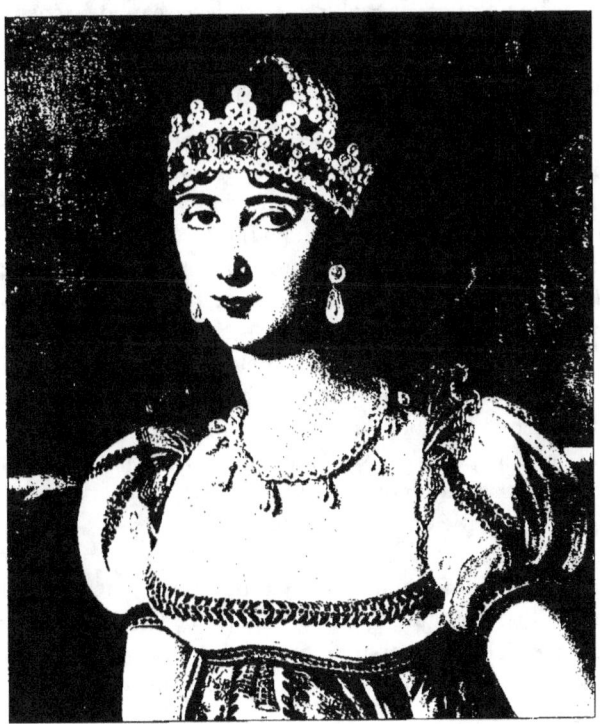

PAULINE BONAPARTE, PRINCESSE BORGHÈSE, PAR Mme BENOIT.
(Musée de Versailles.)

forme de diadème, ciselures en or, à trois cornalines ou sujets peints..... Les jouailliers montent les diamants en aigrettes couchées, particulièrement en branches de jasmin ; c'est à qui mettra plus de légèreté dans les tiges : le tout est monté à jour. » (1802.)

« ... Les bijoutiers quittent les chaînes à palmettes pour

reprendre les tresses rondes ou cordelières : ils emploient beaucoup de topazes. Les boucles d'oreilles et les ceintres de peignes se garnissent en diamans...; ces diadèmes sont, la plupart, posés sur des têtes tondues, car chaque jour voit tomber quelques chevelures sous le ciseau des coëffeurs ; bientôt il n'y aura plus que les douairières à cheveux gris et les adolescentes maîtrisées dans leurs goûts, qui ne soient pas tondues. » (10 floréal an XI.)

« ... Une petite-maîtresse, qui n'a ni perles ni diamans, c'est-à-dire une demi-petite-maîtresse ou une jeune demoiselle de quinze ans, porte en grande parure un diadème de canetille or et argent, qui, pour être moins cher qu'un diadème de brillans, n'en fait pas moins un effet divin sur sa tête, sur-tout quand il se marie avec des cheveux bruns. »

« L'acier, reconnu depuis quelque temps pour être l'ornement favori de la parure des hommes, est devenu aussi l'ornement à la mode dans l'ajustement des femmes. Quand une belle ne porte pas ses diamans, rien de plus élégant que les agathes ou des cornalines montées sur acier, à chaînons idem, ou moitié or, moitié acier. ».

« ... Quand un jeune élégant ne porte à son habit d'étiquette ni boutons de diamans, ni boutons d'acier, ni boutons d'argent, il y adapte des boutons d'or et d'émail, qui font un effet merveilleux, sur-tout quand la couleur de l'habit est foncée, et ce sont les couleurs foncées qui sont les plus à la mode. »

« De toutes les formes quarrées, oblongues, en zigzag, en grappes de raisin, en pomme, en citron, en poire, cette dernière a prévalu pour les boucles d'oreilles : en perles, rien de plus élégant ; en diamans, rien de plus riche qu'un brillant pur et sans entourage taillé en poire. »

« ... Après les perles et les diamans, vient aujourd'hui, ou pour mieux dire, revient à la mode le goût des antiques : on ne porte plus de colliers composés de petites pierres ; mais on choisit de grandes plaques rondes, que l'on met un jour sur le devant de la tête, et que le lendemain on suspend à son col... »

« ... Quand une élégante ne porte ni son diadème, ni son esprit, ni son chapeau à plumes, ni sa guirlande, elle ceint

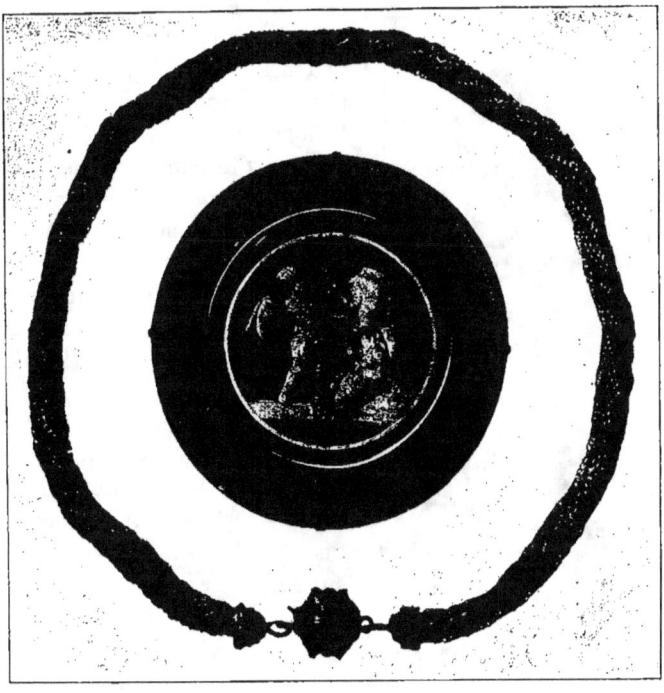

COLLIER OR TRICOTÉ; FERMOIR AVEC GROSSE CANNETILLE TRANSVERSALE
BOITE RONDE AVEC ORNEMENTATION D'OR FILIGRANÉ;
MOTIF EN VERRE ÉGLOMISÉ.

son bandeau. Un bandeau de ruban-argent, lamé, c'est bien; un ruban de perles, c'est encore mieux; une chaîne antique, formée de palmettes et de chatons supportant des topazes à jour, c'est le genre par excellence : il n'y a que les diamans qui vaillent plus, sans convenir davantage à cette espèce d'ornement. (30 pluviôse an XIII.)

« ... On a essayé toutes sortes de pierreries et d'ornements sur le cintre des peignes ; maintenant, on porte des peignes à cintre fond noir, sur lequel est découpé de l'or ; cependant, le vrai genre est de cacher le cintre de son peigne, à moins qu'il ne soit orné de diamans. (An XIII.)

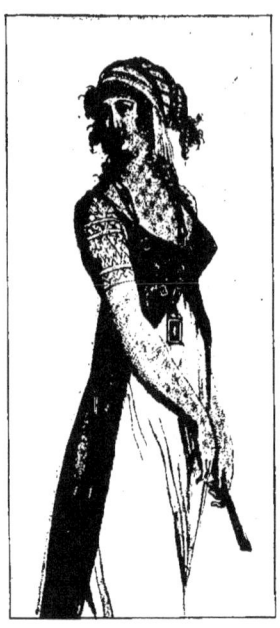

ÉLÉGANTE DE L'AN IX
AVEC CHAINE
ORNÉE DE PLAQUES CARRÉES.

» ... Le dessus des peignes est redevenu quarré. Sur un fond or mat paraissent incrustées des perles disposées en rubans et formant zig-zag.

« ... Plusieurs grenats, attachés l'un sous l'autre par des chaînes en noyau, forment une boucle qui tombe de l'oreille jusque sur les épaules et qui, pour le négligé, est maintenant du dernier genre... (10 vendémiaire an XIII.)

« ... Les colliers que l'on dit être les plus nouveaux sont en corde de perles à jour et à grosse boule de perles de distance en distance. Nous avons vu un dessus de peigne en navette ; le fond était or, il était bordé de perles. » (An XIII.)

« Nos femmes ont souvent un serpent aux oreilles, un serpent autour du col, un serpent autour des bras, un serpent autour du corps ; quelquefois leurs cheveux même sont tortillés en serpents. Malgré ces attributs infernaux, nos femmes ressemblent plutôt aux Grâces qu'aux Euménides. »

Nous croyons inutile de multiplier ces citations et nous renvoyons aux journaux de modes de l'époque le curieux que cela pourrait intéresser.

C'est de 1810 à 1814 que l'on commença à faire des

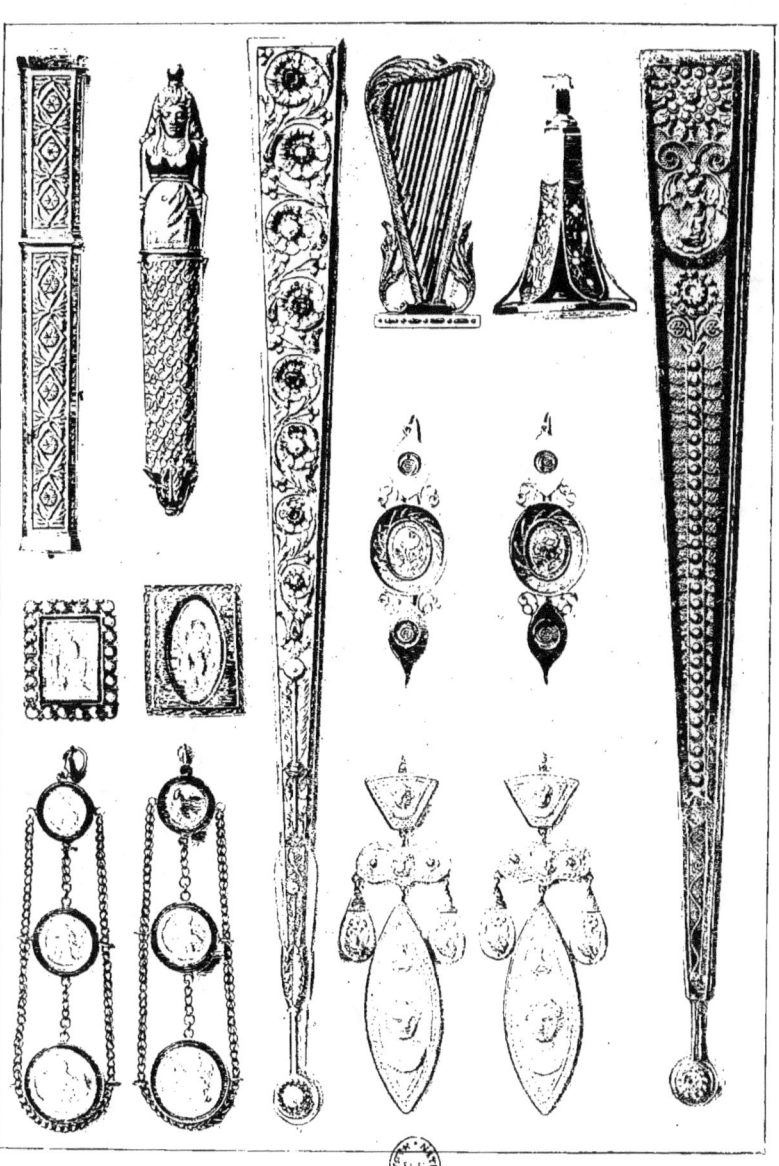

BIJOUX DIVERS, ÉVENTAILS, ETC.

bijoux en or mat. Vers 1815, ils furent décorés d'ornements hémisphériques ou calottes d'or embouties, sur lesquelles on soudait de petits grains d'or immédiatement contigus : on appelait ce travail le *grainti*[1]. Autour, un cercle de fils d'or, tordus en spirale, embrassait la base de la calotte, et un

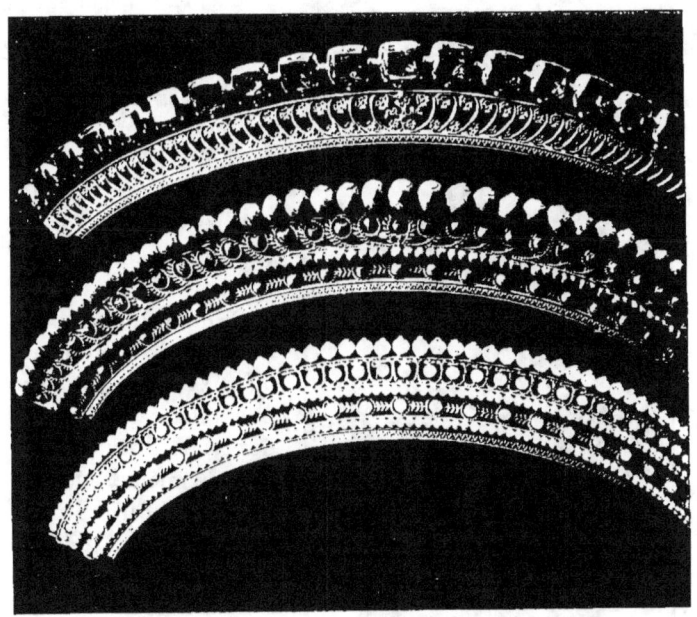

PEIGNES EN PERLES, EN CORAIL FACETÉ, EN ÉMERAUDES.
(Fin de l'Empire.)

certain nombre de ces ornements, disposés sur une plaque

1. Le *grainti* ou *graineti* se compose, dit le duc de Luynes, « de grains d'or obtenus en fondant sur du charbon battu dans un creuset de petits anneaux de ce métal formés de fils tournés sur un mandrin et coupés par petits tronçons : chaque cercle, en fondant, se retire sur lui-même, se réunit et forme une petite sphère. Tous les grains sont ensuite séparés au moyen d'une boîte contenant plusieurs cribles de cuivre superposés et tous d'un calibre de plus en plus petit ; ces grains se posent sur l'or en plaque ou en fil à l'aide de gomme adragante, mêlée de soudure et de borax ; une flamme large et douce, projetée par le chalumeau, opère la soudure en un instant. »

« La *cannetille* est une spirale serrée de fil métallique, qui s'applique en

d'or de couleur, c'est-à-dire d'or mat, ciselée en feuillages ou parsemée de petites perles ou de petit rubis, formaient des objets de parure dans la bijouterie courante. Toutefois, les grandes maisons continuaient à fournir, pour la clientèle élégante, des bijoux d'un ordre plus distingué.

On continuait à porter des camées antiques ou imités, des bracelets en forme de serpent, des peignes de toute forme, des bijoux sentimentaux en cheveux. Vers la fin de l'Empire, des colliers, des broches, des peignes affreux en filigrane, avec une rangée de boucles de corail [1], d'ambre facetées ou même avec de simples boules d'or, étaient devenus des bijoux de la plus grande élégance. On peut en voir de semblables à ceux que nous reproduisons dans le tableau de David : *Portrait de M*^{me} *Morel de Tangry et de ses deux filles,* au Musée du Louvre. Disons, en passant, que le corail n'était plus guère en faveur à la fin de la Res-

ORNEMENT DE COIFFURE POSÉ SUR LE FRONT CONTRE LE TURBAN.
COLLIER AVEC PLAQUE EN LOSANGE.
(An XII-1804.)

---

ornements soudés sur l'or ou sur l'argent; elle accompagne ordinairement les travaux exécutés en grainti. »

Les deux spécialistes *faiseurs de grainti* étaient Genty, rue Saint-Denis, 309, et Leroux, rue Saint-Martin, 67.

1. « Au lieu de tailler les grains de corail à facettes, on forme quelquefois,

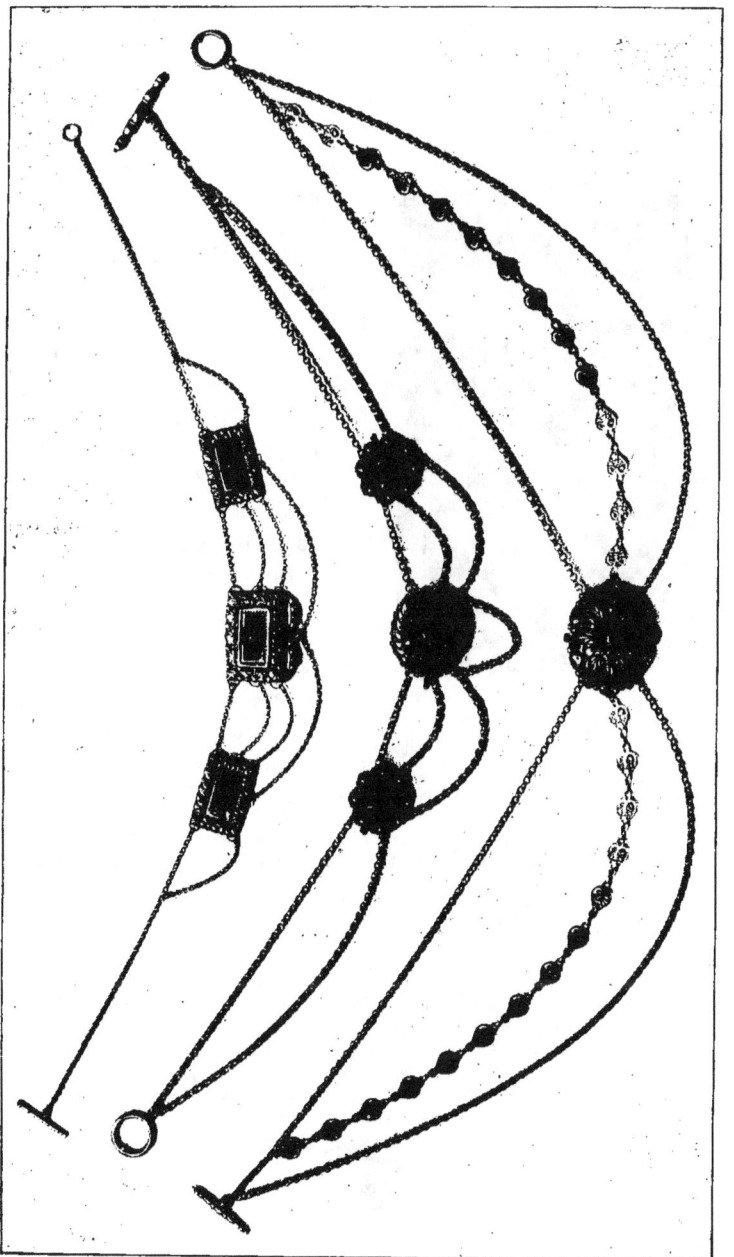

COLLIERS D'OR AVEC PLAQUES.

tauration et que ce fut la conquête de l'Algérie, en nous livrant les côtes sur lesquelles on le pêche, qui lui rendit momentanément quelque vogue.

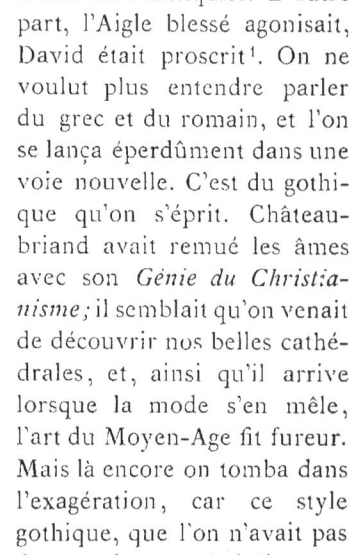

TABATIÈRE EN OR CISELÉ,
SUR ÉCAILLE,
AVEC LE PROFIL DE NAPOLÉON EN CAMÉE.
Donnée par l'Empereur à Nitot.
(Appartient au lieutenant-colonel E. Nitot.)

Mais déjà on commençait à se fatiguer des mauvais pastiches de l'Antiquité. D'autre part, l'Aigle blessé agonisait, David était proscrit[1]. On ne voulut plus entendre parler du grec et du romain, et l'on se lança éperdûment dans une voie nouvelle. C'est du gothique qu'on s'éprit. Châteaubriand avait remué les âmes avec son *Génie du Christianisme;* il semblait qu'on venait de découvrir nos belles cathédrales, et, ainsi qu'il arrive lorsque la mode s'en mêle, l'art du Moyen-Age fit fureur. Mais là encore on tomba dans l'exagération, car ce style gothique, que l'on n'avait pas eu le temps d'étudier, fut mal compris, et ce bel élan, cet engouement trop brusque, n'aboutit en somme, sauf de rares exceptions, qu'à des pastiches d'un goût très discutable.

sur toute leur surface, de petites aspérités qui le font ressembler à des fraises. » (*Almanach des modes*. Paris, 1816.) Les journaux de la fin du premier Empire parlent aussi de « coraux façon framboise ».

1. En 1815, lors du retour des Bourbons, David fut exilé comme Conventionnel ayant voté la mort de Louis XVI. Il mourut à Bruxelles, le 29 décembre 1825.

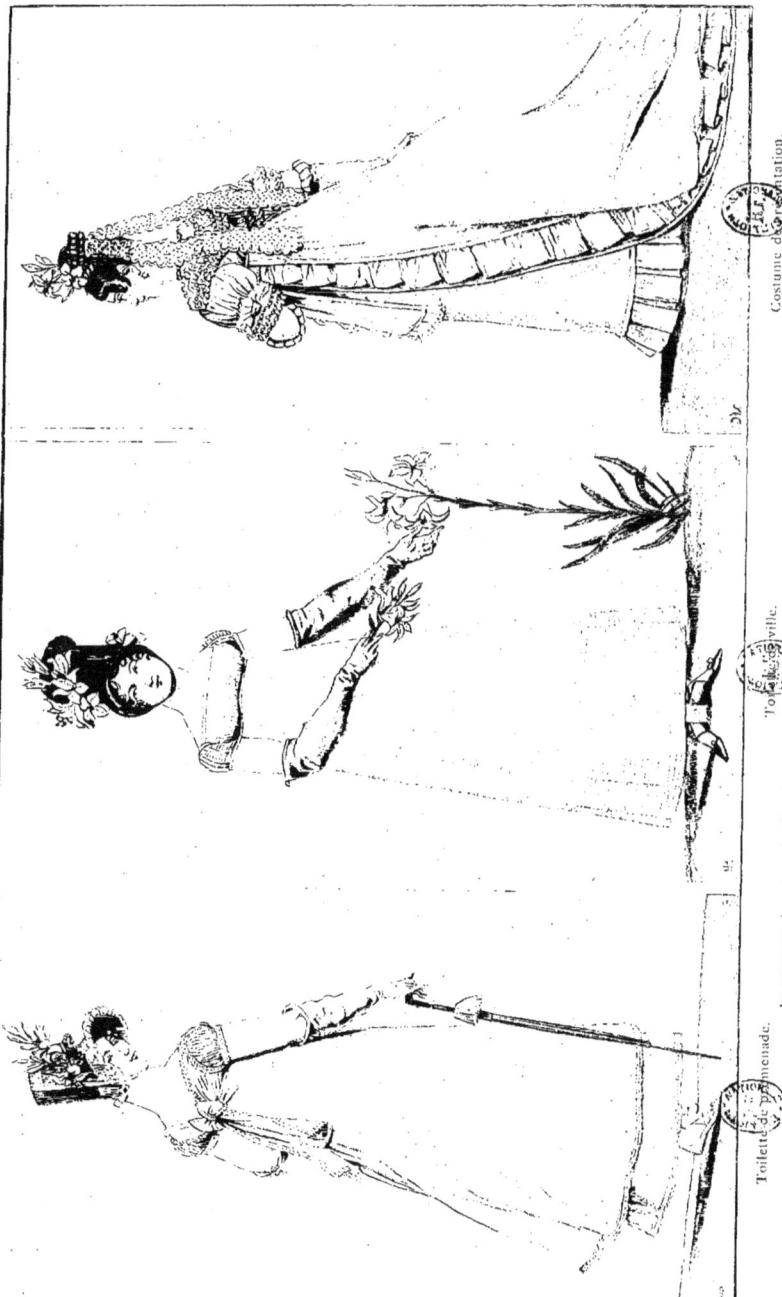

Toilette de promenade. — Toilette de ville. — Costume de présentation.

Au moment du retour des Bourbons, il fut de bon ton de ne porter comme parure que des lis fleuris.

MODES EN 1814
par Horace Vernet.

LA RESTAURATION

ᴏɴ a prétendu que sous l'Empire le style avait été « la discipline poussée jusqu'au césarisme »; par une réaction naturelle et logique, la Restauration devait ramener un vif désir d'affranchissement et le renversement des règles étroites qui jusquelà avaient pesé sur l'art. Après avoir été d'une rigidité solennelle et auguste, on fut sentimental ; on avait visé au grandiose, on devint rêveur.

Ce fut un besoin général d'expansion et de poésie, une aspiration unanime vers tout ce qui était imagination, fantaisie, caprice; on vit renaître le goût du pittoresque, des légendes. A l'art païen fut opposé le christianisme dont le Génie inspirateur venait d'être célébré par Châteaubriand. En même temps, les grandes œuvres de Schiller et de Gœthe remettaient en honneur les sujets légendaires et symboliques ; et, plus tard, la guerre de l'indépendance grecque et l'Orient, chantés par Byron et Hugo, eurent une influence considérable sur l'évolution du goût à cette époque et contribuèrent pour une grande part à l'abandon des pastiches grecs et romains, dont la satiété était unanime et complète[1]. On se passionna pour tout ce qui était gothique, on s'éprit des monuments et des particularités de la vie au Moyen-Age.

Malheureusement, c'était encore là de l'art artificiel, et les prétendus novateurs ne s'apercevaient pas qu'ils ne faisaient que substituer une convention à une autre en

---

[1]. Jusqu'au chansonnier Béranger, qui s'écria : « Non, les Latins et les Grecs mêmes ne doivent pas être des modèles ; ce sont des flambeaux : sachez vous en servir. »

s'inspirant des monuments du passé, même les plus dignes d'admiration, au lieu d'aller puiser directement à la seule source féconde et inépuisable de l'Art : la Nature.

La bijouterie, comme les autres branches d'art décoratif, devait forcément subir les influences que nous venons de rappeler brièvement ; mais, d'une manière générale, on peut dire que la Restauration ne fut pas, pour cette industrie, une époque de prospérité.

Aussitôt après la chute de l'Empire, les Bourbons, en rentrant en France, n'y ramenèrent ni le goût de l'art, ni

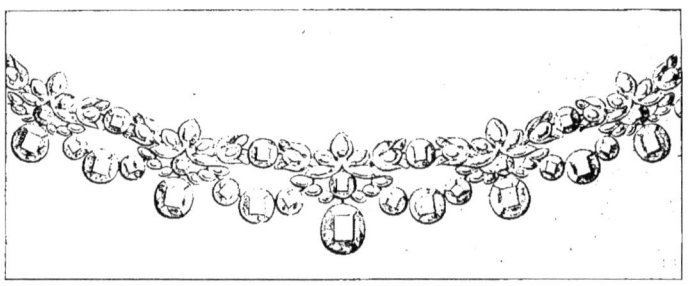

COLLIER EN JOAILLERIE, ÉPOQUE DE LA RESTAURATION.

celui du faste. On se contenta de remplacer les abeilles et les aigles par des fleurs de lys, sans rien faire pour stimuler le luxe. Le mauvais goût continua à régner, et, si le style se modifia, ce ne fut malheureusement pas pour s'améliorer.

Pour être juste, il faut faire la part des circonstances dans cet abandon des vieilles traditions de l'ancien régime. Louis XVIII était âgé ; son obésité le rendait presque impotent et lui faisait préférer la tranquillité aux fêtes. Il aimait tellement peu la pompe officielle que, lorsqu'il fut inhumé à Saint-Denis, avec tout l'apparat d'une étiquette somptueuse, les mauvais plaisants de l'époque ne manquèrent pas de dire que c'était la première cérémonie où il eût réellement fait bonne contenance. Il est vrai que, dans d'autres circonstances, notamment en face des dures exigences des Alliés, ce Roi philosophe avait su se montrer aussi ferme que bon Français.

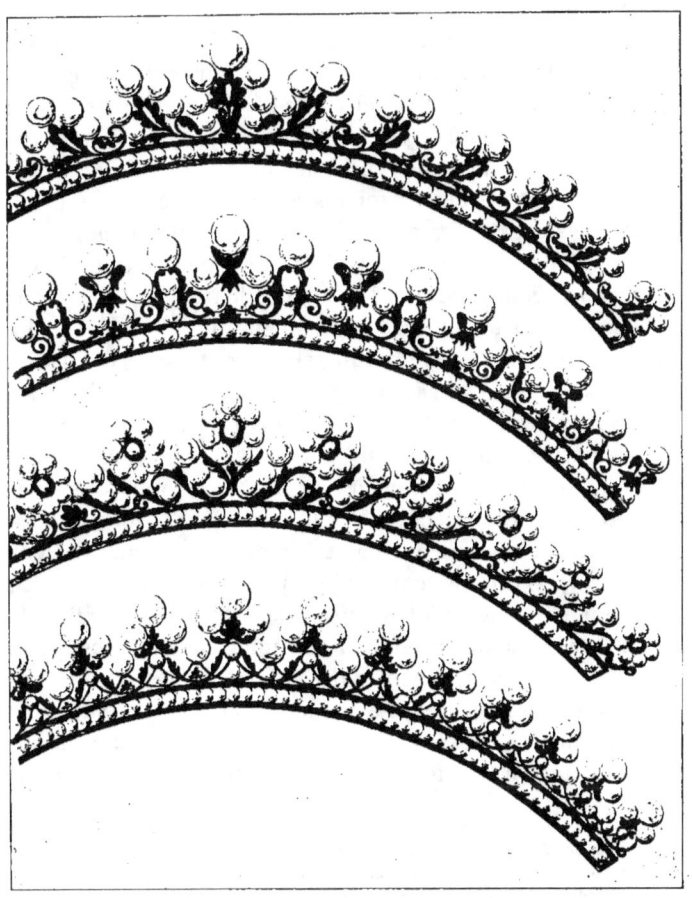

PEIGNES EN OR JAUNE MATÉ AVEC PERLES (ÉPOQUE DE LA RESTAURATION).
(Archives de la maison Bapst et Falize.)

D'autre part, ceux des émigrés qui n'étaient rentrés en France qu'au moment du retour du Roi n'avaient pu, par suite de leur séjour prolongé à l'étranger, suivre les évolutions successives du goût pendant le Directoire, le Consulat et l'Empire ; ils en étaient restés aux modes de l'ancien régime. La plupart même s'y tenaient volontairement et prétendaient ignorer tout ce qu'avait pu faire le César corse, l'usurpateur Buonaparte. Comme, d'un autre côté, une grande partie des hauts fonctionnaires de l'Empire déchu s'étaient ralliés aux Bourbons, qui les avaient confirmés dans leurs charges et dignités, il s'ensuivit forcément que les cérémonies officielles des premières années du règne eurent un aspect des plus disparates : à côté des brillants uniformes des maréchaux et des grands dignitaires de l'ex-Cour impériale, on voyait reparaître les habits à la française, les jabots et les perruques poudrées en honneur sous Louis XVI[1]. La même incohérence se remarquait dans les toilettes des dames et, naturellement aussi, dans leur bijoux ou du moins dans ce qu'il en restait. Les anciens écrins revirent donc le jour et les parures montées jadis par Pouget et Ménière voisinèrent avec celles de Foncier et de Nitot. Mais ceux des émigrés qui avaient encore des bijoux à porter formaient la minorité ; la plupart avaient été réduits, au cours de leur long exil, à vendre leurs objets précieux pour vivre. En rentrant en France, où leurs titres de noblesse et leur fidélité au Roi dans la mauvaise fortune, leur méritaient les premiers rangs à la Cour, ils furent dans l'obligation de figurer dans les cérémonies officielles avec un certain éclat, compatible cependant avec leurs ressources considérablement réduites. Il fallut donc à la fois un luxe apparent et peu dispendieux.

---

1. « Imaginez-vous une foule d'anciens nobles cachés aux extrémités du royaume, sortant tout à coup du fond de leur gentilhommière, où, depuis cinquante ans peut-être, *aucune mode n'avait pénétré*, s'acheminant vers Paris dans le plus grotesque équipage ; fondant sur la Cour, ainsi qu'une volée d'étourneaux à la quête du grain, offrant au Roi, pour obtenir des places, la seule fidélité de leur cœur pendant vingt-cinq ans ; laissant admirer, au jardin des Tuileries, l'accord extraordinaire des visages les plus singuliers, armés de la plus étrange parure, avec un maintien non moins risible, et vous auriez, d'honneur, l'idée la mieux formée du plus décent carnaval. » (*L'Observateur des modes*, 1818.)

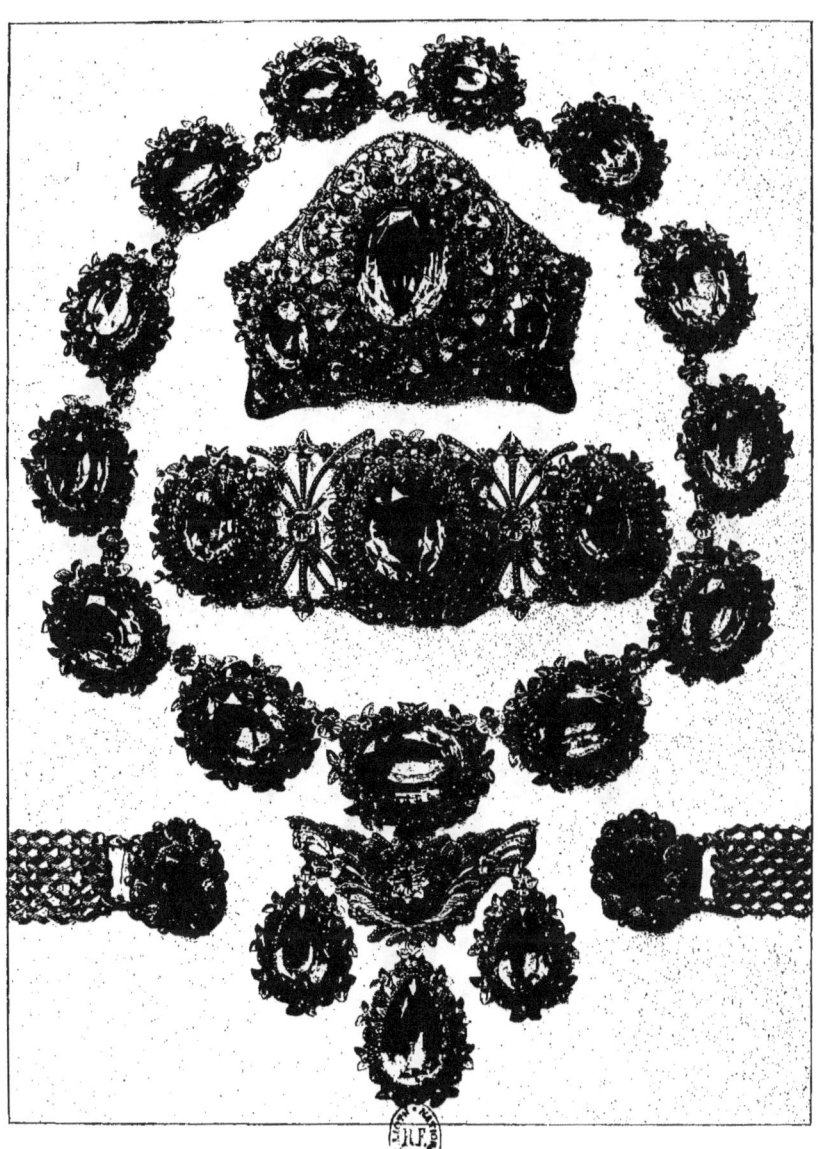

PARURE EN ORS DE COULEURS ET TOPAZES.
(Collection de M. Charles Ephrussi.)

Aussi profita-t-on de la reprise des relations commerciales avec les pays d'outre-mer, si longtemps interrompues par les guerres maritimes, pour faire venir du Brésil, du Mexique, des lots considérables de topazes naturelles ou brûlées, d'améthystes, de cristal jaune et d'aigues-marines : toutes ces pierres, de grand volume et de peu de prix, étaient montées, la plupart du temps, dans de grands motifs en or et formaient des parures importantes, ayant beaucoup plus d'apparence que de valeur. La joaillerie même utilisait aussi ces pierres de second ordre comme centres des motifs principaux. On montait les diamants dans de gros chatons d'argent très apparents, les sertisseurs laissaient paraître autour des pierres juxtaposées de larges filets de métal, de manière à obtenir le maximum d'effet avec le minimum de dépense ; les fleurs des champs et surtout l'épi de blé jouèrent alors un rôle important dans les plus belles pièces de joaillerie[1].

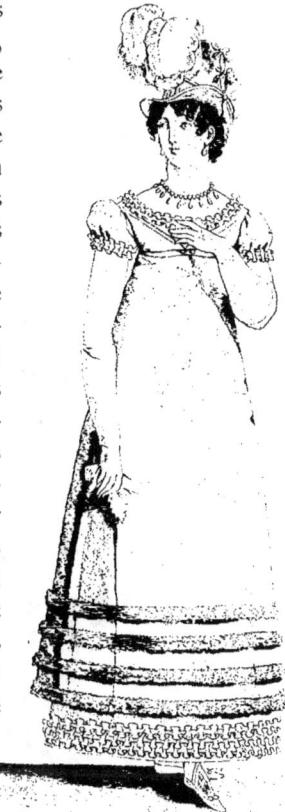

MODE DE 1815, PAR HORACE VERNET.
Collier, pendants d'oreilles,
robe et chapeau de velours blanc.

[1]. « Parmi les modes qu'on appelle générales ou dominantes, il faut mettre en première ligne celle des épis.

» Assistez-vous à la représentation d'une pièce nouvelle ? Vingt, trente, cinquante, cent coëffures en cheveux vous offrent des épis, quelques-uns en or, la plupart imitant des épis naturels.

» Allez-vous à la promenade ? Presque tous les bouquets de fleurs, soit des champs, soit des jardins, qui ornent les chapeaux, sont entremêlés d'épis. Les nœuds de gaze laissent passer plusieurs épis, qui sortent comme par hazard

D'ailleurs, les anciennes familles, ayant à reconstituer leurs fortunes si malmenées par la Révolution, avaient accentué la réaction contre le luxe qui s'était déjà des-

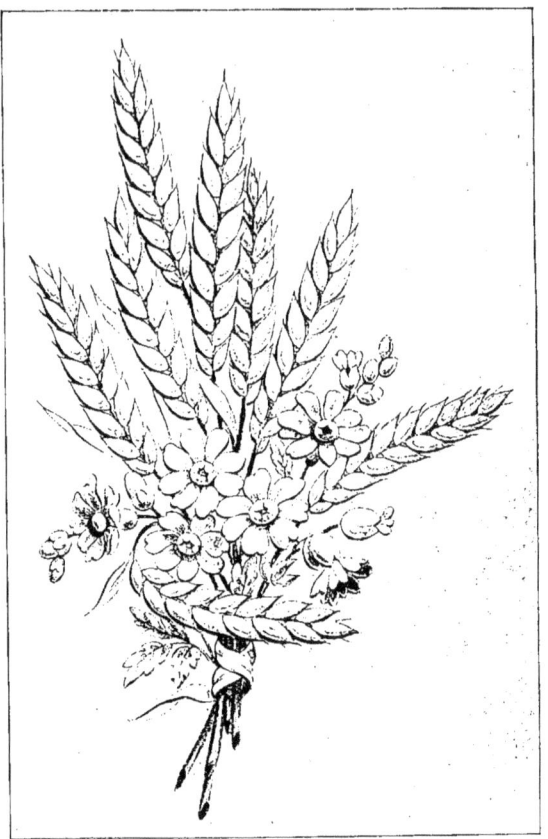

BOUQUET DE JOAILLERIE, ÉPIS ET MARGUERITES.

sinée dans les dernières années de l'Empire. Elles avaient décrété — et pour cause — qu'il était de bon ton de porter

des plis de l'étoffe. Ce sont encore des épis qui séparent les tiges de marabouts. » (15 juin 1822.)

peu de bijoux et avaient encouragé des modes qui ne se prêtaient guère aux parures. On remit en faveur les colle-

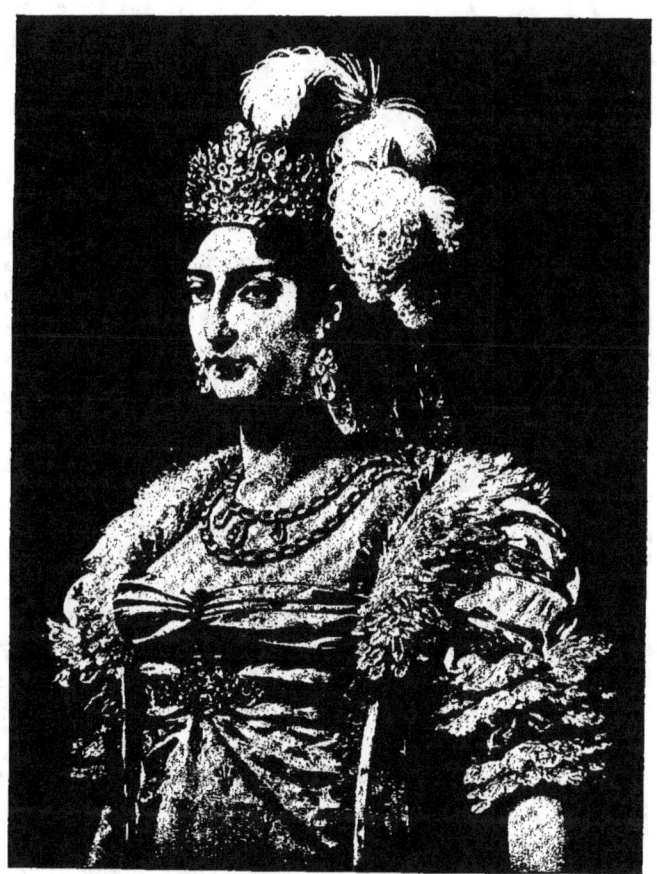

S. A. R. MADAME LA DUCHESSE D'ANGOULÊME, FILLE DE LOUIS XVI
par le Baron Gros.
(Musée de Versailles.)

rettes, les *fraises,* avec lesquelles le port des chaînes et des colliers était pour ainsi dire impossible, et, d'autre part, les manches à gigot, qui se prolongeaient très loin sur la main, n'étaient pas favorables à l'usage des bracelets, bien que l'on continuât à en porter au poignet, sur la manche même.

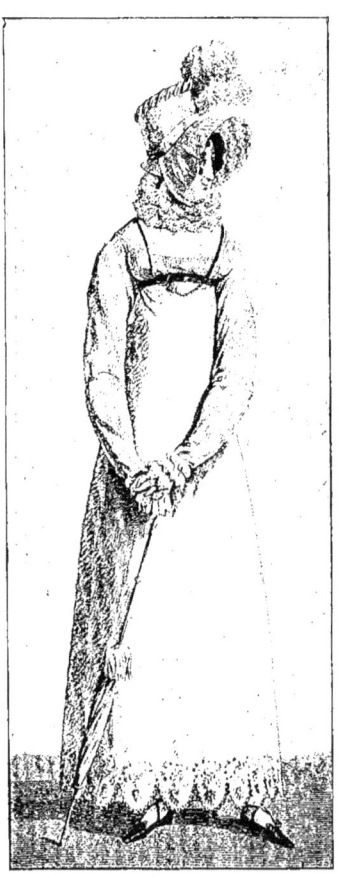

CHAINE-SAUTOIR AVEC BRELOQUES,
ORNEMENT D'OR
SUR LA CEINTURE (1817).
(Bibliothèque Nationale.)

Une sorte de pruderie s'était introduite dans les mœurs ; les toilettes étaient, en général, fort simples : les femmes, vêtues de percale blanche, avec des jupes courtes en forme de clochettes, étaient chaussées de cothurnes et coiffées de toques énormes, dont le prototype avait été découvert sur un soi-disant portrait de Jeanne d'Arc ; ces toques se portaient même dans les réceptions du soir ; elles étaient alors brodées ou garnies de perles, surmontées de marabouts, d'*esprits,* de panaches blancs à la Henri IV et de plumets invraisemblables, à la base desquels les élégantes, les « ravissantes », piquaient des diamants ou des bijoux à pampilles et à grappes. Non seulement les dames se paraient de bijoux d'un « travail gothique » très apprécié et de robes de style cathédrale, mais les ultra-élégants portèrent même des pantalons *à la Marie Stuart.* « Bon nombre de douairières, dit M. Bouchot, s'étaient couronnées de la toque pour l'amour du Moyen-

Age, de la Pucelle d'Orléans, des ancêtres et de l'histoire. Aux unes elle alla passablement, aux autres bien, à la plupart très mal. » On était loin des Tanagra du temps de l'Empire et des nudités de Mme Tallien ! Le corset reparut et les tailles commencèrent à devenir plus fines, pour être tout à fait « guêpées » sous Louis-Philippe.

En 1827, il fut de mode d'avoir une ceinture d'orfèvre-

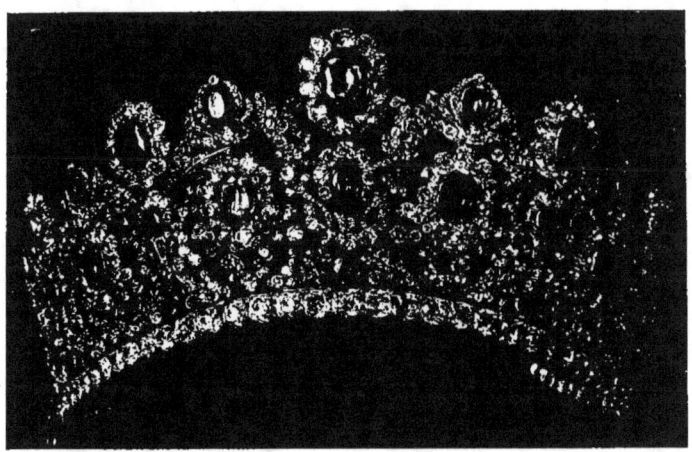

DIADÈME RUBIS ET BRILLANTS, EXÉCUTÉ EN 1816.
Anciens joyaux de la Couronne.
(Diamètre à la base : 0^m16.)

rie, dont la partie libre tombait très bas par devant. C'est Mlle Mars qui, la première, s'en était parée, pour remplir le rôle d'un personnage du Moyen-Age. La Duchesse de Berry adopta cette mode, et le peintre Dubois-Drahonnet, dans le portrait qu'il fit de cette Princesse, la représente portant une très longue ceinture à larges plaques carrées ornées de ciselures et de pierreries. Nous donnons (p. 127) la reproduction de ce curieux tableau, qui se trouve actuellement au musée d'Amiens.

Voici d'ailleurs quelques extraits des journaux du temps,

qui feront connaître certaines particularités de la mode du bijou à cette époque.

« Quoique, depuis longtemps, on donne à des colliers d'or la forme d'un serpent, comme le travail en est extrêmement léger et qu'ils sont élastiques, cette parure est toujours à la mode. Le corps du reptile est de la grosseur du doigt; sa tête sert de fermoir, et sa queue, un peu amincie, forme le cliquet. Les bracelets, dans des proportions plus petites, sont aussi des serpens en or; le bandeau, de même; et c'est au milieu du front, à la séparation des cheveux, que se place la tête du serpent, comme le cordonnet à nœud de la belle Féronnière. » (1821.)

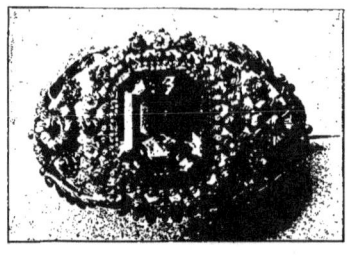

BROCHE EN OR
avec ornements en cannetille et grainti,
et une topaze au centre (époque de la Restauration).

« *Les Semaines* sont toujours des bagues très à la mode; on en voit dont les pierres sont de sept nuances différentes et dont le nom de chaque pierre commence par une lettre analogue au jour de la semaine. »

« On porte sur le cou de grosses chaînes, moitié émail, moitié or. Un losange en émail bleu, alternativement séparé par trois petites chaînettes d'or, est d'un très joli effet. »

« A beaucoup de chaînes de montre (pour hommes), on ne voit que deux cachets et une clé; mais ils sont d'un tel volume, qu'à eux seuls ils forment sur la cuisse un paquet plus gros que les quinze ou vingt breloques que l'on portoit il y a dix ou quinze ans. Le goût du tems va au matériel. » (1820.)

« Les nouvelles agrafes de manteau se composent de deux mains de femme en or, tenant entre les doigts, l'une une chaîne-gourmette, l'autre un crochet, ou bien d'une chaîne en vermeil dont le fermoir représente une *bonne-foi*. » (1823.)

« Nous avons vu, chez M. Dieu, bijoutier au Palais-Royal, des épingles et des bracelets à la *girafe* du meilleur

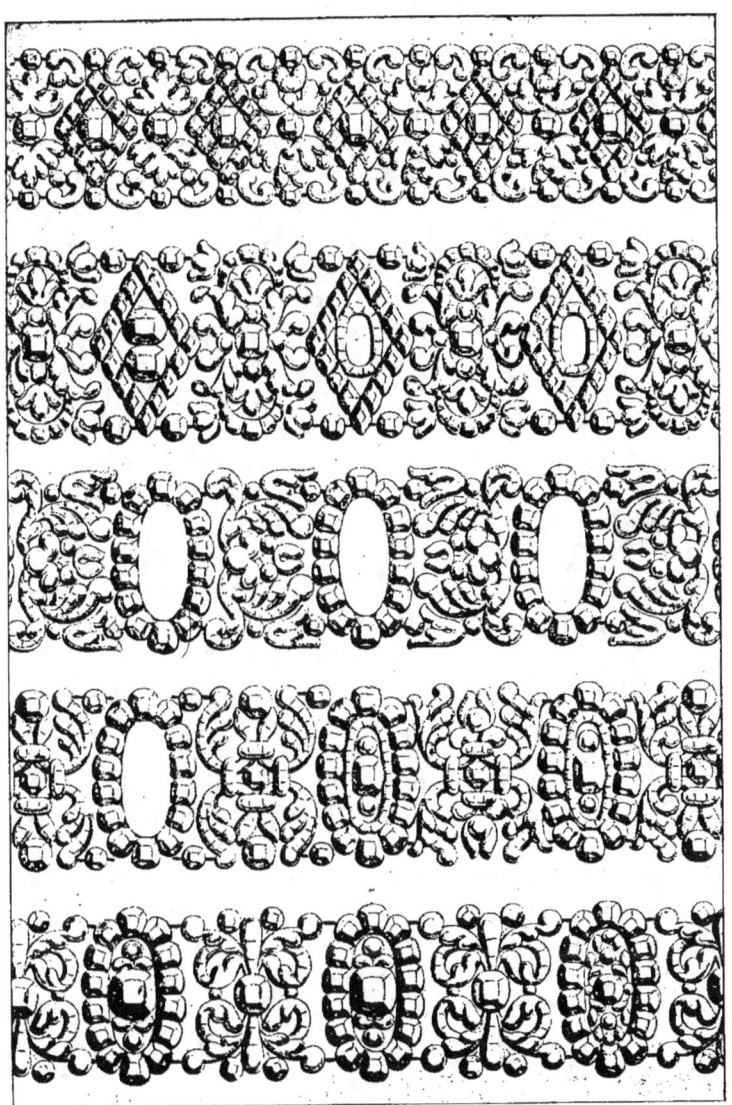

BRACELETS JOAILLERIE, VERS 1820,
PAR SEIFFERT, DESSINATEUR DE LA MAISON BAPST.
Archives de la Maison Bapst et Falize.)

goût. La girafe[1] et son conducteur sont en émail sur or.

» Dans le bracelet, l'habitant du désert de l'Afrique est sur une malaquite qu'encadre un magnifique cadenas en or ; le reste est composé de cornalines et de colonnes en or qui forment la chaîne. La vue de l'épingle est des plus originales ; disposée en jumelle, la chaîne qui réunit les deux épingles part de la main du conducteur et va s'attacher au cou de la girafe. Ces jolis bijoux ornent maintenant les bras de nos élégantes et les cravates de nos jeunes gens. »

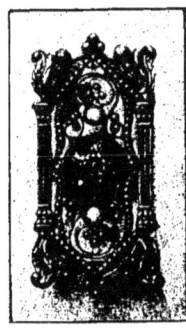

FERMOIR DE COLLIER
(RESTAURATION).

« Les femmes portent à leur cou des petits flacons en émail bleu, rose ou blanc ; ces flacons sont très plats, façonnés en petites côtes et suspendus au cou par une petite chaîne passée dans un anneau au dessus du couvert.

» ..... Des chaînes de galérien en or mat entouraient ses bras, son cou, et formaient sa ceinture. Plusieurs chaînes traversaient aussi ses cheveux dans tous les sens et faisaient bandeau sur le front..... » (Ces chaînes de *galérien* sont devenues de nos jours des chaînes *forçat*.)

» Une élégante ne se présente plus à l'écarté sans une jolie bourse grecque. Elles sont fermées par de petits treillages d'or, ont la forme et la grandeur d'une montre d'homme, s'ouvrent par un petit ressort garni de brillans ou de pierres fines, et se suspendent souvent à la ceinture par une chaîne d'or, terminée par deux glands ou deux pierres. »

« Les chaînes dont les femmes entourent leur cou augmentent tellement de volume qu'elles seront bientôt un véritable poids. On en voit dont chaque chaînon, très épais et très travaillé, est séparé par une étoile en or mat. Au bas de ces chaînes, on suspend quelquefois une croix massive, des

---

1. En 1827, on exhiba une girafe qui eut un succès considérable. Tout ce qu'on fit alors était « à la girafe » ; ce fut l'année de la girafe, comme 1811 avait été l'année de la comète.

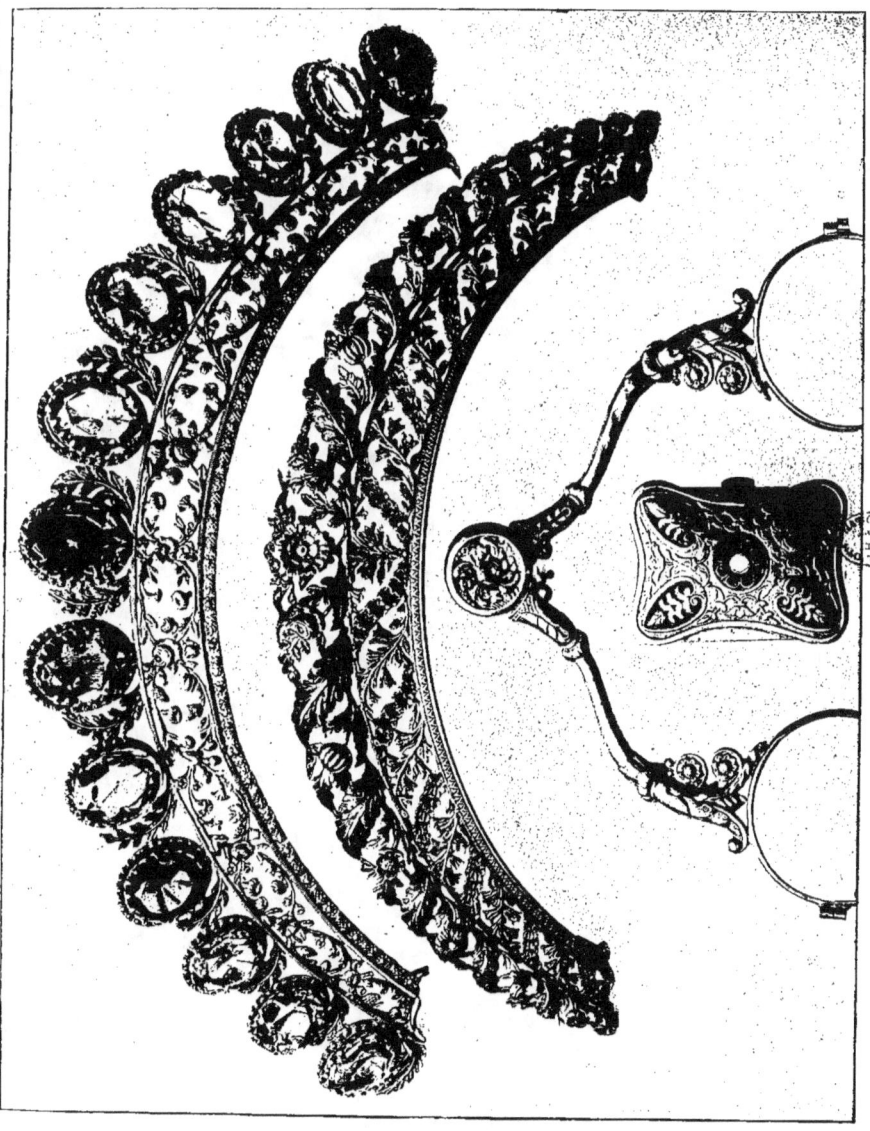

GRANDS PEIGNES, LORGNON, PLAQUE DE BRACELET
(ÉPOQUE DE LA RESTAURATION).

anneaux à la chevalière, ou autres bijoux d'un genre gothique. »

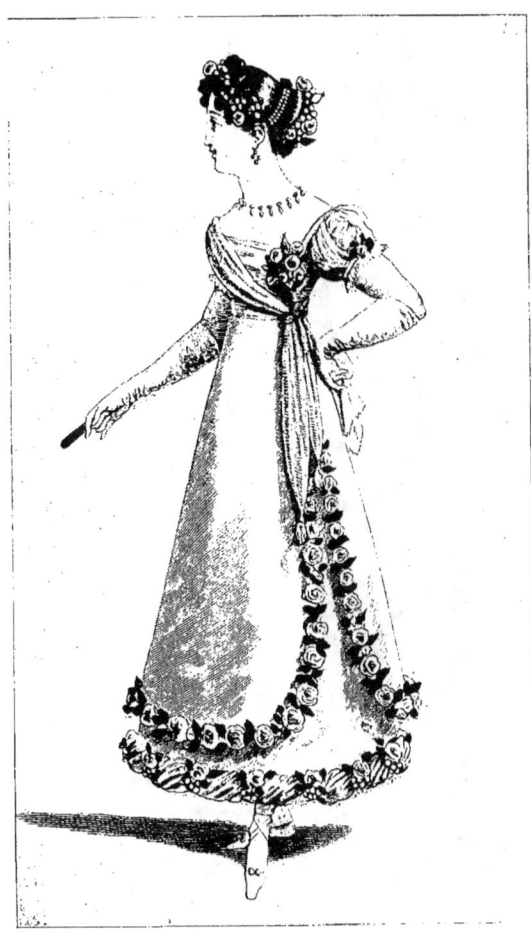

TOILETTE DE BAL (1821).
Collier, boucles d'oreilles, peignes.

« Les grosses chaînes d'or que les femmes jettent sur leur cou, dans tous les genres de toilettes, sont de plus en plus massives. Les anneaux de galériens sont remplacés par des dessins de formes gothiques, auxquels on assortit une croix. » (*Petit Courrier des Dames*, 20 février 1828.)

Les fêtes de la Cour, nous l'avons dit, étaient rares sous Louis XVIII; elles le furent un peu moins sous Charles X, et, grâce à la Duchesse de Berry, quelques-unes ne manquèrent pas d'éclat. Cette princesse, débordante de jeunesse et pleine d'entrain, tenait alors le sceptre de la mode. Elle organisa aux Tuileries, entre autres fêtes, le fameux quadrille de Marie Stuart, où l'on s'était efforcé de faire revivre la Cour d'Écosse. Ce soir-là (janvier 1829), la Duchesse portait pour plus de trois millions de parures, montées spécialement par Bapst pour la circonstance avec des pierres empruntées aux joyaux de la Couronne[1]. Cette fête fut très réussie, et les costumes

COSTUME D'HOMME EN 1819.
Canne à béquille d'or, groupe de breloques ou « charivari » et boutons de métal au gilet. — Pantalon demi-cosaque.

1. On sait que les Diamants de la Couronne, emportés en Belgique par Louis XVIII pendant les Cent-Jours, rentrèrent en France avec lui en 1815, lors de ce fameux retour de Gand, qui avait valu au Roi d'être surnommé, par un calembour irrévérencieux, « notre père de Gand »

que l'on s'était appliqué à reconstituer aussi fidèlement que

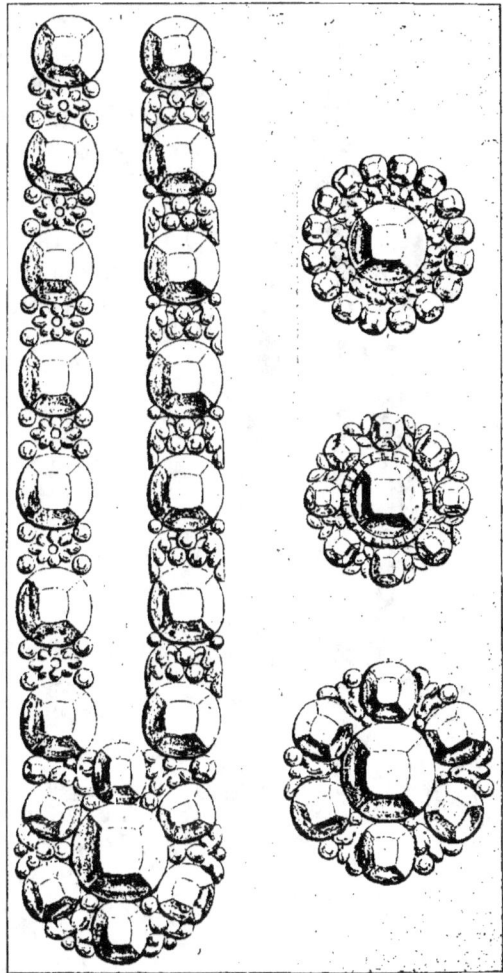

PROJETS DE GANSE AVEC BOUTON DE CHAPEAU, EN JOAILLERIE
(Archives de la maison Bapst et Falize.)

possible étaient superbes. Le malheur était que plusieurs de ces seigneurs écossais n'avaient point voulu faire à la vraisemblance historique le sacrifice de leur barbe et offrirent le contraste réjouissant de contemporains de Marie Stuart, portant de magnifiques favoris dans le goût le plus pur de la Restauration. Ce quadrille fut fort admiré par le Roi et par tous les assistants, mais la fête se termina par un spectacle vraiment curieux :

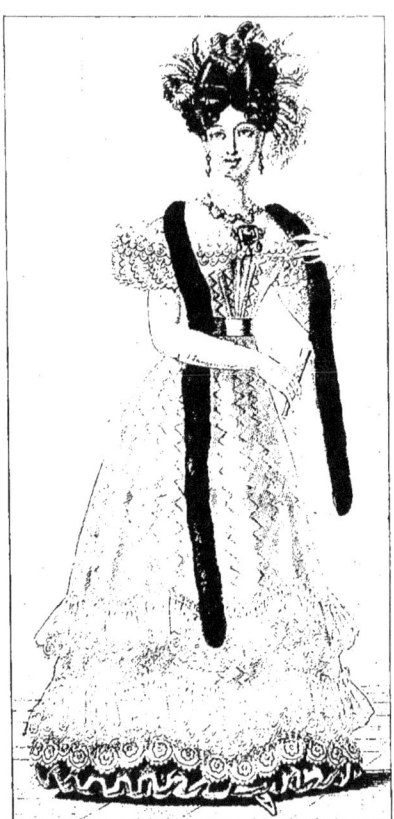

ÉPIS DE DIAMANTS,
COLLIER DE JOAILLERIE,
BROCHE ET PENDANTS D'OREILLES
EN TOPAZE (1827).

« Les spectateurs de tout à l'heure se vinrent mêler aux Seigneurs du XVIe siècle, et l'on eut cette surprise tout à coup de Catherine de Médicis en la société d'un colonel de la garde royale, d'un ministre ultra faisant vis-à-vis à Marie de Lorraine, du connétable de Montmorency valsant avec une maréchale du premier Empire. Le coup d'œil était fort gai de ces robes blanches uniformes, sautillant comme des follets à travers les brocarts d'or, les velours et les broderies scintillantes. A cinq heures du matin, la *Galoppe* entraînait dans une

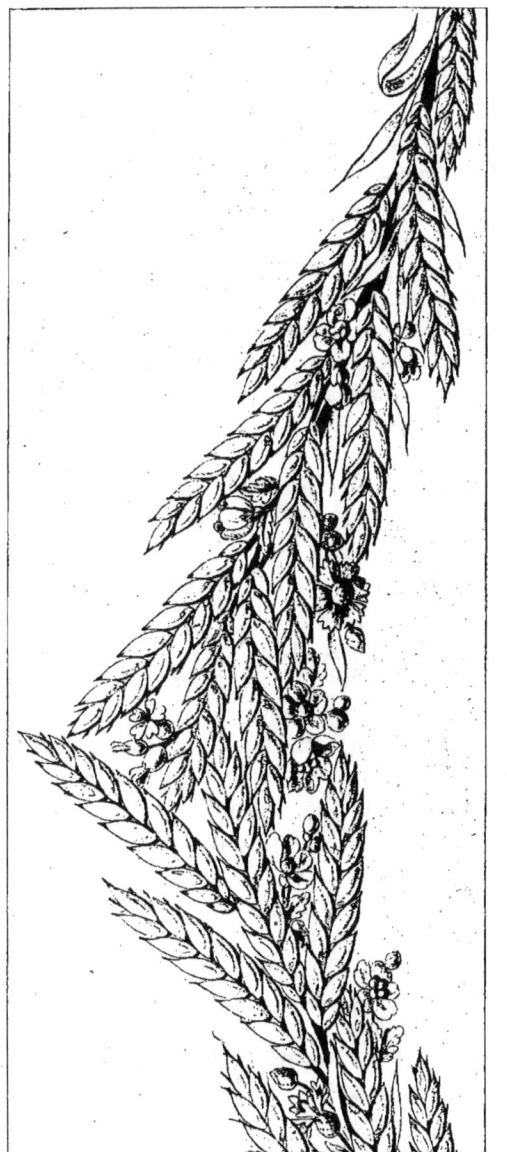

DIADÈME JOAILLERIE, ÉPIS ET FLEURS DES CHAMPS
exécuté par Bapst, d'après un dessin de Seiffert (communiqué par la maison Bapst et Falize).

farandole endiablée reines, princesses et seigneurs, confondant les rangs, rompant les étiquettes et froissant les parures. Dans cet instant, une frange portant pour un demi-million de diamants fut arrachée à la robe de Marie Stuart par une botte irrévérencieuse. Il n'en fut que cela, le galop continua ; il eut fait beau voir qu'on s'arrêtât pour cette misère ! D'ailleurs, on la retrouva le lendemain sous un siège... » [1]

Les spirituelles aquarelles d'Eugène Lami nous ont transmis le souvenir des élégances un peu guindées de cette époque, et de ces coiffures, si curieuses avec ces grandes coques en cheveux, lisses, que maintenaient des armatures de métal et dans lesquelles on piquait des bijoux d'un intérêt d'ailleurs médiocre. Les gravures que nous reproduisons d'après des documents du temps permettront de se rendre compte de ces coiffures si caractéristiques.

C'est également à cette époque que l'on faisait les bijoux avec émaux en camaïeu, et ces chaînes à grosses mailles plates et larges, sur lesquelles des fleurs opaques, dans un contour champlevé, étaient entourées d'un fond transparent : le tout était poli comme on polit la mosaïque ; les grosses mailles se reliaient entre elles par des maillons d'or mat. On fabriquait aussi beaucoup de bijoux à l'usage des hommes ; les gros cachets, les breloques (qui se portaient très nombreuses et groupées, et qu'on appelait des *charivaris*, en raison du bruit qu'elles faisaient en s'entrechoquant), les chaînes de montre, les boutons de gilet ou d'habit, étaient toujours très en faveur, mais l'art entrait pour peu de chose dans leur exécution.

« Pour attacher leur cravate, dit un journal de 1822, quelques jeunes gens se servent d'une *bague à la chevalière ;* ils en font une espèce de *coulant*, dans lequel ils passent les deux bouts de la cravate, qu'ils ont d'abord mise en sautoir et par-dessus laquelle ils rabattent le collet de la chemise. » On voit que la mode des coulants de cravate ne date pas d'aujourd'hui. Il en est de même des gros bracelets unis :

1. Henri Bouchot, *la Restauration*. Paris, 1893.

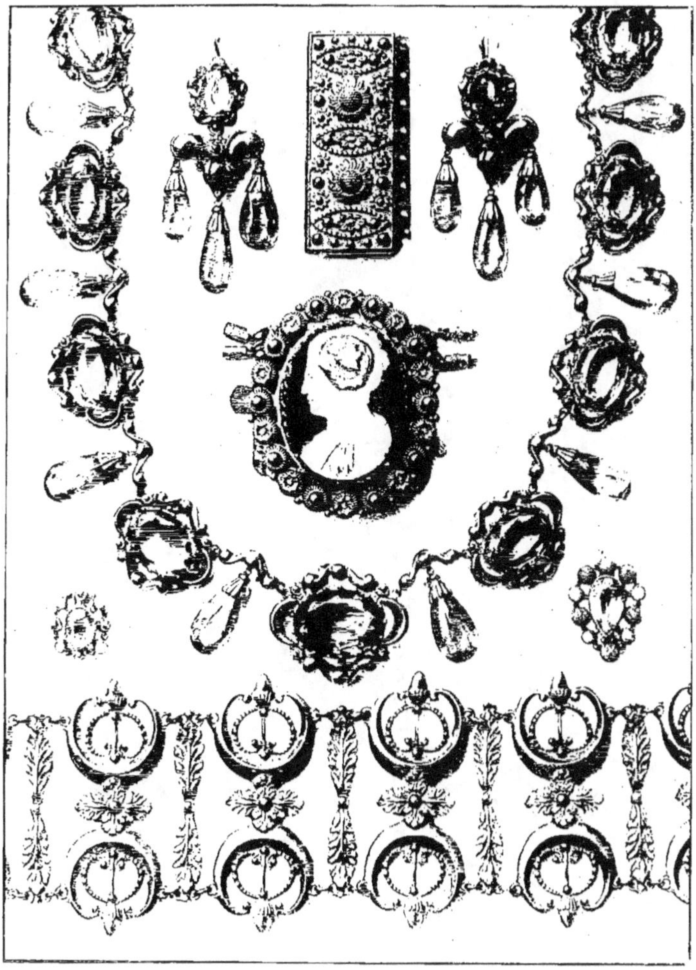

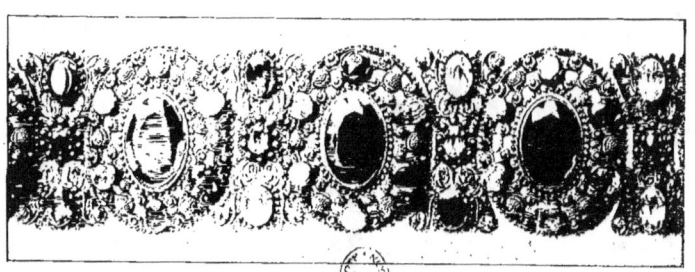

BRACELET SOUPLE EN GRAINETI ET OR CISELÉ
AVEC AIGUES-MARINES, TOPAZES, AMÉTHYSTES, TURQUOISES, ETC.
COLLIER, PENDELOQUES, PLAQUES DE BRACELETS, BRACELET
(ÉPOQUE DE LA RESTAURATION).

« On porte aussi de larges bracelets d'or mat tout unis, qui semblent un lingot d'or qui entoure le bras, et que l'on

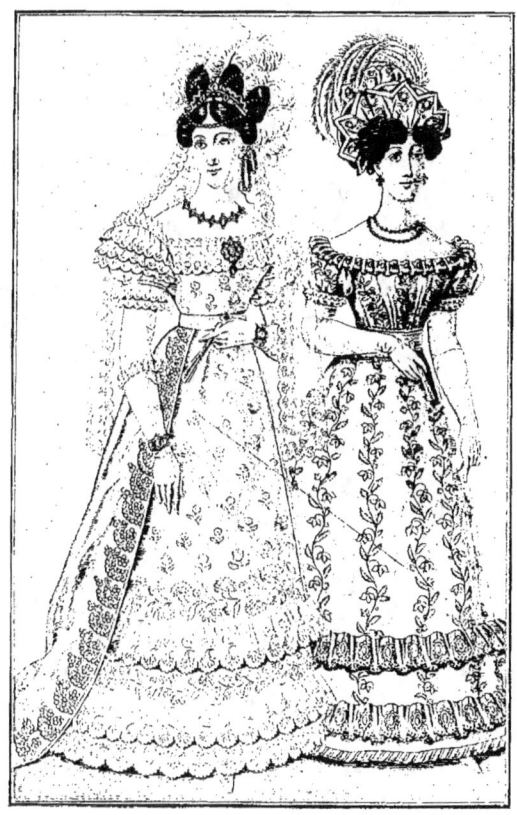

TOILETTES DE COUR (1825).
Diadème, ferronnière, colliers, pendants d'oreilles, broches, bracelets.

trouverait affreux s'ils n'étaient pas à la mode. Outre les *nœuds gordiens,* les *prudences,* les *amitiés,* et cent autres bagues de tout genre, qui ornent les doigts d'une merveilleuse, il faut citer la *chevalière en écaille noire.* Cette bague fait ressortir la blancheur de la peau. (1823.)

Parmi les objets plus courants, il faut signaler une bague allégorique qui eut beaucoup de succès lors de la rentrée de Louis XVIII; elle était composée d'un fil d'or avec trois fleurs de lys, et portait en émail blanc la devise : « *Dieu nous les rend!* » D'ailleurs, à ce moment, la fleur de lys revint naturellement à la mode, car les temps étaient changés et il était de bon ton d'afficher ses opinions royalistes [1].

Une mention toute spéciale doit être réservée pour le bijou d'acier, qui fut très en vogue de 1819 à 1830. Déjà, au xviiie siècle, les Anglais avaient imaginé d'utiliser l'acier poli dans la bijouterie, et l'engouement qui régnait alors en France pour tout ce qui venait d'outre Manche avait fait adopter cette mode par nos ancêtres et les procédés anglais par nos fabricants [2]. On sait qu'alors [3] on porta beaucoup de boutons d'habits, de boucles de souliers, d'épées garnies d'acier taillé en brillants, mais à cette époque les perles se faisaient à la main, une à une ; les facettes étaient polies successivement, et les objets ainsi fabriqués revenaient à un prix trop élevé [4] pour qu'ils pussent entrer dans le domaine de la bijouterie courante. C'est grâce aux perfectionnements mécaniques apportés par un Français nommé Frichot, que ce genre dut de prendre un développement considérable. Les produits envoyés par Frichot à l'Exposition de 1819 étaient d'une excellente exécution et d'un bon marché inconnu jusqu'alors. Ce fut là le point de départ de la vogue. On porta alors des parures complètes en acier poli et faceté, des broches, des fleurs, des boucles que l'on fixait sur le chapeau ou que l'on passait dans un ruban porté autour du

---

1. A l'époque où M. le prince de Bénévent (Talleyrand) s'était rendu en Amérique pour se soustraire aux prescriptions révolutionnaires, on remarqua à son doigt une bague-cachet que beaucoup de personnes s'empressèrent de faire imiter. Elle représentait trois lys couchés, avec ces mots : *Ils se relèveront un jour*. (*Rapsodies du jour*, 5 avril 1814.)

2. Turgot fit déclarer libre l'art de polir les ouvrages d'acier (24 déc. 1775).

3. Vers 1780, c'est un nommé Dauffe qui avait la spécialité du bijou d'acier.

4. Il existe aux Archives nationales ($O^2 3o$), une facture de 1724 francs pour objets en acier (peigne, chaines, bracelets, etc.) fournis à l'Impératrice Marie-Louise par Deferney, successeur de Sykes, 243, au Palais-Royal.

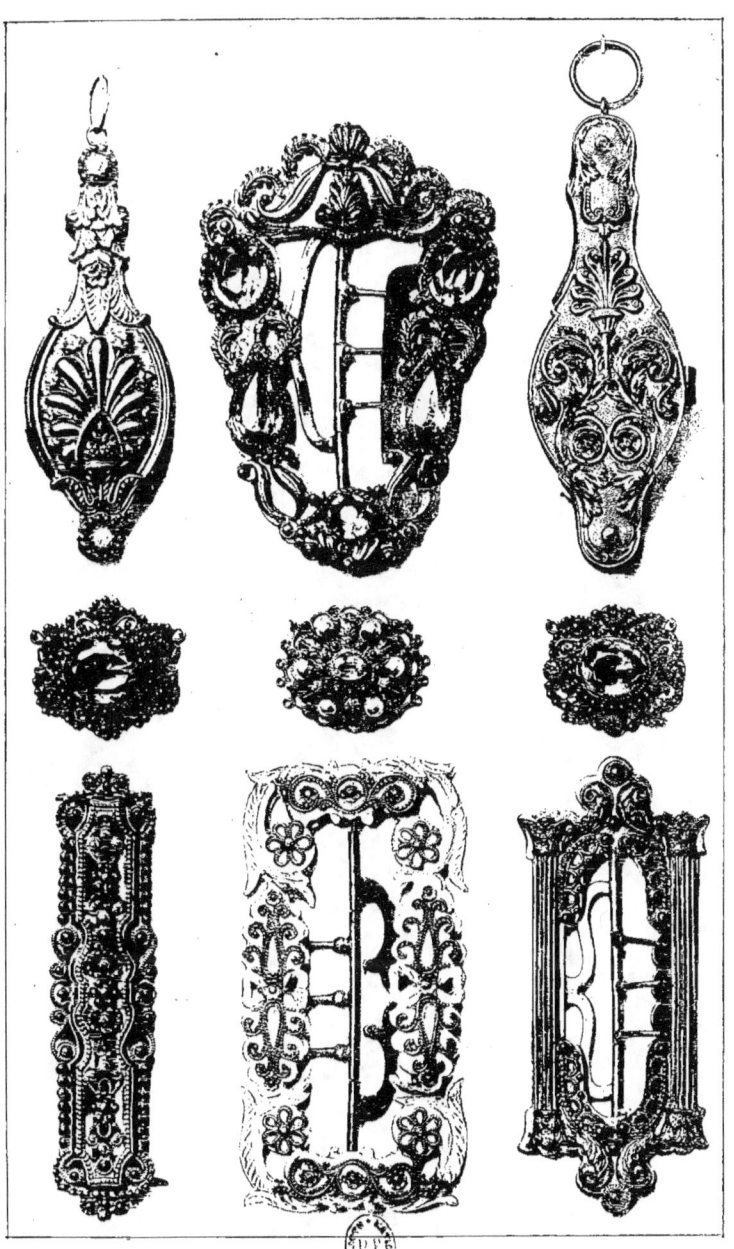

LORGNONS, PLAQUES DE COLLIERS, BOUCLES DE CEINTURE
(ÉPOQUE DE LA RESTAURATION).

cou ou aux bras en guise de bracelets, des petits sacs pour dames, nommés alors gibecières, et surtout des bourses

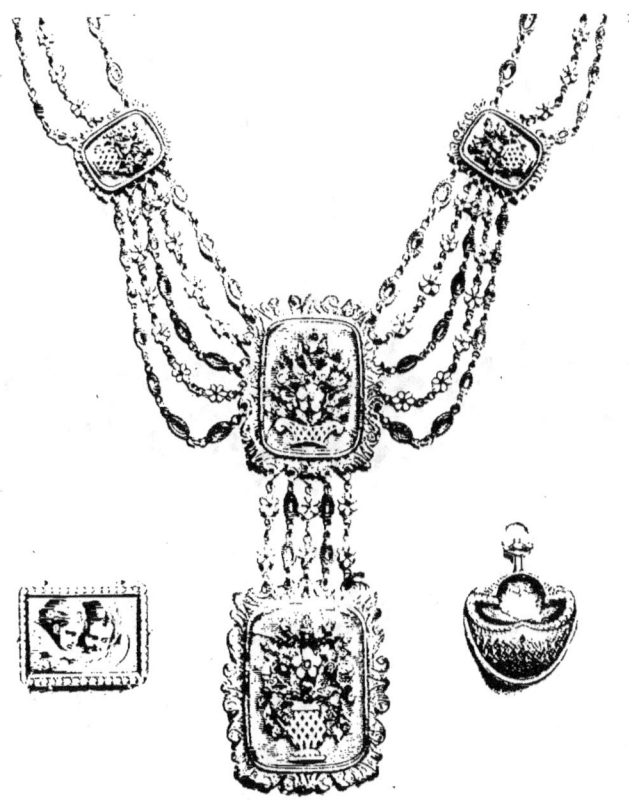

COLLIER AVEC PLAQUES, BROCHE ET MONTRE.
(Exposition Centennale de 1900)

longues et souples à coulants, ainsi que des châtelaines auxquelles étaient suspendus de menus accessoires : clefs de montre, cachets, tablettes, nécessaires, etc., également en acier poli[1]. A côté de Frichot, restaurateur, sinon créateur de cette industrie, il est juste de citer aussi Henriet, qui sut y tenir une place distinguée et la maison Schey.

Le succès de ces bijoux d'acier n'empêcha pas la bijouterie d'or de prendre une certaine extension. On fit alors de grandes parures, des bandeaux, des peignes, colliers, boucles d'oreilles, broches en or mince estampé, agrémenté de gravure sans caractère ou d'un peu de ciselure; certaines étaient, comme sous l'Empire, décorées d'ornements de *grainti* associé à la *cannetille*. Mais ces parures étaient, ainsi

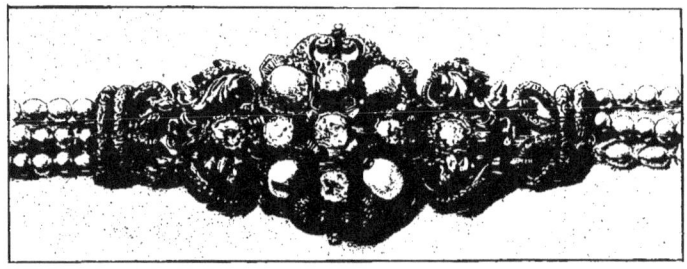

BRACELET EN OR CISELÉ ET GRAVÉ, AVEC PERLES EN BRILLANTS
(1825-1835).

que nous l'avons dit, semées de pierres de médiocre valeur, et, généralement, sans aucun caractère artistique.

La Duchesse de Berry, cependant, aimait les arts et tenta de réels efforts pour les protéger, mais il y avait fort à faire dans une société où tout avait été désorganisé. Elle s'intéressa à Fauconnier[2], un des orfèvres les plus distingués de

1. M. Frichot, voulant étendre son industrie à la décoration, exposa en 1827 une garniture de cheminée, composée d'une pendule et de deux candélabres; ces objets, dont le prix n'était pas moindre de 25.000 francs, résultaient, d'après le fabricant, de l'assemblage de 91.000 morceaux d'acier, qui présentaient 1.028.300 facettes, et dont le travail avait exigé 2.053.000 opérations (*Rapport officiel*). En 1847, il se faisait annuellement en France pour cinq millions de bijouterie en acier poli; ce chiffre se répartissait entre 143 fabricants, employant 1.975 ouvriers.

2. Fauconnier, successeur de la Vve Gaultier, demeurait, en 1811, rue du Bac, n° 58. Il figure ainsi parmi les marchands-joailliers et parmi les orfèvres fabricant la grosserie. En 1813, nous trouvons son adresse rue Saint-Dominique, n° 39, tandis que la Vve Gaultier seule figure alors rue du Bac, 58.

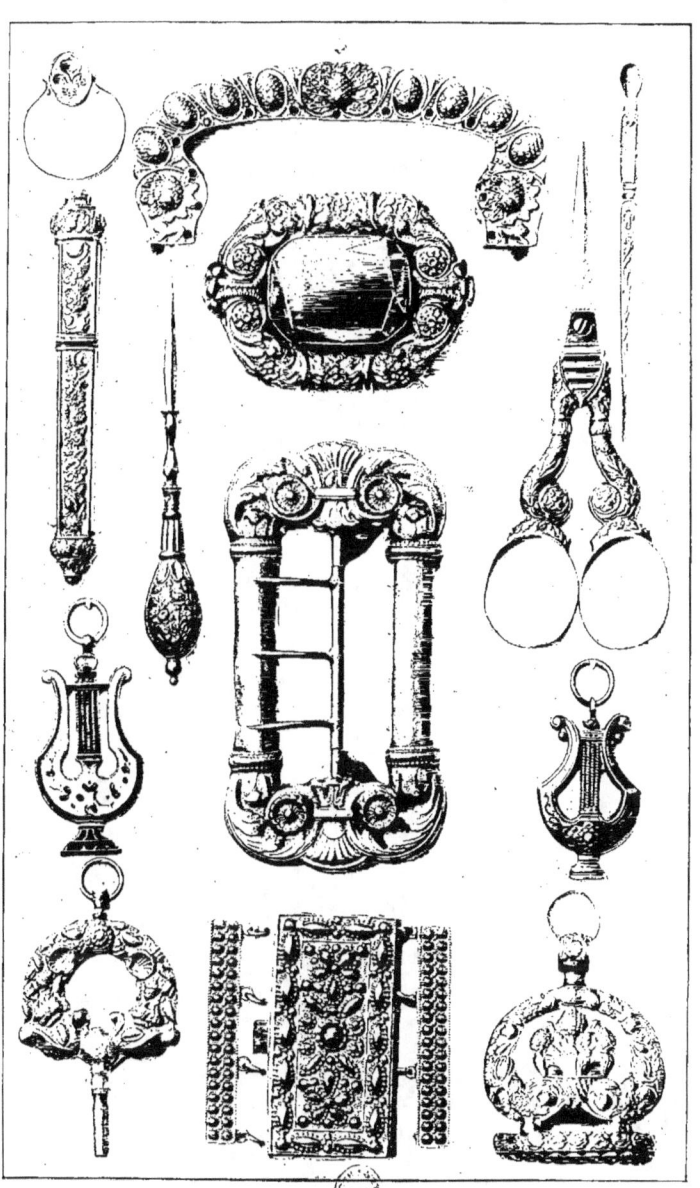

FERMOIR DE SAC A MAIN, CISEAUX, BOUCLE, BRELOQUES, ETC.

cette époque, et l'encouragea de son mieux. Fauconnier (1776-1839), fils d'un pauvre orfèvre de Longwy, en Lorraine, vint fort jeune à Paris pour se perfectionner dans son état. Placé tout d'abord chez Odiot père, celui-ci le prit en affection, en fit son chef d'atelier, l'admit dans sa famille et enfin l'établit orfèvre. Fauconnier eut le courage de lutter contre la mode anglaise, qui dominait alors, et fit des efforts constants pour relever le goût du public. Malgré l'insuccès de ses tentatives, il continua avec persévérance et abnégation à suivre la voie où il s'était engagé délibérément et qu'il regardait comme la seule bonne pour l'orfèvrerie d'art. Ce fut dans son atelier que l'on recommença à faire des pièces d'orfèvrerie dans le style de la Renaissance. Il exécuta des com-

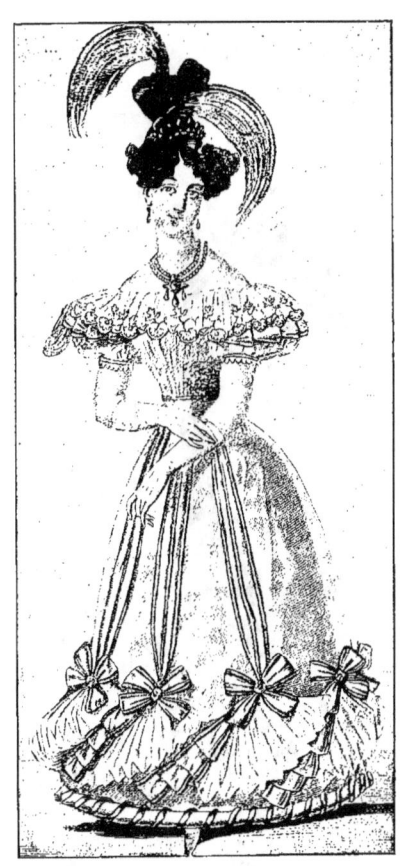

PEIGNE AVEC AMÉTHYSTES CABOCHONS, COLLIER A DEUX RANGS AVEC PENDENTIF (1827).

mandes importantes, entre autres un grand vase de un mètre de haut, offert par Charles X au Sultan, et pour lequel Fauconnier demanda, pour la ciselure, la collaboration de

Tamisier, et, pour les animaux, celle de Barye, alors totalement inconnu et devenu si célèbre depuis [1].

Parmi le grand nombre des pièces considérables qui lui furent demandées et que nous ne pouvons énumérer ici, citons seulement le vase monumental en vermeil, offert par les gardes nationales de France au général La Fayette [2]. Mais, malgré ou peut-être à cause de ces grandes commandes officielles, généralement peu payées, pour lesquelles Fauconnier se donnait beaucoup de mal et n'épargnait ni le temps ni la peine, le malheureux orfèvre, non seulement ne gagnait pas d'argent (il perdit dix mille francs sur la commande du vase offert au Sultan), mais se vit même réduit à une situation diffficile [3]. On chercha à l'en

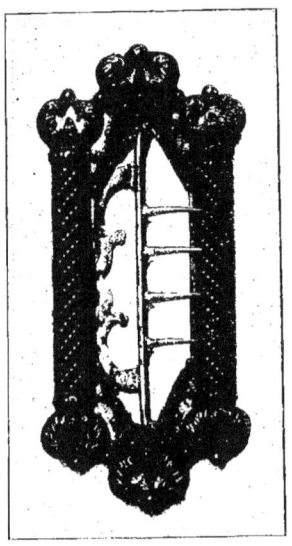

BOUCLE DE CEINTURE

[1]. Le père de Barye était orfèvre. Quand son fils eut treize ans, en 1809, il le mit en apprentissage chez Fournier, graveur de matrices pour équipements militaires : plaques de ceinturons, de casques, hausse-cols, boutons, aigles, etc. Il y resta trois ans. Le jeune garçon entra ensuite chez Biennais, où il exécuta des matrices en acier pour les repoussés, et cisela aussi des bas-reliefs sur tabatières; ensuite, pris par la conscription, il fit son service dans la brigade topographique du génie, où il modelait des plans en relief. Entré chez Fauconnier à son retour du régiment, il y resta de 1823 à 1831 et fit, entre autres, une soixantaine de petits modèles d'animaux qu'il ne signait pas et que Tamisier ciselait.

[2]. Ce grand vase, commencé en 1832, lui valut en 1834 le rappel de la médaille d'or. Il ne fut malheureusement terminé qu'après la mort de La Fayette.

[3]. Il en fut de même, plus tard (vers 1849), de Léon Cahier, l'orfèvre que nous avons déjà nommé en parlant de Biennais auquel il succéda. Cahier, frère du P. Cahier, l'archéologue réputé, suivit les conseils de ce dernier et commença à revenir aux orfèvreries gothiques. Mais bien qu'il eût exécuté pour Charles X les ornements et les vases du Sacre, qui sont au trésor de Reims, et qu'il eût adjoint à sa maison un atelier de joaillerie bien achalandé, il ne réussit pas à faire fortune et dut fermer ses ateliers pour entrer dans la maison, alors toute nouvelle, de Poussielgue-Rusand.

tirer en lui faisant exécuter un nouveau service de table

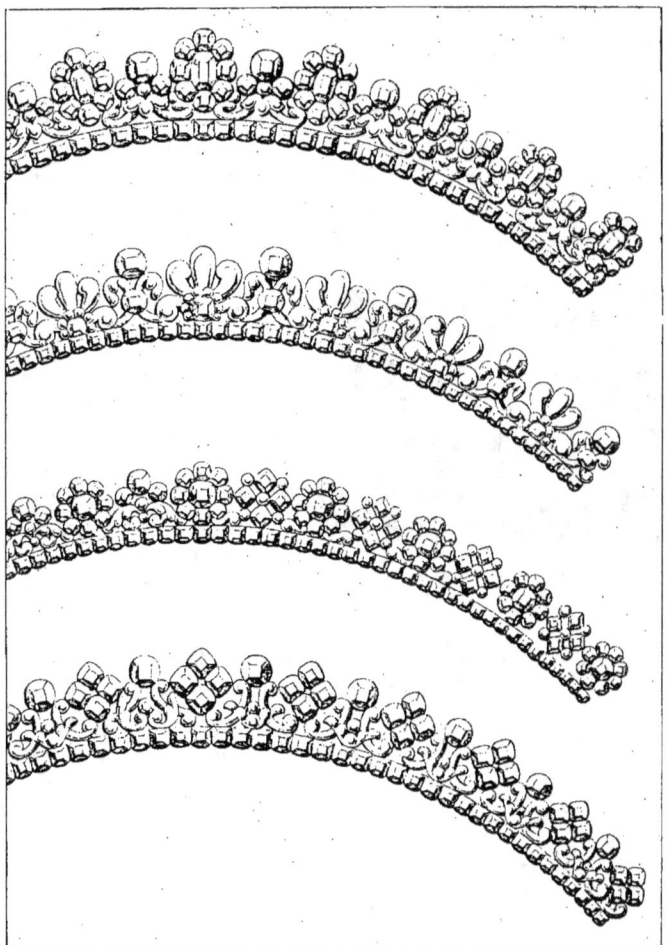

PEIGNES EN JOAILLERIE.
(Archives de la maison Bapst et Falize.)

pour la famille royale, mais cette commande ne suffit pas

pour le remettre à flot[1]. Ses affaires allaient de mal en pis ; si bien que, comme Auguste l'avait fait précédemment, il fut obligé de vendre son matériel. « Heureusement, dit M. de Lasteyrie, qu'alors il y avait encore en France quelques vrais grands seigneurs. Le Duc de Montmorency, digne héritier d'un illustre nom qui devait s'éteindre avec lui, fit secrètement racheter le matériel vendu aux enchères, pour le rendre à celui qui savait en faire un si bon usage. » De son côté, Madame Adélaïde, touchée de sa détresse, lui donna un atelier dans un de ses hôtels[2]. Néanmoins,

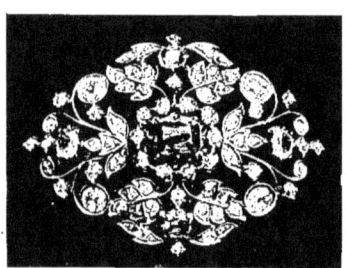

BROCHE JOAILLERIE
(ÉPOQUE DE LA RESTAURATION).

le malheureux artiste épuisa toutes ses ressources, et les derniers efforts de cet homme si dévoué à son art ne purent le sauver de l'indigence : il mourut pauvre et connu seulement d'un très petit nombre de ses contemporains. Il ne laissa même pas de quoi payer ses funérailles. Fauconnier s'était pourtant adjoint pour ses travaux d'excellents et habiles ciseleurs, d'abord Tamisier que nous venons de citer, puis Mulleret, et enfin Vechte, qui devait devenir une des gloires de l'orfèvrerie française[3]. Il laissa pour uniques élèves et héritiers deux de ses neveux, Joseph et Auguste Fannière, encore bien jeunes alors, qui avaient été

1. De Lasteyrie, *Histoire de l'Orfèvrerie*.
2. L'Hôtel de Monaco, rue de Babylone.
3. Antoine Vechte, célèbre ciseleur et orfèvre, né à Vire-sous-Bil (Côte-d'Or), 1799-1868, entra en 1826 chez Soyer, ciseleur, puis, vers 1830, chez Fauconnier. Antérieurement, il avait été incorporé dans un régiment, lors de son tirage au sort, et s'était même rengagé, de sorte qu'il fit deux congés avant de se mettre sérieusement à la ciselure. Vechte est le premier ciseleur qui ait été fait chevalier de la Légion d'honneur (1848). Sa coupe figurant *l'Harmonie dans l'Olympe* lui valut à cette époque une médaille d'or. Il eut une grande influence sur l'orfèvrerie de son temps.

élevés chez lui et qui plus tard, ainsi que nous le verrons, prirent rang parmi les meilleurs orfèvres-bijoutiers de leur temps.

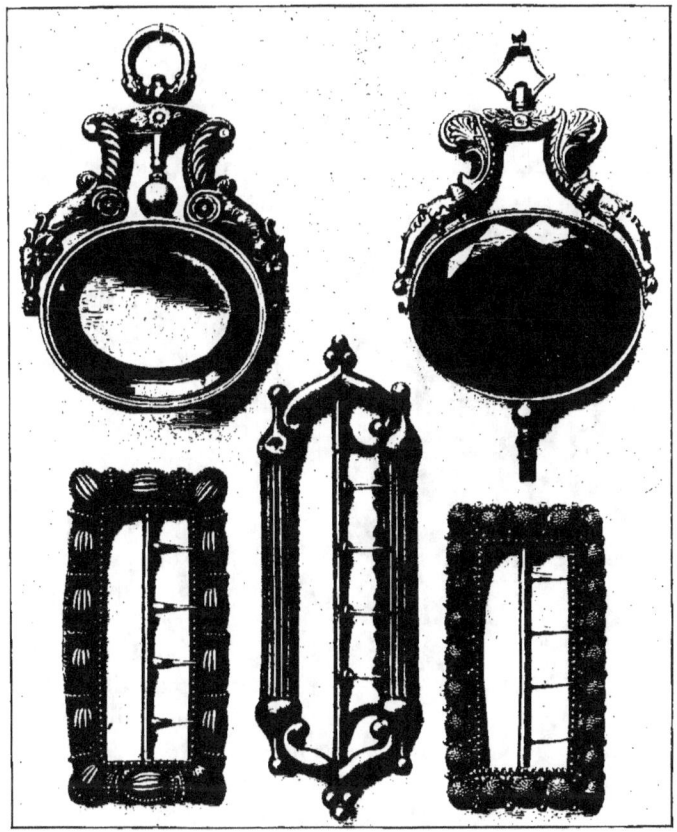

CLEFS DE MONTRE AVEC GRANDES TOPAZES,
BOUCLES DE CEINTURE EN OR (CELLE DU MILIEU DE STYLE GOTHIQUE).

De même qu'elle avait maintenu dans leurs emplois un grand nombre de fonctionnaires de l'Empire, la Monarchie restaurée continua de s'adresser aux fournisseurs de l'ancienne Cour impériale. C'était presque une nécessité pour elle : ces maisons étaient les mieux outillées et les plus aptes à exécuter les commandes de quelque importance. Quelques-unes, cependant, dont les chefs avaient joui d'une faveur plus spéciale auprès de Napoléon, durent passer aux mains de nouveaux titulaires. C'est ainsi que François-Regnault Nitot, après avoir été associé avec Étienne, son père, ainsi que nous l'avons vu, s'était retiré des affaires en 1815, à la suite des événements politiques. L'ancien joaillier de l'Empereur laissa alors sa maison à son chef d'atelier, Fossin père, qui s'établit rue Richelieu, n° 78, où il resta jusqu'en 1831, époque à laquelle il s'installa au n° 62 de la même rue. Nous aurons l'occasion de parler plus longuement de cet homme de goût et de talent au chapitre suivant, lorsque nous étudierons la bijouterie sous la Monarchie de Juillet ; car Louis-Philippe lui donna, en 1830, le brevet de joaillier du Roi.

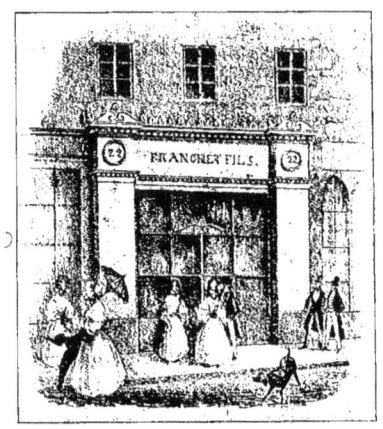

BOUTIQUE DE FRANCHET FILS,
BIJOUTIER DE Mme LA DUCHESSE DE BERRY,
RUE VIVIENNE, 22.
D'après une lithographie de la collection Hartmann.

Nous avons déjà cité plus haut quelques-uns des bijoutiers les plus réputés à cette époque. A ces noms, il convient d'ajouter ceux de Petiteau père, qui composait entre autres des bijoux en cannetille fort appréciés, de Caillot, Benière, J.-P. Robin le père, dont nous parlerons plus loin, et dont la bijouterie était particulièrement estimée ; puis, dans un genre plus courant, Lesage, Paul frères, Maison-Haute et Dubuisson. Au même moment, Ouizille et Lemoine, successeurs de Halbout, quai Conti, n° 7, « Bijoutiers du

Roi, de la chambre et des ordres de Sa Majesté »[1], ainsi que Franchet, occupaient une place distinguée dans la joaillerie; Franchet surtout, bijoutier de Mme la Duchesse

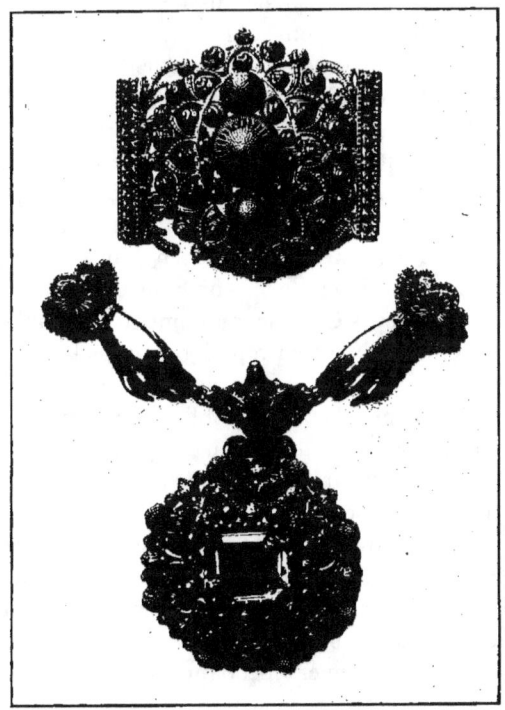

PLAQUE DE BRACELET ET DEVANT DE COLLIER
AVEC ORNEMENTS EN GRAINETI ET CANNETILLE.

de Berry et joaillier de Mademoiselle d'Orléans, avait un atelier bien monté où s'exécutaient de grandes pièces très soignées. L'*Almanach du Palais-Royal pour 1824* s'exprime ainsi à son sujet : « Boutique élégante et la plus jolie de la

[1]. Halbout, le prédécesseur de Ouizille et Lemoine, était joaillier-bijoutier de la Grande-Chancellerie de la Légion d'honneur sous Napoléon Ier.

capitale, bijoux de prix, vaisselle très belle en or, argent et argent doré, joaillier d'une amabilité et d'une complaisance rares, voilà ce qu'on trouve chez M. Franchet, rue Vivienne, n° 22. »

Le même almanach signale aussi Dubief, L'Hérie, Laurençot, puis deux maisons qui eurent, par la suite, une certaine réputation : « Daux, successeur de Radu, bijoutier-joaillier-orfèvre, Palais-Royal, n° 134, fabrique brillans, pierres de couleurs et bracelets de toutes sortes, beaux bijoux de fantaisie et tout ce qu'il y a de plus beau et de fini en ce genre..... Janisset, bijoutier-orfèvre, Palais-Royal, n° 126 ; vaisselle plaquée, couverts à filets, diamans du plus grand prix, chaînes d'or, petites colonnes en bronze, images parfaites de celle qui a été élevée sur la place Vendôme, pour être dans tous les siècles le monument inébranlable des beaux souvenirs. » Nous en reparlerons plus loin.

Laurençot, que nous venons de mentionner, avait servi jadis dans les armées de la République et avait été bloqué à Mayence en 1793, lors du fameux siège où la misère fut si grande parmi nos troupes décimées par le typhus. En proie à la fièvre obsidionale, il fut sur le point d'attenter à ses jours et d'imiter un grand nombre de ses malheureux compagnons d'infortune qui se tuaient pour mettre fin à leurs souffrances. Heureusement il surmonta cette crise de désespoir et, rentré en France, il s'établit bijoutier et prospéra dans sa nouvelle profession, non seulement pendant l'Empire, mais même en 1815, où le vieux « mayençais » réussit, paraît-il, à faire beaucoup d'affaires avec ses anciens adversaires, grâce à la situation de sa boutique au Palais-Royal, qui était alors, avec le jardin des Tuileries, le lieu de promenade favori des officiers des troupes alliées.

Citons encore Lormeau, rue de Verneuil, n° 27, « inventeur breveté de la jolie bague *philhellénique,* dédiée aux souscripteurs en faveur des Grecs (la guerre de l'Indépendance passionnait alors l'Europe), « tient assortiment de bracelets unis, bagues chevalières polies, gravées et émail-

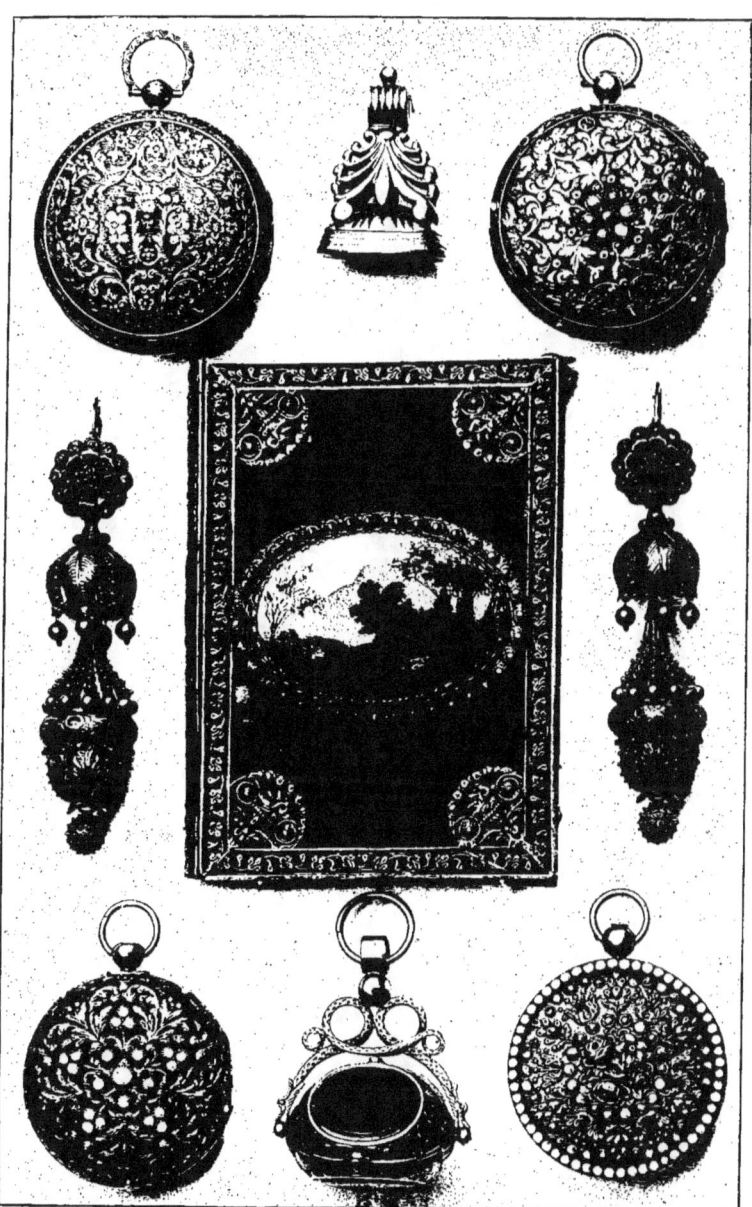

CARNET DE DAME, MONTRES, PENDANTS D'OREILLES, CACHETS-BRELOQUES
(ÉPOQUE DE LA RESTAURATION).

lées ; bagues de deuil, or et platine ; bagues d'écaille prises dans la masse pure, garnies d'or ou surmontées de la croix grecque..., etc. » (*Almanach de la fabrique de Paris*, 1828.) Puis Bernauda, quai des Orfèvres, n° 22, « bijoutier de S. A. R. Madame la Duchesse de Berry, membre de la Société d'encouragement pour l'industrie nationale ; fabrique tout genre de bijouterie *en platine et or*, chaînes de fantaisie, etc. » On peut voir, par cette citation, que Bernauda faisait déjà des bijoux en platine ; il fit un peu plus tard le damasquinage de l'or sur le platine ; « en 1823[1], il avait exposé des bijoux en alliage de platine avec différents métaux ; il obtenait ainsi des effets de couleur agréables, et le jury lui décerna la médaille de bronze pour ce premier essai[2]. »

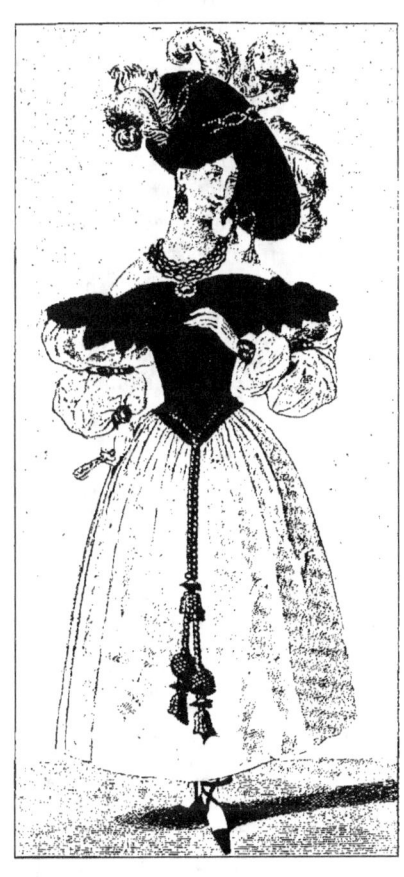

CHAINE DE « GALÉRIEN »
faisant trois tours au cou ; bracelets aux poignets et au-dessus du coude, avec aigues-marines (1828).

Mais il était naturel que le retour de la monarchie

1. Rapport du duc de Luynes.
2. Déjà, en 1792, Jeannety, habile orfèvre qui s'occupait de chimie en

ajoutât encore à la vogue de Bapst, dont la vieille réputation datait du siècle précédent. L'origine de cette maison, aujourd'hui la plus ancienne de Paris, remonte à 1725, car c'est à cette date qu'elle fut fondée par le célèbre Strass, l'inventeur des pierres fausses encore désignées aujourd'hui par son nom[1]. Il avait transmis sa maison à son gendre, Georges-Michel Bapst[2] (1718-1770), lequel avait été nommé orfèvre-joaillier privilégié du Roi, le 1er décembre 1752, en remplacement de son beau-père. Le titre de joaillier du Roi et de la Couronne fut donné à Bapst, ou pour mieux dire à son futur associé Ménière, à la suite de la fameuse affaire du Collier de la Reine, en 1788, lorsque Boehmer et Bossange, discrédités et ruinés, furent obligés de cesser leur commerce. Depuis cette époque, les Bapst furent de père en fils joailliers de la Couronne; ils montaient les joyaux et en avaient la garde. Nous allons faire connaître ici rapidement les principaux membres de cette véritable dynastie.

même temps que Lavoisier, avait étudié le platine ; ce fut lui qui, le premier, établit en grand une fabrique d'objets de platine. « Doué d'une persistance à toute épreuve et assisté des conseils du grand chimiste Vauquelin, Jeannety présentait à l'exposition de l'an X (1802) *des bijoux* et des instruments de chimie en platine fabriqués dans ses ateliers : le jury lui accorda une médaille d'argent, en le reconnaissant l'inventeur d'une métallurgie nouvelle. Le 25 mars 1818, la Société d'encouragement décernait une médaille à Jeannety pour ses utiles travaux, aussi honorables que peu lucratifs. En 1819, MM. Jeannety fils et Châtenay exposèrent de la vaisselle et des bijoux en platine, préparés par eux-mêmes, et de grandes règles du même métal, destinées à donner l'étalon des mesures françaises. »

Indépendamment de la fabrication des bijoux, on a utilisé le platine pour les monnaies et médailles. La première médaille ainsi frappée fut présentée à l'Institut par le graveur des monnaies Duvivier en 1799 ; elle était à l'effigie du Premier Consul et avait nécessité deux mille coups de balancier.

1. Georges-Frédéric Strass, chimiste célèbre, né à Strasbourg en 1700, fut d'abord compagnon chez la veuve Prevost, puis reçu maître orfèvre-joaillier privilégié du Roi, le 15 mai 1734, il donna son nom à la composition qu'il inventa. Strass est cité continuellement dans les mémoires du temps et dans le *Mercure* ; il se retira des affaires en 1752, laissant sa charge de joaillier du Roi à son gendre, Georges-Michel Bapst ; il mourut en 1770, laissant une grande fortune. Il faisait un commerce considérable de diamants et de pièces de joaillerie. Au moment de sa mort, il ne s'occupait plus de chimie depuis longtemps. (Germain Bapst, *Inventaire de Marie-Josèphe de Saxe, Dauphine de France.* Paris, Lahure, 1883.)

2. Les Bapst sont originaires de la Souabe.

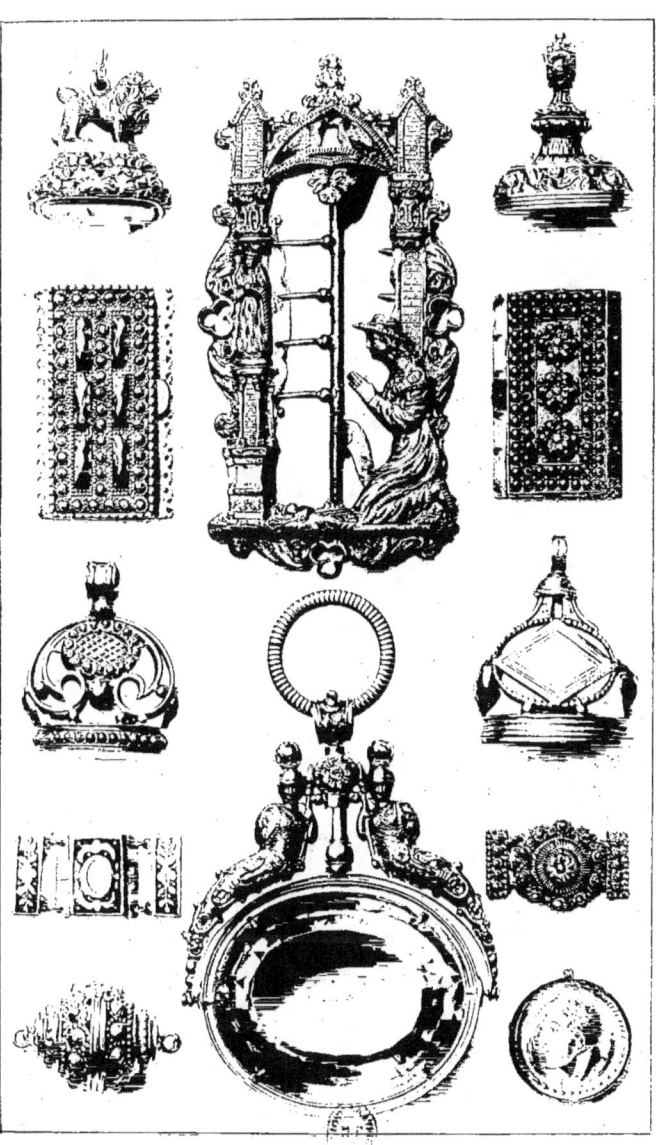

BOUCLE DE CEINTURE ROMANTIQUE « AU PÈLERIN »
GRAND CACHET-BRELOQUE AVEC TOPAZE, FAISANT CLÉ DE MONTRE
PLAQUES DE COLLIERS ET DE BRACELETS FERMOIRS, ETC.

Du mariage de Georges-Michel Bapst avec la fille de Strass naquit un fils, Georges-Frédéric, qui, après avoir fait

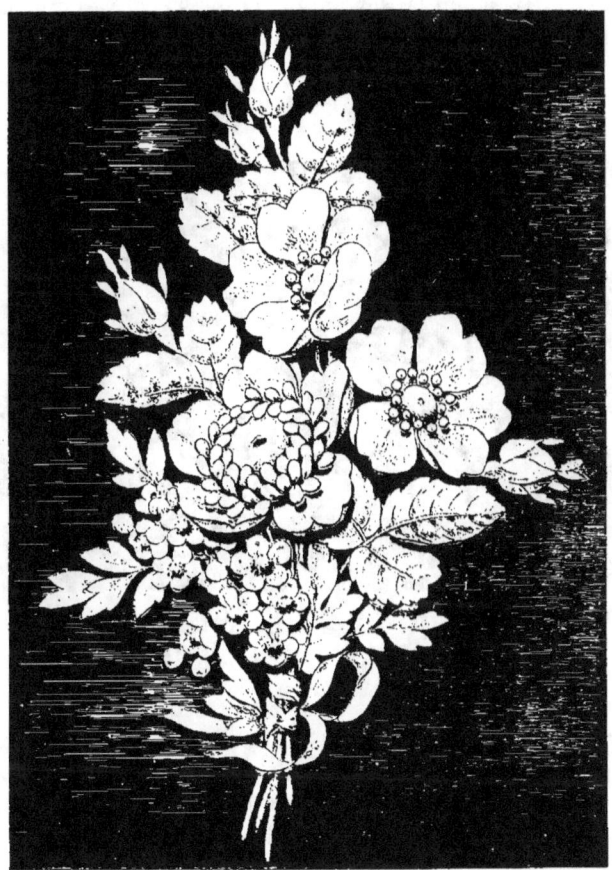

BOUQUET DE JOAILLERIE,
exécuté en 1788 par Bapst pour la reine Marie-Antoinette. (Archives Nationales.)

son apprentissage, de 1761 à 1770, chez Jacquemin, orfèvre-joaillier réputé, fut associé, d'abord en 1773, avec Aubert, également orfèvre et joaillier de la Couronne, puis avec Bachman, et enfin, en 1789, avec Paul-Nicolas Ménière. Ce dernier dut à son titre de joaillier de la Couronne d'être incarcéré pendant la Révolution, et, plus tard, ses opinions, ouvertement royalistes, le firent tenir à l'écart par Napoléon Ier, qui lui avait préféré Nitot comme fournisseur. Il avait donné sa fille en mariage, en 1797, à Jacques-Eberhard

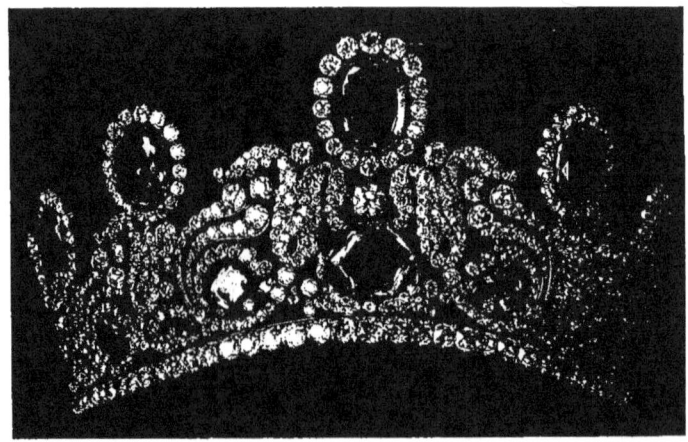

DIADÈME SAPHIRS ET BRILLANTS,
exécuté en 1819 par Bapst pour la Cour. (Diamètre à la base, 165 millim.)

Bapst[1], son associé depuis l'année précédente, et la maison prit alors le nom de Bapst-Ménière. En 1814, lors de la Restauration, Ménière fut réintégré dans sa charge, qu'il conserva jusqu'à sa mort, en 1821. Deux fils naquirent de cette union, qui continuèrent plus tard les affaires de leur père sous la raison sociale Bapst frères : Constant et Charles, dont nous aurons l'occasion de parler plus loin.

Dès 1814, Louis XVIII leur avait donné à démonter

1. Jacques-Eberhard Bapst, fils de Georges-Frédéric, fut joaillier de la Couronne de 1814 à 1831, époque à laquelle il se retira des affaires ; il mourut le 15 septembre 1842.

quelques-unes des parures de Napoléon Ier, entre autres celle en diamants de 1.645.000 francs, montée en 1810, et celle en émeraudes, datant de la même époque. Puis, en 1815, ce fut le tour des autres joyaux, dont la plupart furent successivement remontés par Bapst. Tout était refait et terminé en 1820.

Les dessins des parures officielles étaient faits sous la direction d'Eberhard Bapst, en partie par Seiffert, alors

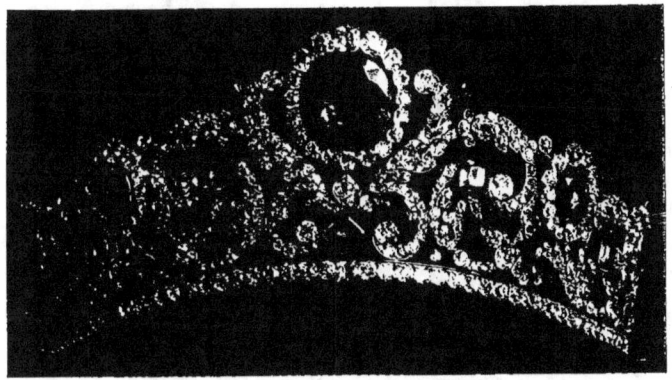

DIADÈME ÉMERAUDES ET BRILLANTS,
exécuté en 1820 par Bapst.
(Diamètre à la base, 16 cent.; 1.031 brillants, 176 carats ; 40 émeraudes, 77 carats.)

dessinateur attitré de la maison, et leur exécution était confiée à Charles-Frédéric Bapst qui, durant plus de cinquante ans, dirigea les ateliers de la maison. C'est là que furent faits les joyaux du sacre de Charles X, et notamment la couronne, l'épée et un bouton de chapeau très important. La couronne, véritable chef-d'œuvre de joaillerie, ne fut démontée qu'en 1854, mais on en conserva toutefois la monture sans les pierres, jusqu'au moment de la vente des Diamants de la Couronne. Il est regrettable que la troisième République, moins indulgente et plus ombrageuse que les régimes précédents, ait exigé à ce moment la destruction de cette inoffensive monture, intéressante au point de vue du métier [1]. L'épée eut plus de chance; portée dans plusieurs circonstances par Napoléon III, elle figura avec honneur aux Expositions de 1855 et de 1878, et, lors de la vente des Diamants de la Couronne, elle fut épargnée et jugée digne d'être réservée pour le Musée du Louvre, où on peut la voir dans la galerie d'Apollon.

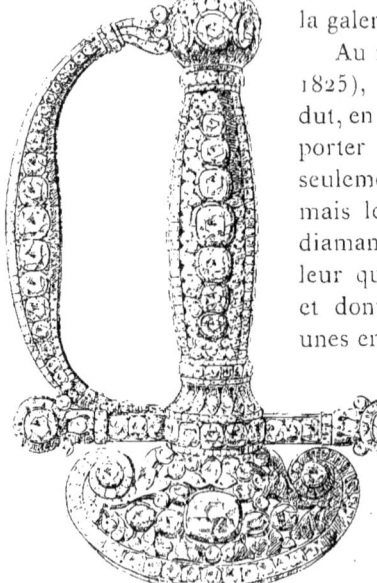

ÉPÉE DU SACRE DE CHARLES X,
actuellement au Musée du Louvre, exécutée par Bapst en 1825.
(Hauteur, 18 cent.; largeur, 12 cent.)

Au moment du Sacre (29 mai 1825), Jacques-Eberhard Bapst dut, en raison de sa charge, transporter lui-même à Reims, non seulement les insignes royaux, mais les importantes parures de diamants, perles et pierres de couleur que portaient les princesses et dont on a pu voir quelques-unes encore intactes en 1887, lors de la vente des Diamants de la Couronne. Bien qu'il y eût pour plus de trente millions de joyaux, il avait été décidé que Bapst effectuerait le voyage en chaise de poste, accompagné seulement de son cousin, M. Charles-Frédéric Bapst, chef des ateliers, et d'un domestique de confiance, toutefois, sans aucune escorte, afin de ne pas donner l'éveil aux malfaiteurs possibles. Mais Bapst s'était fait donner par le Roi un blanc-seing, lui octroyant les pouvoirs les plus étendus pour réquisitionner, en cas de

1. Voir les détails publiés à ce sujet dans l'ouvrage de Germain Bapst : *Histoire des Joyaux de la Couronne de France* (Paris, Hachette, 1899).

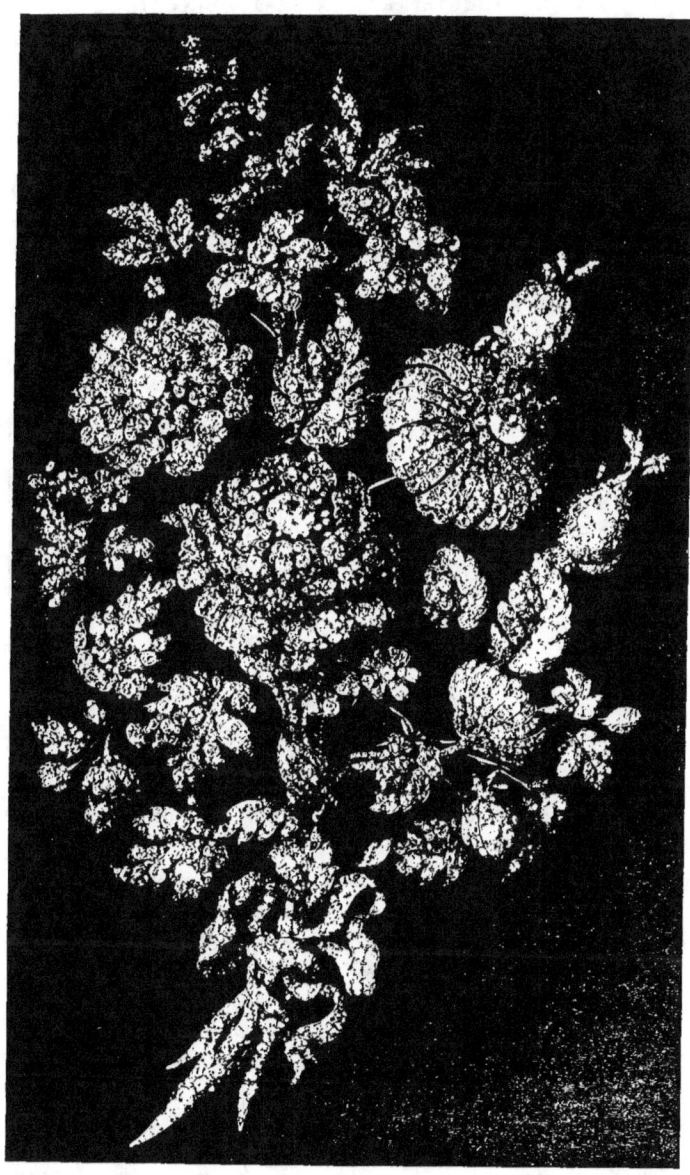

GRAND BOUQUET DE JOAILLERIE
offert, en 1820, à la Duchesse de Berry à l'occasion de la naissance du Duc de Bordeaux, exécuté par Bapst.
(2.637 brillants, 132 carats et 860 roses. Hauteur de l'original : 0ᵐ21.)

besoin, les autorités et les agents de la force publique. Arrivé à un certain relai, le maître de poste lui déclare l'impossibilité où il se trouve de lui fournir les moyens de continuer son voyage, car beaucoup de grands personnages se rendaient à Reims pour les fêtes du Couronnement, et l'on était en train d'atteler les derniers chevaux disponibles à la voiture d'un ambassadeur ; en vain Bapst insiste, discute ; force lui fut de montrer enfin l'ordre royal, devant lequel le maître de poste et l'ambassadeur lui-même durent s'incliner, et le voyage put se terminer sans encombre jusqu'à Reims, où

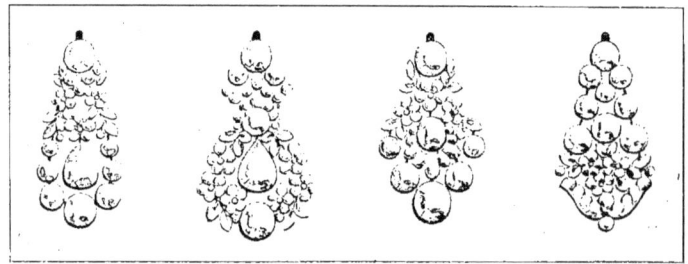

PENDANTS D'OREILLES EN JOAILLERIE.

Bapst n'arriva que la veille de la cérémonie, à quatre heures du soir, quelque peu fourbu, mais heureux d'être soulagé de sa lourde responsabilité. Il ne devait pas être au bout de ses émotions, car, s'étant rendu aussitôt, avec son précieux colis, auprès du Roi, afin de le lui remettre en personne, il lui présenta la couronne avec tout le soin que comportait une œuvre aussi délicate, mais son effroi fut au comble en voyant Sa Majesté la saisir à pleine main par une des branches et se la poser délibérément sur la tête, pour l'essayer ! Heureusement, aucun accident ne se produisit et le Roi témoigna à son joaillier toute sa satisfaction [1].

M. Paul Bapst, de qui je tiens ces détails, m'a raconté

---

1. A l'occasion du Sacre, il avait été question de créer un costume officiel avec épée, pour le joaillier de la Couronne. Ce projet ne fut pas réalisé.

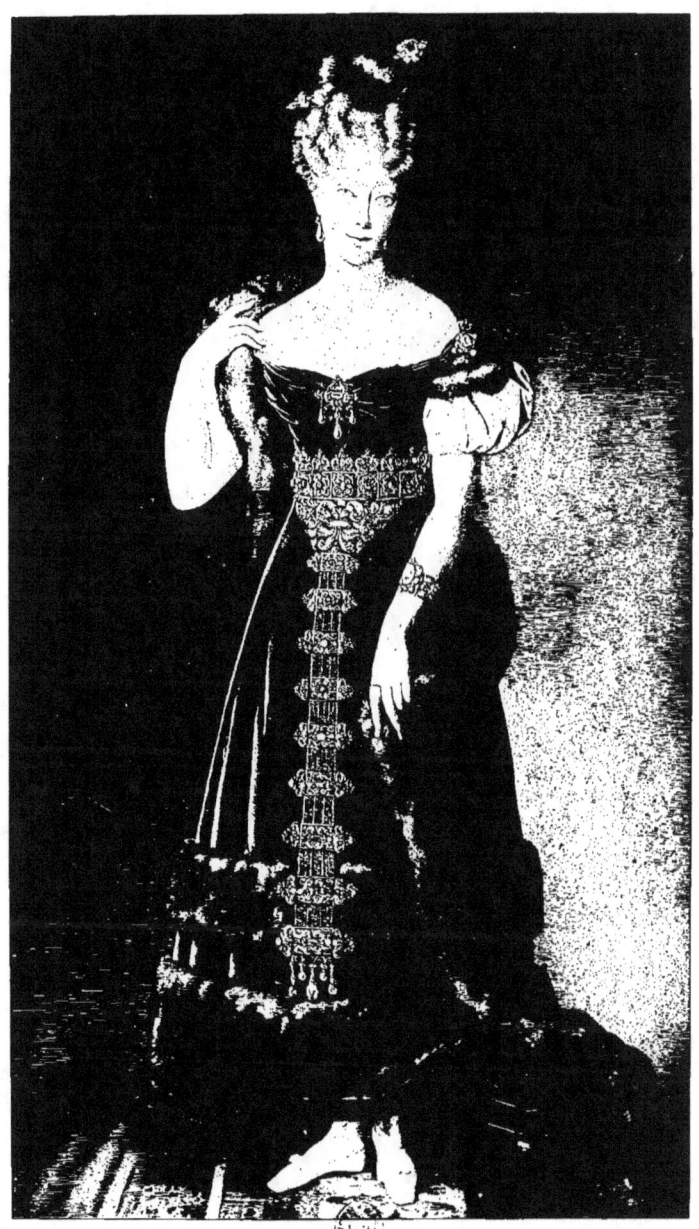

LA DUCHESSE DE BERRY
D'après le tableau de Dubois-Drahonnet.
(Musée d'Amiens.)

également l'anecdote suivante. Lors d'un bal donné au Palais-Royal par le Duc d'Orléans, devenu peu après Louis-Philippe, la Duchesse d'Angoulême, magnifiquement parée,

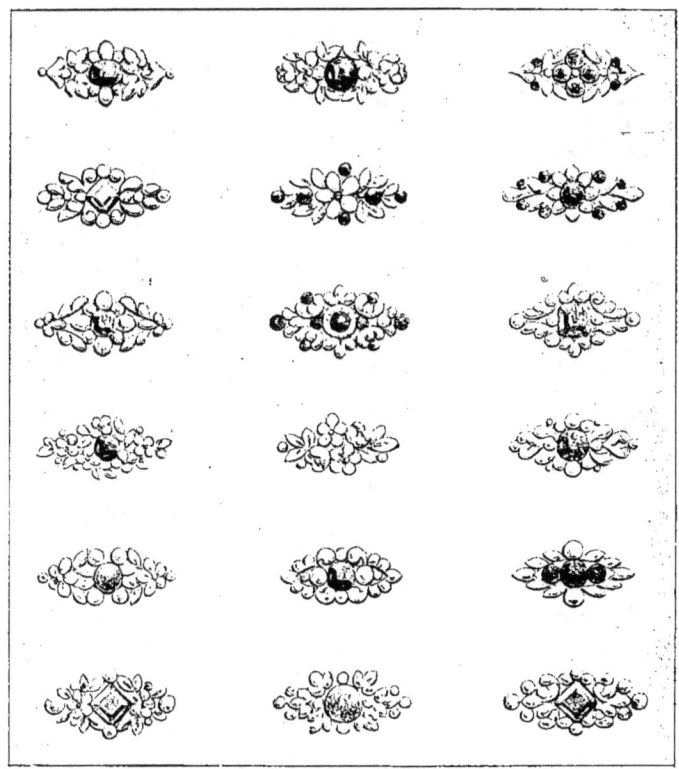

BAGUES JOAILLERIE, ÉPOQUE DE LA RESTAURATION.

gravissait lentement l'escalier d'honneur, lorsqu'un des fils de son magnifique collier se rompit, égrenant les perles sur les degrés. Impassible et souriante, elle continua sa marche avec une majesté vraiment royale, comme si rien ne s'était passé, témoignant ainsi d'une possession de soi-même qui justifiait pleinement le jugement que Napoléon avait porté sur cette Princesse, qu'il appelait « le seul homme de la famille ». Cette attitude si fière frappa tellement la Princesse Clémentine qui, malgré sa jeunesse, assistait à la fête donnée par son père, que, lors de la vente des Diamants de la Couronne, elle fit acheter par Bapst, en souvenir de cet événement, une des broches qui faisaient partie de la parure de perles portée ce soir-là par la Duchesse.

Mais revenons à cette cérémonie du Sacre de Charles X, qui fut d'ailleurs fertile en détails curieux ; M. Henri Bouchot les a racontés de si amusante façon, que nous ne résistons pas au plaisir de lui emprunter les citations suivantes, bien qu'elles ne se rapportent pas directement au bijou. En particulier, le protocole était très embarrassé de régler d'après quelle étiquette se ferait le couronnement : « Charles X sera-t-il couronné par l'évêque, celui-ci debout, lui, le Roi, agenouillé et lui faisant révérence ? Plusieurs bons esprits estimaient ceci indigne de la souveraineté, Sosthène de La Rochefoucauld entre autres, grand régulateur de préséances et metteur en scène des pompes royales. Le prince, au contraire, se placera-t-il de ses propres mains la couronne au front ? Assurément la volonté en eût été meilleure, mais ce serait copier Buonaparte, et vous imaginez l'horreur ! Alors on choisit un biais, le plus inattendu peut-être de tous ceux qui s'offraient dans l'occurrence. Le roi viendra à la cérémonie avec la couronne sur la tête, et c'est Hippolyte, le coiffeur de la Cour, qui l'aura placée... »

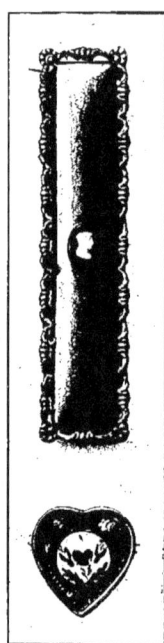

BOUCLE DE CEINTURE.
BROCHE ÉMAILLÉE.

« ...Dès six heures du matin, les plus titrées merveilleuses, décolletées, vêtues de robes claires, faisaient queue à la porte

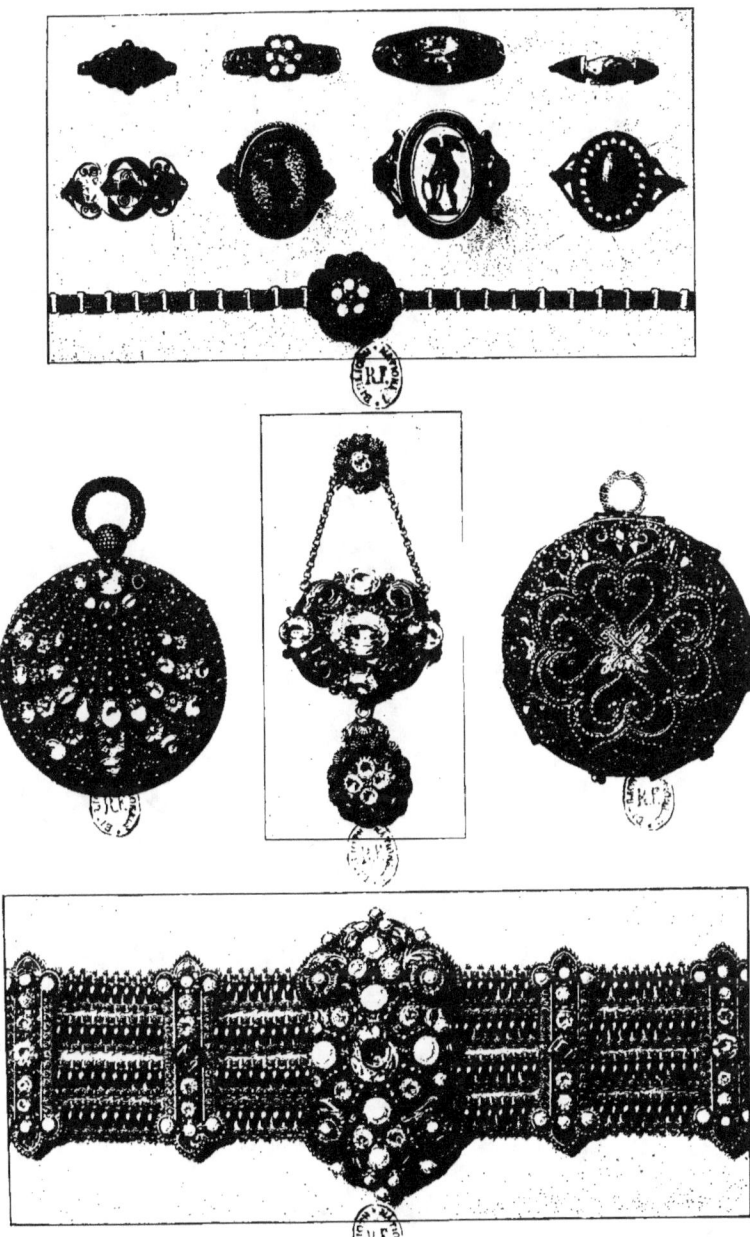

BAGUES, MONTRE, PENDANT, BOURSE, BRACELET (ÉPOQUE DE LA RESTAURATION).

de la basilique, attendant l'ouverture. Et sur un ordre, l'entrée ayant été décidée, ç'avait été la rude bataille des der-

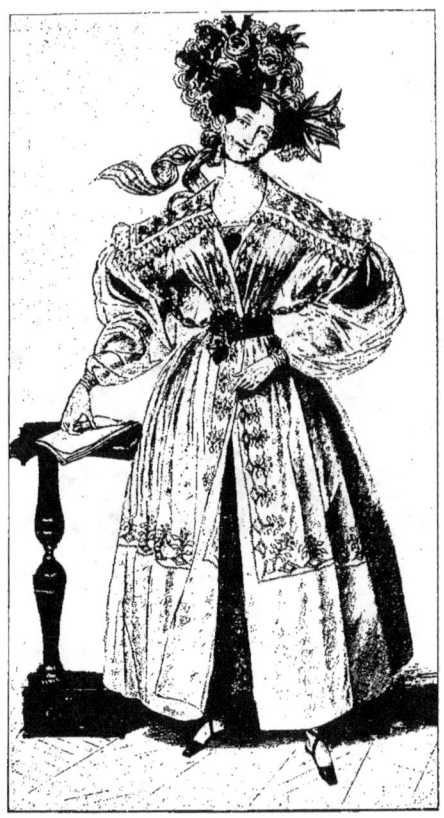

GRANDE CHAÎNE A GROS MAILLONS D'OR CISELÉ ET ÉMAILLÉ
SUPPORTANT UN FLACON A SELS (1830).

nières venues poussant les premières, une bousculade sotte, comparable à celle des spectateurs forçant le contrôle d'une représentation gratuite. Cela n'était en vérité ni de bon genre ni de dignité.

» Une fois les tribunes remplies, les moindres places occupées, on eut l'illusion d'un acte d'opéra. Le roi, en robe de chambre de satin blanc, coiffé d'une toque ornée de diamants et de plumes, s'avançait au milieu de la nef, à pas comptés, infiniment digne, suivi des princes du sang et de toute sa maison officielle. Gérard a peint la scène principale de la cérémonie, l'apothéose finale, que tout le monde a pu voir à Versailles. C'est très exactement la mise en scène du sacre de Napoléon, sauf que l'Impératrice y est remplacée

PEIGNE JOAILLERIE ET OR, ÉPOQUE DE LA RESTAURATION.

par le duc d'Angoulême, et la cour de femmes par de vieux fonctionnaires : la différence en est fort sensible.

» Dans toute cette journée, le rôle des dames fut du second rang; on ne les avait admises qu'en qualité de spectatrices, et encore devaient-elles tenir en main la pancarte argentée, découpée en forme d'écusson, où le capitaine de service leur assignait une heure fixe et une tribune spéciale. Une autre réunion d'elles toutes fut annoncée pour quatre heures; elles y reçurent en entrant une rose artificielle, une boîte cartonnée or avec une médaille du roi, et des pastilles de chocolat représentant les diverses phases de la cérémonie... [1] »

1. *La Restauration*, par Henri Bouchot. Paris, Librairie illustrée.

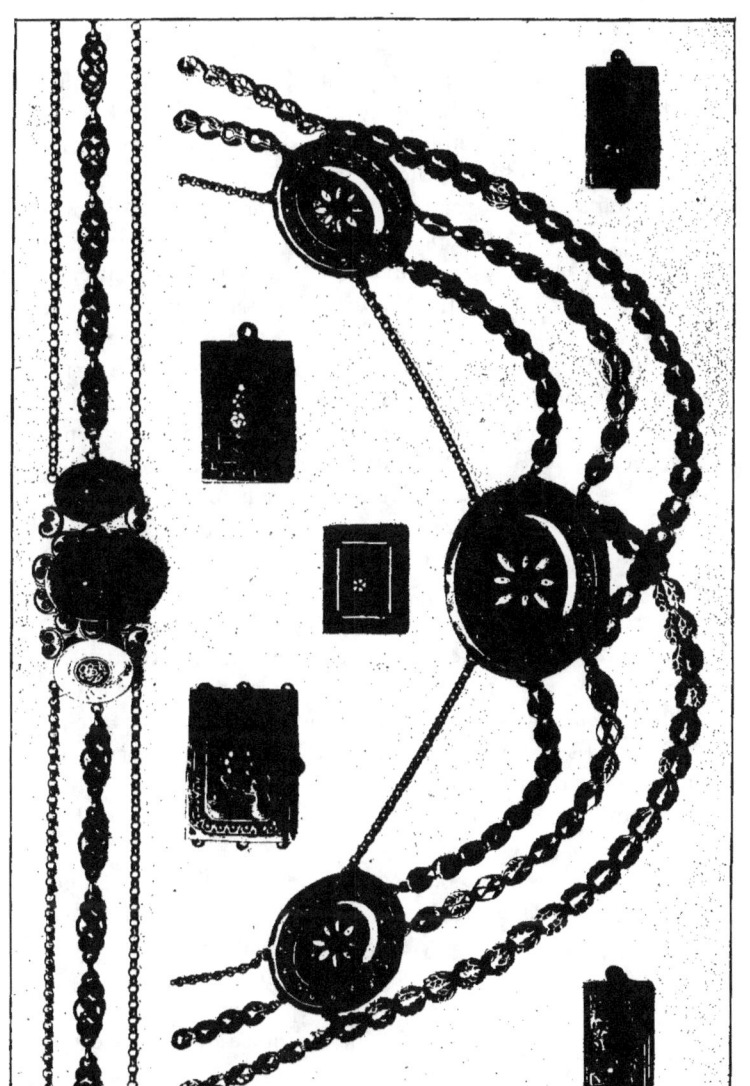

COLLIERS ET PLAQUES EN OR REHAUSSÉS D'ÉMAUX, ÉPOQUE DE LA RESTAURATION

Le retour de Reims et surtout l'entrée à Paris furent enthousiastes ; qui eût pu supposer alors que cinq ans plus tard il y aurait un changement de dynastie ?

Avant d'aborder l'étude du bijou sous le règne de Louis-Philippe, nous allons indiquer brièvement, à l'aide d'emprunts faits aux journaux, quelles furent les parures plus particulièrement à la mode dans les dernières années de la Restauration. Quoique moins en vogue que sous l'Empire, les camées se portaient toujours ; les confiseurs en firent même en chocolat, avec application de profils grecs ou romains en sucre blanc !... Le corail, après avoir été délaissé, reprenait quelque faveur ; la sœur du Roi s'y intéressait et patronnait une maison dont c'était la spécialité : « Le dépôt des coraux de S. A. R. Madame, Duchesse d'Angoulême, offre tous les jours aux curieux et aux acheteurs, les parures les plus riches et les plus élégantes : les écrins qui y sont en vente sont composés avec un goût exquis. » *(L'Observateur des Modes,* 1819.)

« ...On est parvenu à tailler le corail avec tant de délicatesse, qu'on lui donne la forme des métaux les plus ductiles, tels que l'or et l'argent. Nous avons vu des colliers, dits *colliers à gerbes,* destinés aux personnes peu chargées d'embonpoint. Ils se composent d'épis de bled, très bien sculptés, qui pendent de distance en distance. Le médaillon du milieu est formé par un ou plusieurs diamans, entourés d'épis entrelacés. »

« Depuis un mois, plusieurs grands bijoutiers ont monté quelques parures en camées de corail. Le collier, formé par une rangée de têtes antiques et artistement enchâssées dans un travail d'or, est d'une élégance qui fait présumer que ce joli genre de bijoux pourrait bien reprendre la vogue. Aux derniers bals de Saint-Cloud, la Marquise de *** en portait un assortiment complet. »

« Si le corail en grains, en perles, ne jouit plus de la même vogue qu'autrefois parmi les femmes élégantes et riches ; si l'on a fini par tomber d'accord que les colliers en

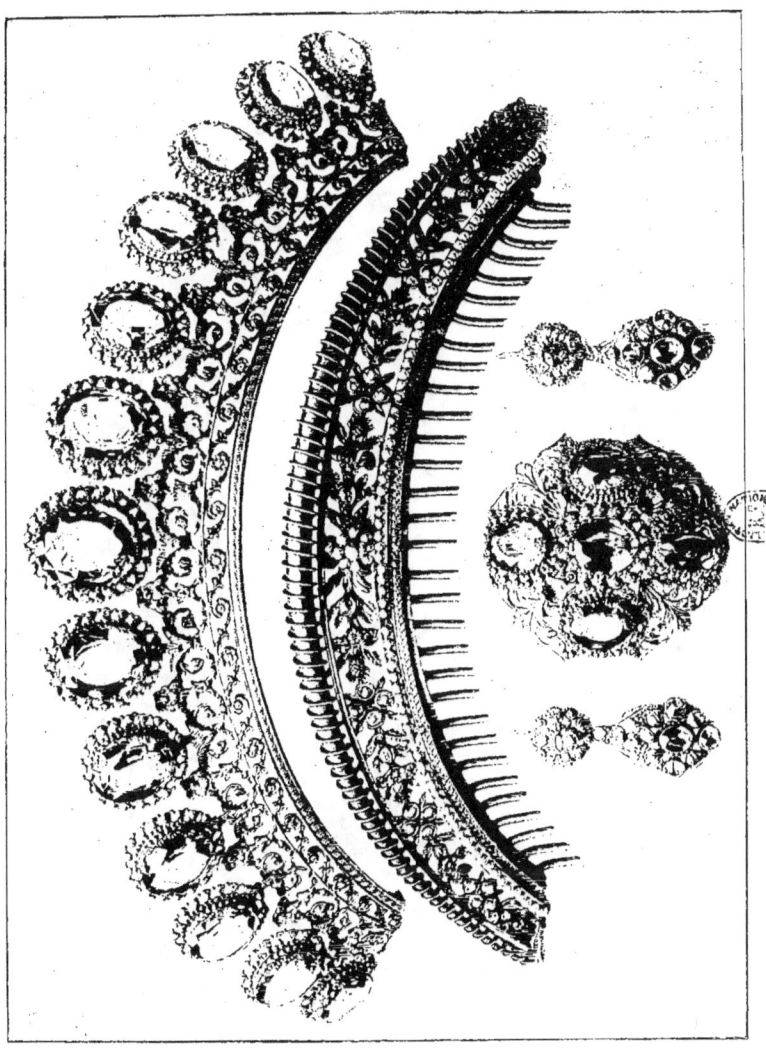

PEIGNES, BROCHE, PENDANTS D'OREILLES.
(Le grand peigne et la demi-parure ont appartenu à la Duchesse de Berry.)

racine de corail, dit corail brut, natif ou naturel, étaient plutôt remarquables par leur bizarrerie que par toute autre

ORNEMENTS DE CEINTURE EN OR JAUNE MATÉ, AVEC PERLES.

qualité, il n'en est pas de même du corail taillé, sculpté, dans le genre des camées. Des parures entières de corail, dont chaque morceau représente une tête antique, se vendent un prix excessif. »

« On cite dans la haute société les coraux de Mme ***, princesse russe. Indépendamment du collier, du peigne à double galerie, l'une formant diadème, l'autre faisant corbeille, selon qu'on veut le placer au-dessus du front ou derrière la tête ; des bracelets, des boucles d'oreilles, des agrafes de ceinture, d'un crochet pour la montre, de plusieurs bagues, il a été sculpté des têtes de dimensions plus fortes, montées sur un encadrement en or, percé tout autour d'une infinité

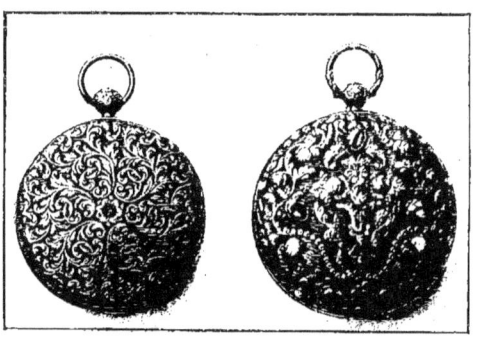

MONTRES EN OR CISELÉ, ÉPOQUE DE LA RESTAURATION.

de petits trous, dans lesquels peut passer une aiguille. » (1821.)

Nous ne voudrions pas terminer, en ce qui concerne le corail, sans citer encore les conseils curieux que donnaient les journaux de mode les plus écoutés à cette époque :

« Les coraux sont assez en vogue ; mais quand on en a une parure complète, il ne faut pas mettre sur sa tête des fleurs bleues ou blanches ou lilas. Il faut alors des grenades, de l'amaranthe ou du ponceau : quelque chose enfin d'assorti. »

Après l'assassinat du Duc de Berry (13 février 1820), le deuil fut tout à fait de mode :

« C'est une fureur que les bijoux noirs : le jais, le fer et toutes les compositions noires s'emploient dans toutes les

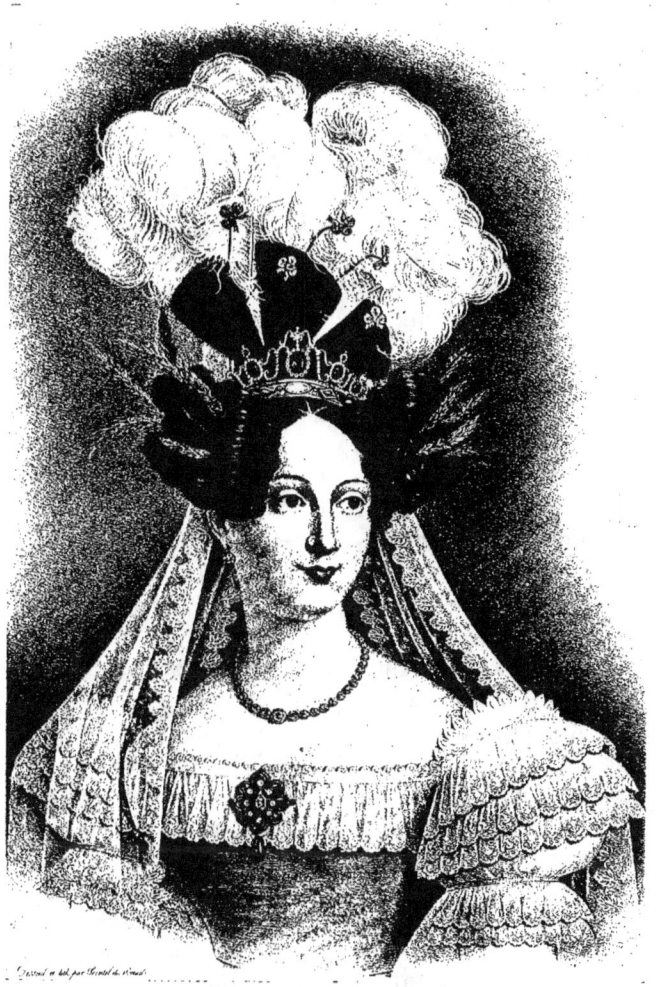

LA DUCHESSE DE BERRY.
(Lithographie de Pointel du Portail.)
Épis d'argent dans la coiffure, diadème en joaillerie, épingles de cheveux, nœuds en brillants, broche or et pierreries. (Bibliothèque des Arts décoratifs.)

formes. Chaque boutique de nos bijoutiers semble être une boutique consacrée au deuil : on voit des colliers en camée noir, ou des chaînes croisées dans tous les sens, ou des perles formant dix tours sur la poitrine, puis les sévignés, les nœuds, les épingles, les lorgnons, les chaînes de montre, les bracelets, les peignes, les bagues, enfin tout se trouve. »

« Des camées noirs en fer, retenus par de petites chaînes de jais de distance en distance, font des colliers très à la mode. On en voit d'autres dont les chaînes en fer de Berlin offrent le même travail que nos belles chaînes d'or et sont ornées d'une douzaine d'agrafes en jais enchâssées dans de petits treillages en fer... »

« Les diamants sont devenus le seul ornement des dames, même des jeunes dames ; mais on les dispose avec une grande variété. C'est un papillon en diamants qui se balance sur une guirlande de fleurs naturelles ; c'est un diadème qui rend cette simplicité plus remarquable par un éclat fastueux ; c'est un peigne dont les pierres sont élevées et montées comme celles du diadème ; enfin, ce sont des épis. » (1819.)

« Beaucoup de jouailliers donnent pour agrafe aux ceintures et aux bracelets deux mains placées l'une dans l'autre. Ces mains sont en or, ainsi qu'un ruban large de douze lignes, qui est formé d'un réseau élastique en or. » (1822.)

« Aujourd'hui on remarque une coëffure dans laquelle se trouvent réunis trois diadèmes : le premier, posé sur le front, est tout en diamans ; le second se compose de fleurs, et le troisième d'épis d'argent : derrière est fixé un peigne en diamans. »

« Les colliers de perles sont pour les élégantes personnes qui vont au bal faire briller leur teint de vingt années.

» Les rivières de diamans sont pour les douairières. Les émeraudes et les amétistes pour les mariées de bonne compagnie.

» Il est de meilleur goût d'avoir de simples colliers d'or : serpens qui se mordent la queue ou autres reptiles de cette espèce.

» Les grenats sont pour les petites filles; les colliers d'ambre pour les grisettes.

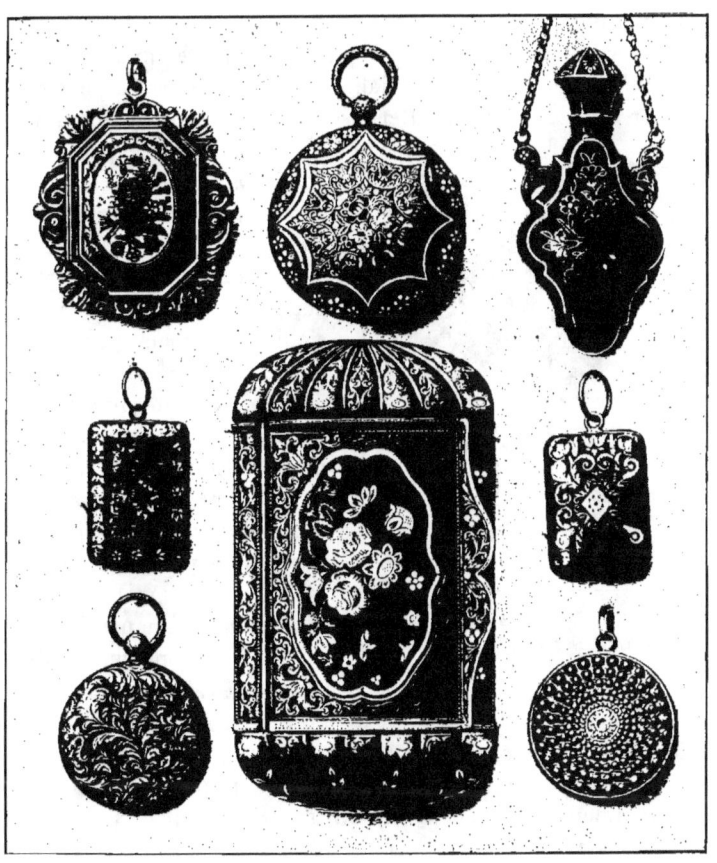

BIJOUX ET TABATIÈRE EN OR ÉMAILLÉ, ÉPOQUE DE LA RESTAURATION.

» L'acier est pour les jours de concert; le jais pour les dîners de cérémonie, et le strass pour les actrices. »

« Les élégans et les élégantes qui portent des lorgnons par besoin ou par goût préfèrent à toute espèce de chaîne, un simple ruban noir moiré ; mais pour relever cette simplicité, ils passent les deux bouts du ruban dans un coulant en diamans, qui est fixé un peu au-dessous de la cravate ou de la guimpe. » (1821.)

« Aux serpens à tête d'or et à corps émaillé, qui servaient d'épingles de cravate et de jabot, ont succédé des serpens en acier bronzé, en fer de Berlin ou en bronze recouvert d'un vernis noir. *Ces serpens sont contournés de manière à former une lettre majuscule très distincte.* Les bijoutiers à la mode ont, pour que chacun trouve sa lettre, plusieurs alphabets complets de ces serpens ». (Ces bijoux de deuil furent alors à la mode en raison de la mort de Louis XVIII. 1824.)

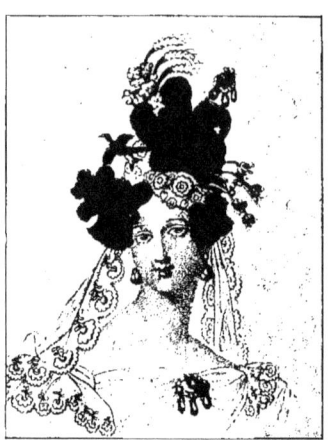

COIFFURE DE COUR
avec les *barbes* en dentelle qui étaient de rigueur.
Fleurs, épis, oiseau, épingles,
broches et pendants d'oreilles en bijouterie
(avril 1829).

« Le plus joli baguier porte-bijoux, qui ait frappé nos yeux depuis long-temps est celui-ci : une harpe en nacre de perle, haute de six pouces environ, garnie de ses pédales; les cordes filées en argent, les autres en or; les pédales, les ornemens de toute espèce, en or aussi.

» On suspend les bijoux aux carrés qui, dans les harpes (instrumens), sont en fer, et qui sont ici remplacés par des crochets en or.

» La harpe est posée sur un espèce de socle qui représente un plancher ovale en nacre, isolé lui-même par quatre supports élégans. Ce socle, qui a un pouce d'épaisseur, renferme une boëte à musique. Une femme qui met la dernière main à sa toilette peut ainsi se procurer un avant-goût des plaisirs du bal ou du concert. Nous avons vu

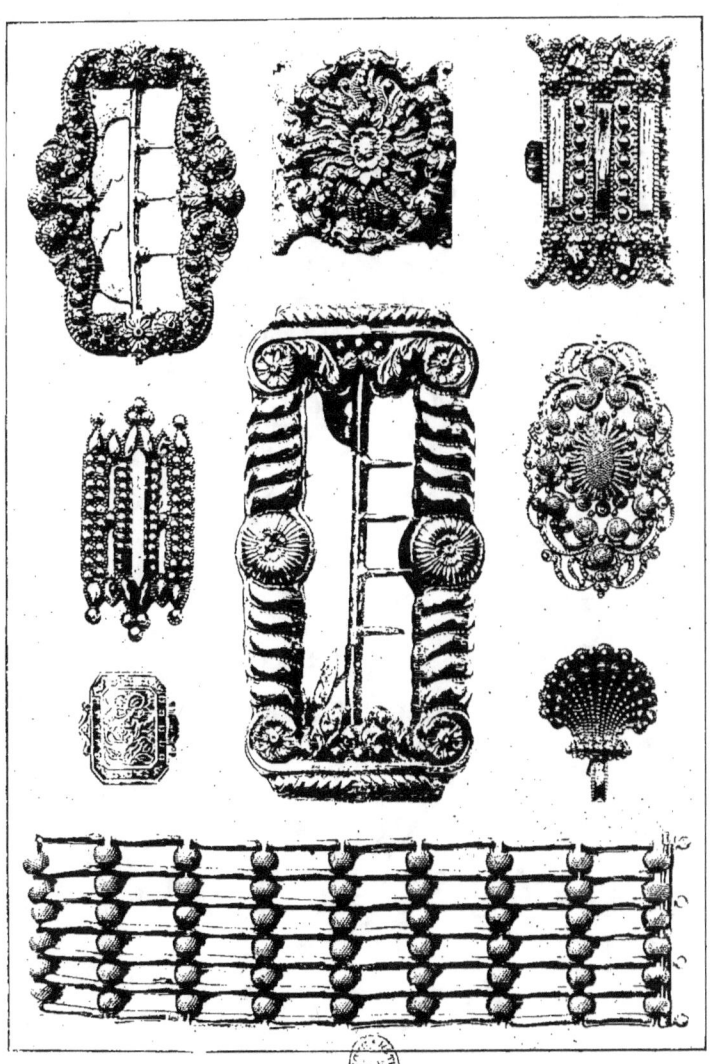

BIJOUX DIVERS
(ÉPOQUE DE LA RESTAURATION).

cette harpe chez un bijoutier de la rue de la Paix. » (1821.)
« Dans le tems que les rôles de paysannes étaient

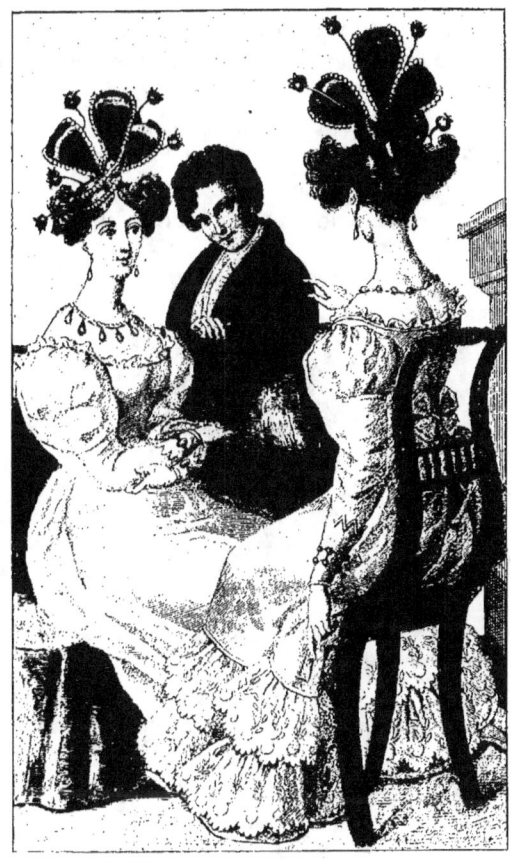

COIFFURE ORNÉE DE PERLES ET DE PAVOTS D'OR
COLLIER ET BOUCLES D'OREILLES AVEC PENDELOQUES D'AMÉTHYSTE
BRACELETS SUR LA MANCHETTE (1827).

communs à la scène, on faisait un grand usage de bracelets composés d'un simple cordonnet de soie et d'une boucle en or. C'était ce qu'on appelait des bracelets *à la Jeannette*.

Au cordonnet de soie a été substitué un ruban de 18 lignes au moins, en filigrane d'or ; la boucle n'est plus unie, mais vermiculée en noir, et le ruban est terminé par un ornement semblable à celui du baudrier des hussards. » (1824.)

« La mode des croix *à la Jeannette*, suspendues à un ruban noir, qui reste appliqué autour du col au moyen d'un cœur en or qui forme coulant, est revenue.

« Ces croix furent en vogue, il y a quarante ans, à cause d'une actrice qui, sous le nom de *Jeannette*, partageait avec *Jérôme* (l'acteur Volanges), la faveur du public dans *Jérôme*

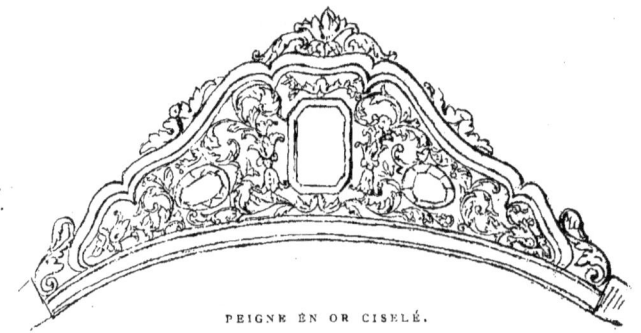

PEIGNE EN OR CISELÉ.

Pointu ; mais ce n'est pas là leur origine. De temps immémorial, les servantes, dans nos campagnes, portent des croix d'or suspendues à un ruban noir ; on appelle ces croix *Jeannettes*, parce quelles se donnent ou s'achètent à la Saint-Jean, époque ordinaire des changements de condition. » (1826.)

« Les croix *à la Jeannette*, mais dans de très grandes proportions, les longues boucles d'oreilles, ou poires *à la Dame Blanche*, les boucles de ceinture *à la grecque*, placées par derrière, au milieu de deux rosettes doubles terminées par deux bouts de ruban à demi longs et inégaux, sont les bijoux des danseuses[1] : il faut y joindre de larges bracelets de vingt matières différentes. » (1826.)

---

1. Il ne s'agit pas ici des danseuses de profession, mais des « jeunes personnes » de la société qui allaient au bal.

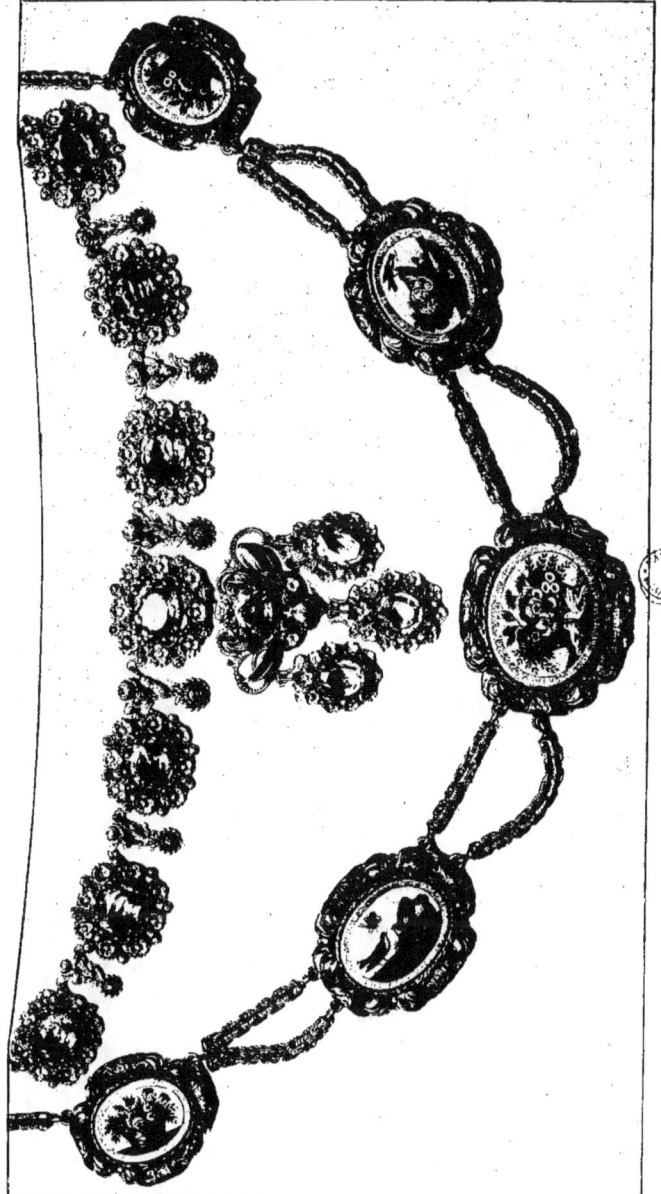

COLLIER EN TOPAZES ET OR CISELÉ (VERS 1830). — COLLIER EN OR AVEC MOSAÏQUES (VERS 1840.)

« Nous avons vu au bras d'une élégante un bracelet formé de plaques d'or émaillé en couleur, et *dont le fermoir renfermait une montre;* au bras d'une autre dame, un bracelet en or massif, dans le milieu duquel était, en forme de plaque, *une montre entourée de brillans.* » (1826.)

« On nomme *chaîne de forçat ou galérienne,* l'espèce de chaîne à longs anneaux, adoptée par les beaux-fils du jour, soit pour suspendre le lorgnon dit *monocle,* soit pour attacher le *binocle;* ou bien pour *assurer* la montre dans la poche du gilet. Cette espèce de chaîne est aussi à l'usage des dames, tant pour chaîne de col que pour bracelets. » (1827.)

Quelques élégans portent, avec un gilet de velours noir, une grosse chaîne d'or, dite *chaîne de forçat,* qu'ils passent autour de leur col, et qui, arrêtée à un des boutons

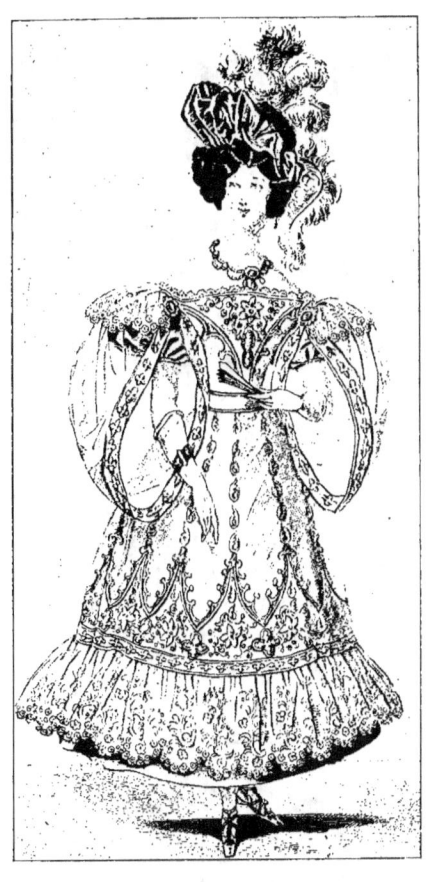

FERRONNIÈRE EN PERLES SUR LE FRONT,
COLLIER, AGRAFES DE MANCHES,
BRACELET EN OR AVEC PÉRIDOTS.

La robe est de style gothique. — Cothurnes grecs (1830).

de leur gilet, va aboutir à une de leurs poches. Cette chaîne retient une bourse à laquelle a été adapté un anneau. » (1827.)

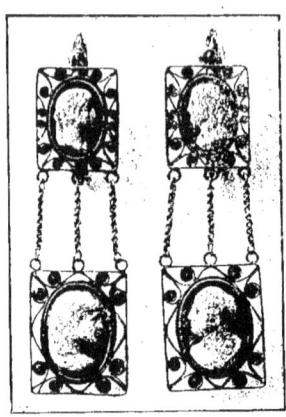

PENDANTS D'OREILLES
(RESTAURATION).

« On porte en ce moment des bagues qui ont la forme d'une chaîne ; elles sont formées par un petit cœur en or, qui tombe absolument comme dans les bracelets à cadenas. » (1827.)

« Les bracelets se portent toujours par deux ou trois paires à la fois. Ils ne sont presque jamais appareillés. On en voit de très jolis formés par douze petites chaînes réunies sous un fermoir en antique. » (*Petit Courrier des Dames*, 1827.)

Telles sont les principales particularités que nous relevons relativement au bijou pendant les dernières années de la Restauration, mais de nombreux indices pouvaient déjà faire pressentir l'influence prépondérante qu'allait prendre le Romantisme naissant, sur la littérature et les arts, après la Révolution de 1830, et naturellement aussi sur la mode et la parure.

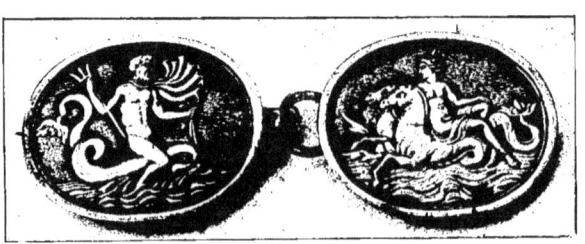

AGRAFE DE MANTEAU EN ARGENT
(ÉPOQUE RESTAURATION).

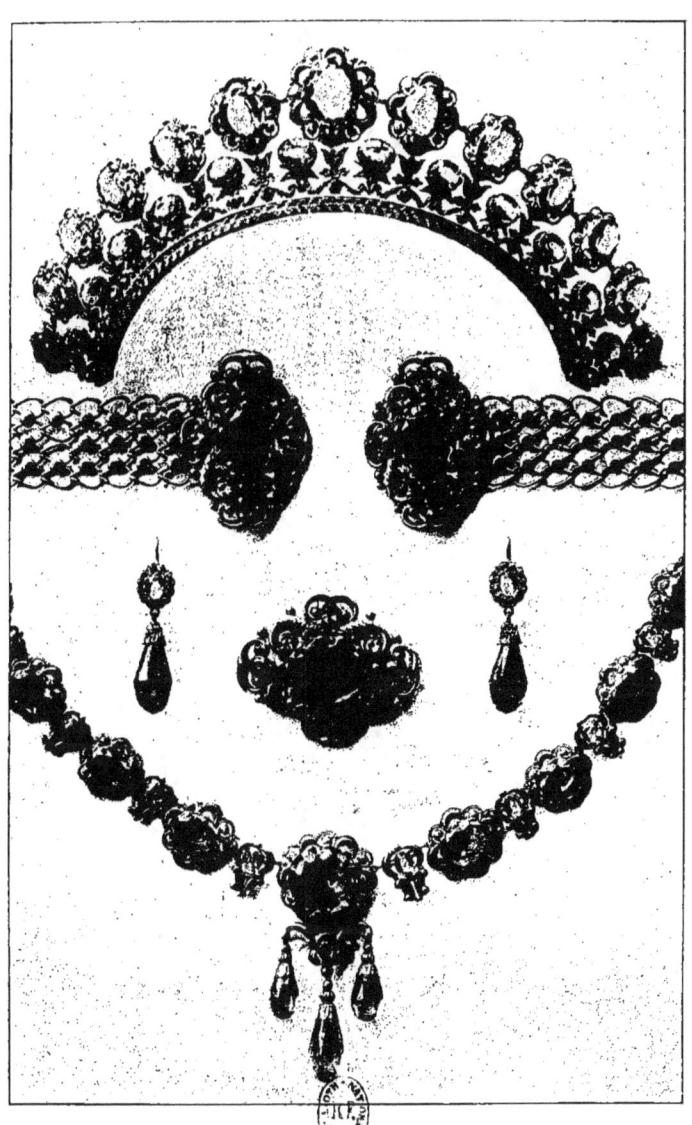

GRANDE PARURE EN OR ESTAMPÉ
AVEC ORNEMENTS CISELÉS ET TOPAZES, PEIGNE, PAIRE DE BRACELETS
BROCHE, PENDANTS D'OREILLES, COLLIER.
(Au deux tiers de l'exécution.)

LOUIS-PHILIPPE

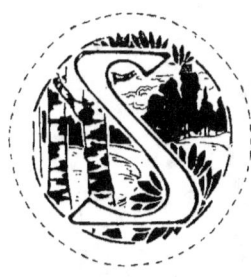

ous la Restauration, le luxe était modeste, ainsi que nous l'avons déjà dit. Le ton était alors donné par une Noblesse désargentée, mais authentique, pour qui l'économie était une nécessité et non une préférence. Les « Trois Glorieuses » qui consacrèrent le double avènement de Louis-Philippe et de la Bourgeoisie, l'une portant l'autre, n'amenèrent pas, tout d'abord, un grand changement dans la manière de vivre. Les nouveaux venus avaient l'habitude et le goût atavique de l'épargne, une tendance marquée à ne considérer dans leurs dépenses que le côté utilitaire et même rémunérateur, s'il était possible. D'autre part, la vie calme et familiale, alors généralement en honneur, et dont le Roi-citoyen était le premier à donner l'exemple, n'était pas de nature à encourager beaucoup l'essor du luxe. Les fêtes du « Château » étaient simples et modestes et ne manquaient pas d'exciter la verve des fidèles de la Légitimité, qui refusaient farouchement d'y paraître. Cette abstention de l'aristocratie de la race eut pour conséquence de laisser désormais le champ libre à l'aristocratie de la richesse. L'argent commença à inaugurer son rôle de grande puissance. La substitution du régime de la grande industrie à celui de l'industrie domestique, déjà ébauchée dans les dernières années de l'Empire et continuée laborieusement sous la Restauration, est effectuée maintenant partout en France et récompense, par des résultats magnifiques, les sacrifices considérables qui ont été faits sous les régimes précédents. Aussi notre commerce, tant intérieur qu'extérieur, atteint-il rapidement un développement inespéré[1], que la construction de routes nouvelles, de canaux, et surtout la création prochaine des chemins de fer, augmenteront encore vers la fin du règne[2].

Cette transformation complète de l'industrie, conséquence de l'emploi de la vapeur pour les procédés de fabrication, avait

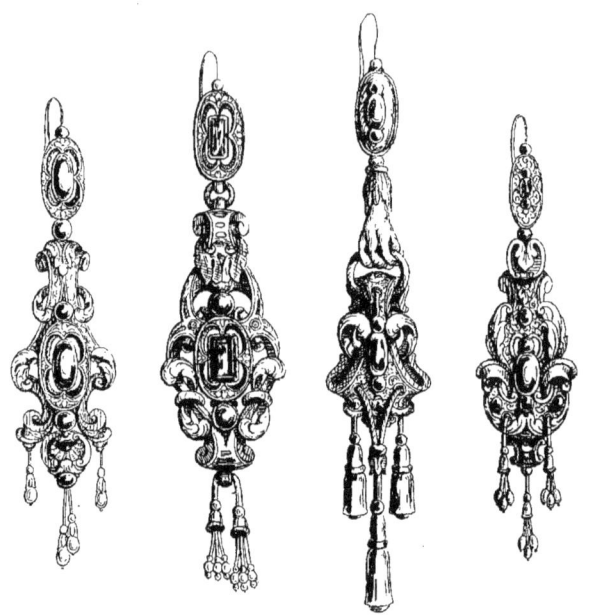

BOUCLES D'OREILLES EN OR ESTAMPÉ ET GRAVÉ
Dessin de Bourdillat (1845).
(Bibliothèque Nationale.)

naturellement entraîné la constitution de sociétés financières puissantes et nécessité l'entrée en scène du fameux Capital. C'est le début du règne des valeurs mobilières qui devaient prendre tant d'importance par la suite, et ce n'est véri-

1. Les escomptes de la Banque de France, qui étaient en 1830 de 617 millions, atteignent 1.800 millions en 1847. Le commerce général passe de 818 millions en 1827 à 2.437 millions en 1847.
2. La télégraphie électrique a commencé à devenir d'un usage industriel à partir de 1841.

tablement que de cette époque que la Finance et la Bourse ont

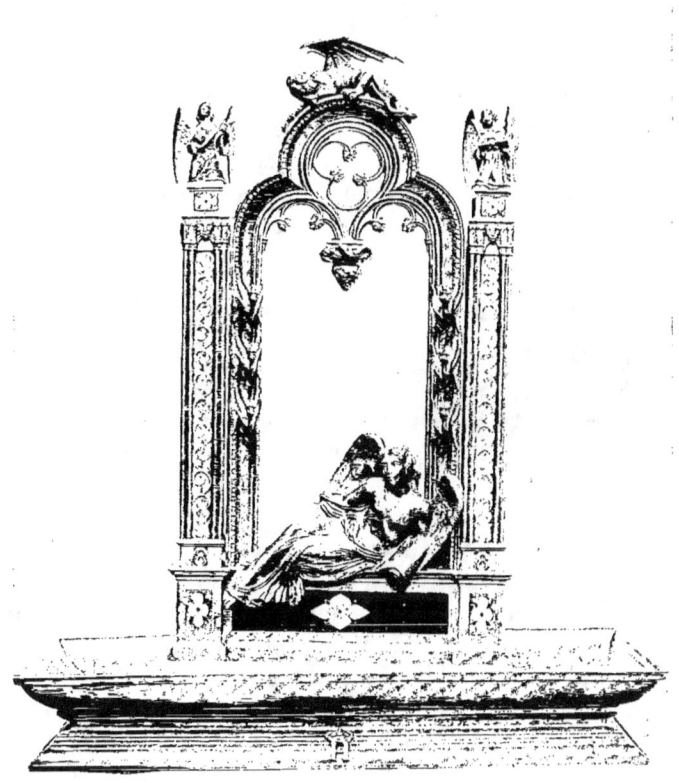

PLUMIER EN ARGENT CISELÉ.
(Appartient à Mgr le duc de Chartres).

commencé à devenir ce que nous les connaissons aujourd'hui [1].

1. En 1819, la Bourse de Paris ne cote en tout que sept valeurs, dont le

En face du faubourg Saint-Germain, ou plutôt du « Faubourg » tout court, on vit s'élever la Chaussée-d'Antin et le faubourg Saint-Honoré, où se recrutaient les assidus du Château, et dont beaucoup, grâce au cens électoral, devenus députés ou pairs, devaient fournir plus tard la solide majorité dont l'austère Guizot sut, par des faveurs systématiquement distribuées, s'assurer le concours prolongé.

Cette prospérité rapide, cet enrichissement facile, devaient amener forcément quelque relâchement dans les principes de stricte économie d'antan. L'argent étant devenu un moyen d'enrichissement et presque une noblesse, on voulut montrer qu'on en avait, en le dépensant, mais avec discrétion, car on n'avait pu, du jour au lendemain, dépouiller complètement les traditions de parcimonie léguées par plusieurs générations. Il en résulta un certain luxe, réel, mais économique. Ce fut l'époque des coûteuses mais inusables soieries de Lyon pour les dames, et, pour les hommes, des solides draps d'Elbeuf, des imposantes chaînes de montre en or massif, s'étalant sur le fond cossu d'un gilet de velours ou de casimir. Nous ne parlons ici que du costume civil, car l'uniforme de garde national joua aussi, à cette époque, un rôle important et servit de thème inépuisable aux Daumier, Philipon et autres humoristes acharnés contre ce « bourgeoisisme » si bien observé par Balzac, Sandeau, etc., et qu'Henri Monnier a fixé, non sans exagération, dans son type légendaire de Joseph Prudhomme.

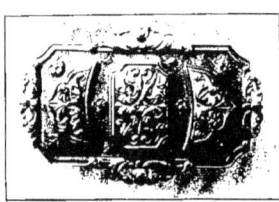

BROCHE EN OR.

En raison de cet esprit de la bourgeoisie, « philistin » d'après les uns, « épicier » disaient les autres, il est vraisem-

5 % français, les obligations de la Ville de Paris et les consolidés anglais. La cote qui, en 1826, en mentionne quarante-deux, en contient, dès 1841, deux cent cinquante-huit.

blable que la prospérité croissante des affaires n'aurait pas apporté, dans la manière de vivre de la classe aisée, des changements bien notables, sauf peut-être une moins grande résistance à la dépense, s'il n'était survenu à ce moment une révolution considérable dans les lettres et les arts. Le Romantisme atteignit alors son apogée. Nous en avons déjà

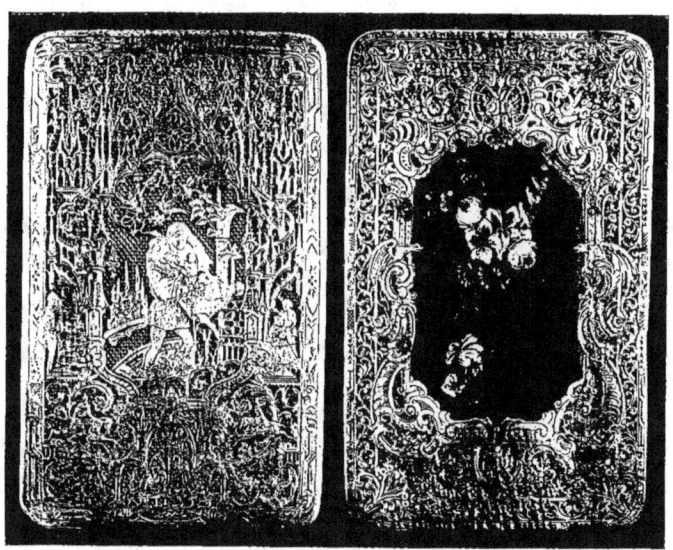

PETIT CARNET DE DAME EN ARGENT REPERCÉ ET GRAVÉ,
présentant, d'un côté, différentes scènes romantiques dans une ornementation de style « cathédrale », et, de l'autre, un bouquet de fleurs peintes dans un encadrement inspiré du XVIIIe siècle.
(Hauteur de l'original, 9 cent. 1/2.)

signalé l'aurore sous la Restauration, lorsque après l'apparition des chefs-d'œuvre de Chateaubriand en France, de Gœthe et Schiller en Allemagne, on commença à s'intéresser aux monuments et à la vie du Moyen-Age.

Indépendamment des génies puissants dont nous venons de répéter les noms, de nombreux poètes et littérateurs, tels que Bürger[1], Hoffmann, avaient aussi préparé depuis long-

[1]. La première partie du *Faust* de Gœthe parut en 1808 et la fameuse

GRANDE ÉPINGLE DE COIFFURE EN OR ESTAMPÉ, AVEC CAMÉE.
(Dimension de l'original : longueur, 26 cent.).

temps le public à cette évolution, qui s'est traduite dans les Beaux-Arts par ce qu'on a appelé l'École de 1830.

Il ne faudrait pas croire que le romantisme, qui a été défini « la prédominance de la sensibilité et de l'imagination sur la raison et l'observation », ne fut qu'un mouvement superficiel. Comme l'a si bien dit Philippe Burty, « il plongeait ses racines dans le cœur même de la bourgeoisie française. La société qui, ayant labouré le vieux sol, s'épanouissait et savourait la fortune, avait à satisfaire des ambitions, des passions, des plaisirs nouveaux. S'il ne se propagea guère au delà du régime politique qui l'avait vu fleurir, il a vécu assez pour modifier profondément l'ancienne doctrine académique et agrandir les horizons de l'art. Il a dénoué les formules. » Les luttes épiques entre les classiques et les romantiques, où les noms de Victor Hugo, de Lamartine, de Casimir Delavigne, de Balzac, de Théophile Gautier, d'Ingres, de Delacroix, de Rude et de tant d'autres, se retrouvent glorieux dans cette mêlée, sont connues de tous[1]. Une fièvre géné-

ballade de *Lénore* est antérieure à 1774. Hoffmann écrivit ses *Contes fantastiques* en 1814.

1. Une des œuvres les plus vigoureuses et les plus caractéristiques, indiquant bien l'évolution qui se préparait et qui devait bientôt modifier complètement l'art académique, est la *Radeau de la « Méduse »* de Géricault, qui figura au Salon de 1819. Géricault n'avait que 28 ans lorsqu'il peignit ce tableau, plein de puissance et de vie, qui montre en quelque sorte la transition entre Gros et Delacroix.

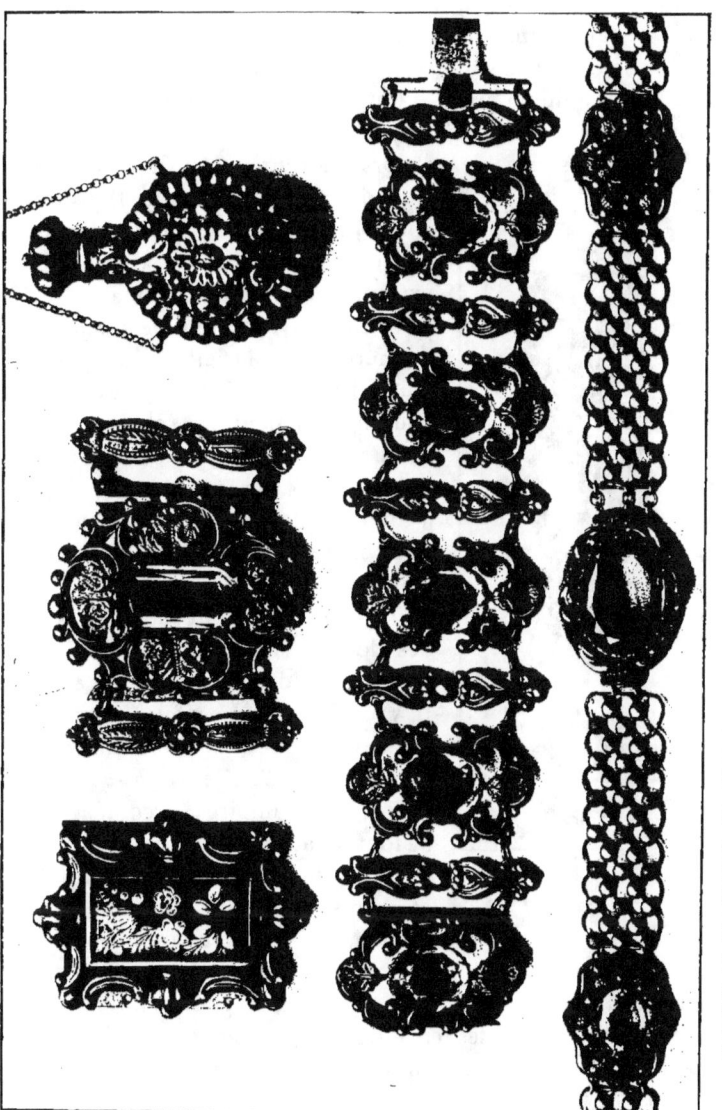

PLAQUES DE BRACELETS, FLACONS SE PORTANT A LA CEINTURE, BRACELET ET COLLIER AVEC AMÉTHYSTES.
(Spécimens de fabrication courante en or estampé.)

rale agitait le monde artistique et littéraire où, « dans un archaïsme fantaisiste et candide, tout le lyrisme, toutes les illusions, toute la grâce et toute l'ignorance du jeune et naïf romantisme trouvèrent leur expression ».

Les âmes sensibles d'alors en retinrent surtout le côté légendaire et romanesque. Dans les contes, les ballades ou les fabliaux, il n'était question que d'histoires extraordinaires, sentimentales ou farouches, ayant pour personnages des héroïnes « à la figure angélique », l'air triste, résigné, fatal ; des troubadours exhalant les soupirs d'un cœur féru d'amour, ou des truands et ribaudes se livrant à tous les excès, à toutes les orgies. Ce n'était alors que dagues, poignards, tortures, coupes de poison, rapts et désespoirs ; et, comme cadre, des « burgs », des donjons, des cimetières éclairés par la lune, des lacs et des torrents. Il y était aussi question de souterrains et de « l'antique ruine » habitée par les fantômes, les loups-garous, gnomes ou vampires, accompagnés de tout un attirail de sorcellerie. Les « fiancés de la mort », les squelettes et autres accessoires macabres ou diaboliques jouèrent alors un rôle important. Il en fut de même des preux « appuyés sur leurs épées à poignées en croix », des damoiseaux, des cavaliers à pourpoint, des écuyers sonnant du cor. Les chasses et la vénerie, récemment remises en honneur par Charles X, tinrent aussi une grande place dans les préoccupations de l'époque. En résumé, ce fut un véritable enthousiasme pour tout ce qui rappelait le

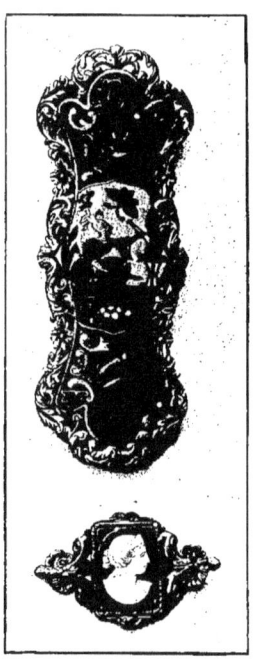

BOUCLE DE CEINTURE
AVEC ÉMAUX DE STYLE CHINOIS
(Hauteur, 0,085).
BROCHE AVEC CAMÉE.

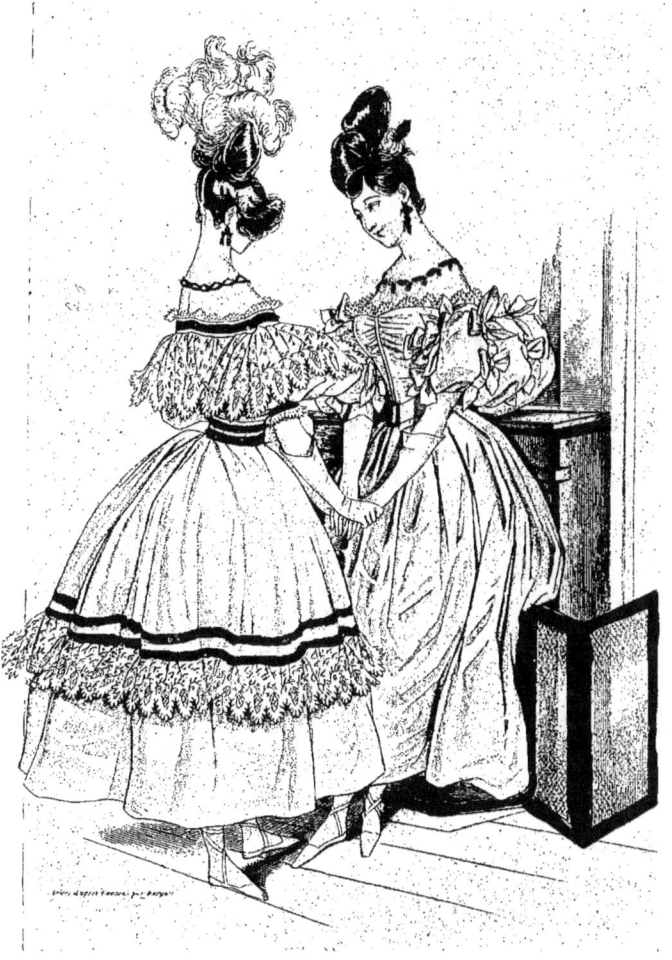

DEUX AMIES EN 1831
par Nargeot, d'après Gavarni.
Colliers, pendants d'oreilles, boucle de ceinture.

Moyen-Age et la Renaissance. On s'appliqua à faire revivre, non seulement dans les toilettes, mais même dans les moindres objets, cette époque pour laquelle chacun était pris d'un amour subit et immodéré, puisé dans les lectures passionnantes des auteurs romantiques. C'est ainsi que de la littérature, première inspiratrice, le mouvement passa dans les arts plastiques; les livres s'ornèrent de vignettes très caractéristiques qui furent le « style moderne » de ce temps. Ces vignettes, romantiques à l'excès, étaient dues au talent de Tony Johannot et surtout de Célestin Nanteuil, qui fut un véritable novateur dans le genre.

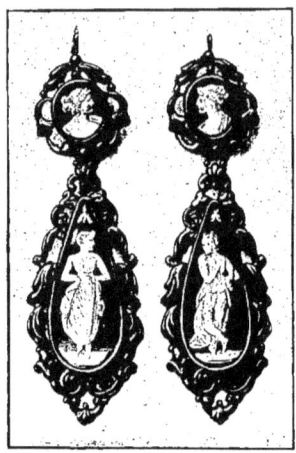

PENDANTS D'OREILLES OR
AVEC CAMÉES COQUILLES.
(Hauteur, 7 cent. 1/2.)

Les artistes industriels s'emparèrent aussitôt de ces compositions pour les appliquer aux objets d'art, aux bibelots de toute nature et aux bijoux. Certains frontispices, certains culs-de-lampe, ont certainement servi de modèle pour des broches, des boucles ou des bracelets; on traduisit la littérature en ciselures et en orfèvreries. C'est en effet à partir de ce moment que l'on voit des bijoux dans la composition desquels l'ogive prédomine, accompagnée de casques, de blasons, d'écussons, d'attributs héraldiques. Des chevaliers bardés de fer, des pages à toques emplumées, le faucon sur le poing ou découplant des lévriers, s'y meuvent avec frénésie ou y rêvent mélancoliquement. Tout l'attirail féodal se transforma en parures ornées de nielles et d'émaux; non seulement les bijoux et les meubles subirent cette influence, mais les vêtements eux-mêmes devinrent gothiques et moyenâgeux; tout, jusqu'à la toilette des dames, chapeaux à créneaux comme des tours de donjons, énormes manches à gigot, bouffantes ou à crevés, tailles *guêpées* des châtelaines de 1830, sur le front desquelles des *ferronnières* retenaient les cheveux appliqués en bandeaux lisses.

Ce fut le triomphe du style « cathédrale »[1], ce fut aussi celui des broches et des agrafes composées d'anges élégiaques jouant de la harpe, « avec une bible pour partition », comme le dit Champfleury, des bijoux ornés de figurines d'enfants, de grappes de raisin à feuillages émaillés. Le lierre, le liseron, les épis, les sujets sentimentaux et symboliques jouissent aussi d'une faveur toute spéciale. C'est alors qu'on voit apparaître le fameux *Oiseau défendant son nid contre un serpent*, modèle qui fut mis à toutes les sauces de la vaste cuisine industrielle et dont le succès incroyable se prolongea pendant plus de vingt ans !

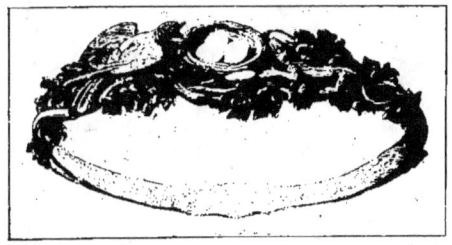

BRACELET.
Variante de l'« Oiseau défendant ses œufs contre un serpent ».

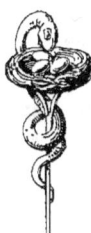

ÉPINGLE
DE CRAVATE
SERPENT
ET ŒUFS.

D'autre part, Walter Scott par ses romans et Boïeldieu par son chef-d'œuvre de *la Dame blanche* (1829), contribuèrent aussi beaucoup à la vogue qu'eurent alors les bijoux écossais. Les cérémonies capitales et très populaires de l'érection de l'obélisque de Louqsor (1836) sur la place de la Concorde, et surtout du retour des cendres de l'Empereur (décembre 1840), rendirent aussi une vogue momentanée aux bijoux de genre

---

1. Déjà, sous la Restauration, on venait de fabriquer, presque de toutes pièces et dans le style gothique spécial cher à la duchesse de Berry, le tombeau d'Héloïse et d'Abélard.

égyptien et à ceux inspirés des emblèmes napoléoniens.

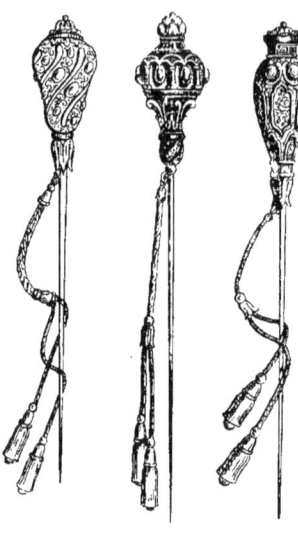

ÉPINGLES
par Bourdillat (1845).

La conquête de l'Algérie, glorifiée et popularisée par des peintres tels que Horace Vernet, Raffet, eut aussi son influence naturelle sur le bijou; on fit des broches et des bracelets algériens, et la prise de la smalah d'Abd-el-Kader fut reproduite maintes fois, en haut-relief, sur des étuis à cigares, des coffrets ou des coupes.

Le changement apporté dans les modes par le romantisme eut aussi sur le bijou une grande influence. A cette époque, les « dandys » et les « mirliflores », habillés à la Musset, portaient de grosses cravates longues qui cachaient entièrement la chemise, et cette mode nécessita bientôt le passage à la cravate de l'épingle qui, jusque-là, avait été portée sur le plastron

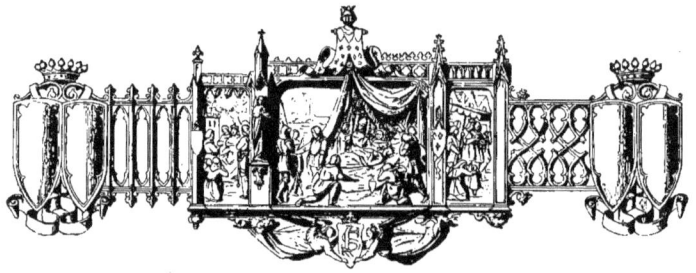

BRACELET GOTHIQUE REPRÉSENTANT DES ÉPISODES DE LA VIE DE SAINT LOUIS
exécuté par F.-D. Froment-Meurice en 1842 (longueur, 17 centimètres).

de la chemise, généralement par deux, reliées par une chaînette. Les « lionnes », les « fashionables », les « Jeune-

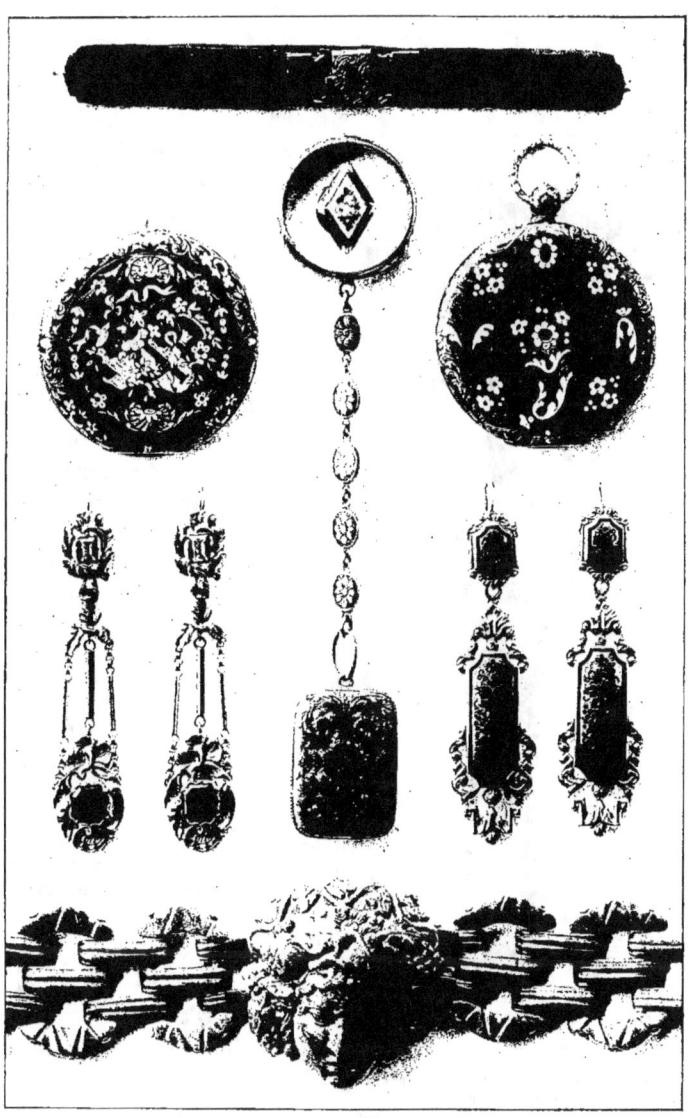

Bracelet en velours avec fermoir or (1848).
Montres et bouton de chemise émaillés.
Médaillon-cassolette suspendu à une chaîne terminée en bague (1831).
Boucles d'oreilles (1840-1850).
Bracelet en corail sculpté.

France », se retrouvaient alors au boulevard de Gand — depuis boulevard des Italiens, — mais les modes nouvelles se lançaient surtout pendant les trois journées de Longchamp, dernier vestige d'un ancien pèlerinage de pénitence à la vieille abbaye de Longchamp, à la fin de la Semaine Sainte. C'est là qu'apparurent d'abord les gros bracelets en forme de larges rubans plats, couverts d'un émail gros bleu transparent sur fond guilloché et retenus par une boucle en demi-perles ou en grenats ; puis les fines *chaînes-sautoirs,* aux coulants ornés de pierres, de gravure ou d'émail, qui tenaient la montre placée dans la ceinture du corsage. Ce genre de chaîne s'étalait aussi sur le gilet largement échancré des hommes, sous lequel, bien souvent, se dissimulait un corset. D'ailleurs, le gilet était une grande préoccupation pour les élégants émules de Brummel, habitués de Tortoni et de la Maison Dorée. Ils s'ingéniaient à en imaginer sans cesse de nouveaux et d'irrésistibles qu'ils ornaient de boutons

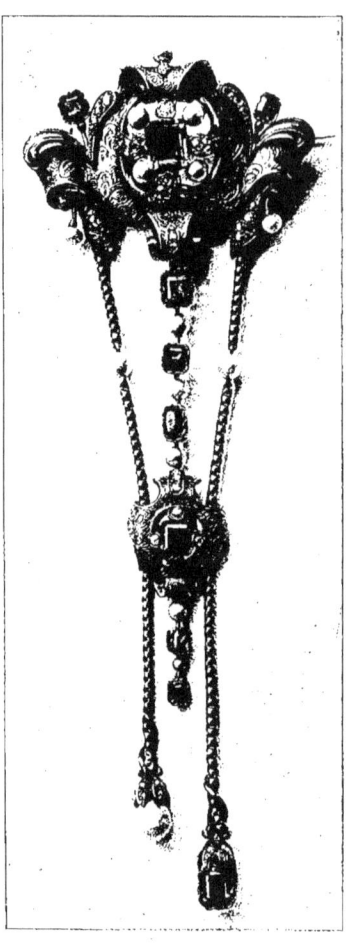

BROCHE EN OR, ÉMERAUDES ET PERLES,
avec « cuirs » genre Renaissance,
ornementation gravée sur toutes les parties.

en or, lapis-lazuli, corail, jaspe, grenat ou d'autres pierres analogues, pour fasciner les « femmes à la mode » d'Achille Deveria ou de Grévedon.

Pendant ce temps, les jeunes gens moins fortunés, étudiants ou commis, se disputaient les faveurs des Mimi Pinson à qui suffisaient comme parure un simple jaseron, une « croix de ma mère » ou d'autres bijoux aussi modestes que laids en or estampé uni ou couvert de maigres ornements d'une gravure sans caractère. Fort heureusement pour elles, si l'on admet toutefois qu'un bijou puisse n'être pas indispensable à une femme, c'est surtout celles qui possèdent la jeunesse et la beauté qui peuvent le mieux s'en passer. Les lorettes, les jolies grisettes de Gavarni ou de Paul de Kock, avec un simple ruban noir autour du cou, « une robe légère d'une entière blancheur » et le « chapeau de bergère »

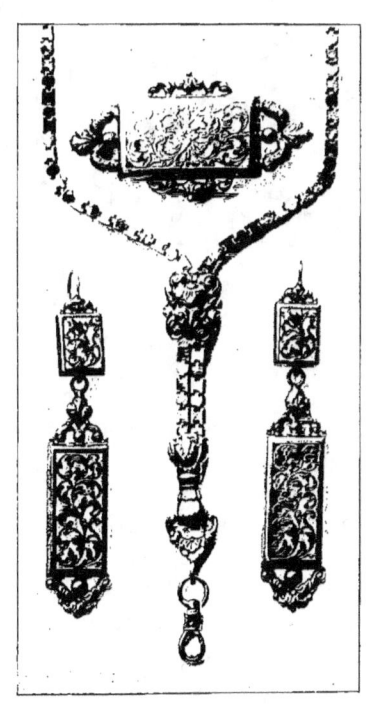

DEMI-PARURE EN OR POLI REPERCÉ, CHAINE-SAUTOIR AVEC COULANT MOBILE.

chantés par Béranger, étaient, n'en doutons pas, charmantes et pleines de grâce et d'entrain aux bals-musettes, à la Grande Chaumière, au Château des Fleurs, et dans les parties de campagne du dimanche à Montmorency ou à Robinson.

Chacun sait quelle ardeur Louis-Philippe apporta à restaurer le château de Versailles, qu'il transforma en musée historique et national (juin 1837). On a pu dire un peu méchamment que si cette restauration ne fut pas la grande

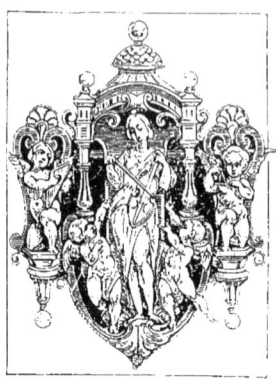

BROCHE RENAISSANCE,
par F.-D. Froment-Meurice (vers 1847).

pensée du règne, elle en fut du moins la grande occupation. Le vieux palais si longtemps délaissé s'ouvrit à nouveau aux artistes, aux amateurs et au public, et leur remit sous les yeux les admirables spécimens d'un art complètement oublié depuis longtemps. Il n'en fallut pas davantage pour que l'on tentât de le mettre à la mode. On refit donc du Louis XIV et du Louis XV avec presque autant d'entrain et aussi peu de souci de l'exactitude qu'on venait de faire du gothique et de la Renaissance; on n'examina que très superficiellement le caractère propre à chaque style et, faute d'études et de connaissances nécessaires, on n'arriva qu'à produire, dans le mobilier surtout, de détestables choses qui semblent être l'antithèse de l'art magnifique du xviiie siècle, véritable désolation pour les gens de goût qui le désignent avec un mépris justifié sous la dénomination de style Louis-Philippe !

La bijouterie aussi s'en ressentit, hélas ! tout au moins la bijouterie courante. Ce qu'elle produisit à cette époque est véritablement lamentable et explique le succès considérable obtenu, surtout entre 1830 et 1840, par les bijoux romantiques de certains maîtres d'alors. C'est avec une véri-

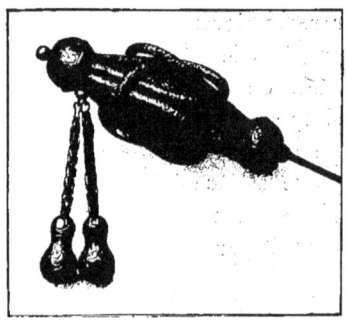

ÉPINGLE DE COIFFURE EN OR
COUVERTE D'ORNEMENTS GRAVÉS.

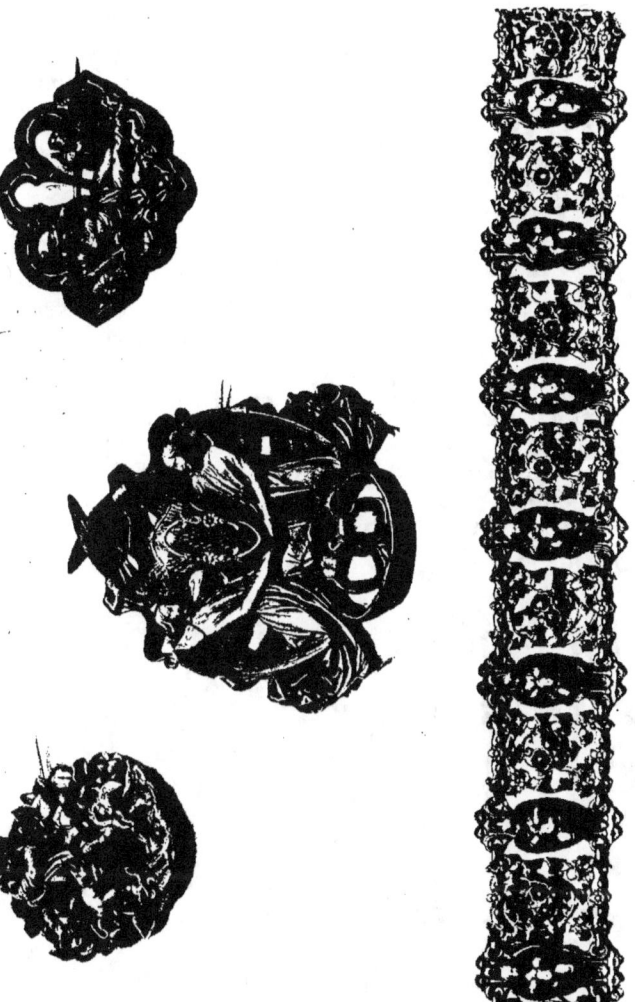

BROCHES ET BRACELET, STYLE DE LA RENAISSANCE ROMANTIQUE.
Genre de travail de Wagner et de Rudolphi.
(Exposition centennale de l'Art français en 1900.)

table joie que l'on accueillit les productions nouvelles des Wagner, des Froment-Meurice, des Fossin, des Morel, etc.

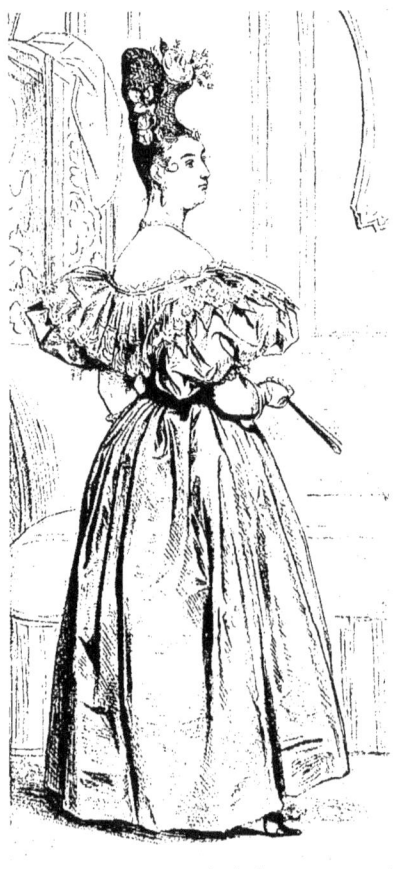

Mlle LAURE DEVÉRIA
Lithographie par Achille Devéria (1832).
Collier, boucles d'oreilles, ferronnière.

Ce n'est pas qu'au point de vue de la reconstitution archéologique leur œuvre soit tout à fait irréprochable, mais on était tellement désireux de nouveau qu'on l'accueillit telle qu'elle se présentait et sans y regarder de trop près : on la trouvait magnifique et l'on s'en accommodait fort bien. Le public n'avait pas encore l'éducation artistique suffisante pour exiger mieux, et d'ailleurs, par comparaison avec ce qui avait été fait sous la Restauration, il estimait à juste titre que le progrès réalisé était considérable. Aussi chacun, enthousiasmé, s'empressa-t-il alors de faire de nouveaux achats et de reconstituer ses écrins, quelque peu délaissés. La littérature et la presse aidaient à l'enthousiasme et l'entretenaient. Mais, ainsi qu'il arrive toujours en pareil cas, après quelques années d'un engouement légitime, mais peut-être excessif, l'élan se ralentit, médiocrement encouragé, il faut l'avouer, par la grande simplicité des réceptions officielles, qui étaient plus familiales que

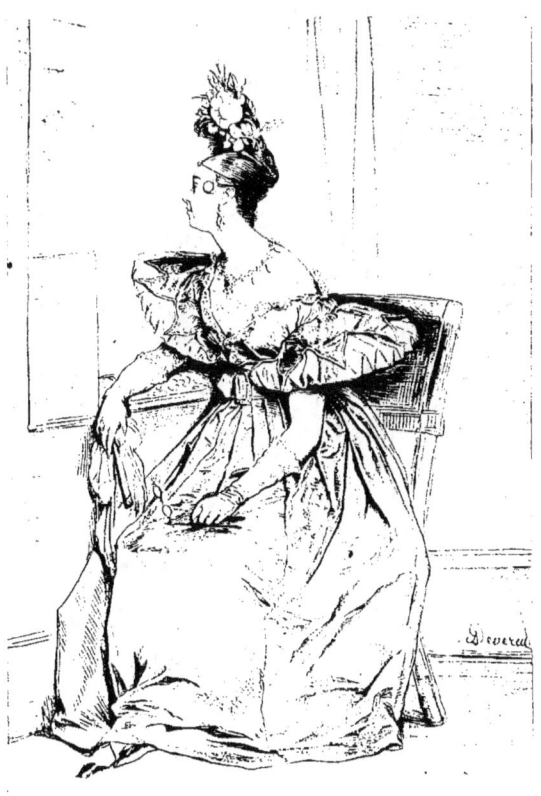

Mme MENESSIER-NODIER.
Lithographie par Achille Devéria (1832).
Collier, boucles d'oreilles, ferronnière, boucle de ceinture.

brillantes[1]. Cela ne les empêchait pas du reste d'être très appréciées par ces mêmes gardes nationaux, fiers de voir, dans les lycées, sur les mêmes bancs que leurs enfants, les

[1]. La reine Amélie ne se para jamais des diamants de la Couronne.

propres fils du Roi, mais qui, toujours frondeurs, feront bientôt la révolution de 1848.

Il faut ajouter aussi que les plagiaires et les fabricants de bijoux à bon marché s'étaient empressés de reproduire industriellement les belles œuvres des maîtres, mais avec une telle infériorité qu'elles étaient complètement dénaturées et qu'ils finirent par en détourner le public. La décadence du style ne tarda pas à se faire sentir et à s'accentuer jusqu'à la fin du règne.

D'une manière générale, tous ces bijoux de caractères si différents, ou même sans caractère, étaient assez bien traités. Beaucoup furent aussi agrémentés de lapi-lazuli ou de corail et exécutés en argent ciselé et oxydé, en « vieil argent », ce qui leur donnait une fausse apparence artistique et les maintenait dans des prix relativement peu élevés, ce qui contribuait à en assurer la vogue.

Quant à la joaillerie, elle était en pleine décadence ; on se contentait alors de monter les brillants en colliers, en *rivières* de gros chatons lourds et épais ; on en formait aussi des parures de corsage d'un dessin insignifiant, composées de trois broches accrochées l'une au-dessous de l'autre et dans lesquelles des franges et des grappes de chatons en cascades descendaient de fleurs bizarres, de feuillages maigres, agencés sans goût et qui, comme le dit Massin, « n'ont jamais eu aucun nom dans l'histoire naturelle de la plante ». Et il ajoute : « Il faut noter cependant, comme un produit du temps, une forme de parure de tête, sans similaire dans le passé, et dont la mode dura longtemps[1], car elle était en pleine forme au début de mon apprentissage et on en faisait même encore en 1855. Deux bouquets symétriquement dessinés sont parallèlement posés sur la tête, au-dessus des tempes. Ils sont reliés par un motif plus léger, allant de l'un à l'autre, en passant sur le front un peu plus haut que la naissance des cheveux. Comme toujours, et dans tous les joyaux, il s'échappe, de ces bouquets de côté, de

1. Cette mode était à son apogée vers 1840.

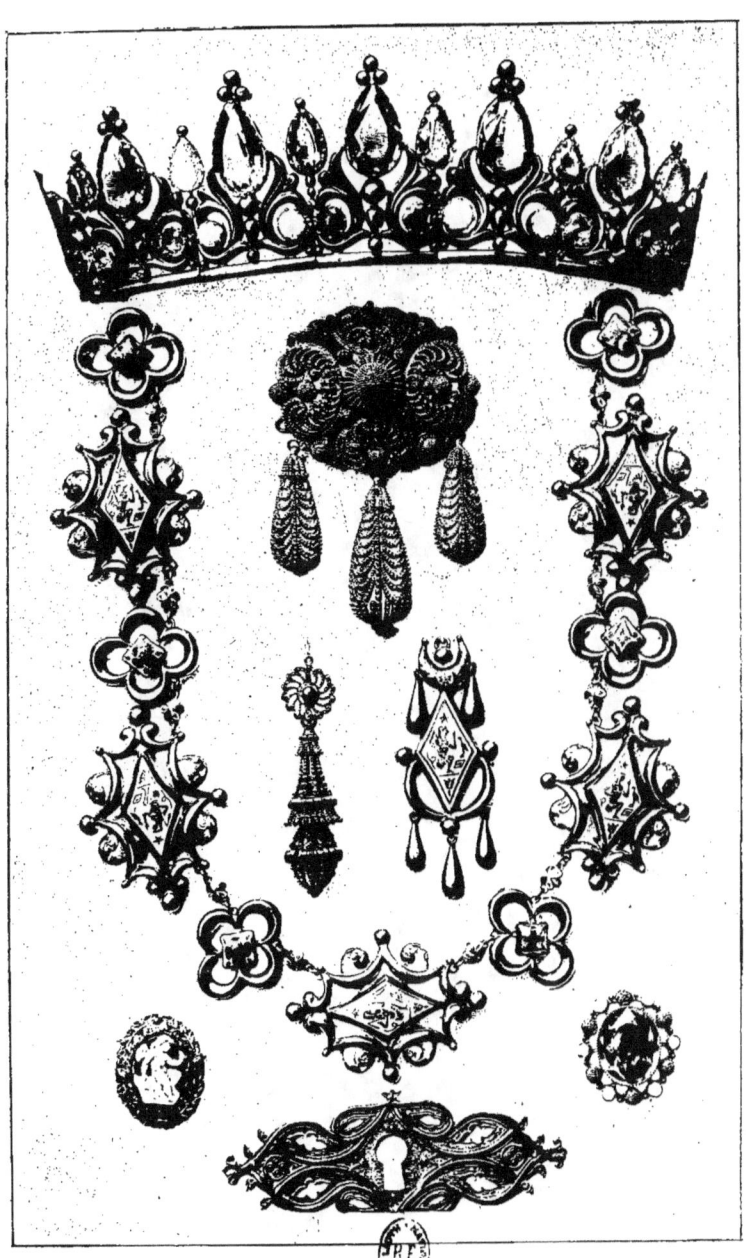

BRACELET ARTICULÉ FORMANT DIADÈME
COLLIER A MOTIFS ÉGYPTIENS ÉMAILLÉS, BIJOUX DIVERS.

longues enfilées de chatons, qui retombent en pluie ou en gerbes, façonnés en muguets. Cette mode, qui nous paraîtrait bien surannée au regard du goût du jour, avait sa raison d'être dans l'accord qu'elle établissait entre la parure et la coiffure des femmes qui portaient alors la chevelure en bandeaux plats[1]. »

C'est vers 1840, que le goût de la joaillerie viennoise[2] se répandit à Paris. Il faut bien reconnaître qu'à cette époque la manière de comprendre l'agencement et la construction de la fleur et du feuillage était supérieure chez les Viennois ; leur méthode consistait à grouper en faisceau des fils d'or écrouis, sur lesquels s'enfilaient, à leur plan,

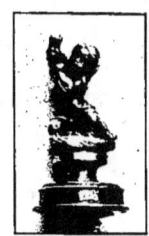

PETIT CACHET,
par Wagner.

tous les détails d'un ensemble. Seulement, ce système manquait de solidité, et l'on imagina, à Paris, de découper tout le branchage appelé carcasse, sur une plaque d'argent qu'on doublait d'or. On pointait ensuite toutes les pièces au moyen de supports perpendiculaires : fleurs, feuilles et chatons, tout était étayé de la sorte et produisait un ensemble solide, mais, malgré tout, d'un effet déplorable.

Mais il est temps, après ces considérations générales, de passer en revue les bijoutiers et les joailliers les plus intéressants de cette époque.

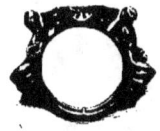

BAGUE
avec figurines ciselées,
par Wagner.

Nous avons dit que, sous la Restauration, Fauconnier avait réagi de toutes ses forces contre le goût anglais, alors à la mode pour l'orfèvrerie et que ce fut lui qui, aux dépens de ses propres intérêts, fit les premières tentatives d'un retour à la Renaissance. Charles Wagner, venu de Prusse à Paris[3] vers 1830, fut le premier

---

1. *Étude et rapport techniques sur la joaillerie,* par O. Massin, 1890.
2. Ce genre de travail fut importé de Vienne, bien des années auparavant, coïncidence de noms curieuse, par Viennot aîné, fabricant-joaillier, qui demeurait rue Saint-Honoré, 156 ; Théodore Fester fut son continuateur et son successeur en 1848.
3. Charles Wagner avait un frère, orfèvre distingué, qui resta en Alle-

à suivre pour la bijouterie l'exemple donné par Fauconnier. Il partageait le goût du célèbre orfèvre pour la Renaissance et les objets anciens du xvie siècle; aussi, après s'être associé avec Mention, se lança-t-il résolument dans cette voie nouvelle. Wagner excellait dans les nielles qu'il avait importés d'Allemagne, d'où ils venaient de Russie[1]; il était arrivé rapidement à surpasser tout ce qui s'était fait avant lui dans ce genre en Europe. Il employa les nielles à décorer des coffrets, des coupes, des tabatières, des pommes de cravaches et de cannes; il en fit aussi des bijoux de toute sorte : broches, châtelaines, bracelets, boucles, qu'il recouvrait ainsi d'élégantes arabesques noires sur fond d'argent ou de vermeil.

Wagner avait acquis une instruction très avancée dans les arts du dessin dont il avait fait une étude approfondie; il savait modeler; les divers procédés de l'orfèvrerie, de la bijouterie et de la joaillerie lui étaient familiers, et, personnellement, il était très habile ciseleur. C'est lui qui remit en honneur le travail du repoussé, négligé depuis très longtemps, formant ainsi tout un noyau de sculpteurs et de ciseleurs habiles qui l'aidaient dans ses travaux.

Wagner exposa pour la première fois en 1834, à l'Exposition qui s'ouvrit le 1er mai, place de la Concorde; il y fut très remarqué; son succès s'accentua encore à l'Exposition de 1839[2], grâce aux pièces plus importantes, plus raffinées et plus complètes qu'il avait envoyées et dans lesquelles les pierres, la ciselure et les émaux se mélangeaient avec beaucoup de goût. L'impulsion qu'il donna alors contribua à faire sortir la bijou-

magne et dont le fils, Émile-Auguste-Albert Wagner, établi à Berlin, exécuta pour l'Exposition de Londres le morceau « le plus éminent », dit le rapporteur, de ceux envoyés par l'Allemagne. C'était un important surtout de table pour lequel il obtint la grande médaille.

1. Ce genre de travail, venu certainement de l'Orient, en passant par Byzance, se faisait surtout dans la ville de Toula et plus spécialement encore dans la ville de Vologda.

2. Ce fut la dernière Exposition à laquelle prit part Charles Wagner. Il mourut avant l'Exposition de 1844, puisque, à cette date, le rappel de la médaille d'or de l'Exposition de 1839 fut attribué à son élève et successeur Rudolphi, qui exposa sous son nom.

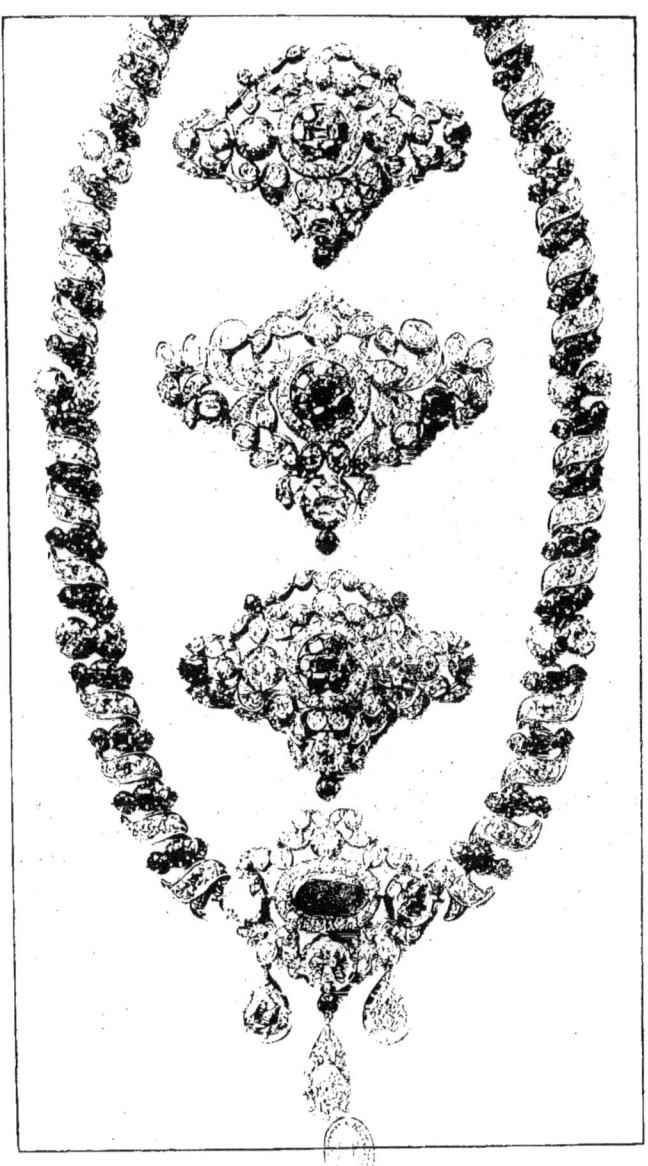

PARURE RUBIS ET DIAMANTS (1843)
provenant de la Princesse de Joinville. (Appartenant à Mme la Duchesse de Chartres.)

terie française de la voie uniquement commerciale qu'elle suivait depuis plusieurs années, pour reprendre une direction plus artistique. Remarqué, dès le début, par les amateurs et par les artistes, encouragé par le Duc d'Orléans et par la Princesse Marie, qui elle-même faisait de la sculpture, Wagner entreprit de grands travaux et devint chef d'école. Son contemporain et son émule, dont nous nous occuperons longuement tout à l'heure, Froment-Meurice, qui avait été lié aussi avec Fauconnier, reconnaît avoir profité des exemples et des conseils de Wagner, et n'hésite pas à le déclarer *le premier dans son art*. Du reste, ces fréquentations et ces échanges de vues entre confrères habiles dans leur profession eurent une très heureuse influence pour chacun d'eux, en les stimulant et en ranimant leurs facultés créatrices qui semblaient endormies.

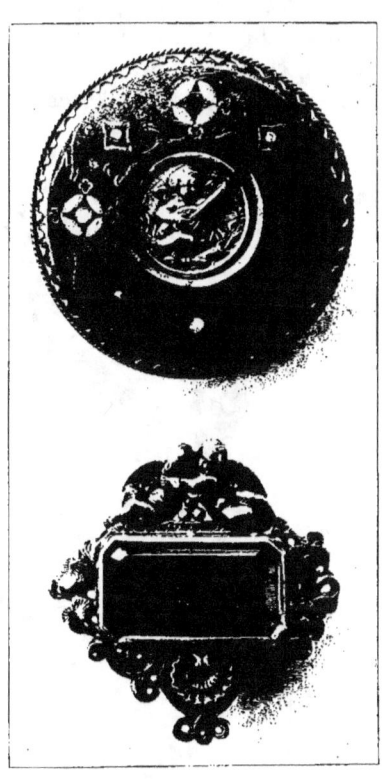

BROCHE RONDE
avec incrustation d'or, d'argent, de malachite, etc., sur acier ;

BROCHE EN « VIEIL ARGENT » CISELÉ
avec partie centrale réservée pour des cheveux ;
par Ch. Wagner.
(Exposition Centennale de l'Art français en 1900.)

Il en résulta une amélioration sensible pour l'industrie du bijou courant, qui devint plus inventive, plus attrayante et plus soignée. Cette heureuse impulsion se continua, grâce à une rivalité analogue qui s'établit plus tard entre Morel et les frères Marrel.

Wagner et Froment-Meurice furent deux novateurs, mais le premier révéla en quelque sorte au second certaines ressources du métier, certains tours de main, notamment en ce qui concerne le repoussé ; tous deux, ils excellaient dans ces belles pièces pour l'exécution desquelles on ne recule

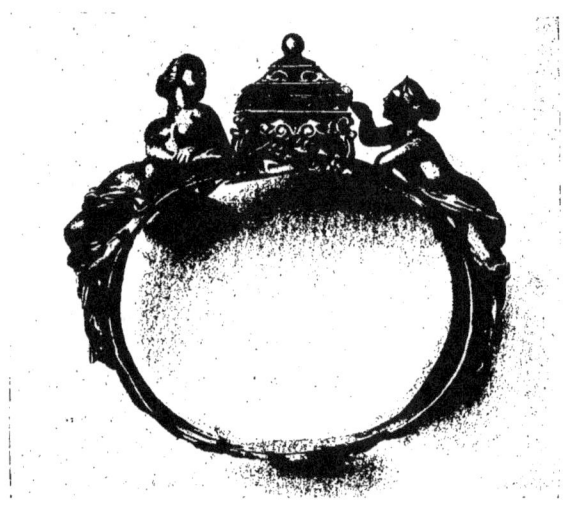

BRACELET DE STYLE RENAISSANCE ROMANTIQUE AVEC CASSOLETTE,
REHAUSSÉ D'ÉMAUX (1841).
Composition de Pradier. Orfèvrerie de F.-D. Froment-Meurice.
(Exposition Centennale de l'Art français en 1900.)

devant aucun sacrifice ; tous deux ils recherchèrent, pour collaborer à leurs œuvres, les meilleures mains, les artistes les plus habiles, tels que Pradier, Geoffroy de Chaumes, Feuchères, Cavelier, David d'Angers, Vechte, Klagman, et tant d'autres, dont les noms reviendront plusieurs fois dans cette étude.

Wagner serait certainement resté à la tête de l'école nouvelle s'il n'eût été enlevé à son art par une mort prématurée, que Jules Janin rappela dans les termes suivants, dans le *Journal des Débats* du 25 juin 1855, à l'occasion de

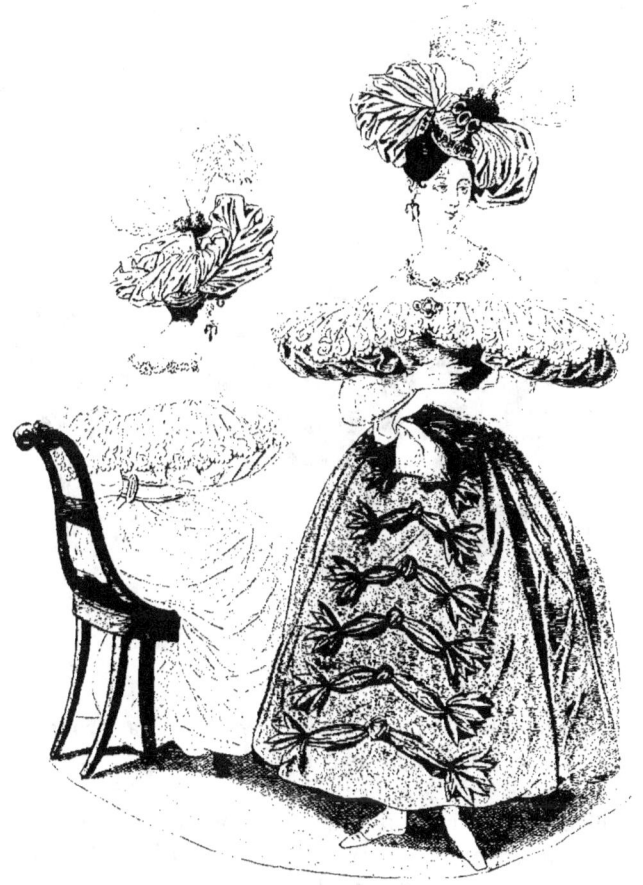

Turban « orné de pierreries des magasins de M. Bourguignon, passage de l'Opéra ».
Broche, collier, pendants d'oreilles, boucle de ceinture dans le dos
(1830-1835).

la mort imprévue de Froment-Meurice : « ..... Il est mort aussi, Wagner, et presque aussi malheureusement que son élève Froment-Meurice. Wagner, quand il se vit assez riche et assez célèbre pour ne plus rien désirer du côté de la renommée et de la fortune, achète un château dans un bel endroit qui lui plaît; la maison était vieille, il la fait réparer. A peine achevée, il s'en va pour visiter sa terre, et dans le parc même, le jour où il sortait, un fusil à la main, son fusil part et le tue..... » Cette fin tragique de Wagner laissa le champ libre à Froment-Meurice son rival, et fut néanmoins une grande perte pour la bijouterie, bien que

ÉPINGLES ET BRACELET
par F.-D. Froment-Meurice (1839).

son élève et successeur Rudolphi, dont nous parlerons plus loin, se soit montré digne de son maître.

François-Désiré Froment-Meurice (1802-1855) occupe une place prépondérante parmi les orfèvres-joailliers de la période romantique. Il en est l'orfèvre par excellence, et Théophile Gautier a pu dire de lui : « Il cisèle l'idée que cette forte génération a chantée, peinte, creusée, modelée ; il apporte au trophée de l'art du xixe siècle une couronne aux brillantes feuilles d'or, aux impérissables fleurs de diamant. »

Son père, François Froment, était fabricant d'orfèvrerie ;

il s'était établi en 1792 et mourut prématurément. Sa mère, restée veuve, se remaria plus tard avec un autre orfèvre nommé Meurice[1] (le père de Paul Meurice, l'ami fidèle de Victor Hugo). A ce moment, la maison prit le double nom que le jeune homme adopta personnellement en 1832, lorsqu'il en devint le chef. Cette maison avait donc été fondée en 1792 par François Froment, mais sa grande célébrité ne date véritablement que de 1830.

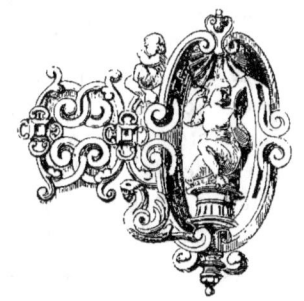

BRACELET
par F.-D. Froment-Meurice (1842).

Le jeune Froment-Meurice fut élevé à l'atelier paternel dans cette exacte discipline des apprentis d'autrefois. « Ses progrès furent si rapides que, bientôt, le métier n'eut plus de secrets pour lui, et, dès l'âge de seize ans, il fut mis sous la tutelle de Lenglet, habile ciseleur dont il s'assimila rapidement les procédés d'exécution et de main-d'œuvre. Ces travaux fatigants ne l'absorbaient pas tellement encore qu'il ne trouvât le temps de se livrer à l'étude sérieuse du dessin et de la sculpture sous la discipline sévère du peintre Girodet[2]. »

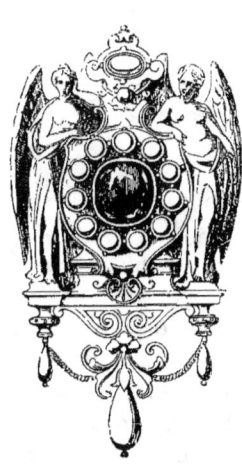

BROCHE
par F.-D. Froment-Meurice (1845).

Travailleur infatigable et convaincu, très instruit de tout ce qui concerne les arts et l'orfèvrerie, dont il allait devenir un des maîtres incontestés, il s'entoura d'artistes éminents, qui se plaisaient d'ailleurs à le reconnaître pour un des leurs; ils

1. Meurice, successeur de Froment, ci-devant rue Chanoinesse, présentement arcade Saint-Jean, rue du Martrois, n° 6. (*Azur* de 1811.)
2. Rapport de M. Ch. Rossigneux sur les titres d'Émile Froment-Meurice.

furent souvent ses collaborateurs et toujours ses amis. Froment-Meurice sut créer, inspirer et diriger des œuvres originales inspirées de la Renaissance italienne et française et qui furent, avec celles de Wagner, le point de départ de tout ce qui se fabriqua dans ce genre en bijouterie.

Les encouragements ne lui manquèrent pas ; les artistes, les littérateurs, les membres les plus éminents de l'aristocratie et de la haute bourgeoisie, appréciaient non seulement son talent, mais aussi son caractère, car, lors du choléra de 1832, il se signala par son dévouement courageux et fut

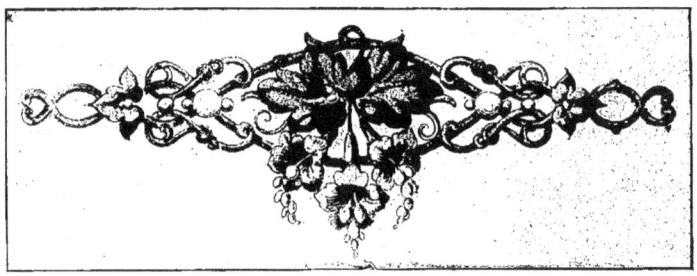

BRACELET REHAUSSÉ D'ÉMAUX ET DE PIERRERIES,
par F.-D. Froment-Meurice.

même décoré à cette occasion. Eugène Süe, qui était son ami, a utilisé, dans les premiers chapitres du *Juif errant,* les impressions « vécues » qu'il lui avait demandées relativement à cette terrible épidémie.

François Froment-Meurice était surtout orfèvre et les belles pièces d'argenterie qui sortirent de ses ateliers sont nombreuses, mais il exécuta aussi un grand nombre de pièces d'art importantes et de bijoux pour la Duchesse d'Orléans, pour les plus grands personnages de France et de l'étranger, en particulier pour le Duc de Luynes, ce grand seigneur, artiste par excellence, qui fut un véritable Mécène pour les orfèvres de son temps.

Désireux de récompenser l'artiste dont les rares mérites jetaient un si grand éclat sur la ville dont il avait l'administration, le Comte de Rambuteau rétablit pour lui le titre

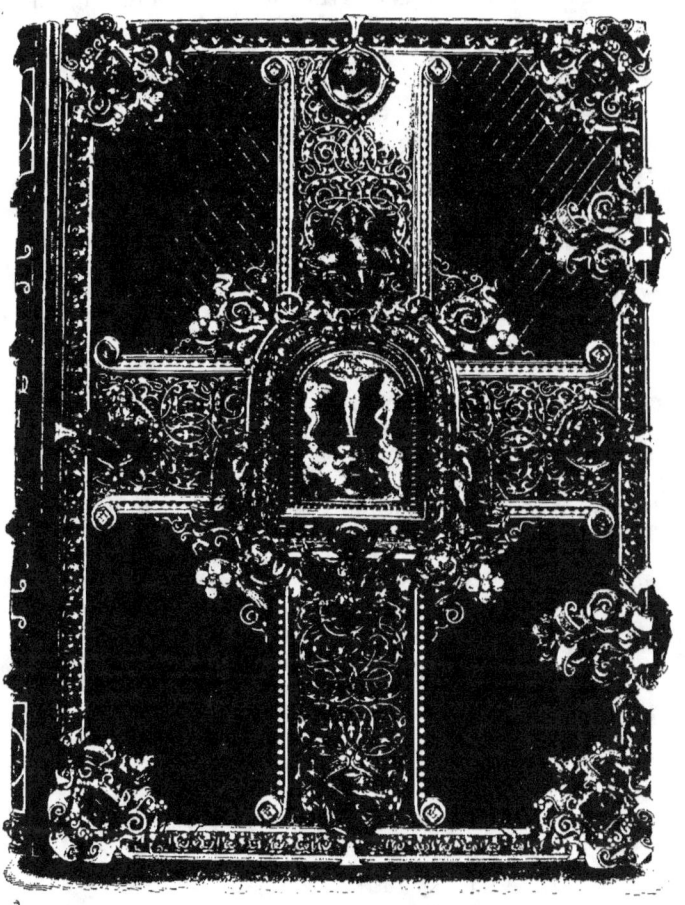

RELIURE DE MISSEL EN ORFÈVRERIE DE STYLE RENAISSANCE ROMANTIQUE
avec nielles, émaux et pierres précieuses,
par F.-D. Froment-Meurice. (Appartient à Mgr le Duc de Chartres.)
(Exposition Centennale de l'Art français en 1900.)

d' « orfèvre-joaillier de la Ville de Paris », qui avait été aboli par la Révolution de 1793.

Les vers exquis et profonds que Victor Hugo dédia à l'éminent orfèvre sont connus de tous; néanmoins, il ne nous semble pas inutile de les transcrire ici *in-extenso* :

A M. Froment-Meurice.

Nous sommes frères : la fleur
Par deux arts peut être faite.
Le poëte est ciseleur;
Le ciseleur est poëte.

Poëtes ou ciseleurs,
Par nous l'esprit se révèle.
Nous rendons les bons meilleurs,
Tu rends la beauté plus belle.

Sur son bras ou sur son cou,
Tu fais de tes rêveries,
Statuaire du bijou,
Des palais de pierreries !

Ne dis pas : « Mon art n'est rien..... »
Sors de la route tracée,
Ouvrier magicien,
Et mêle à l'or la pensée !

Tous les penseurs, sans chercher
Qui finit ou qui commence,
Sculptent le même rocher :
Ce rocher, c'est l'art immense.

Michel-Ange, grand vieillard,
En larges blocs qu'il nous jette,
Le fait jaillir au hasard ;
Benvenuto nous l'émiette.

Et, devant l'art infini,
Dont jamais la loi ne change,
La miette de Cellini
Vaut le bloc de Michel-Ange.

Tout est grand ; sombre ou vermeil,
Tout feu qui brille est une âme.
L'étoile vaut le soleil ;
L'étincelle vaut la flamme.

VICTOR HUGO.

Paris, 22 octobre 1841.

1. *Les Contemplations,* livre I, *Aurore.*

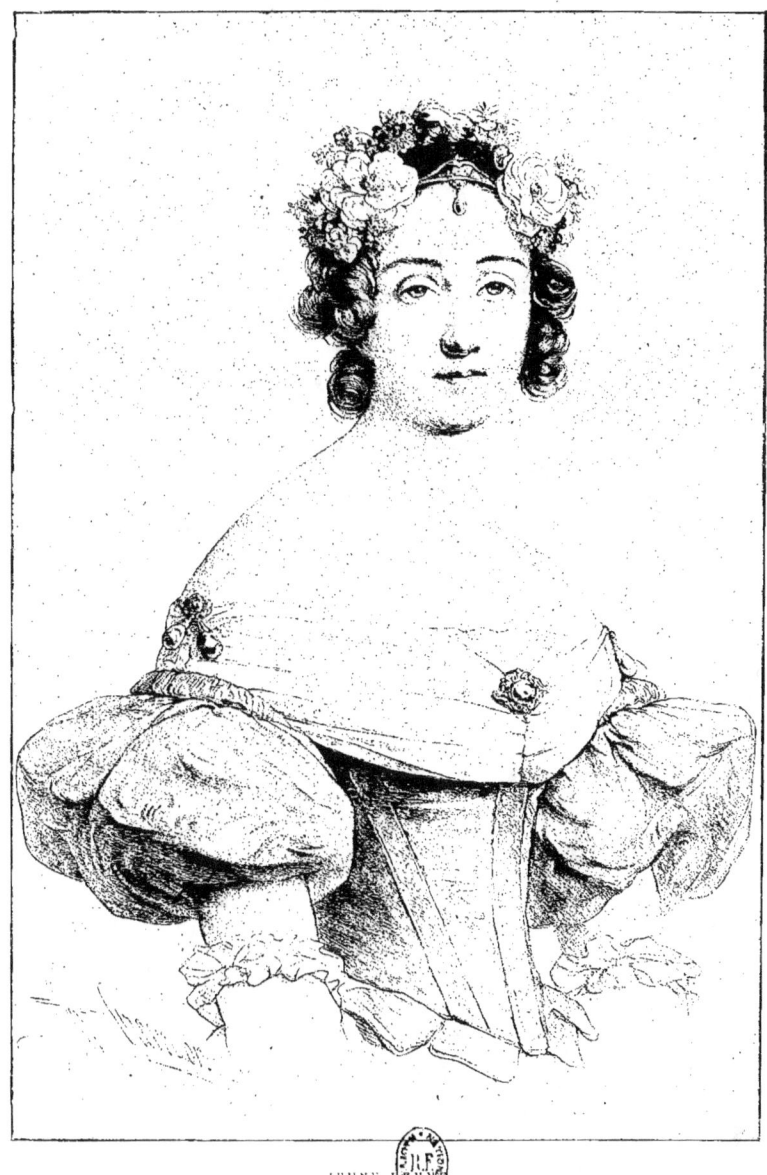

JEUNE FEMME
par Grevedon.
Ornement de front avec pendeloque, broche, bijoux d'épaules.

La première Exposition à laquelle Froment-Meurice prit part fut celle de 1839, qui eut lieu aux Champs-Élysées, au carré Marigny, à l'emplacement même où s'éleva, en 1855, le Palais de l'Industrie, démoli à son tour en 1900, pour faire place au Grand et au Petit Palais actuels. Deux médailles d'argent, l'une pour l'orfèvrerie et l'autre pour la bijouterie, récompensèrent les œuvres de l'orfèvre-artiste « dont le jury constatait la perfection et les prix modérés ». A cette époque, Froment-Meurice employait vingt-cinq ouvriers au lieu de seize qu'il avait les années précédentes et faisait un chiffre d'affaires de 200.000 francs. Cinq ans plus tard, en 1844, quatre-vingts ouvriers sont à la cheville et ses affaires s'élèvent à 640.000 francs. Enfin, chiffres qui montrent bien l'extension rapide que prenait la maison, grâce au travail opiniâtre de celui qui savait si bien la diriger : en 1847, les affaires de Froment-Meurice atteignent

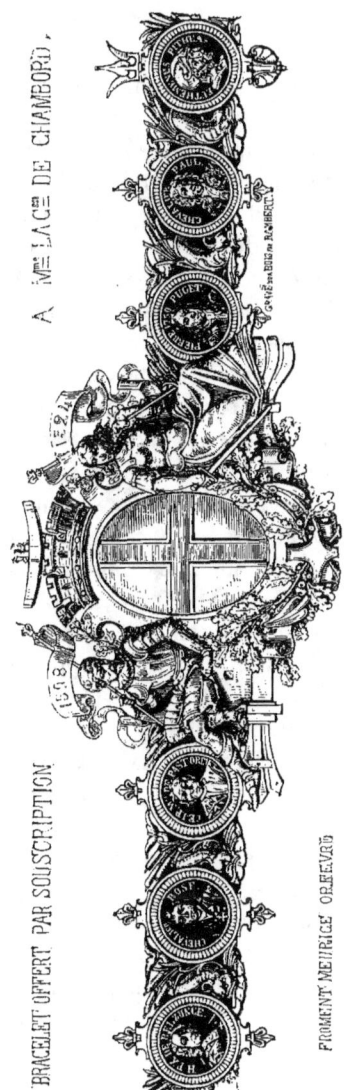

1.100.000 francs et le nombre de ses ouvriers s'élève à cent

vingt, dont le salaire variait entre 4 et 10 francs (j'emprunte ces chiffres aux rapports officiels de l'époque).

En 1844, Froment-Meurice avait exposé de belles pièces de joaillerie, particulièrement deux parures complètes en diamants et *briolettes,* ainsi qu'un bouquet de lis, d'après les dessins de Cardillac, joaillier fameux du temps de Louis XIV. Parmi les bijoux, se trouvaient des broches et des bracelets ornés de motifs gothiques et désignés sous les noms de *la Esmeralda, Jeanne d'Arc ;* une bague était dénommée *l'Ange gardien;* une autre, appelée *les Naïades,* avait été modelée par le sculpteur Pradier.

En 1848, la Révolution, qui substituait la République à la Monarchie constitutionnelle, eut un contre-coup désastreux pour les industries des métaux précieux, et Froment-Meurice se serait vu contraint, comme beaucoup de ses confrères, de fermer ses ateliers, si le curé de la Madeleine, l'abbé Deguerry, celui-là même qui devait être fusillé comme otage pendant la Commune, ne lui avait commandé de grands reliquaires et un ostensoir pour sa paroisse. Le Duc de Luynes, de son côté, fit exécuter à l'orfèvre, également pour lui éviter le chômage, plusieurs ouvrages importants ; c'est ainsi que Froment-Meurice put, malgré les événements politiques, figurer avec éclat à l'Exposition de 1849[1] et y remporter de nouveaux succès et la médaille d'or.

C'est en 1851 qu'eut lieu à Londres la première Exposition *universelle et internationale.* F.-D. Froment-Meurice y obtint, sans discussion et à l'unanimité, la grande médaille décernée par le conseil des présidents, ce qui établissait son triomphe incontesté.

Cette Exposition de Londres eut un retentissement considérable et fut pour la France l'occasion d'affirmer sa suprématie incontestable sur les autres nations pour tout

---

1. Les objets de bijouterie-joaillerie exposés, en 1849, par M. Froment-Meurice, consistaient en « broches, bracelets et coiffures en diamants et en pierres de couleur affectant la forme de roses, de lis et d'œillets ». (Rapport officiel.)

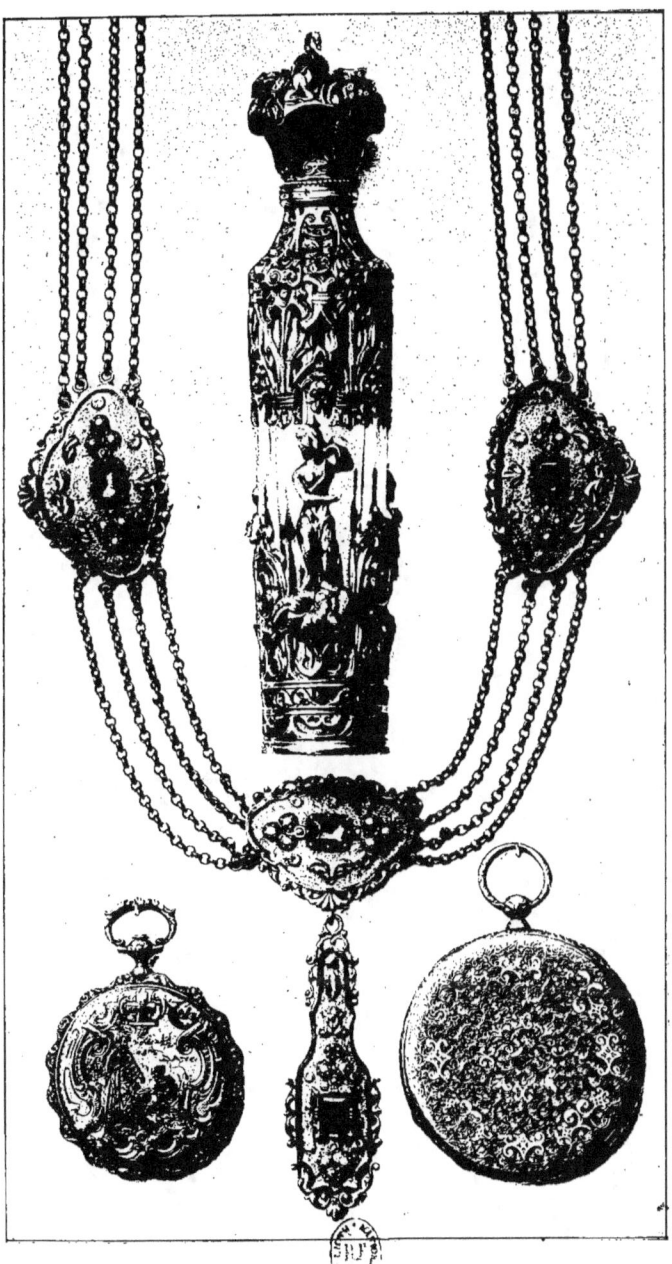

FLACON ROMANTIQUE EN VIEIL ARGENT
COLLIER DE GROS JASERON AVEC PLAQUES, MONTRES GRAVÉES ET ÉMAILLÉES
(ÉPOQUE LOUIS-PHILIPPE).

ce qui concerne les industries de luxe[1]. Froment-Meurice y avait envoyé une partie des beaux ouvrages qu'il avait présentés précédemment à Paris et qui obtinrent chez nos voisins d'Outre-Manche un succès sans précédent. Un calice d'or destiné au pape y figurait, qui était une pièce de bijouterie remarquable comprenant des émaux, des perles, de la ciselure[2], etc.; « on remarquait parmi les bijoux, dit le Duc de Luynes, une châtelaine de style gothique, en argent, avec des figures en ronde-bosse représentant le départ d'un croisé prenant congé de sa dame sous un portique ogival; l'écusson était en émail bleu, avec un chasseur et une chasseresse pour supports; des médaillons d'émail bleu ornaient la chaîne; un beau bracelet, dans le style dit de la Renaissance, en or, émaillé de bleu avec des brillants; une broche en forme de croix, en émail noir, avec un saphir au milieu, des brillants aux branches et une guirlande de brillants soutenant un oiseau à corps de

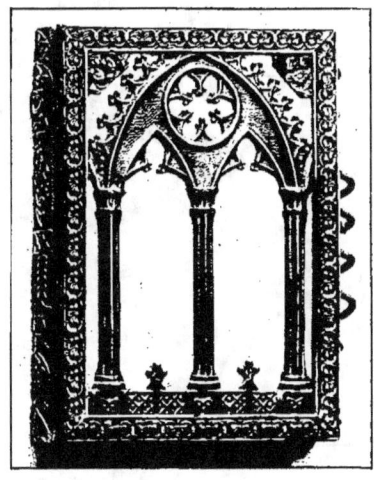

CARNET DE DAME DE STYLE GOTHIQUE
EN VERMEIL SUR FOND DE NACRE.
(Appartient à Mme Henri Beraldi.)

1. A cette première Exposition universelle et internationale, la France obtint soixante récompenses sur cent, tandis que l'Angleterre n'en eut que vingt-neuf et les autres pays réunis dix-huit.
2. Ce calice avait été remarqué déjà à Paris à l'Exposition de 1844. En voici la description :
« La coupe est soutenue par des lis, des épis émaillés et des grappes de raisin en perles noires; sur le fût, l'*Ecce homo*, saint Joseph et la Sainte-Vierge, en relief, sont séparés par des émaux représentant la Naissance de Jésus-Christ, la Présentation au Temple et le Crucifiement; au pied, les trois Vertus théologales, ciselées en argent et en ronde-bosse, séparées par trois émaux, Abraham et Isaac, la manne et la Pâque. » (Rapport officiel.)

perle avec les ailes, la tête et la queue en émail de très riches couleurs ; un très beau bracelet, dans le style du xvie siècle, orné d'émeraudes, de perles et de rubis ; un autre de même style, avec une croix de rubis à centre de diamants, perles et or ; deux très belles broches, encore du même style, composées en rubis, émeraudes et opales, avec une double frange de brillants ; enfin, un grand œillet en brillants et rubis. »

Si nous transcrivons ici, avec tous ses détails, la désignation si précise et si typique de tous ces bijoux, c'est parce

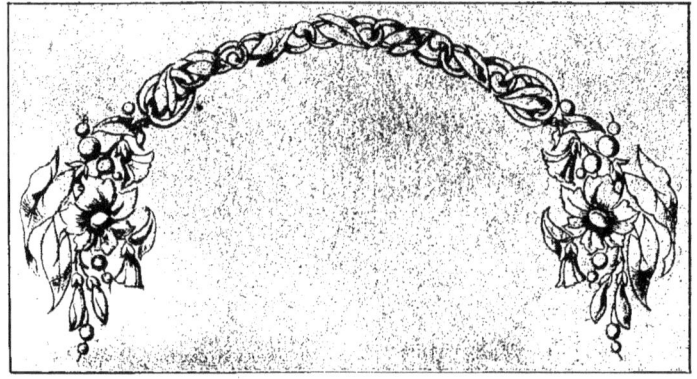

COIFFURE EN JOAILLERIE (1840-1845)
(Dimension de l'original : 0m,25).

qu'il nous semble qu'à défaut de documents graphiques, on peut se rendre compte ainsi de ce qu'était le beau bijou de cette époque.

Mais voici que, brusquement, au moment où le succès couronnait tous les efforts de ce travailleur arrivé à l'apogée de sa carrière, à la veille de cette Exposition universelle de 1855, qui allait assurer à sa maison une importance et une supériorité incontestées, le 17 février 1855, François-Désiré Froment-Meurice succombait à un épanchement au cerveau, au milieu de sa famille éperdue, de ses amis stupéfaits d'une telle ironie du sort ![1]

1. Philippe Burty, *Froment-Meurice, argentier de la Ville de Paris.*

Des regrets unanimes et éloquents furent exprimés par la presse à cette occasion ; Théophile Gautier s'exprimait ainsi : « ...Ce serait un long travail que de récapituler les œuvres nombreuses qui ont valu à Froment-Meurice la réputation

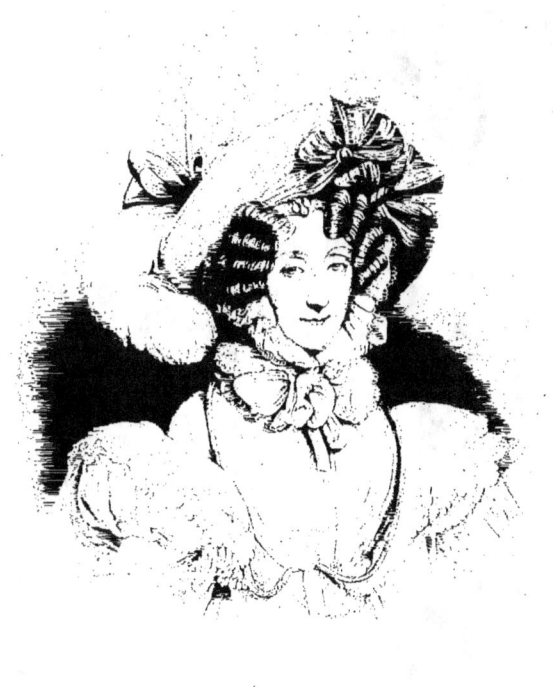

MARIE-AMÉLIE, REINE DES FRANÇAIS.
Peinture par Hersent. — Lithographie par Léon Noël.
(Chaîne-sautoir, boucle de ceinture, bijou sur les cheveux au milieu du front.)

qu'il laisse... Il a su varier à l'infini la création fantasque du monde de l'ornement où la femme jaillit du calice de la fleur, où la chimère se termine en feuillage, où la salamandre se tord dans un feu de rubis, où le lézard d'émail fuit sous les herbes d'émeraude, où l'arabesque embrouille à plaisir ses entrelacs et ses complications; il a fait onduler, sous des néréides d'argent aux cheveux d'or vert, des flots de nacre, de burgau, de perles et de corail; sous les pieds des nymphes terrestres, il a mis un sol de diamants, de topazes et de pierres fines; aux pampres de métal il a mélangé des vendangeurs d'ivoire, enchâssé dans ses tabatières des miniatures de moissonneurs, et fait de sa boutique un antre étincelant comme la caverne d'Aladin, le trésor du calife Haroun-al-Raschid, le puits d'Aboulcasem ou la voûte verte de Dresde.

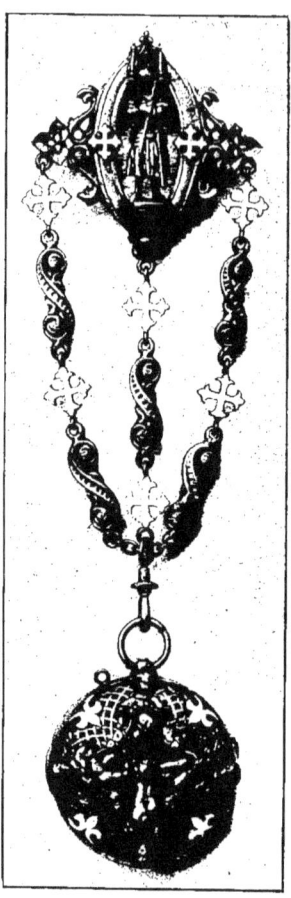

CHATELAINE JEANNE D'ARC
par F.-D. Froment-Meurice.

» Froment-Meurice n'a pas beaucoup exécuté par lui-même, quoiqu'il maniât avec beaucoup d'adresse l'ébauchoir, le ciselet et le marteau. Il inventait, il cherchait, il dessinait, il trouvait des combinaisons heureuses; il excellait à diriger un atelier, à souffler son esprit aux ouvriers. Son idée, sinon sa main, a mis un cachet sur toutes ses œuvres. Comme un chef d'orchestre, il inspirait et conduisait tout un monde de sculpteurs, de dessinateurs, d'ornemanistes, de graveurs, d'émailleurs et de joailliers : car l'orfèvre, aujourd'hui, n'a plus le temps de ceindre le tablier et de tourmenter lui-même le métal pour le forcer à prendre des formes nouvelles. Pradier, David, Feuchères, Cavelier, Préault,

Schœnewerk, Pascal, Rouillard, ont été traduits en or, en argent, en fer oxydé, par Froment-Meurice. Il a réduit leurs statues en épingles, en pommes de cannes, en candélabres, en pieds de coupes, les entourant de rinceaux d'émail et de fleurs de pierreries, faisant tenir à la Vérité un diamant pour miroir, donnant des ailes de saphir aux Anges, des grappes de rubis aux Érigones. Du reste, il ne cherchait à absorber la gloire de personne, sachant que la sienne lui suffisait, et aux Expositions il indiquait loyalement les noms de ses collaborateurs, artisans ou artistes... »

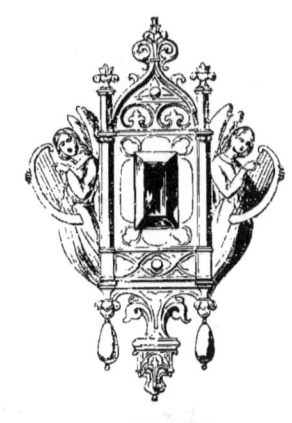

BROCHE ROMANTIQUE
par F.-D. Froment-Meurice (1835).

De son côté, Ferdinand de Lasteyrie, dans le *Siècle* du 27 mars 1855, écrivait :

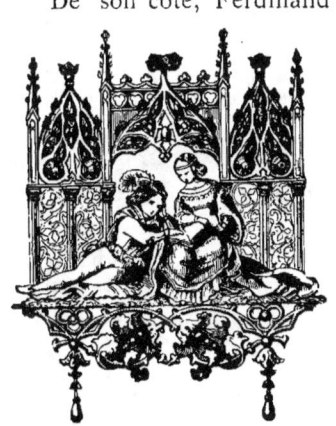

FRAGMENT D'UNE GRANDE CHATELAINE
A SUJETS ROMANTIQUES,
par F.-D. Froment-Meurice (1839).

« ... Nul n'a prouvé mieux que lui que l'art avait partout sa place. C'est surtout dans les œuvres, si futiles en apparence, de la bijouterie qu'il apportait une recherche, une délicatesse et une grâce d'exécution oubliées depuis plusieurs siècles. Sous tous ces rapports, Froment-Meurice a puissamment contribué à vulgariser le bon goût en France. C'est un de ses mérites les plus incontestables.

» Mais, on le comprend, le chef d'une aussi grande industrie ne peut tout faire par lui-même ; sa part principale, à lui, c'est la conception d'abord, et puis la direction, l'ensemble des travaux. De là, quelques envieux en sont venus à dire que le mérite des œuvres de Froment-Meurice ne lui appartenait pas en propre. Froment-Meurice, effectivement, n'a pas pu, de ses mains, modeler tous les groupes, ciseler toutes les figures, monter toutes les pièces dont se composent tant de productions justement admirées. Il a eu de nombreux, d'éminents collaborateurs, et l'une de ses plus remarquables qualités fut précisément l'exquise délicatesse avec laquelle, en toute occasion, il cherchait à faire valoir les artistes distingués, les artisans habiles dont il s'était assuré

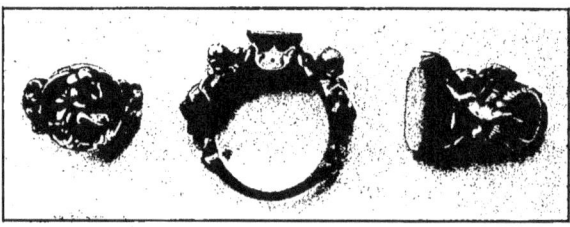

TROIS BAGUES CISELÉES
exécutées en 1844 par Froment-Meurice (modèles de Klagmann).

le concours, tels que MM. Jean Feuchères, Jules Cavelier, Rouillard, Justin, Vechte, Mulleret, Fannière, Sollier, Liénard, etc. Mais à ceux qui pourraient croire que le seul talent de Froment-Meurice était celui, déjà fort grand, de mettre en œuvre de pareils hommes, il suffira de rappeler, comme l'ont fait à plusieurs reprises les rapporteurs du jury, que la très grande majorité des œuvres sorties de ses ateliers avaient été non seulement conçues, mais entièrement composées par lui ; que, parmi les plus admirées, plusieurs avaient été sculptées, ciselées et terminées de ses propres mains. »

Si nous nous sommes un peu longuement étendu sur ce sujet et si nous avons cité textuellement des extraits — relativement courts — des longs articles publiés alors et qui sont des modèles de critique, c'est que, en 1855, alors que Froment-Meurice n'était plus là pour se défendre, Gustave Planche

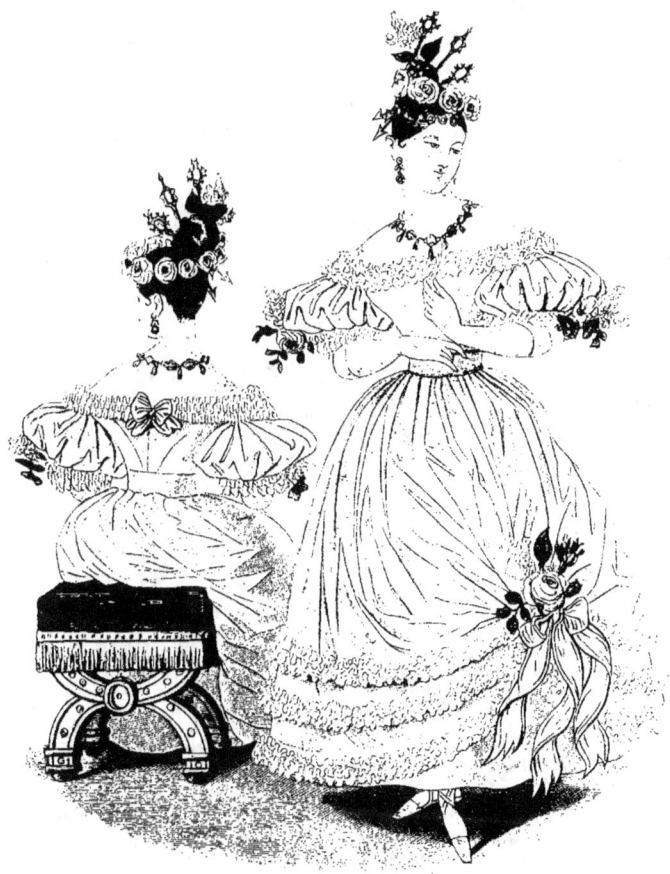

TOILETTE DE BAL (1830-1835).
« Flèches et pierreries » dans la coiffure, collier et boucles d'oreilles en topazes.

mena une campagne calomnieuse contre l'orfèvre, lui reprochant amèrement et avec une sévérité hautaine que rien ne justifiait, d'avoir signé de son nom des œuvres qui n'avaient été ni conçues, ni exécutées par lui, tandis que c'est le contraire qui avait eu lieu, en toutes circonstances, comme le prouvent les rapports officiels, et la protestation très digne et très convaincante que rédigea l'éminent sculpteur Auguste Préault, homme d'un talent original et d'une intégrité notoire, et que signèrent spontanément tous les collaborateurs de Froment-Meurice [1]. Paul Meurice réfuta d'ailleurs d'une façon péremptoire, dans la *Revue des Deux-Mondes*, ces allégations mensongères et malveillantes, et défendit victorieusement la mémoire de cet homme profondément bon, au cœur chaud et dévoué, dont la mort fut vivement

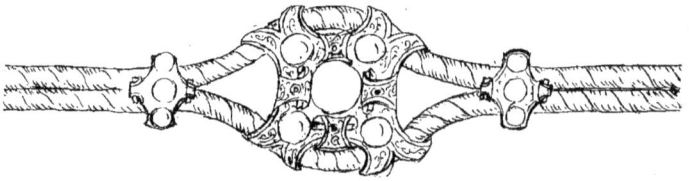

BRACELET CORDE, OR ET PERLES
(Archives de la maison Mellerio.)

ressentie par tous ceux qui l'avaient connu, admiré, aimé. Nous verrons plus loin comment furent heureusement dissipées les craintes que sa perte si prématurée, si inat-

[1]. Voici cette protestation, datée du 15 novembre 1855 : « Nous, soussignés, statuaires, sculpteurs, dessinateurs, ciseleurs, émailleurs, contre-maîtres et ouvriers, tous collaborateurs de M. Froment-Meurice, nous regardons comme un devoir et nous nous faisons une joie d'attester que, non seulement M. Froment-Meurice n'a, en aucun temps, négligé de nommer ceux qu'il associait à son œuvre, mais qu'il s'est toujours et partout attaché à marquer la part et à faire ressortir le mérite de chacun de nous dans le grand ensemble de travaux qu'il dirigeait.

Ont signé : MM. Auguste Préault, statuaire; Geoffroy Dechaumes; Fossin, dessinateur-sculpteur; Wiese; Jules Cavelier, statuaire; Mme veuve Feuchères (pour feu Jean Feuchères, statuaire); MM. A. Fannière, sculpteur; J. Fannière, ciseleur; P. Rouillard, sculpteur; Jacquemart; Liénard, dessinateur-sculpteur; Soitoux, sculpteur; Mulleret, ciseleur; Rambert, dessinateur-graveur; Riester, dessinateur et graveur d'ornement; Sollier, émailleur; Lefournier, émailleur; Honoré; Grisée, émailleur; Babeur; Colter; Meyer; Daubergue, ciseleur; Poux, ciseleur; Crosville, orfèvre; Frémonteil, orfèvre; Justin.

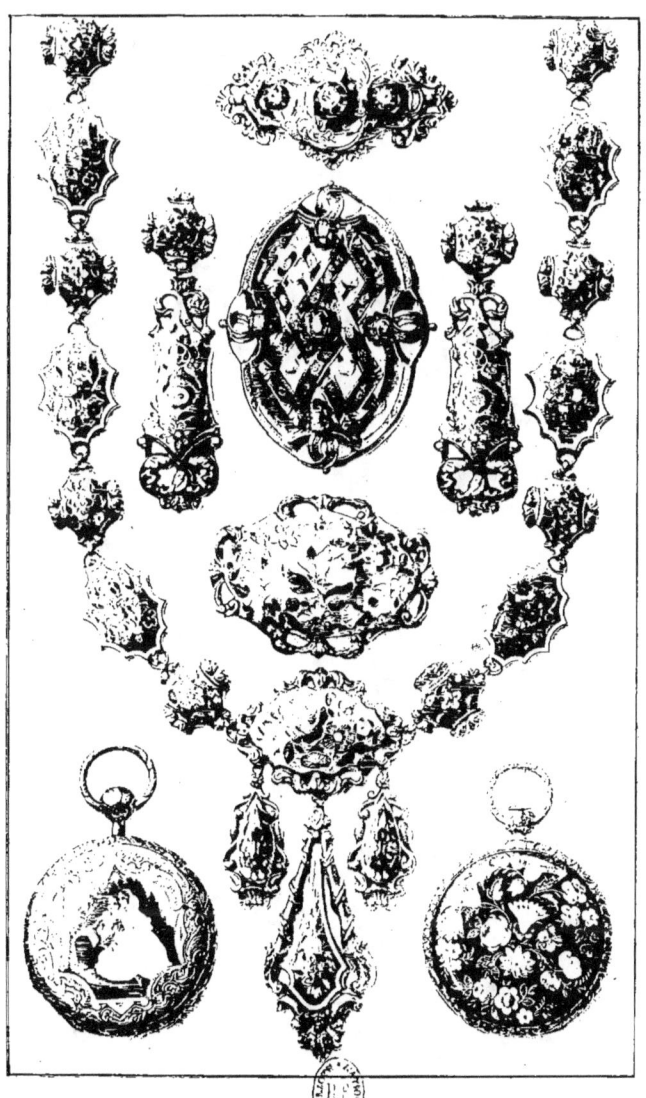

BIJOUX EN OR ÉMAILLÉ.
(Louis-Philippe.)

tendue, avaient pu faire naître un instant, relativement à l'avenir de sa maison que dirige encore aujourd'hui son digne fils.

C'est également sous le règne de Louis-Philippe que commence à attirer l'attention du public un nom qui devait devenir justement célèbre plus tard, celui de Christofle.

Charles Christofle (1805-1863) appartenait à une riche famille lyonnaise, qui possédait une importante manufac-

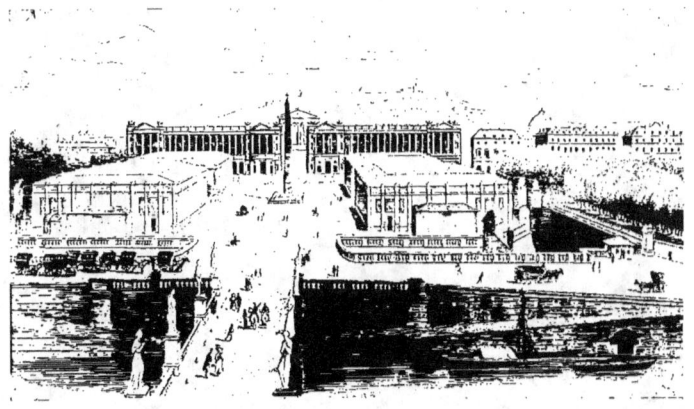

« VUE GÉNÉRALE DES QUATRE BATIMENS
DE L'EXPOSITION DE L'INDUSTRIE EN 1834, SUR LA PLACE LOUIS XV. »
(L'obélisque qui y est représenté n'est pas celui de Louqsor,
qui n'y fut placé qu'en 1836.)

ture de soieries, et qui fut ruinée à la suite de l'invasion de 1814. Christofle, encore très jeune, dut interrompre les études qu'il faisait au collège Sainte-Barbe et apprendre un métier; c'est ainsi qu'il entra dans la maison de bijouterie que Calmette, son beau-frère, avait fondée en 1812. Après y être resté comme apprenti pendant trois ans, et comme ouvrier pendant un an, il devint, dès 1825, l'associé de son beau-frère. En 1831, il dirigeait seul la maison[1], avec un

---

1. Christofle (Charles), beau-frère et successeur de Calmette, rue Montmartre, 76. Fabrique de joaillerie et bijouterie pour la France et l'étranger (*Azur*, 1832).

succès qui lui valut la médaille d'or à l'Exposition de 1839, comme fabricant de joaillerie et de bijouterie. Il adjoignit à la fabrication habituelle de la maison Calmette celle de fleurs, de papillons, d'oiseaux, qui eurent beaucoup de succès, ainsi qu'une certaine spécialité de filigranes d'or et d'argent et de tissus métalliques formant des sortes de

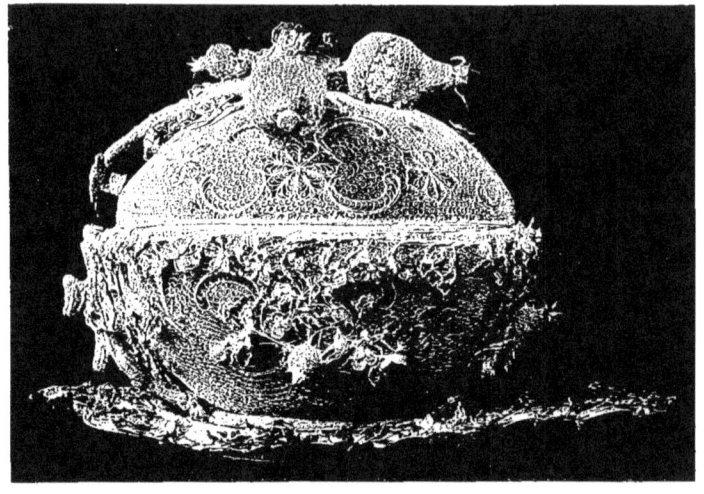

CORBEILLE EN FILIGRANE D'ARGENT.
Spécimen des travaux de Charles Christofle à l'Exposition de 1839.
(Appartient à M. Paul Christofle.)

passementeries pour épaulettes, articles dont la plus grande partie était destinée à l'exportation.

Plus tard, sans renoncer à la bijouterie, il se mit à fabriquer beaucoup de joaillerie et, en 1844, il exposait une parure complète en brillants, des bouquets, des colliers de pierres de couleur et de diamants sertis dans l'or, conçus et exécutés en vue de l'effet, puisqu'ils étaient en grande partie destinés à l'exportation. Le rapport officiel ajoute : « une guirlande en or de couleur, des parures de divers genres, des bracelets tant en filigrane qu'en or ciselé, un grand nombre de boucles d'oreilles et des fleurs pour la tête avec ornements en pierres de couleur, etc. » C'est en 1844 que,

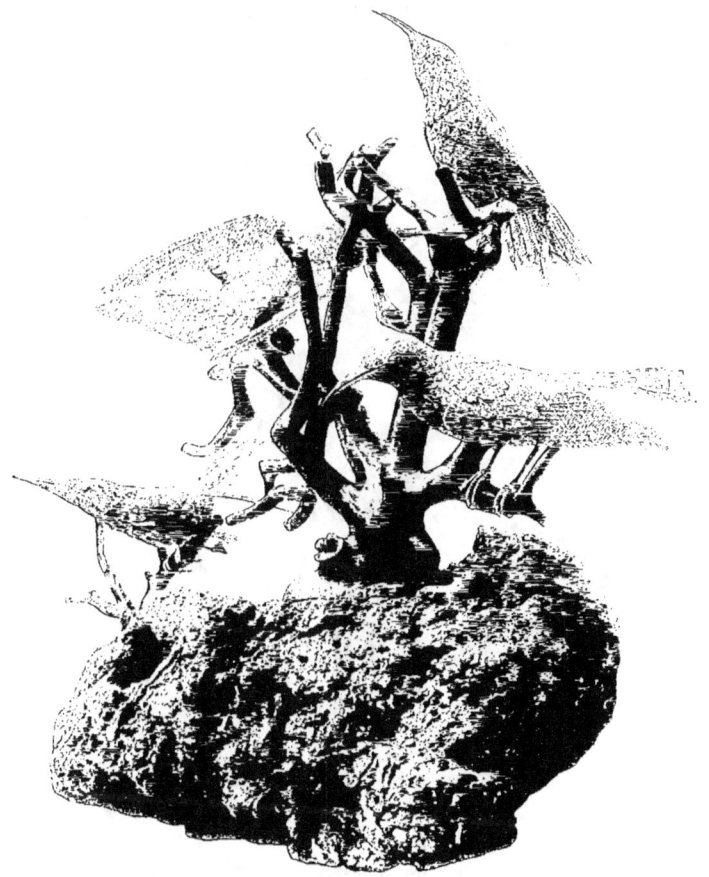

OISEAUX EN FILIGRANE D'ARGENT SUR UNE BRANCHE DE CORAIL.
Spécimen des travaux de bijouterie de Charles Christofle, à l'Exposition de 1839.
(Appartient à M. Paul Christofle.)

pour la première fois, les produits argentés et dorés par les procédés électro-chimiques apparurent à une exposition nationale. Le jury, frappé de l'importance que Christofle avait donné à ces opérations et des résultats obtenus déjà, lui décerne une médaille d'or. La croix de la Légion d'honneur fut bientôt la juste récompense de ses travaux. Christofle sut donner à sa maison une extension considérable, puisqu'au lieu de 100.000 francs d'affaires qu'elle

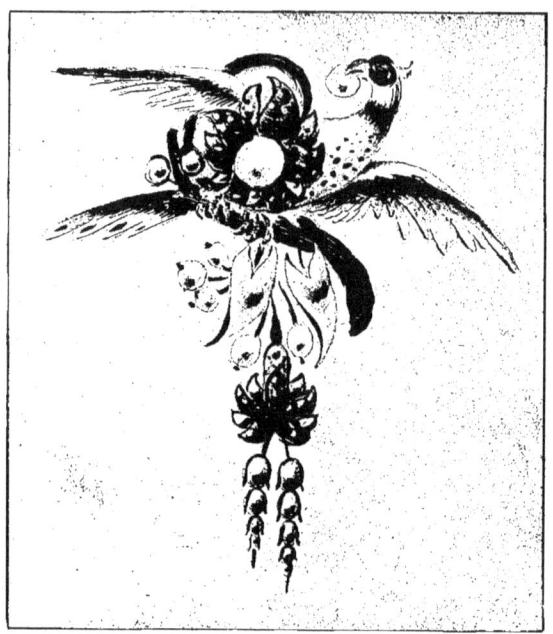

BROCHE OISEAU EN ÉMAIL, AVEC PIERRERIES.
(Archives de la maison Rouvenat-Després.)

faisait du temps de son prédécesseur, elle atteignit rapidement le chiffre de deux millions de francs sous sa direction. Chacun sait comment Christofle, ayant compris et presque deviné le grand avenir industriel de la galvanoplastie, alors à son aurore, se rendit acquéreur, dès 1841, des brevets d'Elkington et de Ruolz, et, grâce à son énergie et à sa ténacité, parvint, après une rude période de sacri-

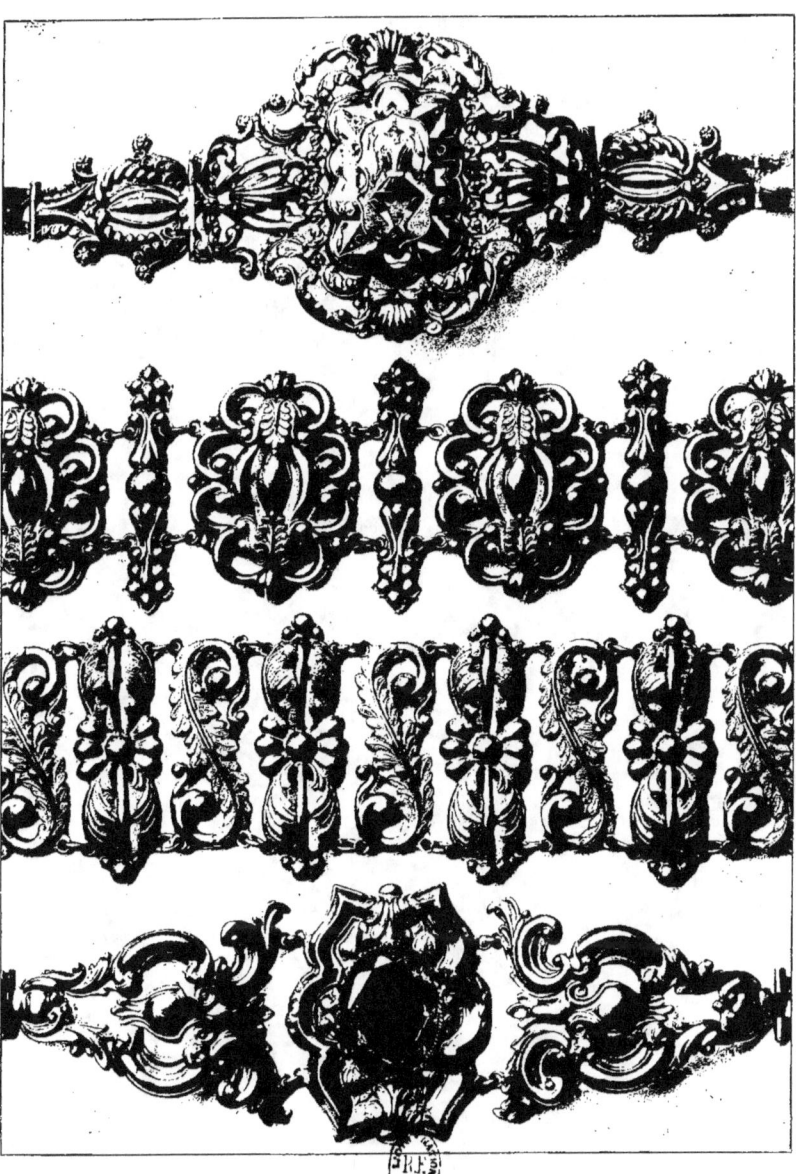

BRACELETS ESTAMPÉS.
(Spécimens de fabrication courante du temps de Louis-Philippe.)

fices et de luttes, à fonder cette imposante fabrique d'or-

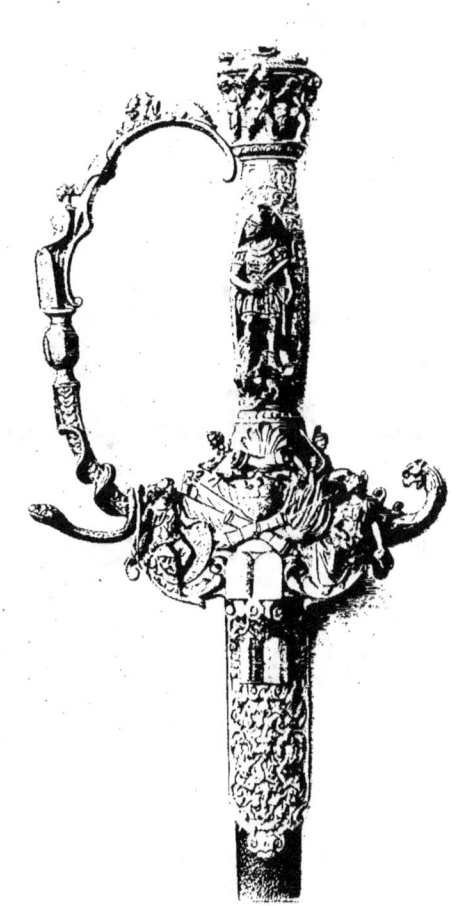

ÉPÉE OFFERTE PAR LE CONGRÈS DE LA NOUVELLE GRENADE
AU GÉNÉRAL THOMAS CIPRIANO DE MOSQUERA
exécutée vers 1848 par Christofle et Rouvenat, alors rue de Bondy, 52.
(Exposition Universelle de Londres, 1851. Exposition Centennale de l'Art français, 1900.

fèvrerie qui a fait connaître son nom dans le monde entier.

Afin de se consacrer exclusivement à l'exploitation des procédés électro-chimiques, Christofle abandonna, en 1849, la direction de sa maison de joaillerie. Parmi ses apprentis bijoutiers, il avait depuis longtemps distingué un jeune homme nommé Léon Rouvenat, qui se faisait remarquer par son intelligence et son activité et qui, ouvrier en 1830, devint bientôt un des meilleurs commis de la maison. C'était un auxiliaire habile et dévoué ; c'est pourquoi Charles

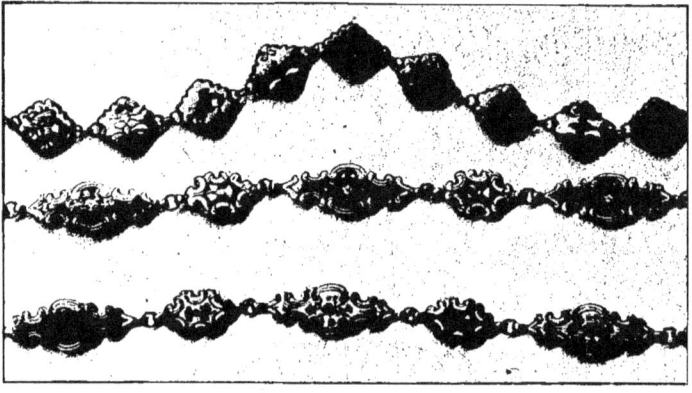

GRANDES CHAÎNES-SAUTOIRS A MAILLONS D'ÉMAIL.
(Moitié de la dimension de l'original.)

Christofle n'hésita pas à lui donner en mariage sa propre nièce, fille d'Isidore Christofle, fabricant de boutons. Ce neveu par alliance devint son associé[1], puis lui succéda en 1849. Léon Rouvenat (1809-1874) continua alors à diriger seul la maison pour laquelle il était depuis longtemps un collaborateur précieux, et qui menait de front deux genres connexes : les articles de bijouterie, de joaillerie fine, pour Paris, et les mêmes objets, d'une fabrication moins soignée et moins chère, pour l'exportation. Il exécuta aussi, vers cette époque, des pièces importantes pour les pays de

1. Christofle (Charles) et Rouvenat-Christofle, rue de Bondy, 52. Fabrique de joaillerie et bijouterie pour la France et l'étranger (*Ajur,* 1845).

l'Amérique du Sud, pour le Pérou, la Colombie et le Vénézuela : épées d'honneur, couronnes et attributs souverains

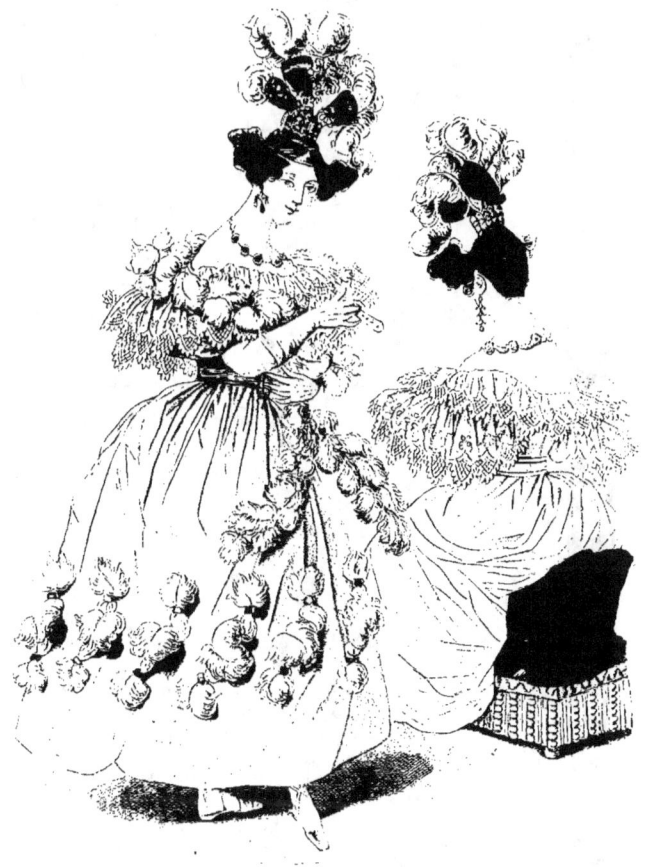

TOILETTE DE SOIRÉE (1830-1835).
Colliers, pendants d'oreilles, ferronnière, nombreux bijoux dans les cheveux, boucle de ceinture.

en or garnis de diamants. L. Rouvenat occupait alors dans ses ateliers plus de 80 ouvriers. Son frère, Auguste Rouvenat, et son gendre, Ch. Lourdel, tinrent aussi une place considé-

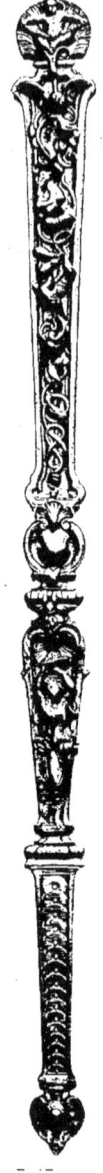

BRANCHE D'ÉVENTAIL,
par Rudolphi.
Composit. de Klagmann.

rable dans cette maison, comme nous aurons l'occasion de le dire plus loin.

En parlant de Wagner[1], nous avons dit qu'à la mort de cet artiste bijoutier, Rudolphi, son élève, lui avait succédé, et qu'il s'était montré digne de son maître, bien qu'il fût de talent moindre. Rudolphi[2] excellait à adapter à la décoration d'objets et de bijoux modernes les différents styles qu'il savait appliquer avec beaucoup d'ingéniosité, évitant le double écueil de les imiter servilement ou de leur faire perdre leur caractère propre. Il exposa à Paris une première fois en 1844, puis en 1849[3].

A Londres, en 1851, son succès fut considérable. La variété des objets qu'il présenta était très grande. Parmi les bijoux proprement dits, le Duc de Luynes signale dans son rapport : un bracelet en argent oxydé, représentant la lutte de trois enfants se disputant des oiseaux que l'un d'eux emporte : ce modèle, qui figurait en 1900 à l'Exposition

[1]. Mention et Wagner, rue du Mail, 1, anciennement passage du Saumon. Joailliers-bijoutiers brevetés pour la fabrication de la bijouterie *niellée,* dont ils ont obtenu la médaille d'or de la Société d'Encouragement. Vendent et achètent toutes sortes de pierres brutes et taillées, font le commerce de diamants et pierres fines; fabrique de tabatières russes (*Azur,* 1833).

[2]. Ses ateliers étaient situés rue du Mail, n° 11.

[3]. « M. Rudolphi traite avec un soin particulier les bijoux *à sujets,* bracelets, broches, châtelaines, bagues, boutons, épingles, ainsi que la bijouterie émaillée. Ses pommes de cannes, cachets, poignards, presse-papiers, sculptés par MM. Geoffroy de Chaumes, Caïn, etc., sont d'un fini d'exécution qui égale celui des grandes pièces d'orfèvrerie et mettent de véritables objets d'art à la disposition des fortunes les plus modestes. Avec des ouvriers tels que MM. Édouard Verraux et Magnus, orfèvres, Jules et Alexandre Plouin, graveurs, Dollbergen, Cleff et Douy, ciseleurs, il peut tout entreprendre. » (Rapport officiel du Vicomte Héricart de Thury sur l'Exposition de 1849.)

centennale et dont nous avons la bonne fortune de pouvoir donner ici une reproduction, était dû à M. Leroy, élève de Rudolphi, âgé de dix-huit ans, et qui promettait d'être un artiste habile. Un autre bracelet en argent oxydé était orné de deux amours se jouant dans des ceps de vigne et soutenant un saphir, avec quatre perles serties dans des griffes, très finement ciselées et de bon goût. Un petit groupe de deux gentilshommes, à pourpoint

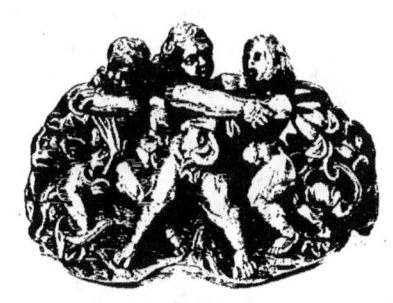

BRACELET EN ARGENT OXYDÉ
par Rudolphi, d'après un modèle de son élève Leroy.
(Exposition de Londres, 1851.
Exposition Centennale de l'Art français, 1900.)

en perles baroques, se battant en duel à l'épée et au poignard, était d'un joli mouvement, d'un caractère exact et d'une très heureuse création. Ce groupe servait de presse-papier. Le jury signalait encore, parmi d'autres objets... « un charmant coffret ovale, dont le couvercle était orné d'une femme couchée sur une panthère, le tout en argent, d'après un modèle de M. Geoffroy de Chaumes; un guéridon tout en argent fondu, composé d'un plat creux au fond duquel était une naïade de face, entourée de tritons et de néréides avec Hylas et une nymphe; la gouttière et le bord étaient ornés de

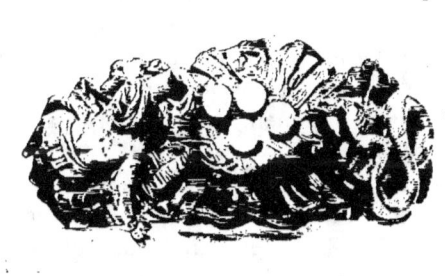

BRACELET EN ARGENT CISELÉ
(ÉPOQUE ROMANTIQUE).

têtes d'oiseaux et de feuillages, d'après les modèles de feu Wagner ; le fût, composé pour supporter le guéridon, était formé d'une tige de roseau et de feuillages ornés d'un martin-pêcheur; sur les trois pieds, on voyait le nid de l'oiseau attaqué par un rat et des enfants bacchants, ivres, d'après le modèle de M. Geoffroy de Chaumes et ciselés par M. Poux...»

Cette longue description d'une des pièces que l'on admirait le plus alors nous montre combien la mode a changé depuis cette époque. Quel orfèvre-bijoutier essaierait, aujourd'hui, de faire un *guéridon*, d'abord, et de réunir ensuite sur ce seul objet une accumulation de motifs aussi inutilement compliqués: naïades, tritons, néréides, nymphes, Hylas en personne, et enfin toute une scène supplémentaire dans le pied : fleurs, oiseaux, rat, avec des enfants ivres pour compléter le tout! D'ailleurs, nous l'avons dit, les nids d'oiseaux avec œufs en perles ou en argent ont joué dans toute la bijouterie d'alors un rôle considérable.

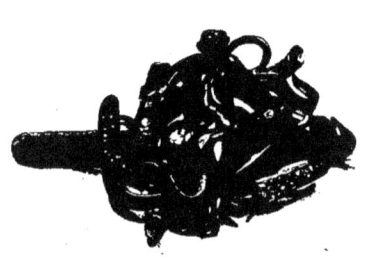

ENLÈVEMENT D'UNE NAÏADE
BRACELET EN ARGENT CISELÉ,
AVEC PIERRERIES.
(Exposition Centennale de 1900.)

La dernière Exposition à laquelle Rudolphi prit part fut celle de Londres, en 1862.

Un autre bijoutier intéressant, dont il convient de retenir le nom, est Dafrique, qui fit son apprentissage chez Papegay-Lorrain, Vandrimer et Couilli, auxquels il a rendu d'importants services par les inventions qu'il leur a proposées et qu'ils ont adoptées pour leur plus grand profit[1]. Son esprit inventif créa des modèles de chaînes riches et ornées qui remplacèrent avantageusement l'éternelle chaîne-jaseron,

1. Rapport officiel de l'Exposition de 1844.

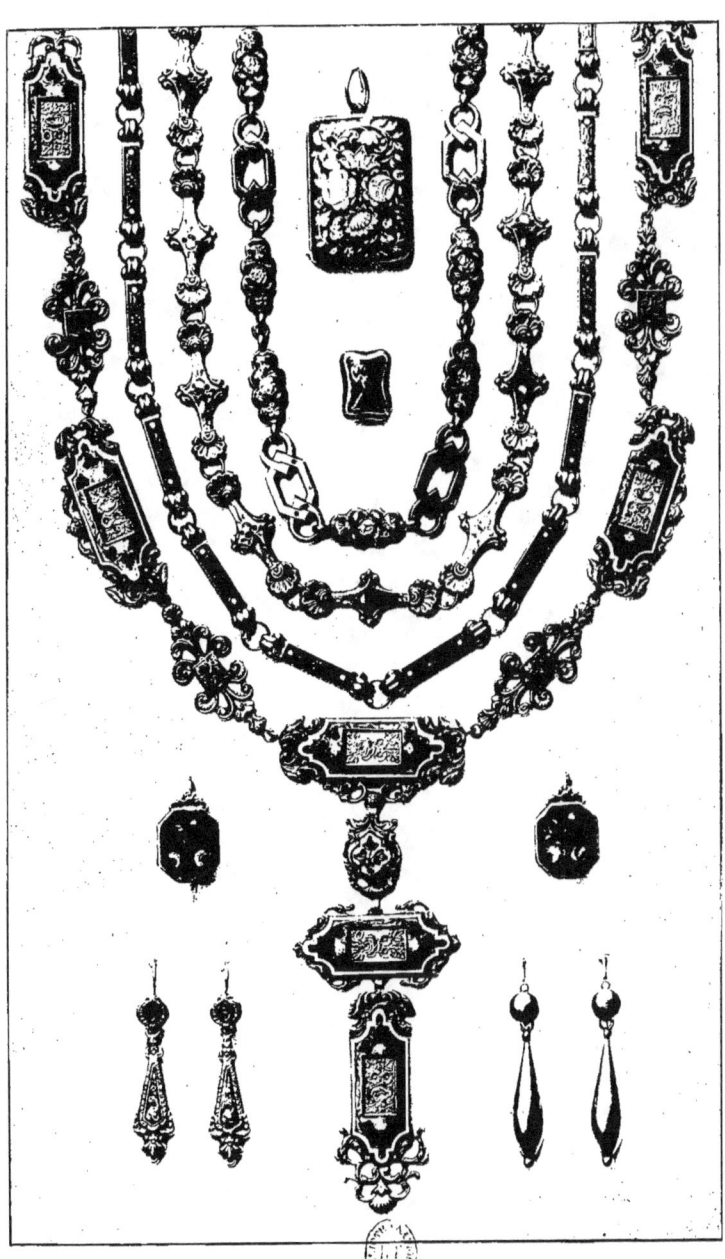

COLLIER-CHATELAINE, CHAINES SAUTOIRS, PENDANTS D'OREILLES
BOUTONS DE CHEMISE, MÉDAILLON.

qui, seule ou à peu près, se faisait avant lui. Il s'adonna

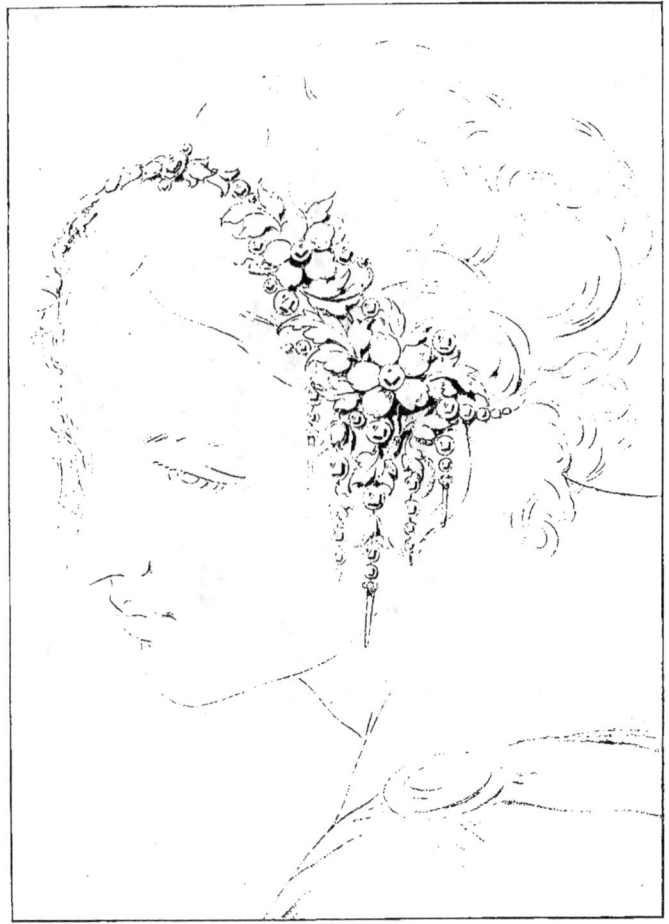

COIFFURE EN JOAILLERIE (1845-1850).

ensuite avec succès aux émaux appliqués à la bijouterie et, en 1839, il exécuta dans ce genre de travail, pour lequel Gay-Lussac lui avait donné des conseils techniques, un collier en or et émaux, commandé par la reine Marie-Amélie. Dessinateur distingué, toujours à la recherche d'inventions et d'applications nouvelles, il ne se contentait pas de fabriquer de belle bijouterie d'or, des chaînes de toute espèce, des bracelets et des colliers, mais il perfectionna la mise en

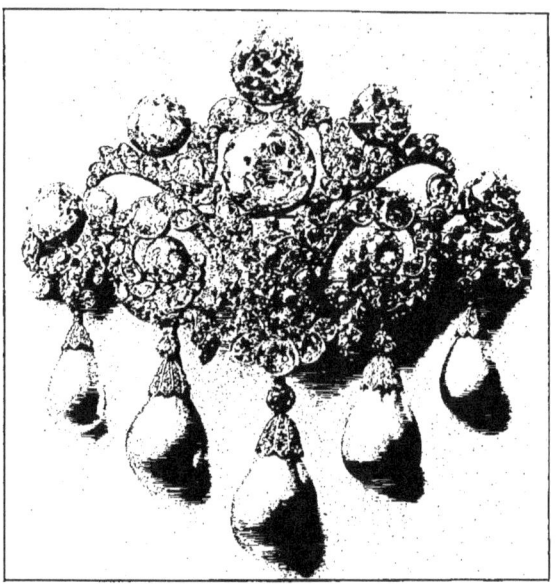

BROCHE PERLES ET BRILLANTS
exécutée par Bapst pour la famille d'Orléans (1835).

œuvre de la passementerie d'or et de la dentelle d'or simple ou à riches dessins, dont il exposa en 1844[1] un curieux spécimen. Sa fabrique de bijouterie et de joaillerie comptait parmi les principales de Paris : elle se distinguait par le bon

1. Dafrique, rue Jean-Jacques-Rousseau, 8, ci-devant rue Saint-Martin, 103, obtint en 1844 une médaille d'argent. Il avait obtenu une médaille de bronze en 1839. « Fabrique chaînes, sautoirs, chaînes pour parures, cordons de montres, chaînes de gilet émail et pierre, chaînes d'homme de tous modèles, brunis, émaillés, polis, mats ; gourmettes, etc.; parure odalisque, dentelle tout or et bijouterie en tous genres, imitant la passementerie. On trouve chez lui beaucoup de nouveaux modèles. Il fait aussi le genre anglais. »

choix de ses modèles et le précieux fini de ses produits, que la bijouterie fausse imitait dès leur apparition dans le commerce. Dafrique occupait 70 ouvriers, employait annuellement de 200.000 à 300.000 francs d'or et d'argent,

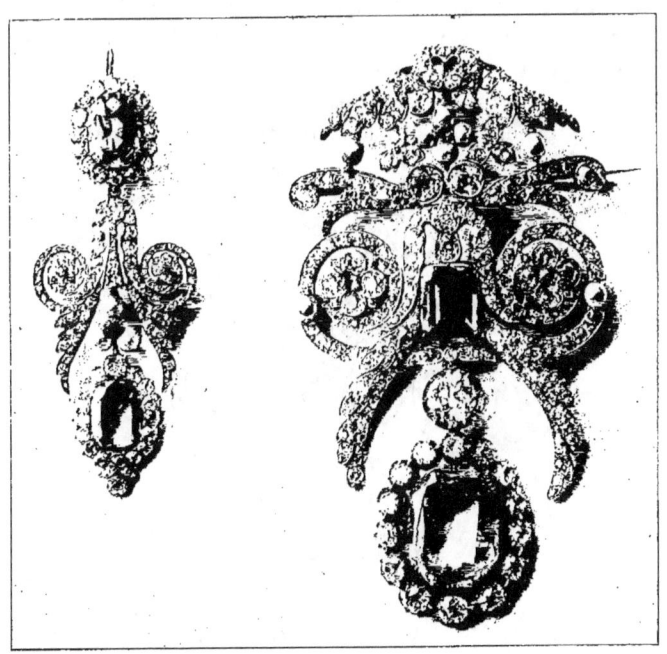

PARURE AVEC SAPHIRS
exécutée par Bapst pour la famille d'Orléans (1846).

fabriquait pour 500.000 francs de bijoux, dont les trois cinquièmes étaient destinés à l'exportation. C'est lui qui eut, plus tard, la spécialité d'appliquer sur des camées de petites ornementations de joaillerie et d'émail ingénieusement rapportées, avec lesquelles on fit des parures dites « camées animés ». On « habilla » ainsi, de préférence, des têtes de négresses, en y ajoutant des résilles, des colliers, des pendants d'oreilles minuscules sertis de roses et de rubis, qui se détachaient sur la couleur sombre du camée. Petiteau se fit également une réputation dans ce même genre de travail.

Benoît Marrel était, lui aussi, un excellent dessinateur ; après avoir travaillé longtemps comme simple ciseleur chez un bijoutier-joaillier dont je n'ai pu découvrir le nom, il s'associa avec son frère, et les deux Marrel fondèrent ensemble[1] une maison, où, sans l'assistance de collaborateurs pris au dehors, ils produisirent des ouvrages de premier ordre, si bien que, dès leur première exposition, en 1839,

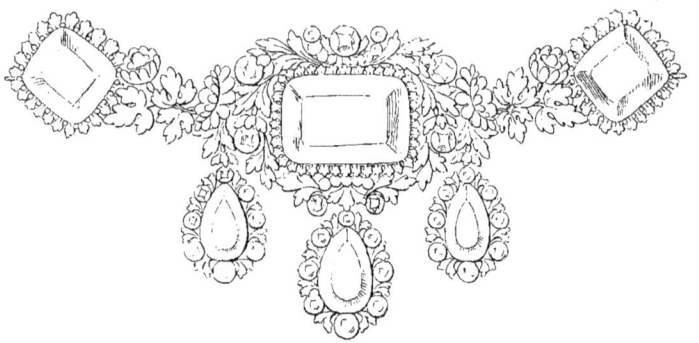

DEVANT DE CORSAGE JOAILLERIE ET ÉMERAUDES.
(Grandeur de l'original, 0^m18⁵.)

ils obtinrent une médaille d'or. Ils fabriquaient des objets de nature très diverse[2], mais supérieurement traités : buires, coupes, aiguières, gobelets, dans le goût des belles œuvres des xve et xvie siècles, ainsi que dans le genre vénitien, florentin et oriental, enrichis de pierres fines, de nielles, d'arabesques émaillées, petits vases, objets de bureau, flacons à odeurs, tabatières et boîtes, sans en excepter les belles pièces de bijouterie et de joaillerie, d'une grande richesse et d'une grande variété. A l'Exposition de Londres,

---

1. Marrel, rue Neuve-des-Petits-Champs, 31. Le bijou fantaisie et la chaîne émaillée (*Azur*, 1833). — Marrel frères, rue des Moulins, 23. Fabrique de bijouterie, joaillerie, orfèvrerie, objets d'arts, leur magasin rue de Choiseul, 27. Médaille d'or en 1839 (*Azur*, 1847).

2. L'un des frères Marrel s'était même occupé de vitraux d'église.

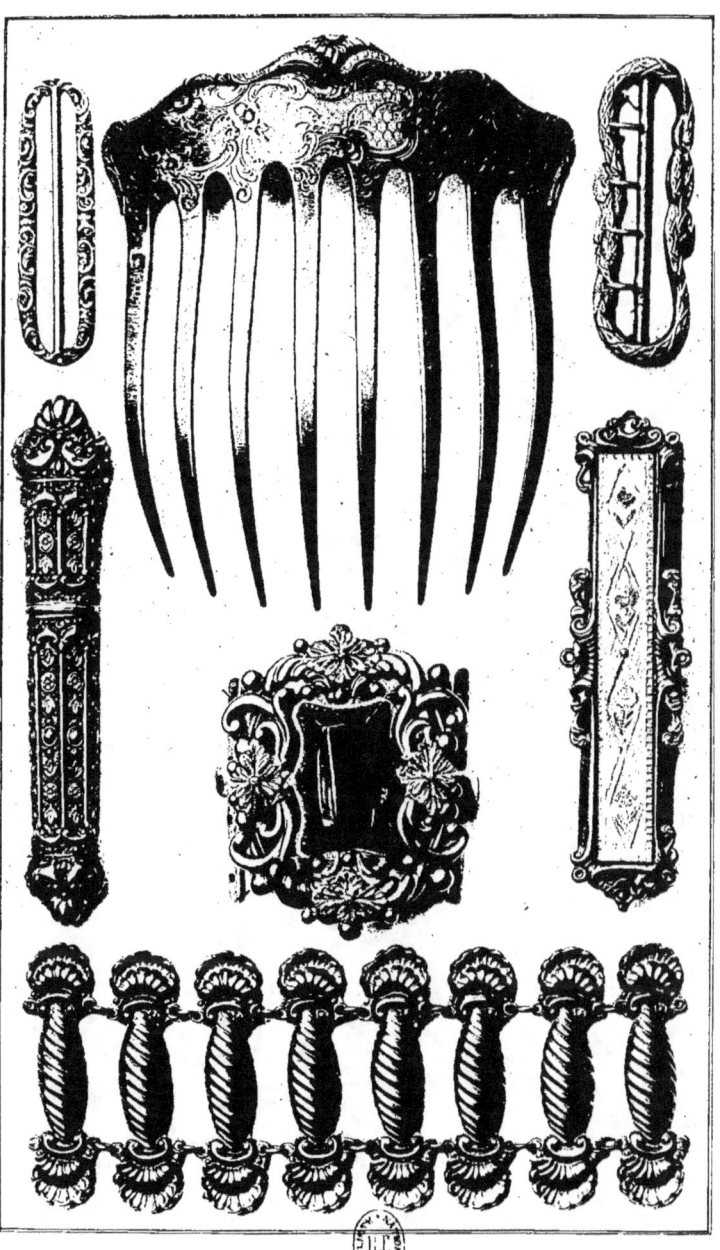

BIJOUX DE FABRICATION COURANTE (ÉPOQUE LOUIS-PHILIPPE).

en 1851, ils exposèrent, entre autres pièces, un grand vase dans le style du xvIIIe siècle, orné sur ses deux flancs du combat des Grecs contre les Amazones, et qui avait été commandé par la Reine Marie-Amélie pour le Duc d'Aumale. MM. Marrel n'avaient guère d'autres rivaux que Morel et Froment-Meurice.

Parmi les principaux joailliers de cette époque, nous retrouvons Bapst, qui est toujours resté joaillier de la Couronne, comme il l'avait été à la fin de l'ancienne Monarchie et sous la Restauration. Toutefois, cette fonction était devenue pour ainsi dire une sinécure, car, pendant le règne de Louis-Philippe, ni le Roi ni la Reine Amélie ne voulurent porter aucun des joyaux du Trésor. Le « Roi des Français » voulait-il ménager les susceptibilités de cette branche directe, souche des Rois de

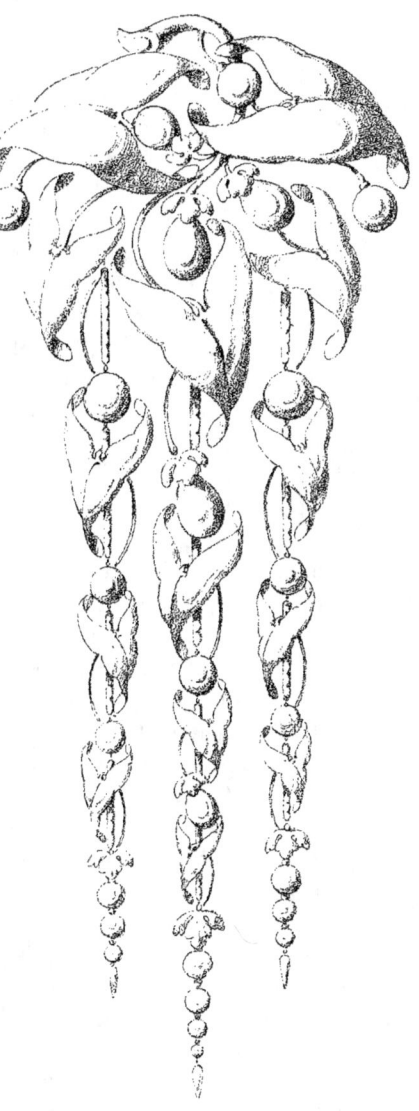

BROCHE
exécutée par Bapst vers 1840-1850.

France » ? Cherchait-il à accentuer le caractère bourgeois de sa personnalité, auquel il semblait tenir ? Les deux suppositions sont également vraisemblables. Toujours est-il que c'est seulement lors de l'avènement de Napoléon III que les fameuses gemmes revirent le jour. Nous en reparlerons plus loin.

Mais si le joaillier de la Couronne n'eut pas, sous la Monarchie de Juillet, l'occasion de remonter les précieux diamants, il en avait du moins la garde, et cette charge lui valut des émotions d'une autre nature que celles que nous avons rapportées lors du sacre de Charles X, non moins vives assurément et peut-être plus justifiées. En voici le récit, d'après les indications que nous a données M. Paul Bapst.

Depuis longtemps, afin d'éviter les allées et venues, et pour la commodité de l'entretien, des modifications ou de la réfection des montures, c'est dans la maison du joaillier de la Couronne que les diamants étaient déposés et gardés. Aussi y avait-il en permanence, au domicile de M. Bapst, situé alors quai de l'École, n° 30, un petit poste de Suisses placé, ainsi que son chef, sous les ordres directs du joaillier. En 1830, pendant les journées de Juillet, au moment où les insurgés s'apprêtaient à forcer l'entrée du Louvre, du côté de la Colonnade, ce poste fut investi par la populace. MM. Constant et Charles Bapst étaient peu rassurés sur l'issue de cette aventure; heureusement que, dès le matin, en raison des événements, ils avaient revêtu leur uniforme de garde national. Sous ce costume, bien vu des émeutiers, ils purent commencer à parlementer. L'un des deux joailliers se fit même passer pour un ancien combattant des guerres de l'Empire et fut acclamé par ses auditeurs ; il parvint à leur persuader qu'ils n'avaient qu'à se retirer, les joyaux n'étant plus chez lui, ce que prouvait du reste péremptoirement l'absence de tout soldat dans le poste. Inutile d'ajouter que, dès la première alerte, ceux-ci étaient rentrés sur les indications de MM. Bapst, qui leur avaient fait à la hâte échanger leurs uniformes compromettants contre des vêtements civils plus ou moins ajustés à leur taille, et les avaient fait filer par

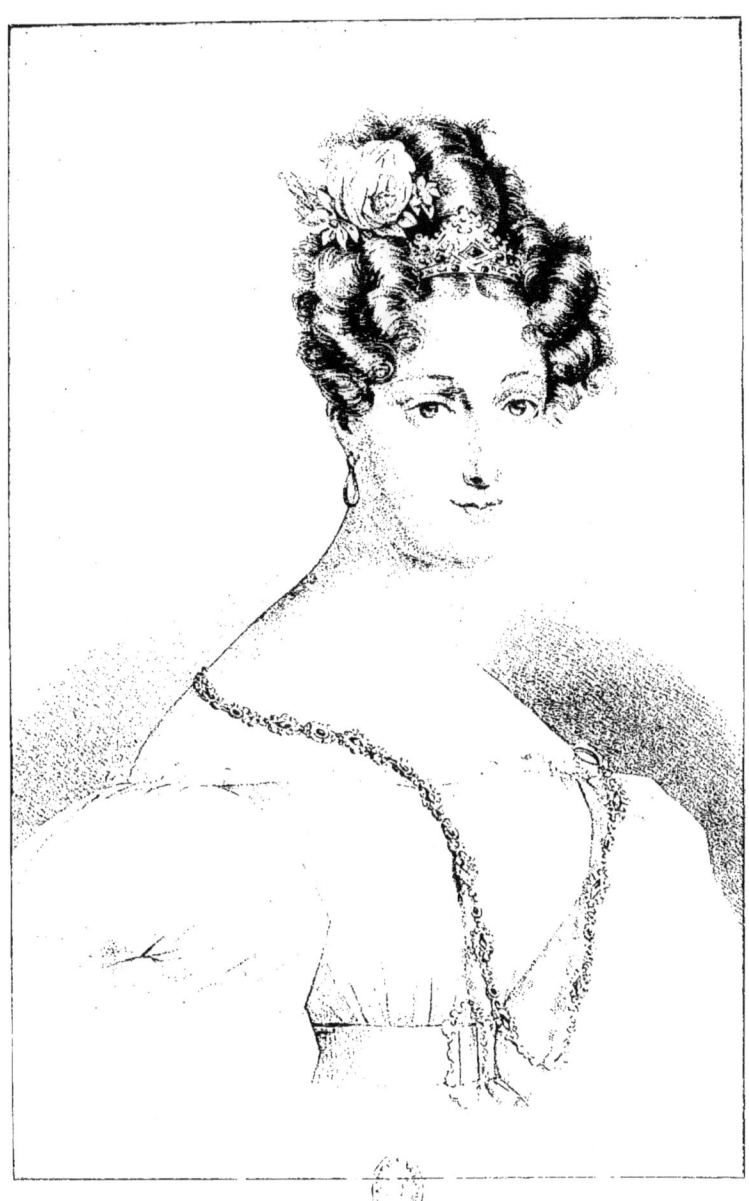

LA PRINCESSE MARIE D'ORLÉANS, NÉE LE 3 AVRIL, 1812.
Lithographie de Villain.
Peigne de front or et pierres, pendants d'oreilles, grande chaîne sautoir, boucle de ceinture or ciselé.

une porte dérobée donnant sur le cloître de Saint-Germain-l'Auxerrois. La foule dissipée, MM. Bapst firent passer les joyaux de leurs magasins du rez-de-chaussée, protégés cependant par de solides barreaux en fer, dans leur appartement particulier, situé à l'étage supérieur. C'est ainsi qu'ils furent sauvés. Dès le lendemain, ils s'empressèrent de les porter au Louvre, dans les locaux de la Liste civile, situés à l'intérieur de la cour des Tuileries, où ils restèrent inutilisés plus de vingt ans. Mais si Louis-Philippe ne voulut jamais utiliser les Diamants de la Couronne, il donna du moins à Bapst, en maintes circonstances, de nombreuses et importantes commandes et fit de lui le fournisseur habituel des membres de sa famille. D'ailleurs, depuis longtemps, la noblesse avait l'habitude de s'adresser à Bapst chaque fois qu'elle voulait faire monter les vieilles pierres de famille dans des parures riches et nouvelles, bien que conformes toujours aux anciennes traditions.

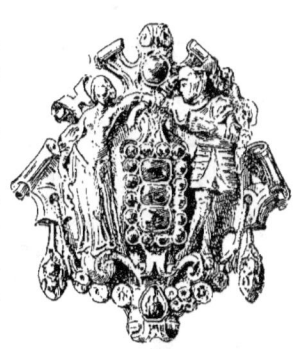

BROCHE ROMANTIQUE
par Robin père, vers 1835.

Lorsque nous avons passé en revue les principaux bijoutiers de la Restauration, nous n'avons parlé, avec quelques détails, que de ceux qui occupaient, à cette époque, les premiers rangs dans la corporation. Nous allons maintenant revenir avec plus de développements sur certains, que nous avions simplement cités et qui, ayant par la suite donné plus d'extension à leur maison, ont apporté dans la fabrication une note intéressante et personnelle.

De ce nombre est Jean-Paul Robin (1797-1869), le père de notre sympathique confrère actuel, qui porte également le prénom de Paul.

Tout jeune, Jean-Paul Robin manifesta le désir d'être bijoutier, et cette vocation précoce, partagée, du reste, par ses deux frères puînés, s'explique naturellement, puisque leurs parents exerçaient déjà tous deux cette profession. En effet, Denis Robin, leur père, s'était établi, vers 1790, dans le quartier du Marais; il avait épousé Mlle Joureau, commerçante en pierres fines[1], dont il eut plusieurs enfants : l'aîné, Jean-Paul Robin, est celui dont nous parlons; Aristide[2], le cadet, fut ouvrier dans la maison Carré, qu'il acquit et qu'il continua à exploiter sous le nom de sa mère, sans doute pour éviter toute confusion entre sa maison et celle de son frère; le dernier fils, Richard, d'abord fabricant bijoutier, devint négociant en pierres et perles fines et avait adopté le nom de Joureau-Robin[3].

Jean-Paul Robin fut d'abord mis en apprentissage pour trois

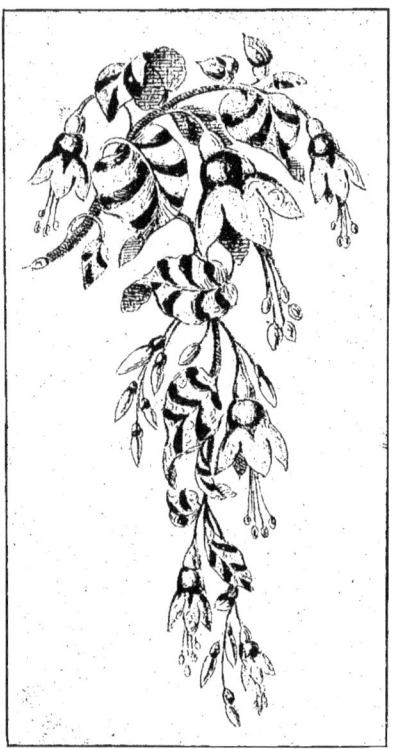

BROCHE FUCHSIA,
JOAILLERIE REHAUSSÉE D'ÉMAUX.
(Archives de la maison Paul Robin.)

1. Mme Robin, rue Saint-Martin, 51 : pierres, perles, coques, ambre, coraux et coralines (*Azur*, 1823).
2. Joureau (Aristide), joaillier-bijoutier, successeur de Carré, Palais-Royal, 167. C'est ce Joureau qui fut le prédécesseur d'Alexis Falize.
3. Joureau-Robin, rue Richelieu, 103, entrée rue d'Amboise, 1. C'était un homme superbe; il se maria en premières noces avec Mlle Bernard, fille du fabricant de bronzes, qui était elle-même d'une rare beauté, et ils formèrent ainsi un couple idéal dont le souvenir nous a été transmis. Mme Héger, l'enfileuse de perles bien connue, était leur sœur (Héger, bijou-

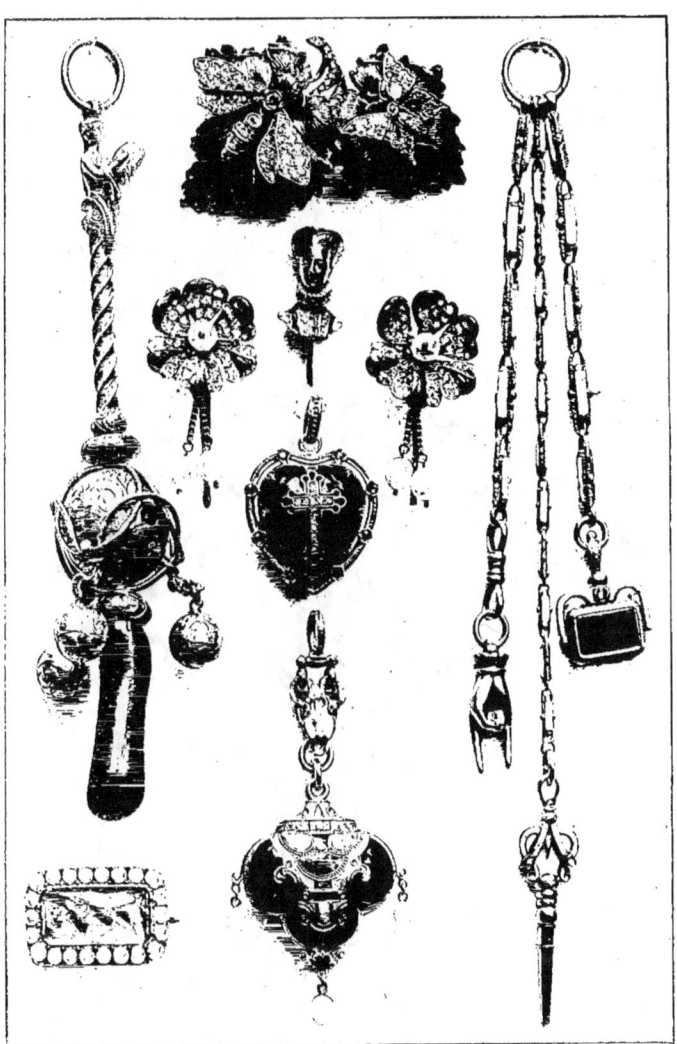

BIJOUX DIVERS, PAR J.-PAUL ROBIN PÈRE.

Hochet en vermeil, à manche de corail, exécuté en 1842. — Broche feuilles émail vert avec papillons joaillerie (1845). — Deux épingles fleurs, boutons émail et perles (1840). — Un breloquet avec chaine à maillons d'émail bleu (1845). — Un médaillon-cassolette avec perles, jaspes et pierres dures (1840) (la lapidairerie a été faite par Morel père).

ans (le 1er mars 1811), chez Simon Petiteau, joaillier-bijoutier ; le contrat fixait à huit cents francs, pour les trois ans, la somme que devait toucher Petiteau, y compris les frais de logement et de nourriture. Robin entra ensuite dans un modeste atelier de la rue Sainte-Avoye, chez le père Tatout, dont le fils, aujourd'hui âgé de quatre-vingt-onze ans bien sonnés et vaillamment portés, fut à son tour ouvrier chez Jean-Paul Robin père, pendant plus de trente ans.

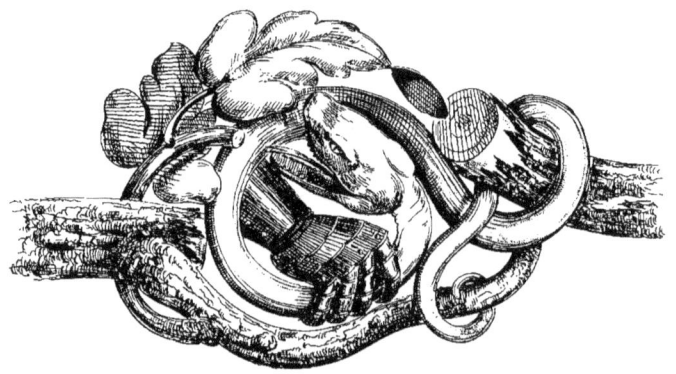

BRACELET AVEC SERPENT, OR, ÉMAIL ET PIERRES.
Composition de E. Goesin (1849).
(Archives de la maison Paul Robin.)

Il m'a confirmé, de vive voix, certains des renseignements qui figurent dans cette étude.

Mais Robin avait passé son enfance dans cette atmosphère fiévreuse et enthousiaste des premières années de l'Empire, pendant lesquelles le bourdon de Notre-Dame et le canon des Invalides avaient tant célébré de victoires. Aussi, quand vint l'heure des désastres, lorsque, après la campagne de Russie, la France se trouva menacée, notre jeune homme,

---

tier, rue Richelieu, 26 ; son épouse fait les masses de perles fines, monte les colliers. — *Azur*, 1833).

La seconde fille de M. Bernard épousa Hippolyte Nathan, le joaillier.

Joureau-Robin fut plus tard, pendant de longues années, le voisin de campagne de Baugrand père, lorsque celui-ci se fut retiré à Auteuil.

à peine âgé de dix-sept ans, n'hésita-t-il pas à s'engager. On l'incorpora immédiatement dans les nouveaux escadrons qui s'organisaient à Versailles, au début de l'année 1814. Il fit la campagne de France dans les lanciers rouges de la garde impériale, comme « jeune garde » d'abord, puis, l'année suivante, dans le même corps, comme « vieille garde ». A cette époque, on n'attendait pas longtemps pour faire ses preuves de courage et les occasions d'aller au feu ne manquaient pas. Notre jeune lancier se battit bravement et, blessé à Montmirail (11 février 1814), il fut proposé pour la croix. Mais, dans ce temps-là, il fallait plus d'une blessure et plus d'une proposition pour l'obtenir ; d'ailleurs, l'Empereur avait alors d'autres soucis que de penser à notre bijoutier, qui n'en continua pas moins à faire vaillamment son devoir de soldat, puisque, sa blessure à peine cicatrisée, nous le retrouvons sur le champ de bataille de Waterloo, où il fut laissé pour mort. Transporté à

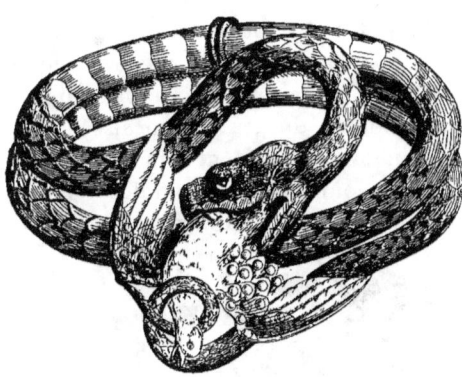

BRACELET AVEC SERPENT ET OISEAU,
OR, ÉMAIL ET PIERRES (VERS 1849).
(Archives de la maison Robin.)

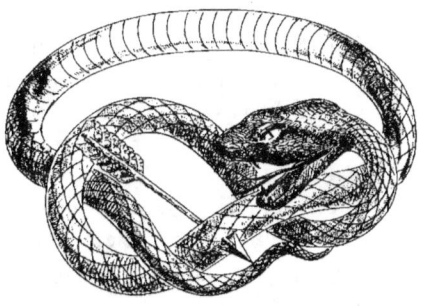

BRACELET AVEC SERPENT ET FLÈCHE,
OR, ÉMAIL ET PIERRES (VERS 1849).
(Archives de la maison Robin.)

Bruxelles, il y fut soigné, pendant un an, par des mains charitables.

Revenu à la santé, Robin partit, au commencement de 1817, pour Milan, où les frères Manfredini, célèbres bijoutiers italiens, l'avaient appelé pour installer, sous leur direction, une fabrique de bijouterie du genre français. Ils lui allouaient pour cela une indemnité de cent francs pour son voyage et cinq francs par jour (on était loin des salaires d'aujourd'hui!). Malgré ces avantages, Robin ne put s'accli-

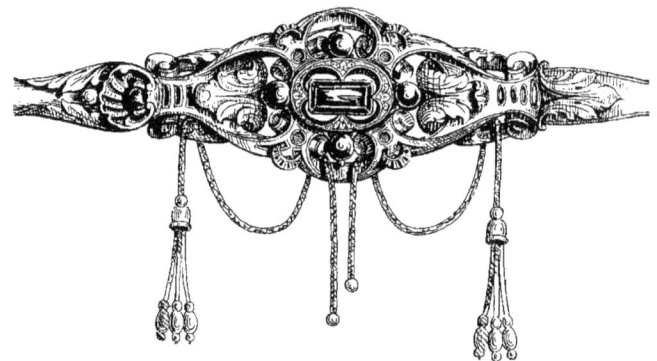

BRACELET OR CISELÉ ET PIERRES (VERS 1840).
(Archives de la maison Paul Robin.)

mater à l'étranger et, revenu en France l'année suivante, il entra chez Laval [1], où, développant ses aptitudes naturelles, il ne tarda pas à devenir un très bon ouvrier. Mais, désirant se perfectionner encore dans une profession qu'il aimait, et se familiariser avec tous les genres de fabrication, Robin changea souvent de maison, fut chef de plusieurs ateliers réputés et s'établit enfin, pour son propre compte, au Palais-Royal, en 1824 [2]. Il épousa plus tard la

[1]. Laval, rue Michel-le-Comte, 29 et 31. Fait la fantaisie; boucles d'oreilles, bagues, boutons de col, clés de montre. Entreprend toutes espèces de bijoux pour l'étranger. (Devint plus tard la maison Laval et Turge, rue de la Corderie-du-Temple, n° 13.)

[2]. Robin, joaillier-bijoutier, rue de Beaujolais, n° 1, perron du Palais-Royal (*Azur*, 1828).

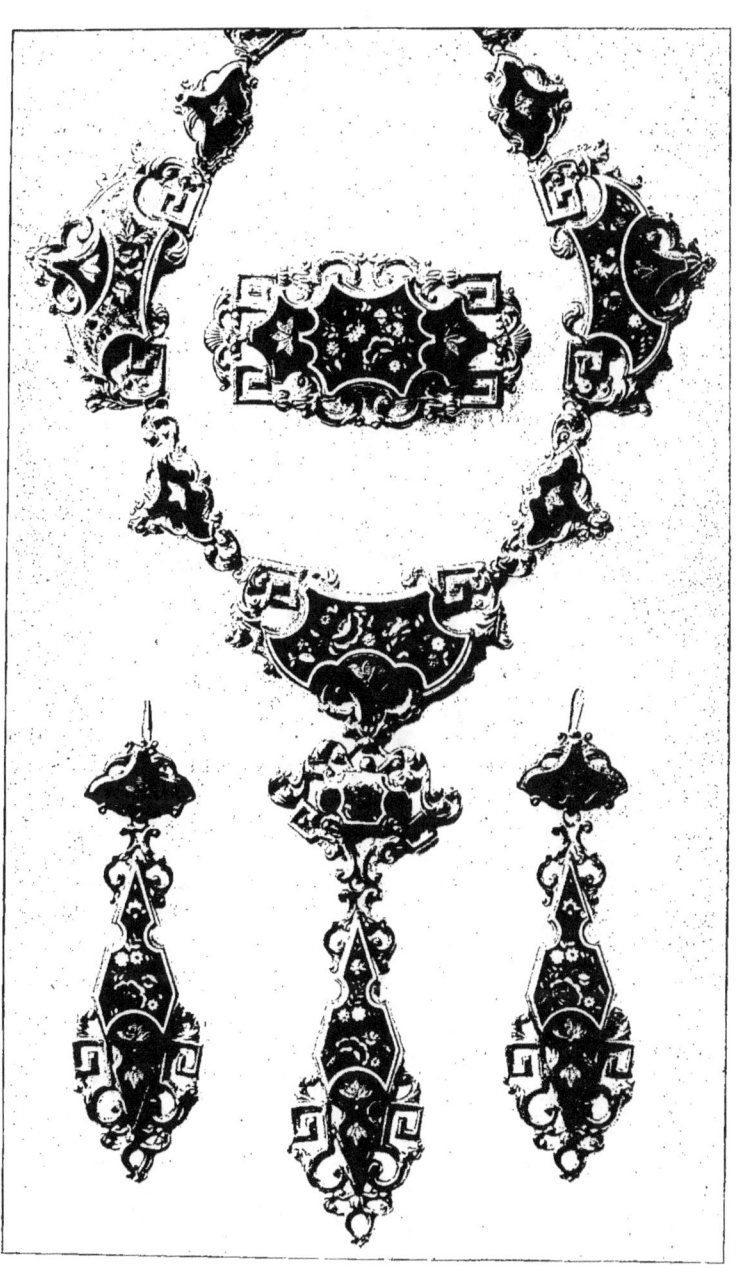

PARURE COMPLÈTE EN OR ÉMAILLÉ.

fille de Dérivis[1], le chanteur bien connu, qui précéda Levasseur comme basse-taille à l'Opéra.

Jean-Paul Robin excellait dans la fabrication du bijou soigné ; il exécutait aussi d'une manière irréprochable le genre Renaissance, avec ciselure et émaux, la belle joaillerie et les bagues riches dont il s'était fait presque une spécialité. Son genre obtint sous Louis-Philippe un succès qui s'augmenta encore sous le règne suivant. Les archives de sa maison sont riches en documents, en modèles et en dessins remarquables, auxquels nous sommes heureux de faire plus

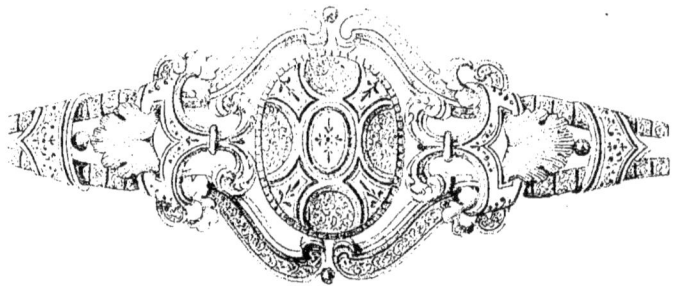

BRACELET EN OR GRAVÉ ET ÉMAILLÉ.
Dessin de Fregossi.
(Archives de la maison Paul Robin.)

d'un emprunt ; ce sont des bracelets, des broches, des parures, qui dénotent une grande recherche et beaucoup d'ingéniosité, chose rare à cette époque. Un grand nombre de pièces furent fabriquées par Robin pour des confrères

1. Dérivis, contemporain de Nourrit père, créa les grands rôles des opéras de l'époque : *le Siège de Corinthe, la Caravane du Caire, les Amazones*, etc.
Le père de Mme Derivis était Naudet, marchand d'estampes sous le péristyle de la colonnade du Louvre. Son autre fille avait épousé Delpech (1778-1825), le graveur-imprimeur-critique d'art bien connu, auteur de l'*Iconographie française* dont sa femme, devenue veuve, continua la publication.
La fille aînée de Delpech épousa Blouet, l'architecte, membre de l'Institut, qui a terminé l'Arc de Triomphe, et la seconde épousa Ch. Rémond, le peintre paysagiste, prix de Rome, qui a été pendant trente ans professeur à la maison d'éducation de la Légion d'honneur, à Saint-Denis. On voit que les Robin vivaient dans un milieu artistique.

marchands, ayant une riche clientèle, soit à l'étranger, soit à Paris. C'est ainsi que le collier de Grand-Maître de la

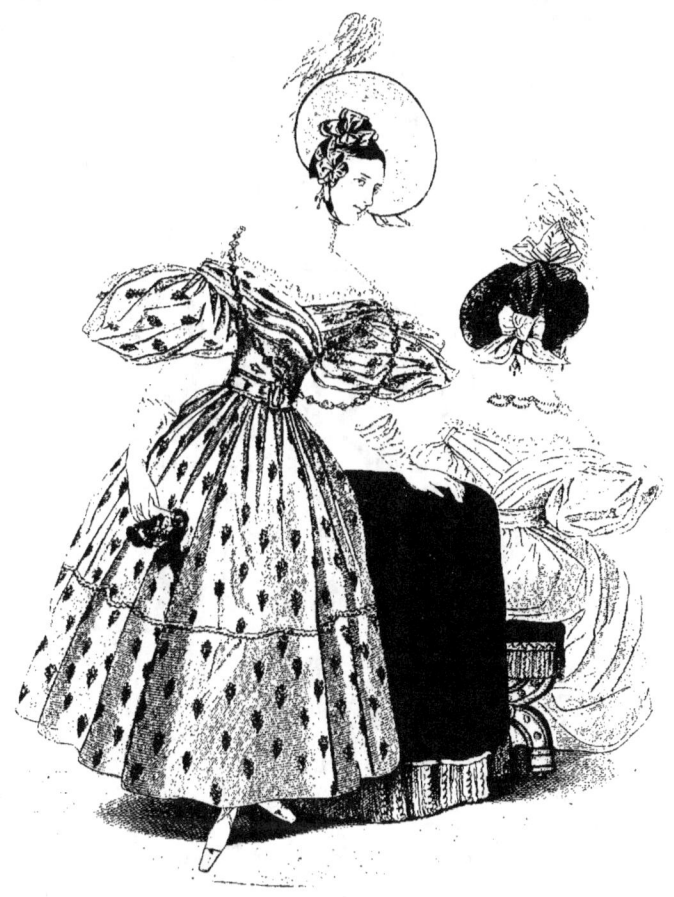

TOILETTE DE THÉATRE (1830-1835).
Chaine sautoir à grands maillons estampés et émaillés;
boucle de ceinture et pendants d'oreilles.

Légion d'honneur, exécuté pour Napoléon III, sortit de ses ateliers, mais ne fut pas vendu par lui sous son nom. Nous aurons, d'ailleurs, l'occasion de parler encore de lui.

Eugène et Hippolyte Téterger étaient employés chez Robin père; ils y firent leur apprentissage, et c'est là sans doute qu'Hippolyte puisa le goût de la joaillerie et de la bijouterie soignées qu'il devait fabriquer lui-même plus tard. Les deux frères, qui avaient demandé sans succès à être associés à Robin, fondèrent d'abord rue Richelieu, 84, une maison de bijouterie, devenue par la suite celle de Mailliez, également élève de Robin père, réputée pour ses médaillons

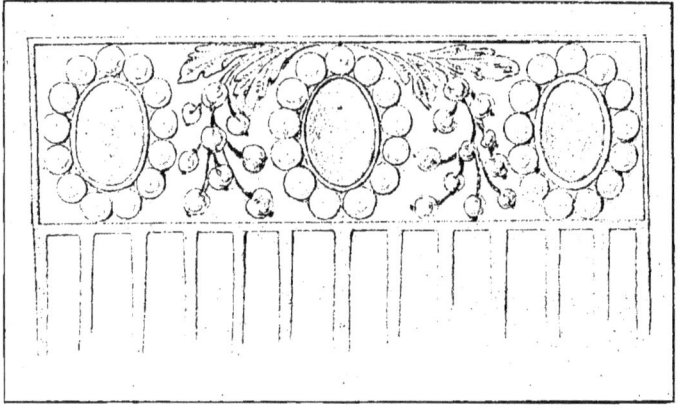

PEIGNE AVEC TURQUOISES
par Henry Gibert et Martial Bernard.
(Fin du premier Empire.)

à photographies et pour ses bijoux de deuil en onyx et or très soignés. Plus tard, Fonsèque et Olive succédèrent à Mailliez.

Les deux frères Téterger se séparèrent et s'établirent chacun de leur côté : Eugène ouvrit un magasin sur le boulevard des Italiens, au n° 24 ; Hippolyte, très bon fabricant, s'installa rue Neuve-des-Petits-Champs, n° 15.

Rey, qui fut chef d'atelier chez Alexis Falize (le père), était un ouvrier extraordinaire, d'une habileté et d'une intelligence remarquables ; il entra, après 1849, chez Robin qu'il avait connu dans l'atelier de Petiteau. Baucheron et Soulens, les excellents fabricants dont nous parlerons plus loin, ont été aussi élèves du « père » Robin.

C'est en 1824 qu'apparaît pour la première fois le nom, si honorablement connu dans la bijouterie, de Martial Bernard. A cette date, en effet, Jean-Benoît-Martial Bernard (1784-1846) devint associé de Henry Gibert (1784-1857), joaillier, dont il était le collaborateur depuis 1812. La raison sociale fut : Henry Gibert et Martial Bernard. Cet

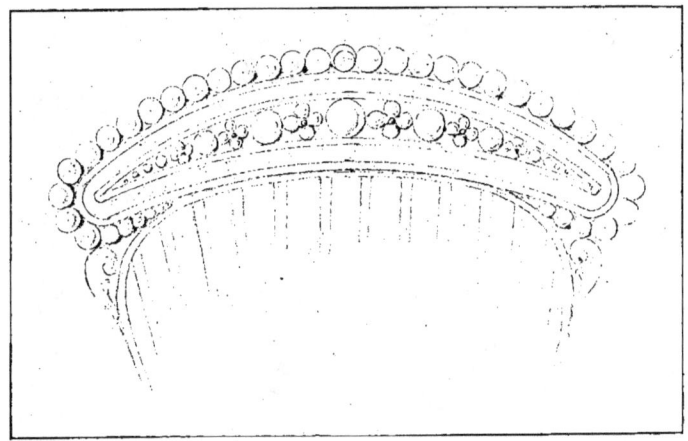

PEIGNE
par Henry Gibert et Martial Bernard.
(Fin du premier Empire.)

Henry Gibert était à la tête d'une maison déjà ancienne[1] et bien achalandée, puisqu'il était fournisseur de Madame Mère, du Roi de Westphalie, de la Reine de Naples, etc. Nous avons pu retrouver des dessins originaux de pièces

[1]. Le prédécesseur de Louis-Henry Gibert avait été son père, Louis-Armand Gibert, joaillier réputé, qui, lors de la reconstitution des Tribunaux de Commerce, en 1811, fut appelé à faire partie de celui de la Seine, comme juge suppléant. Il était, suivant toute apparence, fournisseur de la Cour, puisque, sur l'ordre de l'Empereur, il eut à faire, à Saint-Cloud, une expertise des bijoux de la Couronne, pour laquelle il se fit aider par son fils aîné Henry. C'est de ce dernier que le souvenir de cet épisode a été recueilli verbalement (son

exécutées dans ses ateliers, qui montreront son genre de talent. Son établissement, situé cour de Harlay, 21, fut transféré plus tard quai Voltaire, 17. Henry Gibert avait épousé Mlle Biennais, fille de l'orfèvre-tablettier bien connu du premier Empire, dont nous avons longuement parlé (voir p. 26).

En 1826, Martial Bernard, resté seul en nom, transféra la maison rue de la Paix, n° 1. Il était alors joaillier de la

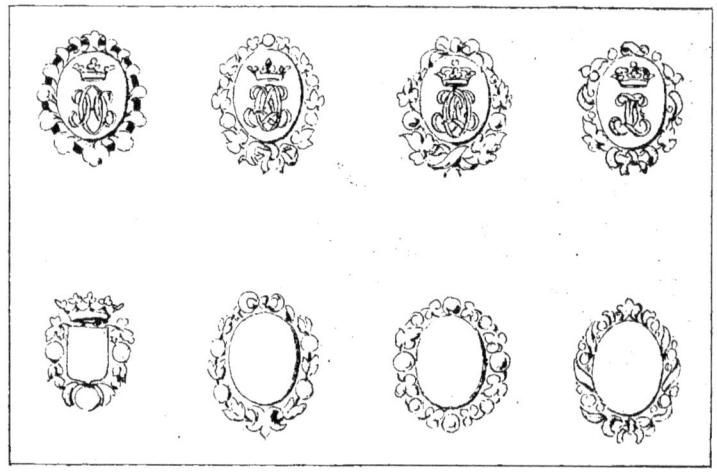

ÉPINGLES DE CRAVATE ET BAGUES
par J.-B.-Martial Bernard.

Maison du Roi, comme il fut ensuite joaillier du Duc d'Orléans et fournisseur du Ministère des Affaires étrangères. On relève sur ses registres les noms les plus marquants de l'époque : la Duchesse d'Angoulême, la Duchesse de Berry, Madame Adélaïde, Louis-Philippe, enfin tous les membres

second fils, Bressole-Gibert, banquier associé de Davillier, est le grand-père de Mme F. de Ribes-Christofle).

Louis-Armand Gibert (1749-1834) avait succédé, en 1789, à Cordier qui, lui-même, avait eu pour prédécesseur, coïncidence curieuse, un certain Gibert qui avait repris, en 1762, la maison déjà dirigée par deux titulaires dont nous ignorons les noms. Ce Gibert, du reste, n'avait de commun que le nom avec ceux dont nous venons de parler.

de la famille royale. Indépendamment des joyaux de tout genre qu'il fournissait à sa riche clientèle et qu'il composait lui-même avec goût, Martial Bernard avait, en qualité de fournisseur des Affaires étrangères, la spécialité des tabatières, bagues, porte-mines, épingles de cravate, décorations et bijoux divers ornés de pierreries, sur lesquels figurait invariablement le chiffre du Roi ou de la Reine, en brillants. Ces objets étaient destinés à être offerts aux ambassadeurs, aux grands personnages qui venaient aux Tuileries, et Martial Bernard

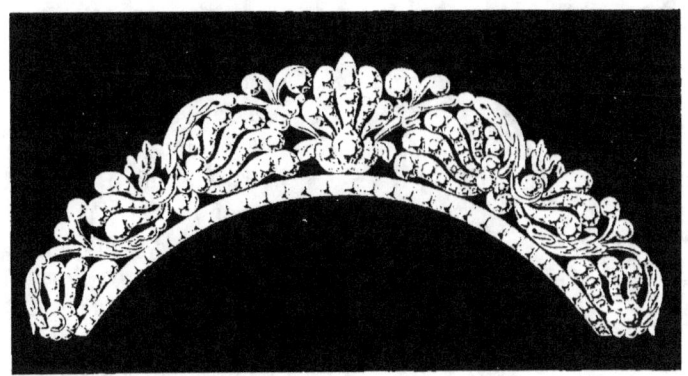

DIADÈME JOAILLERIE
exécuté, en 1817, pour la Princesse Koronini, par Henry Gibert et Martial Bernard.
(Largeur, 23 centimètres.)
(Archives de la maison Martial Bernard.)

en avait toujours un certain nombre de fabriqués à l'avance.

J.-B. Martial Bernard dessinait très bien et s'y était exercé dès sa jeunesse, car nous avons retrouvé qu'en l'an X, n'ayant alors que dix-huit ans, il obtint, à l'École centrale du département de Vaucluse, un prix qui lui fut décerné par le Jury central d'Instruction publique, « pour avoir gravé quelques camées ».

C'est dans ses ateliers que fut exécutée, en 1834, l'épée d'honneur offerte par souscription publique au maréchal Gérard, à l'occasion de la prise d'Anvers en 1832. Sur la poignée en or fin, la Renommée est représentée publiant ce fait d'armes, et tenant une couronne destinée au vainqueur. Sur la grande coquille de la garde, l'Histoire inscrit sur un écusson la reddition de la citadelle; des trophées sont aux pieds de cette figure, qui tient le drapeau français surmonté du coq gaulois. Le fond de la composition représente la ville et la citadelle d'Anvers. L'ornementation très finement ciselée et l'exécution irréprochable de cette belle pièce de bijouterie fit le plus grand honneur à Martial Bernard.

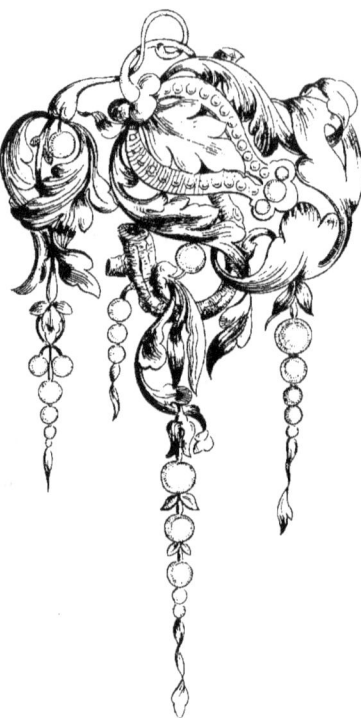

BROCHE, OR, ÉMAUX ET PIERRES

Son fils Charles avait, lui aussi, de grandes dispositions pour le dessin; c'est pourquoi, dès qu'il eut terminé ses études au collège Bourbon (depuis lycée Condorcet), son père le mit en apprentissage chez Jules Chaise, dont l'atelier était réputé pour sa bonne fabrication; en outre, il lui fit suivre les cours de l'École des Beaux-Arts. Le jeune Charles s'occupa de la direction de l'atelier et des dessins dans la maison de son père, puis, au décès de celui-ci, en 1846, il lui succéda.

Charles-Martial Bernard (1824-1896) continua à diriger seul la maison paternelle. La Révolution de 1848 avait jeté une grande perturbation dans les affaires et dans la clientèle; la famille royale était en exil; c'en était fait des tabatières

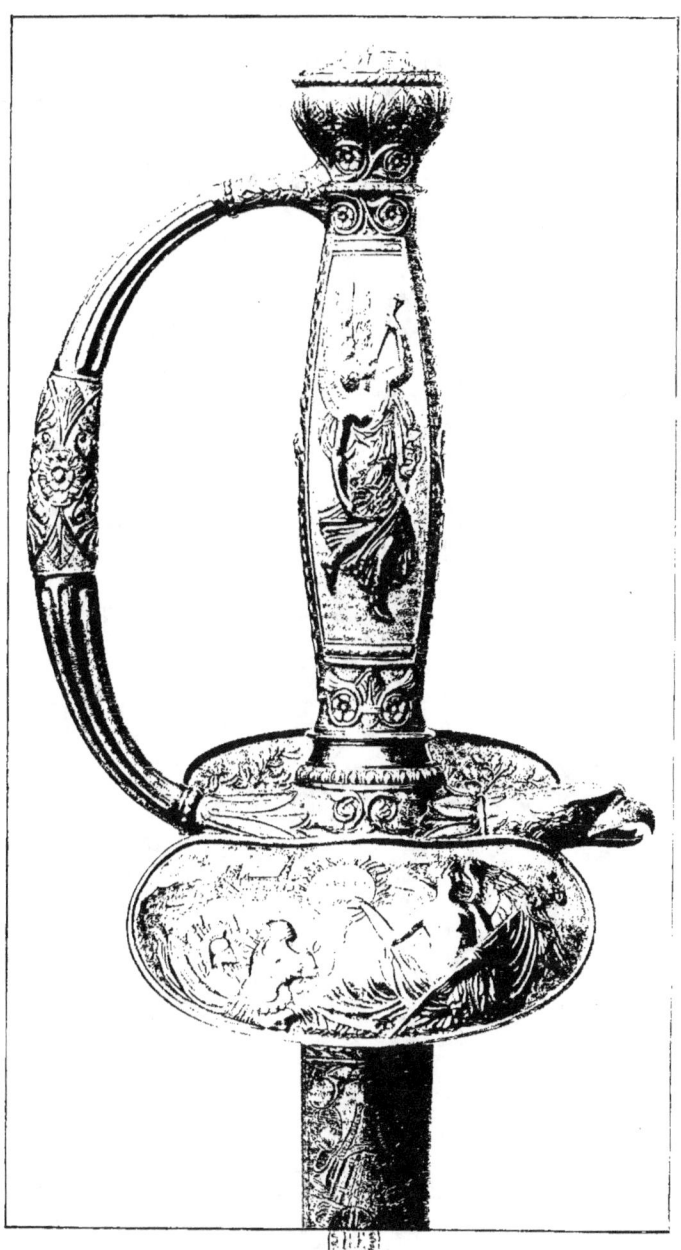

ÉPÉE OFFERTE AU MARÉCHAL GÉRARD
A L'OCCASION DE LA PRISE D'ANVERS (1832).
(Exécutée par la maison Martial Bernard.)

et des cadeaux officiels, et il y eut pour tout le monde un

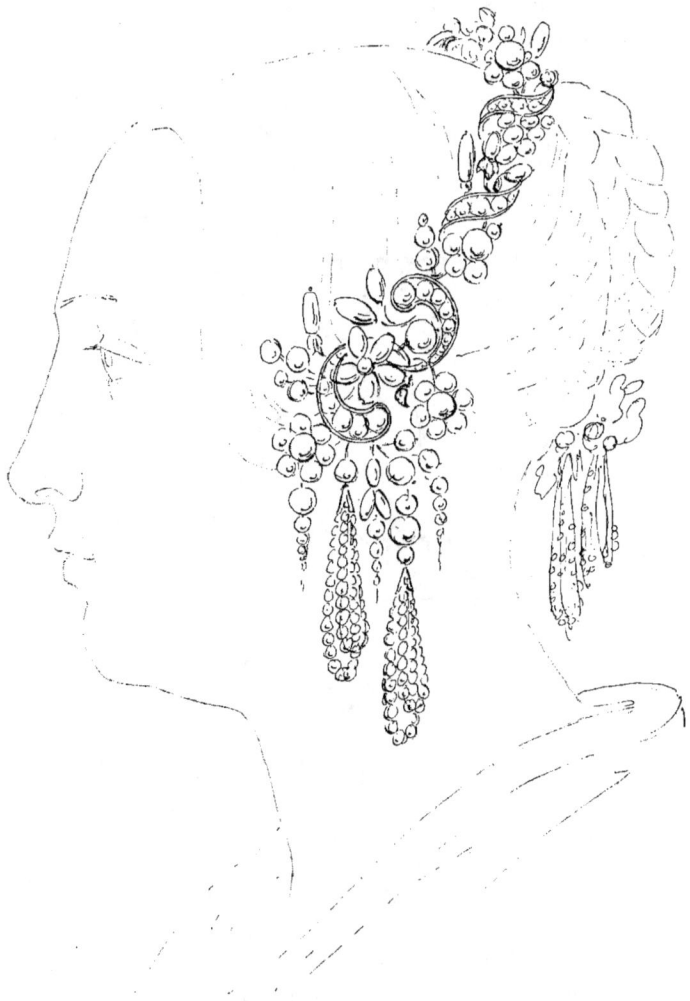

COIFFURE EN JOAILLERIE (1845-1850)
par Martial Bernard.

moment de crise. Mais l'amour du travail était inné chez

Martial Bernard, il ne se laissa pas décourager et réussit à triompher de ces difficultés passagères.

D'ailleurs, son activité toujours en éveil devait bientôt trouver un nouvel aliment. Tout en s'occupant de bijouterie, il suivait avec intérêt le mouvement syndical qui commençait à se dessiner sous l'Empire et, dès 1864, il coopérait à la fondation de notre Syndicat, dont il devint successivement

TABATIÈRE EN OR ET BRILLANTS AUX INITIALES
DE LOUIS-PHILIPPE
par J.-B.-Martial Bernard.

le vice-président, puis le président. Juge au Tribunal de Commerce de la Seine de 1869 à 1873, il dut abandonner trop tôt la carrière consulaire, par suite de l'obligation d'opter entre les fonctions de juge et celles de conseiller municipal. Les électeurs de son quartier n'avaient pas oublié sa belle conduite pendant la guerre et l'avaient envoyé, en 1871, défendre leurs intérêts au Conseil municipal dont il fut longtemps secrétaire, et où il siégea jusqu'en 1880. En effet, pendant le siège de Paris, Martial Bernard étant capitaine au 1er bataillon de la Garde nationale, fut délégué aux fonctions de commandant du bataillon sédentaire lors de la formation des compagnies de marche ; et c'est pour les services rendus à cette époque, et en raison de son attitude énergique pour le maintien de l'ordre dans les journées du 31 octobre 1870, 28 janvier et 18 mars 1871, qu'il fut nommé chevalier de la Légion d'honneur en 1872[1]. En effet, le

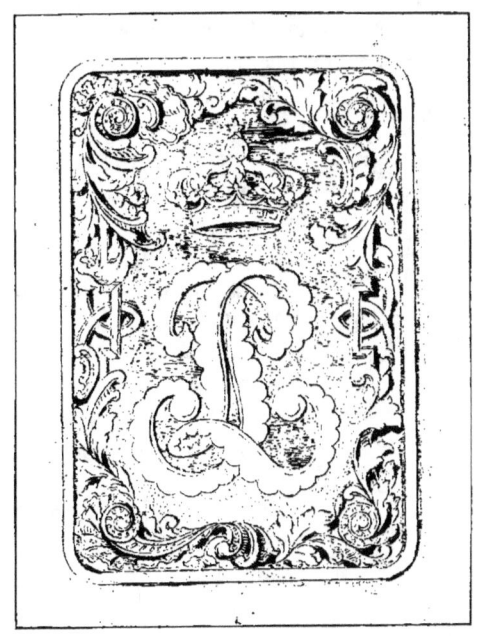

TABATIÈRE EN OR CISELÉ
AVEC LE MONOGRAMME DE LOUIS-PHILIPPE EN BRILLANTS
par J.-B.-Martial Bernard.

18 mars, il resta à la tête de son bataillon et fut le dernier occupant de la place Vendôme. Il ne quitta son poste, obéissant aux ordres qu'il avait reçus par avance, qu'après le départ des dernières troupes et de l'état-major de l'armée.

Toujours dévoué aux intérêts corporatifs, Martial Bernard fut un des fondateurs de l'École de dessin de la Bijouterie-

1. *Journal officiel* du 7 février 1872.

Joaillerie; il contribua tout particulièrement à la création de la Société d'Encouragement, dont son ami Antoine Mellerio était le promoteur. Il en fut le président de 1875 à 1896, s'y intéressant d'une façon toute spéciale et fonda même un prix annuel de 400 francs.

Martial Bernard a laissé un ineffaçable souvenir dans les milieux où il a vécu. Ne marchandant jamais ni son temps ni sa peine, il s'occupa avec la plus grande compétence de l'organisation de toutes les grandes expositions, où ses aptitudes remarquables furent très appréciées. Promu officier de la Légion d'honneur à la suite de l'Exposition de 1878, où il fut membre du Comité et rapporteur du Jury, il continua sans trêve à s'occuper de celles d'Amsterdam, d'Anvers, de Paris en 1889, où il fut président du Jury international pour la section de bijouterie-joaillerie. Enfin, toujours sur la brèche, il joua un rôle important dans l'organisation des Expositions de Moscou et de Chicago. Entre temps, sa grande notoriété et la place qu'il avait su se faire dans la corporation, ainsi que dans le monde des affaires, l'avaient désigné pour faire partie de la Chambre de Commerce, où il siégea de 1882 à 1894, et dont il fut secrétaire pendant plus de quatre ans.

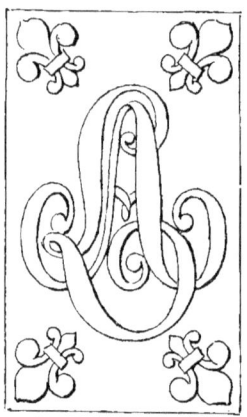

DESSUS DE TABATIÈRE
AVEC LE
MONOGRAMME DE LOUIS-PHILIPPE
ET DE LA REINE MARIE-AMÉLIE.

Travailleur infatigable, d'une nature généreuse et dévouée, son existence fut surabondamment remplie. Il y compromit sa santé et mourut, le 8 novembre 1896, après une longue et douloureuse maladie.

Depuis 1885, c'est Henri-Martial Bernard (né en 1855), troisième du nom, fils et petit-fils des précédents, le très sympathique et dévoué secrétaire de la plupart de nos sociétés corporatives, qui est à la tête de la maison, transférée par lui, en 1890, dans son local actuel, n° 12, rue des Pyramides.

Nous avons vu comment, après les événements de 1815, la maison de Nitot fut reprise par Fossin[1] qui en connaissait à fond les traditions et qui était, pour ainsi dire, l'âme de

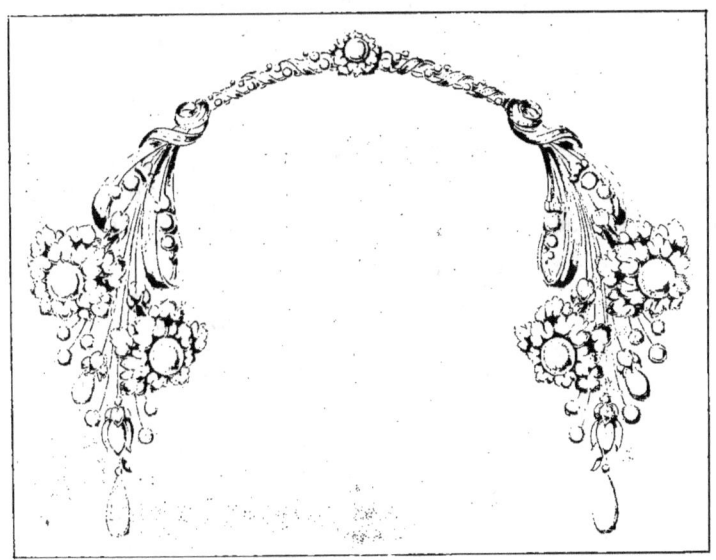

ORNEMENT DE TÊTE EN JOAILLERIE, PERLES ET ÉMAIL. (VERS 1845).

ses ateliers réputés. Véritable artiste, admirablement doué, Jean-Baptiste Fossin[2] dessinait aussi facilement qu'il parlait. C'était, paraît-il, un plaisir pour lui de tracer, devant

1. L'*Azur* de 1811 mentionne un Fossin *père*, bijoutier, rue Richelieu, n° 10. Il se pourrait que ce soit le père de notre joaillier.
Fossin était établi rue Richelieu, n° 78, en 1815. Il se transporta au n° 62 en 1831. Sous Louis-Philippe, Fossin et fils étaient « joailliers du Roi et de la famille royale ».

2. Jean-Baptiste Fossin, né à Paris le 28 juin 1786, mourut à Vauboyen le 5 octobre 1848. Son fils, Jules-Jean-François Fossin, est né à Paris le 8 mai 1808 et mourut à Vasouy le 15 septembre 1869 (dates relevées sur la sépulture Fossin au cimetière Montmartre).

le client émerveillé, et tout en causant, de charmantes compositions, dont je n'ai pu malheureusement me procurer que de maigres spécimens.

Fossin menait de front les travaux de bijouterie et de joaillerie les plus variés et savait utiliser avec un égal talent les ressources de l'émail, de la lapidairerie, de l'incrustation, pour les objets d'art ou les bijoux importants qu'il exécutait : statuettes finement ciselées, coupes d'agate orientale avec ornements émaillés, sabres enrichis de pierreries destinés à l'Orient. Mais c'est surtout comme joaillier que Fossin mérite une mention toute spéciale, non seulement parce qu'il eut l'idée de rehausser parfois d'émaux ses parures de diamants, mais surtout parce qu'il fut le premier des joailliers de son époque qui chercha à se rapprocher de la nature dans les jolis dessins de bouquets qu'il exécutait ensuite en brillants. Il reprenait en cela les traditions de Lempereur et de Pouget, continuées si heureusement de nos jours par Massin. Les autres joailliers l'imitèrent et suivirent pendant fort longtemps la voie qu'il avait tracée.

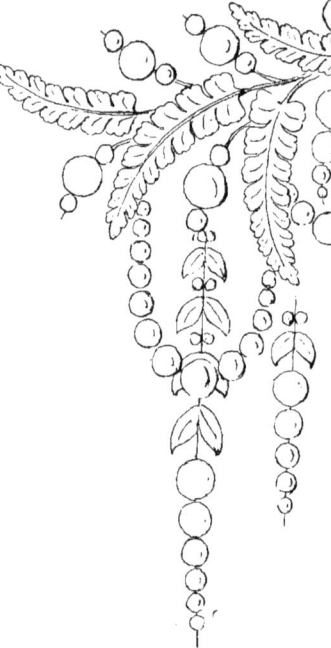

MOITIÉ D'UN ORNEMENT DE TÊTE EN JOAILLERIE (VERS 1847).

Nous verrons plus loin que la fameuse épée offerte par la Ville au Comte de Paris à l'occasion de sa naissance

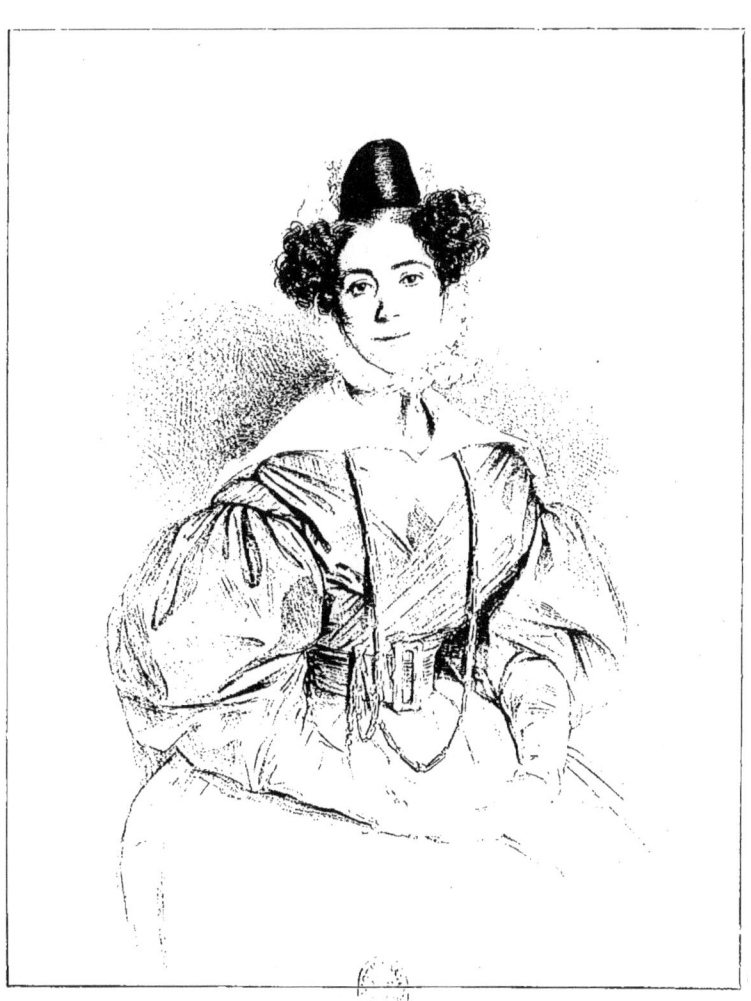

Mlle DUPONT, DU THÉATRE-FRANÇAIS.
Lithographie de Léon Noël.
Grande chaîne sautoir à longs maillons d'or, boucle de ceinture.

(août 1838) et qui lui fut remise le jour de son baptême (mai 1841), fut exécutée dans les ateliers et sous la direction de Fossin, dont la réputation était très grande et justifiée.

Dans le *Protée* de juillet 1834, la Mode ayant à faire des emplettes de corbeille à l'occasion de son prochain mariage avec Protée, raconte que « Fossin étala des diamants éblouissants, montés en épis, en diadèmes, en agrafe de robe, en rivière, en nœuds d'épaule; il montra ses plus merveilleux modèles de Sévigné, de bandeaux et de boucles d'oreilles. Le salon de Fossin étincelait. On choisit des parures plus simples, des opales montées sur émail noir, accompagnées de semence[1] de diamants; des turquoises sur l'or bruni gravées en hiéroglyphes, des grenats polis ou des camées enchâssés dans l'or lisse, et de longues chaînes d'or avec des pierres de couleur, des chaînes courtes tenant une montre ou un binocle, des plaques et des broches en émail transparent, des bracelets gothiques, des bagues à facettes plates et des carnets de visite en or découpé, se détachant sur un velours rouge ou bleu, comme le livre d'heures d'une dame châtelaine. »

[1]. Les pierres qu'aujourd'hui encore certains profanes appellent improprement *semence* et un peu dédaigneusement *poussière* ou *éclats* de diamants, sont en réalité des diamants de petite dimension taillés à facettes en forme de roses. Lorsque vint la mode des joailleries avec pampilles, on garnissait les pointes de ces pampilles avec ces roses minuscules qui, par parenthèse, coûtaient fort cher et qu'on appelait *roses d'aiguille*. Ce nom leur venait, paraît-il, de l'habitude qu'avaient les sertisseurs de se servir de la pointe d'une aiguille légèrement humectée avec leur langue pour y faire adhérer ces roses, impossibles à saisir autrement, pour les placer exactement sur le point où ils devaient les sertir.

Beaucoup de personnes ignorent que les très petits brillants taillés atteignent des prix égaux à ceux des diamants relativement gros (3 et 4 carats par exemple). Pour ces derniers, c'est la grosseur et par conséquent la rareté de la pierre brute qui influe sur le prix. Pour le petit brillant, au contraire, la valeur de la matière ne compte pour ainsi dire plus : c'est la difficulté et la cherté de la main d'œuvre. Actuellement on parvient à tailler des brillants assez petits pour ne peser que un 800e de carat, dont le prix au carat atteint jusqu'à 1.600 francs. Il se fait également des roses minuscules dont il faut 1.200 pour peser un carat et qui valent jusqu'à 600 francs le carat.

Un autre journal cite encore « les bandeaux d'un genre antique que Fossin a merveilleusement compris, avec des girandoles des plus élégantes, portées dans la belle et rayonnante Chaussée-d'Antin ou dans le noble Faubourg... »

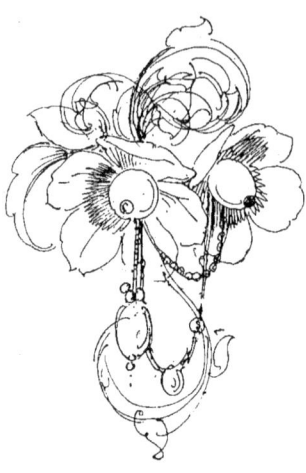

CROQUIS DE BROCHE,
par Fossin.

Fossin fut incontestablement un créateur et un dessinateur de premier ordre, aussi, reçut-il, en 1836, la croix de chevalier de la Légion d'honneur. Il est juste d'ajouter que, pour l'exécution de ses œuvres, il fut admirablement secondé par ses collaborateurs, et en particulier par Morel père, dont nous parlerons longuement plus loin et qui fut son chef d'atelier pour les travaux d'art, de 1834 à 1842.

Fossin avait trois ateliers différents : celui consacré spécialement aux pièces d'art et à la lapidairerie, et dont Morel

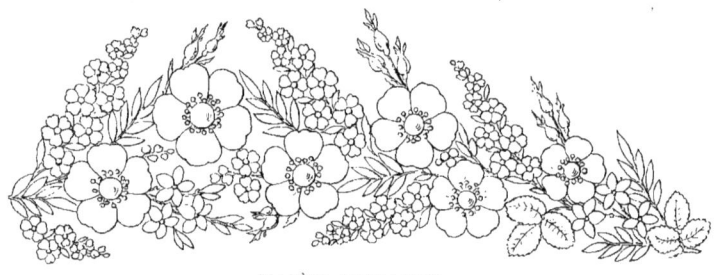

DIADÈME JOAILLERIE,
par Fossin.
(Archives de la maison Chaumet.)

avait la direction, se trouvait dans la Cité et comprenait une quinzaine d'ouvriers; l'atelier de joaillerie, situé rue

Richelieu, était dirigé par Daras et occupait de vingt à trente ouvriers, selon les besoins; enfin, Crouzet père[1] dirigeait aussi pour Fossin un atelier situé rue Coquillière, où travaillaient de douze à quinze ouvriers faisant la belle bijouterie. Ces ateliers, ainsi que beaucoup d'autres, furent dispersés lors des événements de 1848.

En 1830, Fossin s'était associé son fils Jules, qui le secondait admirablement et qui notamment, lors du mariage du Duc d'Orléans, en 1837, prit une part importante à l'exécution des bijoux de la corbeille, commandés en grande partie à la maison Fossin. Jean-Baptiste Fossin, en raison des aptitudes spéciales de son fils pour les affaires, lui en laissa de plus en plus la direction, et finit par quitter tout à fait sa maison en 1845, désirant

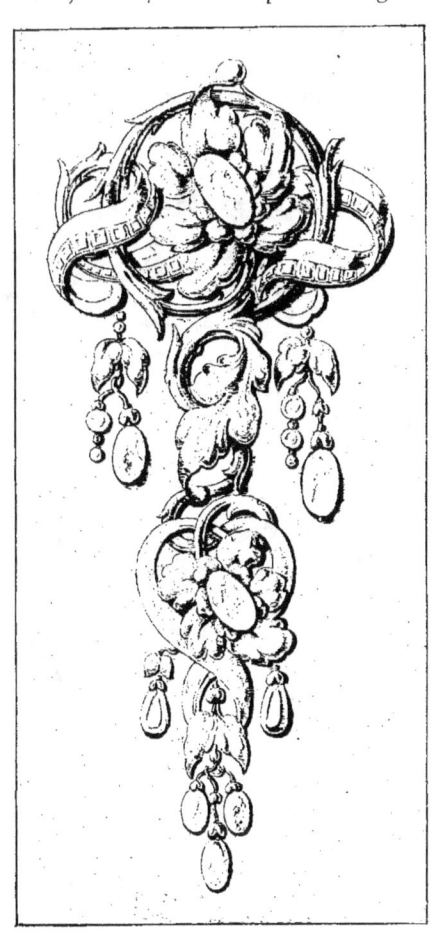

BROCHE DE CORSAGE, ÉMAIL, BRILLANTS ET OPALES.

---

1. Crouzet père était un excellent bijoutier qui, par la suite, s'établit à son compte et transmit sa maison à son fils, ainsi que nous le dirons plus tard.

s'adonner plus complètement à la peinture et à la sculpture qu'il pratiquait avec succès.

Au Salon de 1846, il envoya une tête d'étude en marbre, *la Prière,* un buste de jeune fille et *le Triomphe du Christ,* grande toile, reproduite en gravure par H[te] Garnier[1], et que doit posséder actuellement l'église de Rueil. L'année sui-

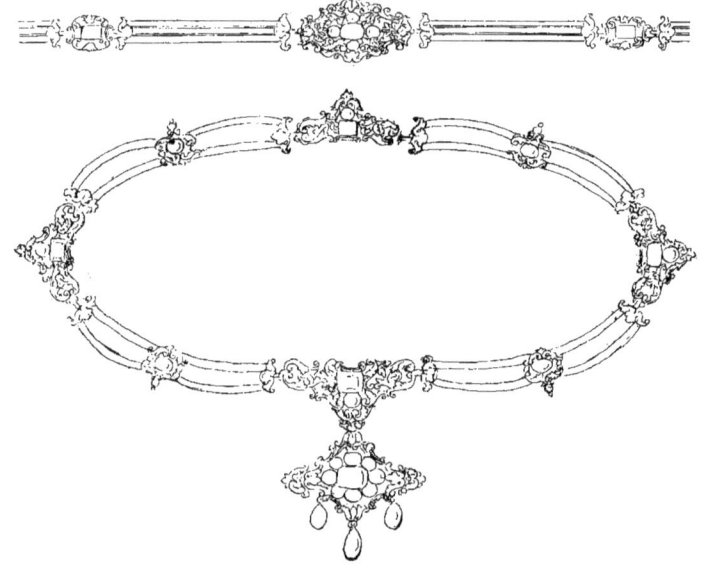

CHAINE ET COLLIER.

vante, Fossin exposa *le Miroir,* statue de marbre, et un tableau représentant *la Vierge et l'Enfant-Jésus aux Passiflores.* Ces envois au Salon de 1847 valurent à Fossin une médaille de 3ᵉ classe. Son fils Jules cultivait aussi les arts, puisque, non seulement il faisait comme son père beaucoup de sculpture, mais il envoya au Salon de 1852 l'esquisse

---

1. Cette gravure, déposée à la Bibliothèque nationale en 1845, montre le Christ debout sur les nuages, tenant près de lui sa croix et terrassant le Mal figuré par un monstre qui vomit des flammes. Des anges, s'accompagnant d'instruments divers, célèbrent la victoire du Sauveur.

d'un projet de monument commémoratif. Nous aurons l'occasion de reparler de son remarquable talent de bijou-

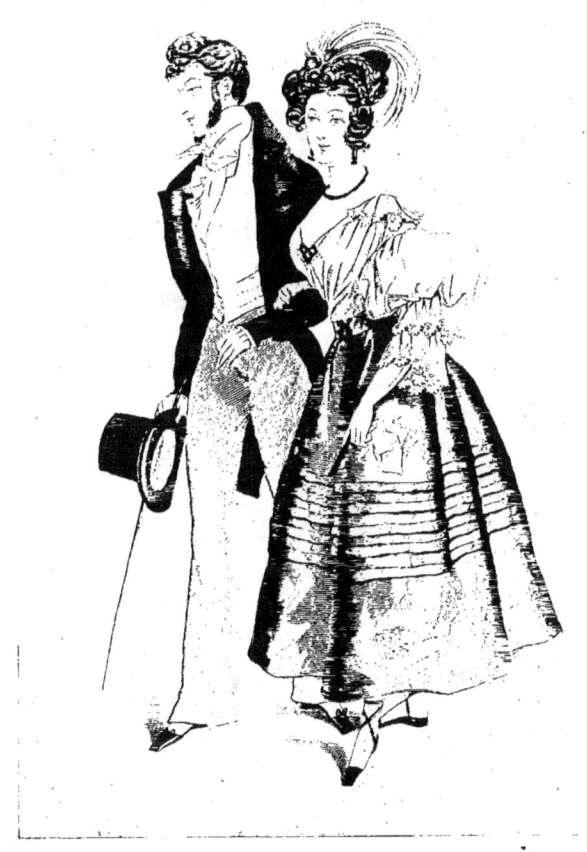

TOILETTE HABILLÉE (1831),
par Gavarni.
Aigrette, pendants d'oreilles, collier, broche, boucle de ceinture.

tier, quand nous aborderons l'étude de la bijouterie française sous le second Empire.

BROCHE GENRE CUIR ROULÉ
(VERS 1838),
par Édouard Marchand.

C'est un peu après 1835 qu'un bijoutier de talent, Édouard Marchand[1], connu sous le nom de Marchand aîné, 43, rue Coquillière, se mit à exécuter de ces ornements désignés sous le nom de *cuirs,* qui eurent un très grand succès. « Ces bijoux étaient faits

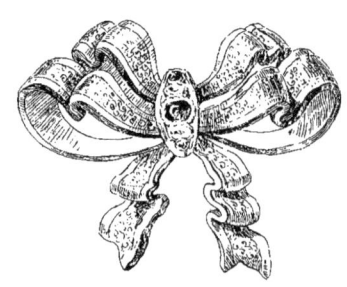

BROCHE RUBAN, AVEC ORNEMENTS
GRAVÉS (VERS 1840),
par Ed. Marchand.

d'une feuille d'or découpée, qu'on emboutissait et qu'on bâtait ensuite tout autour. Les rouleaux qui tournaient en dessous étaient découpés dans la feuille même et roulés à la main ; ceux qui tournaient en dessus étaient façonnés à part et soudés ensuite à la place qu'ils devaient occuper ; les feuilles d'ornement étaient soudées en épaisseur, également par dessus, ramolayées et ciselées ensuite. Tout le dessus

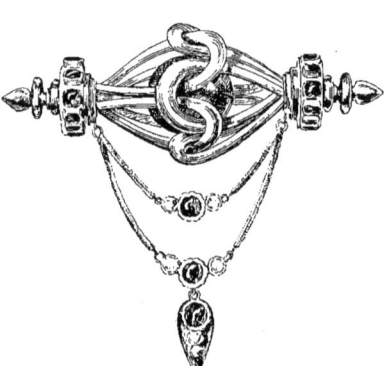

BROCHE NŒUD DE PASSEMENTERIE
(VERS 1845),
par Marchand aîné.

1. Édouard Marchand mourut vers 1867, âgé de 76 ans environ. Son fils, Eugène Marchand, beaucoup moins connu, fut également bijoutier et s'occupa de la succursale que la maison Marret frères avait installée à New-York.

de l'objet était couvert d'une gravure assez insignifiante, destinée à lui donner un aspect plus ouvragé. Vers l'année 1840, la fabrique parisienne fit une très grande quantité de ces bijoux, avec motifs en cuir roulé, dont les centres étaient ornés soit de pierreries, soit de camées; puis, très peu de temps après, régna la vogue des nœuds de rubans traités dans le même genre. Marchand tenait toujours la tête, car son bijou, bien que relativement commercial, était d'une bonne et excellente fabrication ; de plus, il était empreint d'une somme de goût et d'invention qui en assurait la suprématie. Dessiné d'un crayon toujours large et sûr de lui-même, il séduisait par sa variété autant que par sa nouveauté. Après les nœuds de rubans, il fit un nœud emprunté aux passements algériens, qui eut un égal succès. Il fit aussi des broches en feuillages et fruits émaillés, il composa des crochets de ceinture ayant un beau caractère héraldique[1]. »

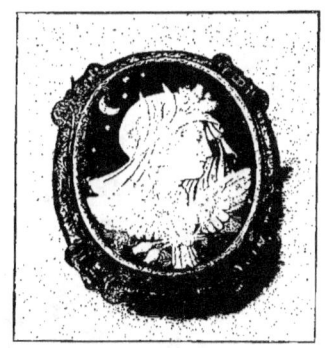

BROCHE
AVEC ENCADREMENT GRAVÉ
(VERS 1847).

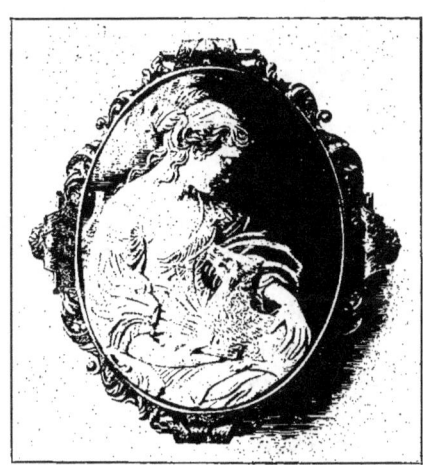

BROCHE CAMÉE COQUILLE
AVEC ROULEAUX D'OR CISELÉ (VERS 1843),
par Marchand aîné.

1. Eugène Fontenay, *les Bijoux anciens et modernes*. Paris, Quantin, 1887.

Si nous faisons un aussi long emprunt à Fontenay, le maître bijoutier, l'écrivain érudit dont nous parlerons au chapitre suivant, c'est qu'il fit son apprentissage chez Marchand aîné, et qu'il est, mieux que tout autre, à même de nous renseigner à son sujet[1].

Marchand excellait également dans la fabrication des

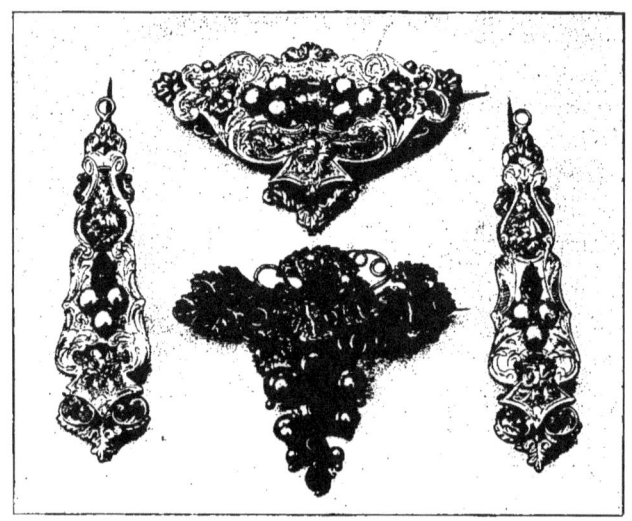

PARURE EN OR ET PERLES (ÉPOQUE DE LOUIS-PHILIPPE).

bracelets articulés, serpents émaillés et autres, et en composa de fort ingénieux. On portait beaucoup de bracelets vers la fin du règne de Louis-Philippe; c'était le commencement de cette vogue qui fut si grande pendant le second Empire. Malheureusement, Marchand subit, comme tant d'autres, le contre-coup de la Révolution de 1848, et partit pour Londres, où il fut pendant trois ans le chef d'atelier de Morel, qui venait alors de s'y installer.

1. Les descendants de Marchand aîné et de Fontenay se trouvent encore aujourd'hui réunis, puisque le fils de Fontenay fait partie de la maison du petit-fils de Marchand, installé place Vendôme, 28.

En parlant de Robin père, nous avons dit qu'il avait fait son apprentissage chez Simon Petiteau. Ce dernier (né à

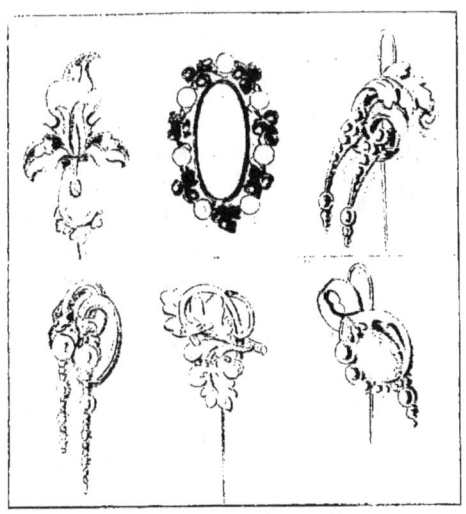

ÉPINGLES DE CRAVATE
(ÉPOQUE DE LOUIS-PHILIPPE).

Châteauroux en 1782 et mort vers 1860) demeurait, à l'époque de la Restauration, rue de la Barillerie, 5[1]. C'était

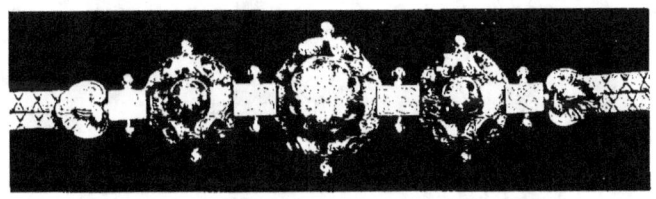

BRACELET SOUPLE OR ET BRILLANTS
(ÉPOQUE DE LOUIS-PHILIPPE).

un joaillier adroit, faisant aussi de la bijouterie soignée en

1. Plus tard, vers 1830, Petiteau transféra sa maison rue Saint-Honoré, 123, hôtel d'Aligre et rue Bailleul, 12 et 14. Puis, avant 1845, il alla boulevard Montmartre, 9.

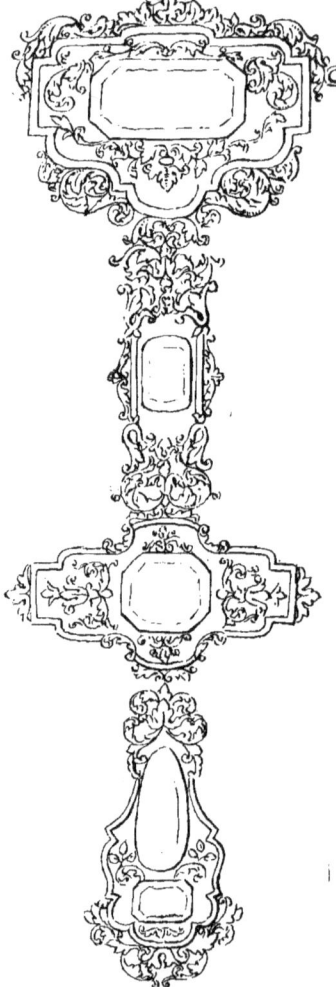

DEVANT DE CORSAGE.

graineti et cannetille, agrémentée de quelques petites pierres, turquoises, opales et autres, selon la mode du jour. Son fils, Eugène Petiteau, qui lui succéda vers 1845, dessinait bien et fit exécuter un grand nombre de bijoux intéressants. E. Petiteau était très lié d'amitié avec Marchand, qui était pourtant son concurrent direct. Il y avait, paraît-il, entre eux, une rivalité des plus curieuses, qui s'étendait aux choses même les plus étrangères à la bijouterie : l'un allait-il au théâtre, l'autre s'empressait d'y aller à son tour. Le premier faisait-il un voyage, louait-il une maison de campagne, le second suivait aussitôt son exemple. Selon M. Massin, il serait l'inventeur des bijoux, genre valaque ou bohême, exécutés avec des fils d'argent tournés ou repercés, sorte de gros filigranes à jour tout en émail noir, rehaussés par des coraux, que l'on porta vers 1850, mais qui n'eurent pas alors tout le succès qu'on en attendait.

De son côté, Fontenay s'exprime ainsi à son sujet :
« Petiteau a exploité seul un genre de bijou qu'il avait
inventé, qui était fait en argent laissé blanc et poli dans les

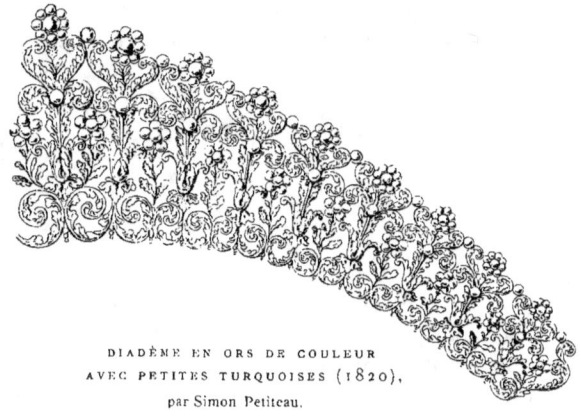

DIADÈME EN ORS DE COULEUR
AVEC PETITES TURQUOISES (1820),
par Simon Petiteau.

parties qui n'étaient pas émaillées en noir, et d'où s'échappaient des pendants en corail. Ce genre d'objets avait tantôt
le caractère du décor mauresque, tantôt celui des dessins

PLAQUE DE BRACELET
(ÉPOQUE DE LA RESTAURATION),
par Simon Petiteau.

indiens. L'effet en était particulier et assez heureux : il faisait,
dans le même genre, des colliers et des bracelets. »

Eugène Petiteau acquit rapidement une réputation fort
méritée, pour l'originalité et le goût de ses dessins. Par les
idées neuves qu'il introduisit dans ses compositions, il est,

avec Alexis Falize (le père) et quelques autres, un de ceux qui contribuèrent le plus à faire abandonner l'affreux bijou d'un goût si déplorable qui se faisait presque partout vers la fin du règne de Louis-Philippe, et qui semblait se survivre à lui-même. La mode s'en continuait péniblement d'ailleurs, parce

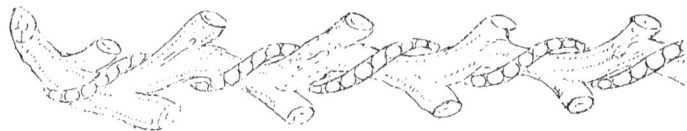

BRACELET ARTICULÉ,
BOIS NATUREL EN OR CISELÉ ET ÉMAILLÉ AVEC BRILLANTS.

qu'on ne savait de quel côté chercher une orientation nouvelle.

Petiteau eut des idées originales, et créa des modèles qui s'écartaient résolument de toutes les vieilleries sans goût et sans caractère, qu'exécutaient, pour ainsi dire machinale-

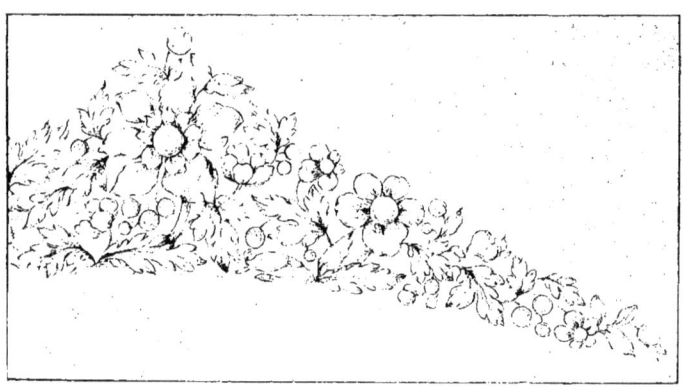

DIADÈME JOAILLERIE.

ment, tous les ateliers d'alors. Ce fut le commencement, du genre dont l'Exposition de 1855 montra plus tard des spécimens intéressants. Il faut reconnaître le mérite et le courage de ces hommes, qui souvent aux dépens de leur propre intérêt tentèrent les premiers de sortir notre industrie de la médiocrité dans laquelle elle était tombée.

Malgré nos recherches, il ne nous a pas été possible d'avoir de renseignements biographiques plus complets sur Simon et Eugène Petiteau ; le fils de ce dernier, Maxime Petiteau, n'a pas continué les affaires son père.

Une maison connue depuis bien longtemps à Paris est celle des Mellerio dits Meller[1]. Les Mellerio sont originaires de Craveggia, en Lombardie, et l'un d'eux a écrit leur histoire, en la faisant remonter au XIe siècle [2]. Nous ne suivrons pas l'auteur aussi loin, et ne nous attarderons pas dans une généalogie d'autant plus compliquée que la famille était très nombreuse ; néanmoins, nous ferons quelques emprunts à son intéressant travail. Contentons-nous, comme point de départ, de signaler que l'aïeul paternel, Jérôme Mellerio, ainsi que l'aïeul maternel, Jean-Marie Mellerio, émigrèrent en France sous François Ier, en 1540, et qu'ils s'occupaient déjà de vendre

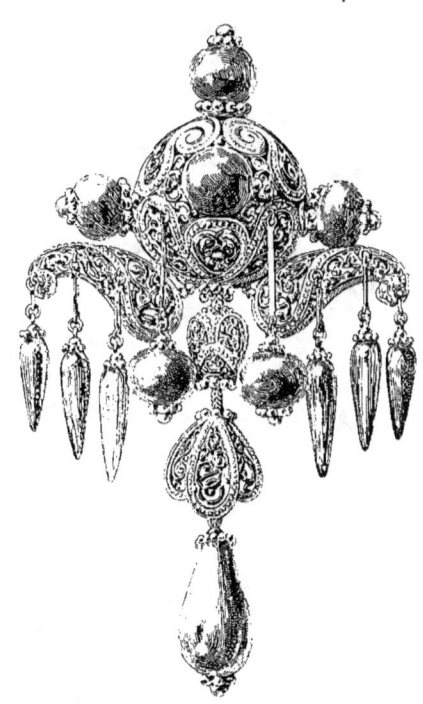

BROCHE EN ARGENT,
AVEC ÉMAIL NOIR ET CORAIL (VERS 1850).
Décor mauresque, par Eugène Petiteau.

---

1. Le vrai nom est Mellerio, mais autrefois, dans la clientèle, on trouvait plus commode de dire Meller, par abréviation, et on ne les désignait pour ainsi dire jamais autrement.
2. *Les Mellerio, leur origine et leur histoire (1000-1843)*, par Joseph Mellerio. Paris, Paul Ollendorff, 1895.

des bijoux, étant, l'un et l'autre, marchands-colporteurs de menus objets de bijouterie et de cristal taillé. Ces deux ancêtres, venus à pied de leurs montagnes, quittèrent la vallée de Vigezzo (Ossola), où ils étaient nés, pour s'installer à Paris dans la rue des Lombards. Cette rue, une des plus anciennes de la capitale, était, ainsi que son nom l'indique, habitée depuis un temps immémorial par la colonie italienne composée de ramoneurs, de fumistes[1], de colporteurs, comme aussi de riches marchands lombards et de ces banquiers auxquels les Rois de France avaient parfois recours, lorsque le besoin d'argent se faisait sentir.

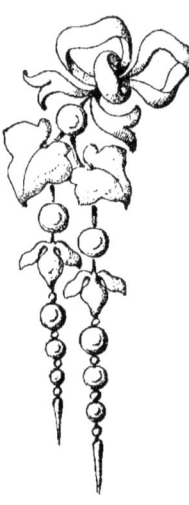

PENDELOQUE.
(Hauteur, 10 centimètres.)

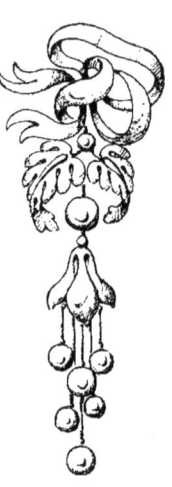

PENDELOQUE.
(Hauteur, 9 centimètres.)

Les Mellerio exercèrent pendant plusieurs siècles la profession de leurs ancêtres. Ces robustes montagnards, probes, économes et sérieux, allaient à pied de ville en ville, portant leur pacotille de bijoux sur le dos, et, choisissant l'époque des foires et des marchés, ils se plaçaient dans les endroits les plus fréquentés où ils étalaient leur marchandise sur une modeste table de bois suspendue à leur cou. Malgré leurs séjours prolongés en France depuis de nombreuses générations, les Mellerio conservèrent jusqu'à ces derniers temps leur nationalité

---

1. Au XVIIe siècle, le fumiste attitré du Palais du Louvre, où résidait la Cour, était un compatriote des Mellerio, nommé Jacques Pido. Il dut cette faveur à Marie de Médicis, qui aimait à s'entourer d'Italiens et qui les protégeait.

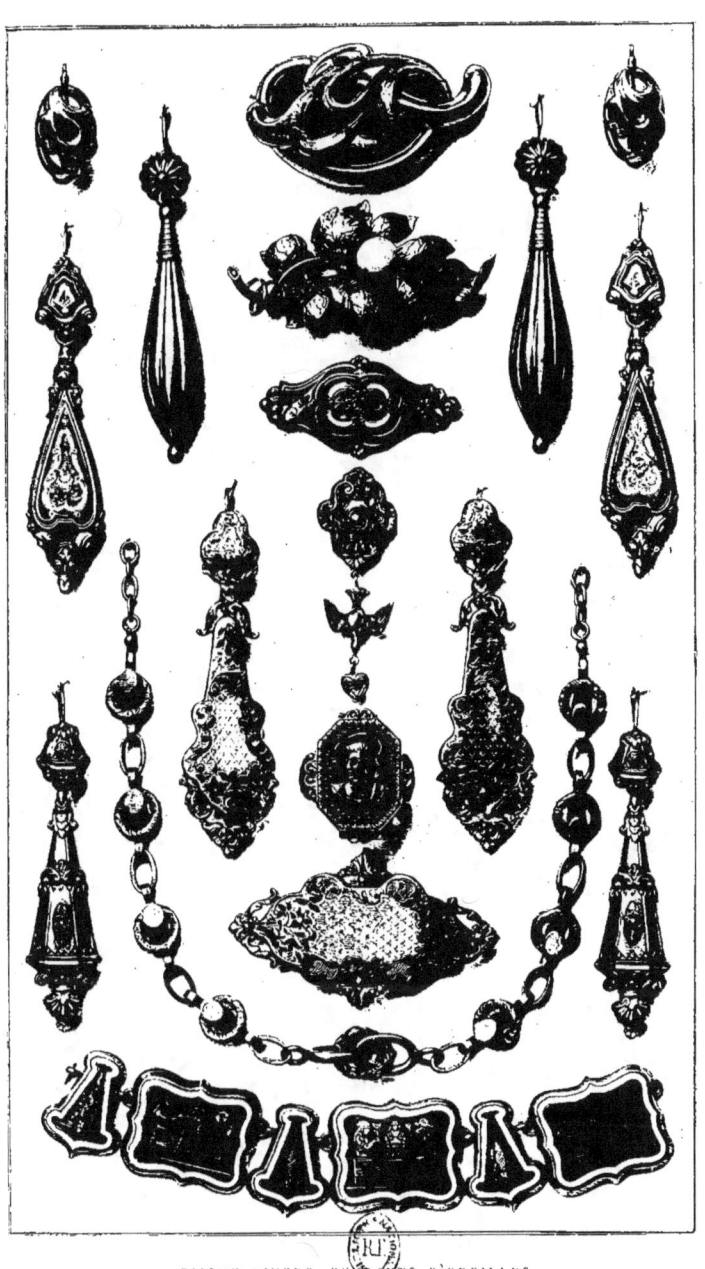

BIJOUX DIVERS, PENDANTS D'OREILLES
BROCHES, FERRONNIÈRE AVEC SAINT-ESPRIT, ETC.

italienne, n'épousant même que des jeunes filles de leur pays[1].

Nous devons nous borner à ne citer ici que les plus intéressants parmi les membres de cette nombreuse et ancienne famille. L'un d'eux, Jean-Marie Mellerio (1691-1792), que sa corpulence avait fait surnommer « le Gros », se maria deux fois, eut dix enfants et vécut cent et un ans. Son neuvième enfant, Jean-Baptiste (1765-1850), était très intelligent et montrait de grandes dispositions pour le commerce; aussi son père l'emmena-t-il à Paris avec lui, bien qu'il n'eût encore que douze ans.

« Trois années plus tard, au cours d'une tournée qu'ils firent à Versailles, Jean-Marie étala ses marchandises sur la grande place du Marché, et recommanda à Jean-Baptiste d'aller du côté du château. Notre jeune marchand remarqua de suite que les grands seigneurs et les beaux équipages se rendaient à la Cour par la grille qui fait face à la grande avenue de Paris : c'est là qu'il s'installa avec sa petite table devant lui.

» La Reine Marie-Antoinette, revenant de promenade,

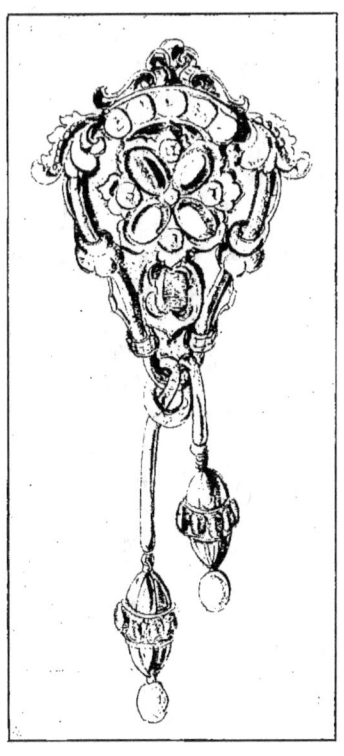

PENDANT DE COU,
FIN LOUIS-PHILIPPE
(Maison Mellerio).

---

1. Il est juste d'ajouter cependant que les Mellerio de la rue de la Paix, branche aînée, sont Français depuis trois générations. Ils ont seuls hérité du nom « dits Meller », qui les distingue des branches restées italiennes. Devenus

remarqua ce jeune marchand rangé contre la grille ; elle donna ordre à une de ses suivantes d'aller voir ce qu'il vendait. La dame s'approcha de la petite table où les bibelots étaient rangés avec soin ; aussitôt le jeune colporteur fit valoir sa marchandise avec tant de persuasion que la dame d'honneur consentit à lui faire quelques emplettes.

» Tout le temps que son père resta à Versailles, le jeune marchand conserva sa place devant la grille du château ; on finit par le connaître, on s'intéressa à lui, et on lui fit de petites commandes qu'il exécutait avec intelligence et promptitude. Peu à peu, Jean-Baptiste devint le fournisseur des gens et employés du palais ; alors il ne s'arrêta plus à la grille ; il eut ses entrées au château.

» Ce fut de la sorte qu'il finit par avoir la clientèle des seigneurs de la Cour.

» Quand il eut vingt ans, en 1785, son père, qui en avait alors soixante, se retira au pays, pour finir ses jours paisiblement ; il laissa à son fils une bonne pacotille et aussi une clientèle sérieuse.

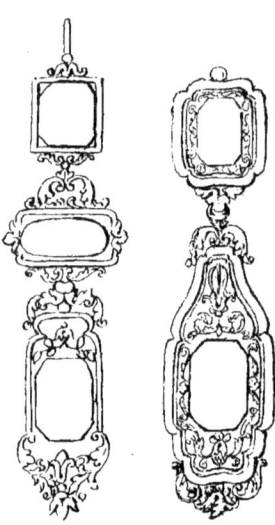

PENDANTS D'OREILLES EN OR
(VERS 1835).

» Jean-Baptiste, très capable et actif, augmenta vite sa maison et s'amassa un petit capital. »

Mais survint la Révolution. En 1793, les Italiens de la rue des Lombards, ne se trouvant plus en sécurité, quittèrent Paris et regagnèrent leur pays, qui, trois ans plus tard, devenait français. Jean-Baptiste Mellerio revint alors à Paris et

---

acquéreurs de la maison de leur oncle Mellerio-Meller, ils l'ont réunie à la maison principale, qui représente maintenant toutes les anciennes maisons Mellerio (celle de la rue Vivienne : « A la Couronne de fer » ; celle du quai Voltaire, etc.).

ouvrit une belle boutique rue Vivienne, n° 20, à l'enseigne
« Mellerio-Meller. A la Couronne de fer ». Ses affaires

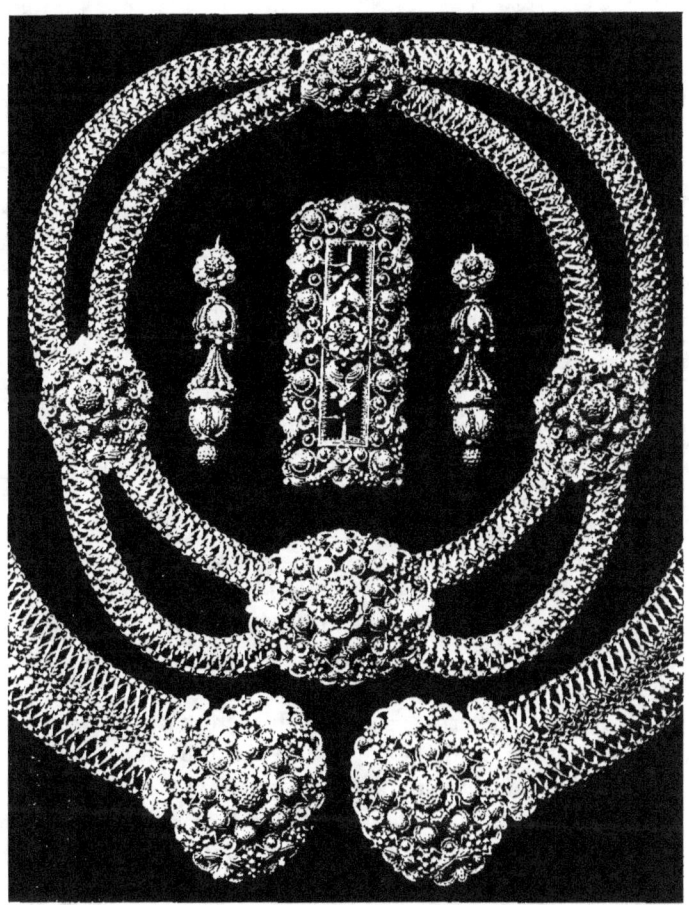

GRANDE PARURE EN OR MAT (VERS 1825-1830),
AVEC ORNEMENTS DE CANNETILLE ET DE GRAINETI.
(La boucle a 7 cent. 1/2 de hauteur.)

devinrent très prospères; parmi ses clientes, il comptait
Joséphine, alors Reine d'Italie, à qui il vendit notamment

un magnifique collier de perles. N'ayant pas d'enfants, il se retira du commerce en 1830, pour aller vivre confortablement au château d'Ozouer-la-Ferrière, qu'il avait acheté au général d'Hautpoul, en 1812. Cet oncle à héritage devint fort riche; il aimait le luxe, était très généreux, et, dans la famille, on l'avait surnommé l'oncle « Mylord », à cause de son train de maison qui était fastueux. Il mourut en 1850, à l'âge de quatre-vingt-cinq ans. Ce fut Jean-Antoine Mellerio, connu dans la famille sous le nom d'oncle Tony, qui lui avait succédé et qui transporta plus tard (en 1832) son magasin quai d'Orsay, n° 1, au premier étage, continuant à être connu sous le nom de Mellerio-Meller. Cet oncle Tony mourut vers 1860.

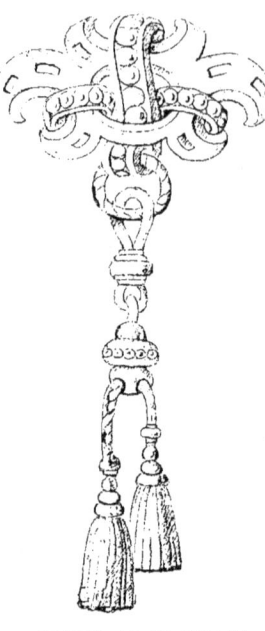

BROCHE OR ET PERLES
(Maison Mellerio).

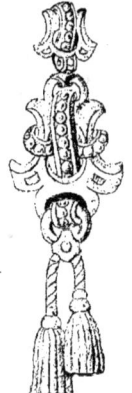

BOUCLE D'OREILLE
OR ET PERLES.

François Mellerio (1772-1843) fut le fondateur de la maison de la rue de la Paix. C'était un bel homme, aux allures séduisantes. Venu en France en 1784, parlant à peine le français, il parcourut d'abord la province avec son père Jean-François. Mais ce n'était plus le petit colportage d'autrefois, avec la boîte sur le dos; les Meller avaient cheval et voiture, permettant d'emporter un assortiment complet de marchandises, si bien qu'en 1789, ils s'installèrent dans un petit appartement de la rue de Grenelle et cessèrent les tournées de ville en ville.

Nous avons dit que, pendant la Révolution, la colonie italienne était retournée en masse dans sa patrie. François

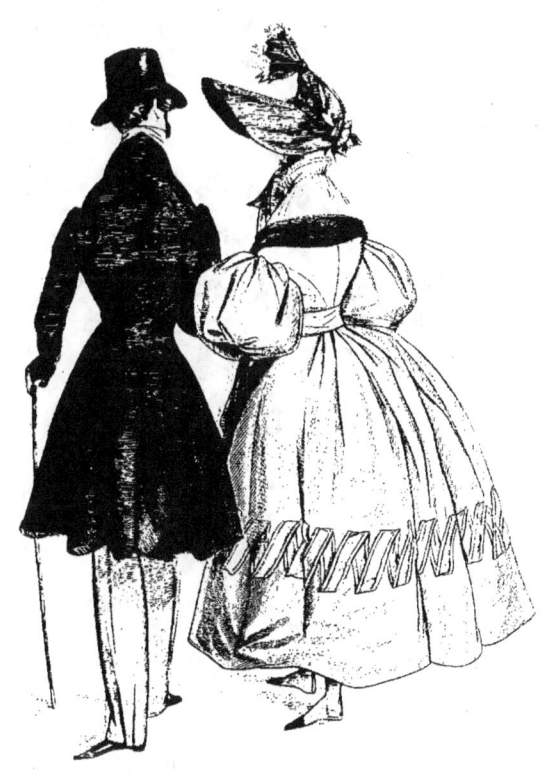

TOILETTE DE PROMENADE (1832)
par Gavarni.
(Ces modes ne permettaient guère le port du bijou).

Mellerio, resté seul à Paris, pour garder la maison de commerce, dut faire partie de la Garde nationale. C'est ainsi que, le 5 octobre 1793, se trouvant de garde à la Conciergerie, où Marie-Antoinette était prisonnière, il vit passer devant lui, à son retour du Tribunal révolutionnaire, la malheureuse Reine qui devait être guillotinée le lendemain! Il ne put dissimuler son émotion et, devenu suspect, il se cacha chez un ami, afin d'échapper à une arrestation imminente; enfin, pour mieux se soustraire aux recherches, il

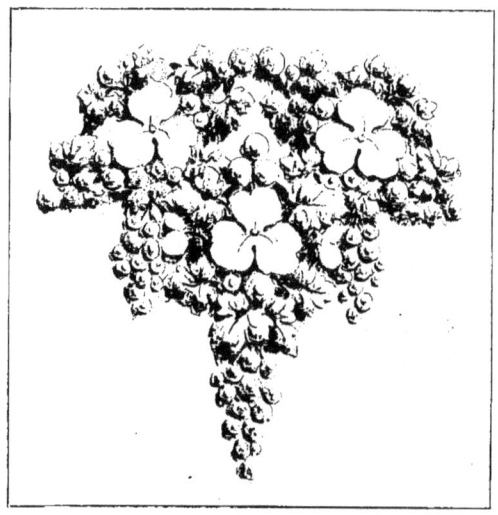

BROCHE GRAPPES DE RAISIN, ÉMAIL ET PIERRES (VERS 1848)
(Maison Mellerio.)

prit le parti de s'engager dans les armées de la République. C'est ainsi qu'il sauva sa tête.

Enrôlé dans l'armée du Nord, il dut à son air martial et à sa taille superbe d'être incorporé dans les grenadiers. Il prit part, sous les ordres de Hoche, au siège de Landau, fit la campagne des Pays-Bas avec Pichegru, assista à la prise de la flotte hollandaise par les hussards et fit ensuite toute la campagne d'Allemagne. Devenu sergent, il déclina l'offre qui lui était faite de passer officier s'il voulait rester à

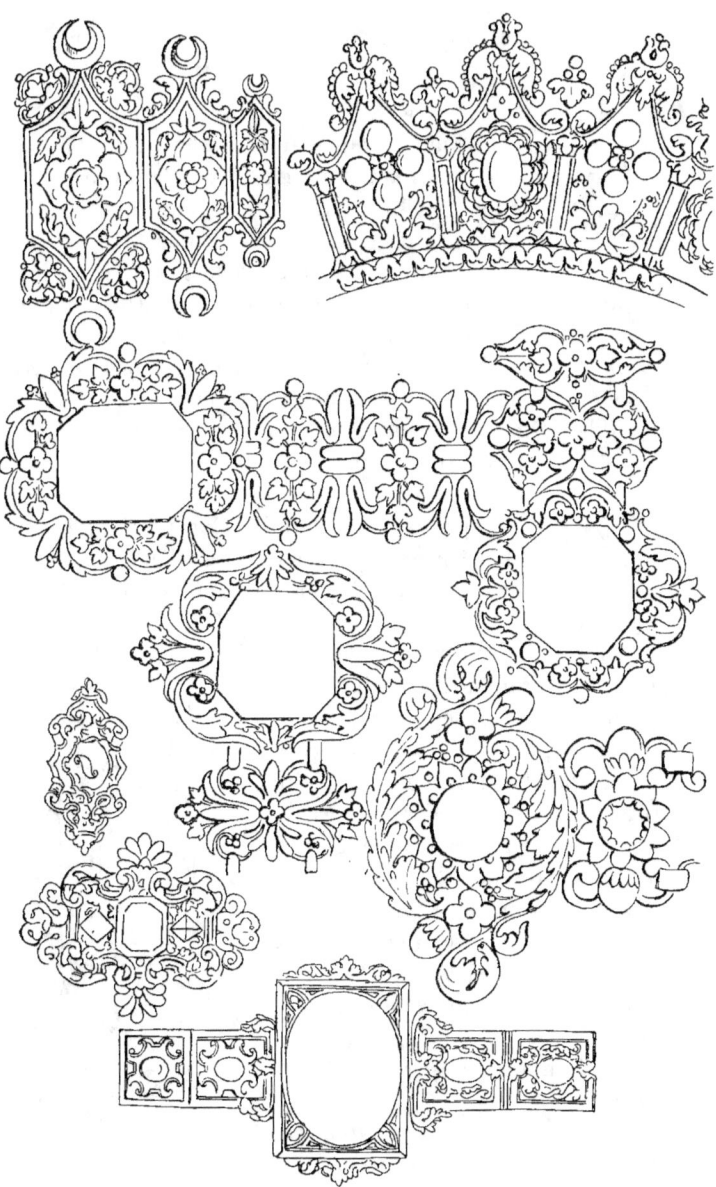

PAGE D'ALBUM.
Croquis de Jean-François Mellerio.

l'armée, et quitta le service en 1796. Il entra comme commis chez Manini, qui était alors le premier bijoutier de Milan, et attendit là que les événements politiques lui permissent de retourner à Paris, où il s'était déjà fait une clientèle.

Ce fut en 1801 que François Mellerio s'installa rue du Coq-Saint-Honoré, n° 4; ses débuts furent très modestes, mais, à force de travail et de persévérance, il augmenta progressivement ses affaires, se présentant chez les favorisés du jour, les « bonapartistes », que le futur souverain comblait déjà d'honneurs et de richesses.

Après que le Premier Consul eût été proclamé Empereur des Français, l'ancien sergent de l'armée du Nord redoubla d'activité. « M. de Ségur avait été nommé grand-maître des cérémonies de la maison de l'Empereur, et sa femme dame d'honneur de l'Impératrice Joséphine; elle était la cliente de François Mellerio et s'intéressait beaucoup à lui; elle lui trouvait de si belles manières, et toujours si correctes, qu'elle lui promit de le présenter à l'Impératrice.

» Un jour qu'elle était de service, elle envoya un garde à cheval, avec une lettre, pour prévenir François qu'il devait se rendre immédiatement au château des Tuileries, pour être présenté à l'Impératrice Joséphine.

» François était dans tous ses états; il se mit sur son trente-six, et, après avoir rassemblé ce qu'il avait de plus riche et de plus à la mode, il se dirigea vers

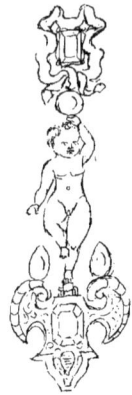

PENDELOQUE.

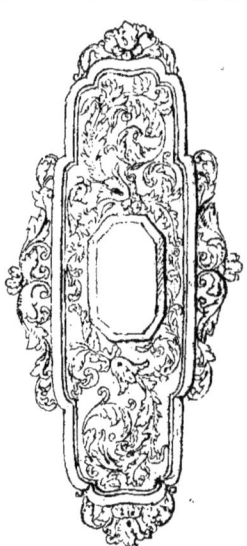

BOUCLE DE CEINTURE.

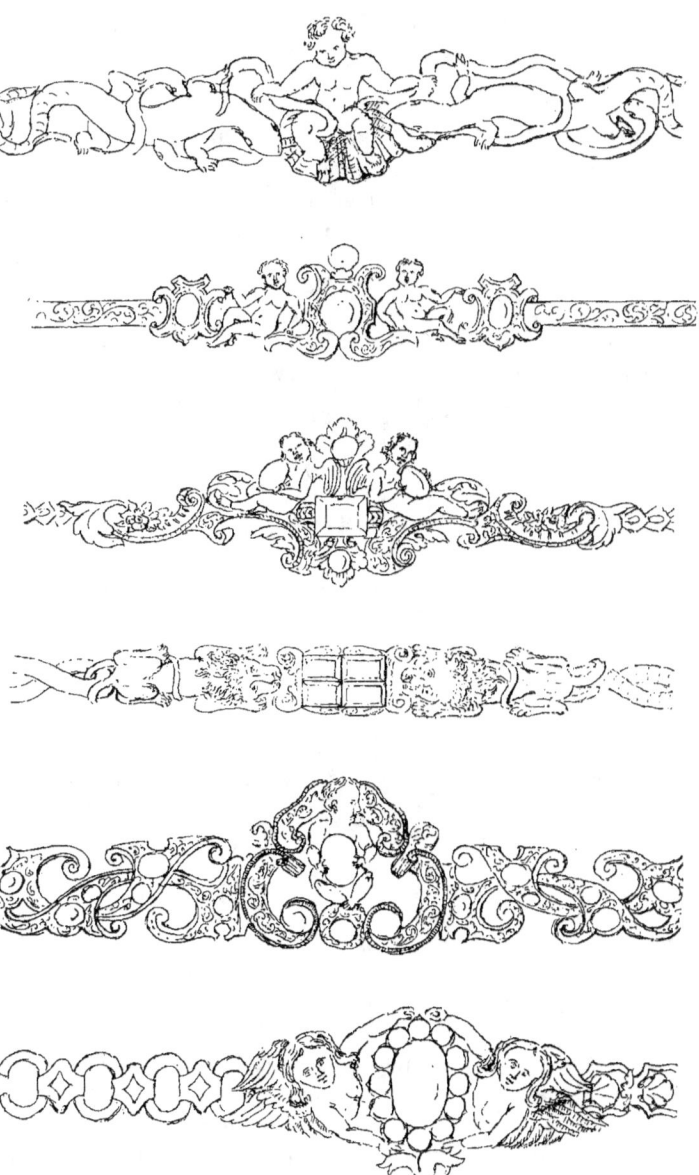

BRACELETS, PAR JEAN-FRANÇOIS MELLERIO.

les Tuileries tout émotionné. La Comtesse de Ségur l'attendait; elle le fit monter dans les appartements privés de l'Impératrice et le présenta elle-même.

» Il fut reçu avec bienveillance, et quand l'Impératrice apprit qu'il avait servi dans l'armée française, elle le félicita

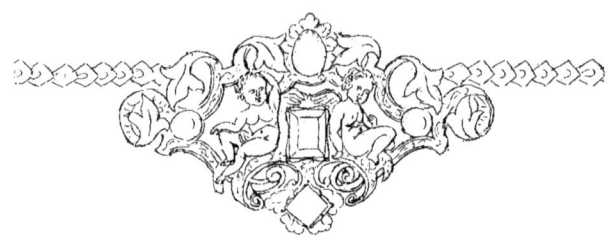

MILIEU DE COLLIER.

et lui dit en souriant : « Vous deviez être un beau grenadier, » monsieur Meller. »

» L'Impératrice fit différentes emplettes pour des cadeaux qu'elle voulait offrir à des personnages de la Cour, et l'au-

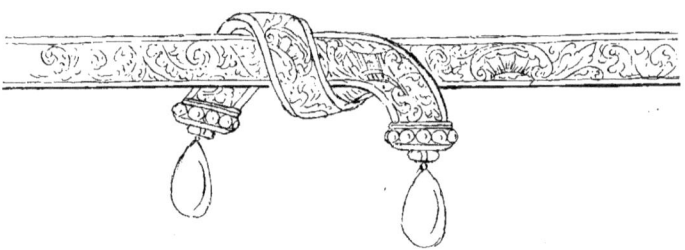

BRACELET RUBAN D'OR, COUVERT D'ORNEMENTS GRAVÉS.

torisa à se présenter aux Tuileries toutes les fois qu'il aurait de belles nouveautés à lui faire voir.

» François était dans le ravissement ; il ne tarissait pas d'éloges sur la beauté et la gracieuseté de l'Impératrice Joséphine.

» Le succès commençait à couronner ses efforts ; cette

présentation lui attira beaucoup de seigneurs de la Cour, les affaires devinrent plus importantes ; il pouvait dire avec certitude que sa maison était définitivement fondée. »

Les affaires de François étaient de plus en plus pros-

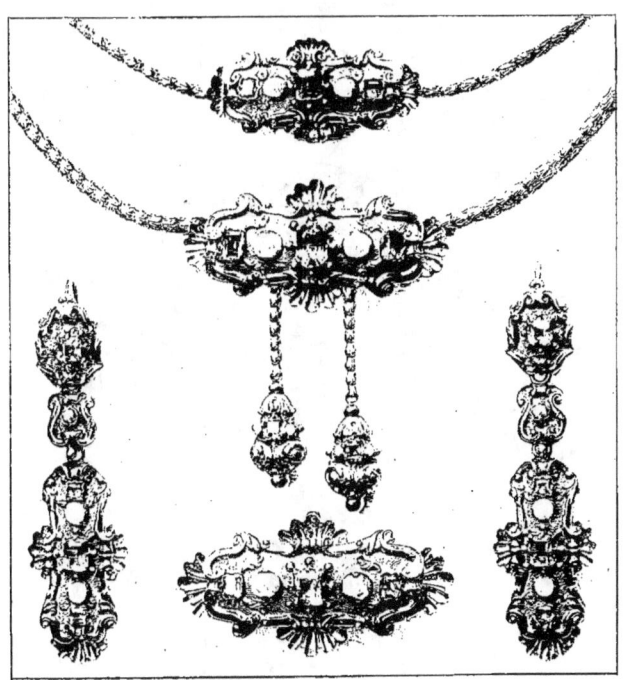

PARURE EN OR CISELÉ, ÉMERAUDES ET PERLES.
(Ferronnière, collier, broche, pendants d'oreilles.)

pères ; il fit venir du pays son frère Jean-Jacques pour le seconder dans son commerce. C'est ainsi qu'ils s'installèrent tous les deux, vers la fin de 1815, au n° 22, rue de la Paix. Ils y restèrent pendant la Restauration. En 1833, les deux frères se concertèrent pour le placement des capitaux qu'ils avaient déjà amassés et achetèrent une maison, rue de la Paix, n° 5, auprès du Timbre royal, construit sur l'ancien couvent des Capucines[1]. Cette même année, Antoine (1816-1882), fils de François, fut retiré du collège et mis immédiatement aux affaires. Il s'y retrouva avec son frère Jean-François (1815-1886), qui aidait déjà son père depuis l'année précédente et qui, avec de grandes dispositions pour le dessin, avait des goûts artistiques très prononcés.

En 1836, la maison fut transférée, du n° 22 de la rue de la Paix, où l'on était en location, au n° 5 (actuellement n° 9),

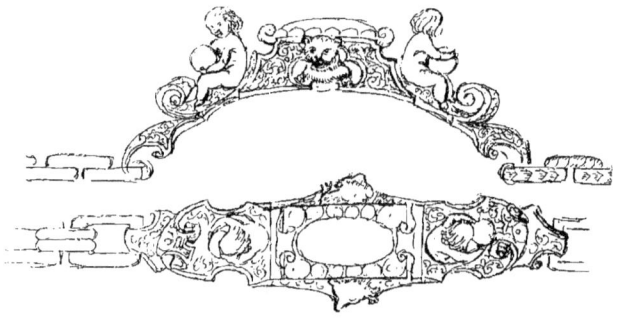

BRACELET A PERSONNAGES.
(Face et profil.)

dont les Mellerio étaient propriétaires, ainsi que nous venons de le dire.

A cette époque, le Baron de Montmorency, client de la maison, présenta François à la Reine Marie-Amélie, femme de Louis-Philippe et fille du Roi de Naples. Sa Majesté

---

1. Il n'est peut-être pas sans intérêt d'indiquer ici les valeurs progressives prises par cet immeuble de la rue de la Paix, en moins de soixante ans.

Cette maison coûta 400.000 francs en 1833 (à la même époque, l'hôtel Mirabeau était proposé pour 500.000 francs). En 1856, vingt-trois ans après, les deux fils aînés de François (Jean et Antoine) ses successeurs, la rachetèrent aux enchères à la famille pour 570.000 francs. En 1866, dix ans seulement après, Jean revendit sa part à Antoine 450.000 francs, ce qui mettait l'immeuble à 900.000 francs ; les deux frères y avaient fait pour 100.000 francs de frais depuis 1856. En 1892, il fut vendu définitivement au prix de 1.200.000 francs sans les frais. Ce fut un étranger à la famille qui en devint acquéreur.

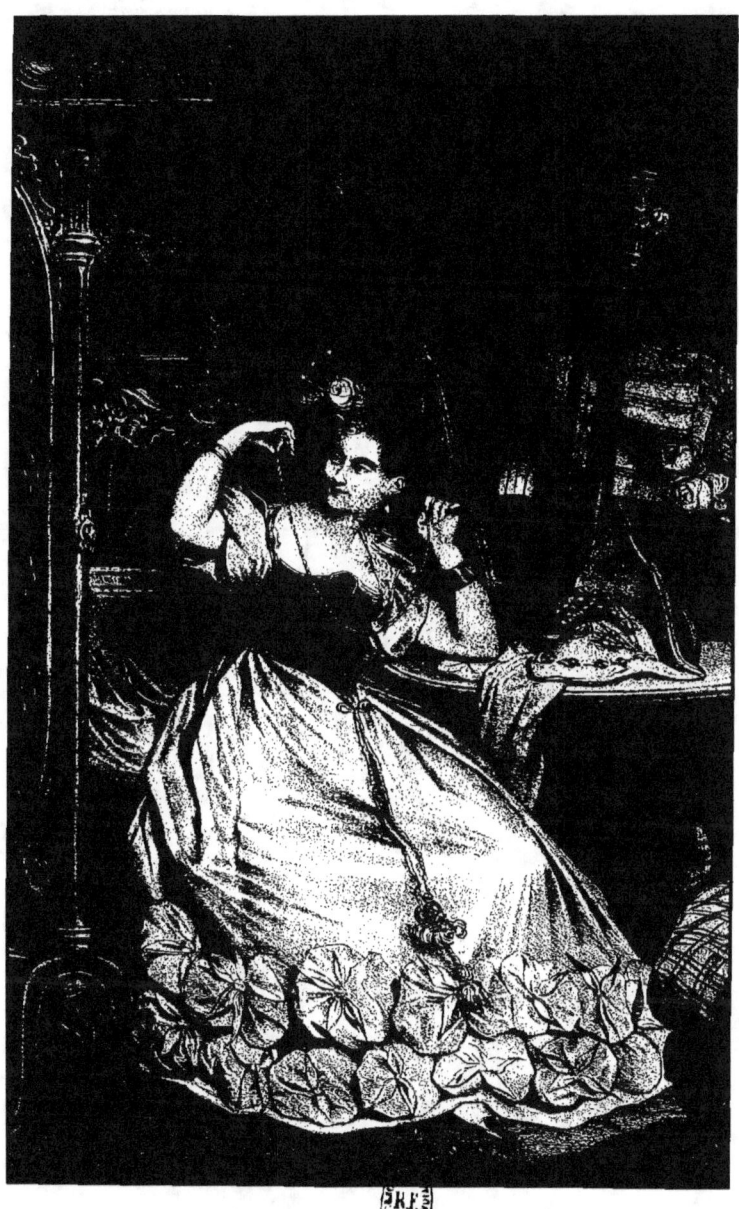

UN JOUR AVANT LE MARIAGE.
« Composé et dessiné sur pierre par A. Deveria ».
(Parure complète de bijoux avec leur écrin : épingles de coiffure, ornements de front,
chaine, bracelets, diadème, broche, collier, etc.)

porta toujours beaucoup d'intérêt à notre bijoutier, avec qui elle était ravie de parler l'italien, sa langue maternelle. Elle l'autorisa à prendre le titre de fournisseur de la Reine des Français, et désira qu'il se présentât tous les jours au château [1].

François Mellerio mourut le 19 novembre 1843, des

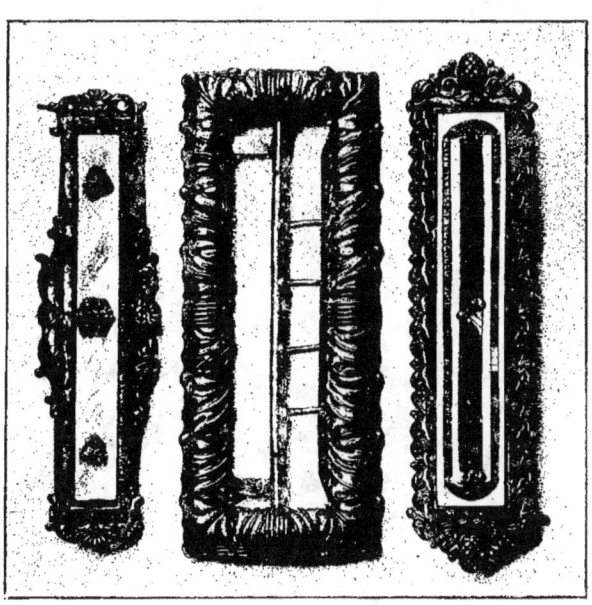

BOUCLES DE CEINTURE.

suites d'une chute, dans son pays de Craveggia, où il était allé pour revoir les siens et se retremper à l'air des montagnes. Il venait précisément de laisser sa maison à ses deux fils, Jean-François et Antoine, qui la dirigèrent jusqu'en 1848, avec leur oncle, Jean-Jacques Mellerio, époque à

[1]. Louis-Philippe causait familièrement avec François; il lui demanda un jour combien il avait d'enfants. Quand il apprit qu'il avait cinq garçons et trois filles, il s'écria : « C'est juste comme moi, monsieur Meller ; je vous en fais mon compliment ! »

laquelle celui-ci se retira en Italie, où il mourut en 1856, âgé de 72 ans.

Lors de la Révolution de 1848, Jean-François, fils aîné, fuyant l'émeute comme tant d'autres, rassembla tout ce qu'il put de ses marchandises et partit pour l'Espagne, qu'il parcourut pendant dix-huit mois de suite. Les affaires qu'il fit en voyageant ainsi ayant fort bien réussi, les deux frères Jean et Antoine fondèrent à Madrid une succursale qui

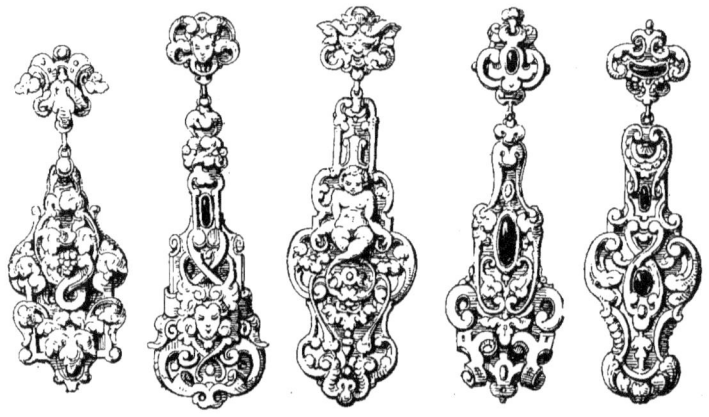

PENDANTS D'OREILLES, ÉPOQUE LOUIS-PHILIPPE.

devint bientôt très importante, en raison du titre de fournisseur de la Reine Isabelle II, qui lui fut accordé. Depuis plus d'un demi-siècle, non seulement elle procure du travail aux ouvriers des ateliers de la maison Mellerio dit Meller, à Paris, mais elle est un débouché pour les produits de la bijouterie parisienne.

Revenus à Paris, Jean et Antoine continuèrent les affaires, qui ne cessèrent de prospérer sous leur direction. Leur joaillerie et leur bijouterie étaient toujours d'excellente fabrication. Dans le domaine de l'orfèvrerie et des pièces d'art, que nous laissons volontairement en dehors de cette étude, nous devons cependant mentionner la grande couronne d'or et pierreries exécutée pour l'abbaye du Mont-Saint-Michel, et celle de Notre-Dame de Lourdes, œuvres

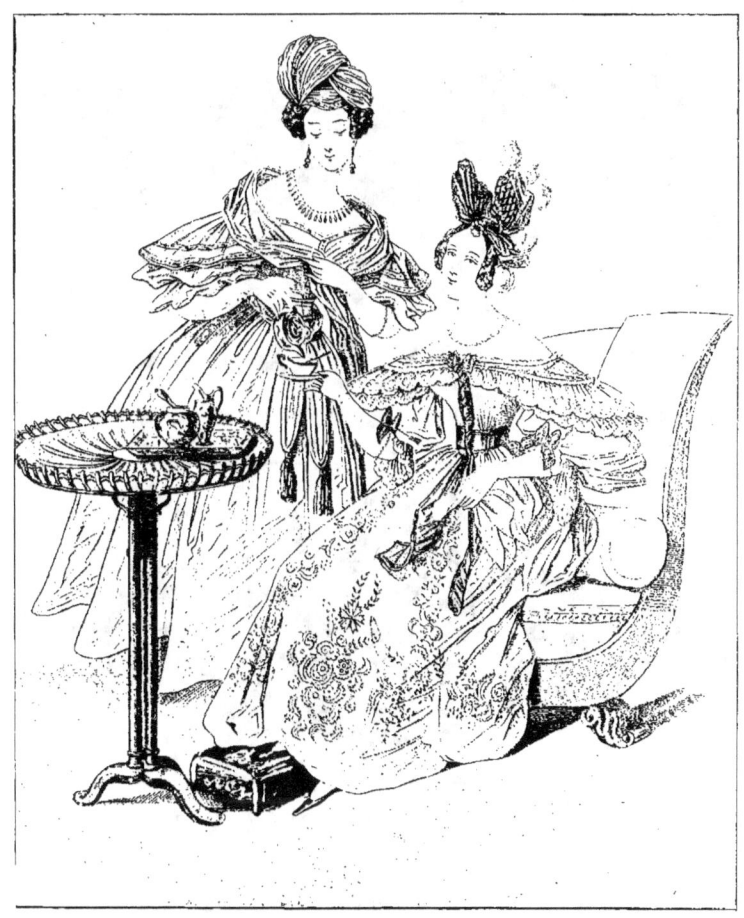

LE THÉ (1834).
Colliers, pendants d'oreilles, ornements de coiffure.

très importantes, qui figurèrent à l'Exposition de 1878. D'ailleurs, la maison prit part, avec succès, à de nombreuses expositions en France et à l'étranger [1]. Jean Mellerio reçut la croix de la Légion d'honneur en 1878. Antoine Mellerio, qui s'intéressait beaucoup au sort, souvent précaire, des

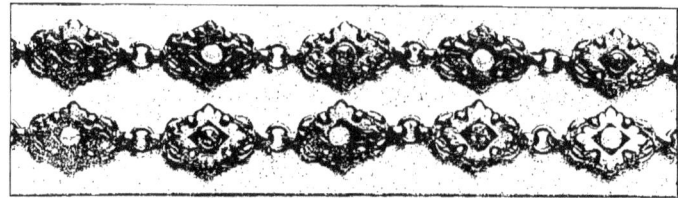

CHAINE-SAUTOIR EN OR (FIN LOUIS-PHILIPPE).
(Les pierres ont été ajoutées postérieurement.)

membres de nos corporations atteints par l'âge ou les infirmités, un des fondateurs de la Chambre syndicale en 1864, en fut plusieurs fois vice-président. Il est le promoteur de

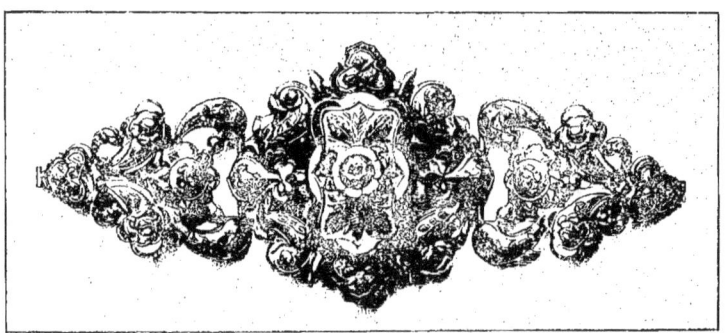

BRACELET EN OR ESTAMPÉ ET ÉMAILLÉ.
(Le dessous est garni de contre-émail.)

la Société d'Encouragement de la Bijouterie, de la Joaillerie et de l'Orfèvrerie, fondée pour encourager et récompenser la Vertu et le Travail; il l'organisa en 1875, avec le

1. Paris, 1855 et 1867, médaille d'or; Londres, 1862, prize medal; exposition religieuse de Rome, 1870, grande médaille; Vienne, 1873, grand diplôme d'honneur; Paris, 1878, médaille d'or.

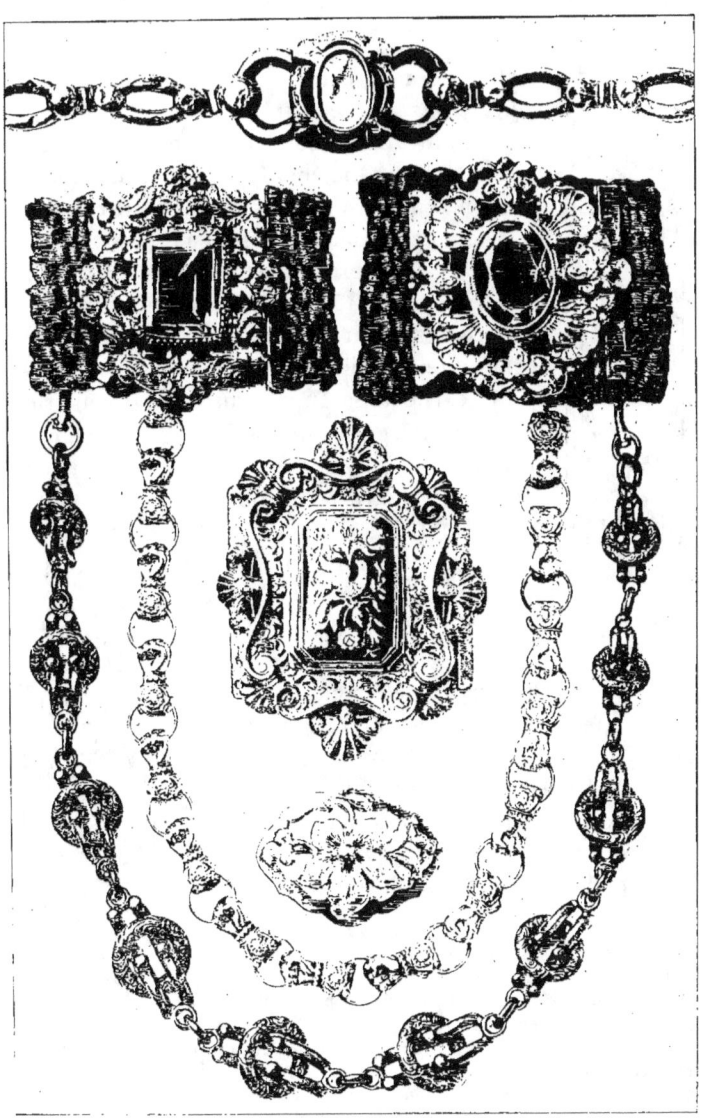

BRACELETS EN CHEVEUX TISSÉS
AVEC PLAQUES ESTAMPÉES, CHAINES DE MONTRE, ETC.

concours de Martial Bernard père, et ne voulut jamais en être que le dévoué et très généreux trésorier[1].

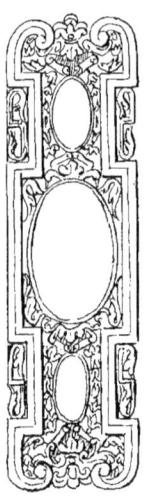

BOUCLE DE CEINTURE.

Les aînés de chacune des branches, M. Raphaël Mellerio (né en 1847) et M. Louis Mellerio (né en 1848)[2], restés depuis cette époque à la tête de la maison, se sont adjoints récemment les deux premiers fils de M. Raphaël : Maurice (né en 1877) et Charles (né en 1879), qui représentent actuellement la cinquième génération de bijoutiers de père en fils.

Il existe aussi une maison de bijouterie Mellerio-Borgnis, qui fut fondée en 1700 par Borgnis-Gallanty et s'est continuée de père en fils. En 1780, il était fournisseur de Louis XVI et de la Dauphine. Ce Borgnis-Gallanty n'avait pour tout registre « qu'un petit livre comme celui des blanchisseuses, sur lequel il inscrivait pêle-mêle les ventes, les recettes et les commandes, ce qui ne l'empêchait pas de trafiquer pour des centaines de mille francs par an. Sa fille lui succéda, rue d'Argenteuil, n° 6, et, grâce à ses capacités et à l'ordre qu'elle y introduisit, cette maison devint une des plus importantes de

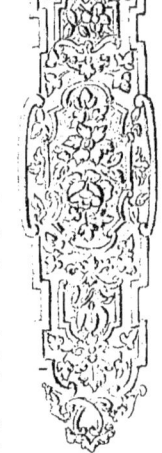

BOUCLE DE CEINTURE LOUIS-PHILIPPE.

1. Déjà, en 1873, M. Antoine Mellerio avait proposé à la Chambre syndicale de constituer un capital destiné à soulager les infortunes et s'était inscrit pour mille francs (séance du 16 décembre).
2. M. Louis Mellerio a continué l'œuvre fondée par son père et lui a succédé comme trésorier de la Société d'encouragement. Des pensions viagères de 500 francs existant déjà pour les vieux *ouvriers* bijoutiers, il a personnellement institué une fondation annuelle de 400 francs, distribuée en rente viagère à de vieux *employés* de la corporation, ayant plus de soixante ans d'âge et plus de trente ans de travail dans la même maison.

Paris[1] ». La fille de Borgnis-Gallanty a épousé le plus jeune fils de François Mellerio, et leur maison, rue du 29-Juillet, s'est continuée sous la raison sociale Mellerio-Borgnis-Gallanty.

Il est difficile de parler de la maison Mellerio-Meller sans citer les Foullé, qui en ont été les collaborateurs pendant

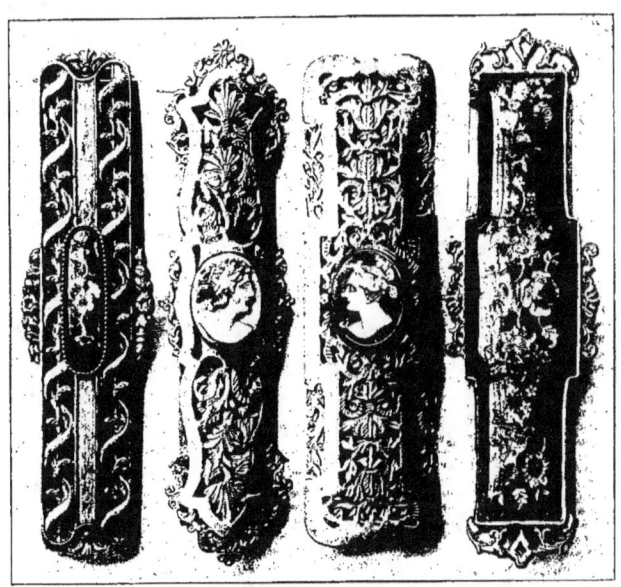

BOUCLES DE CEINTURE AVEC ÉMAUX ET CAMÉES
(LOUIS-PHILIPPE).

trois quarts de siècle. L'atelier Foullé, qui peut être considéré comme l'atelier Mellerio, s'est organisé en 1797 et, à part une période qui va de 1836 à 1859, et pendant laquelle ce fut Ramsden, gendre de Foullé, qui le dirigea, on peut dire qu'on s'y succéda de père en fils[2]. En 1859, c'est Henry

1. *Les Mellerio, leur origine et leur histoire*, par Joseph Mellerio (ouvrage cité).
2. Foullé (Pierre-Louis), 1767-1854 ; Ramsden (Alfred), gendre, 1803-1867 ; Foullé (Henry), petit-fils, 1833-1882.

Foullé, petit-fils du fondateur, qui reprit la maison. Dessinateur fécond, très bon fabricant, il travailla exclusivement pour les Mellerio. D'ailleurs, ceux-ci ne négligèrent aucune occasion de reconnaître le mérite de leur collaborateur; ils demandèrent et obtinrent pour lui une médaille pour sa collaboration à l'Exposition de 1867, à celle de Vienne en 1873 et à celle de 1878. Depuis la mort de Henry Foullé (1882)[1], c'est dans leur maison de la rue de la Paix que les Mellerio ont organisé leur atelier, et en ont confié la direction à M. Blanchet.

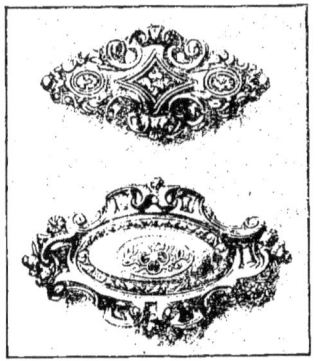

BROCHES EN OR ESTAMPÉ ET ÉMAILLÉ
(VERS 1840).

Pour en revenir aux joailliers renommés de l'époque de Louis-Philippe, nous devons citer maintenant Jean-Valentin Morel (1794-1860), dont le succès commença à ce moment et se prolongea, du reste, bien au delà de ce règne.

Artisan consommé, d'un goût très sûr, Morel, malgré son nom bien français, était d'origine étrangère; son père, qui, comme lui, s'appelait Valentin (1761-1833), naquit à Chaumont, près de Suze, en Piémont. Il était lapidaire[2], ce qui permit à notre futur bijoutier d'acquérir dès son enfance des connaissances spéciales, qui lui furent fort utiles par la suite. A peine adolescent, Morel entra chez Vachette, fabricant de tabatières, très réputé sous Napoléon Ier; dans l'atelier de cette maison se trouvaient encore quelques anciens ouvriers du temps de Louis XVI

---

1. Un de ses deux fils, Raoul Foullé, a repris, en 1893, la maison MacHenry et Pardonneau, rue Royale.
2. Morel, lapidaire, rue Basse-des-Ursins, n° 21, au coin de celle Saint-Landry..... (*Azur*, 1833.)

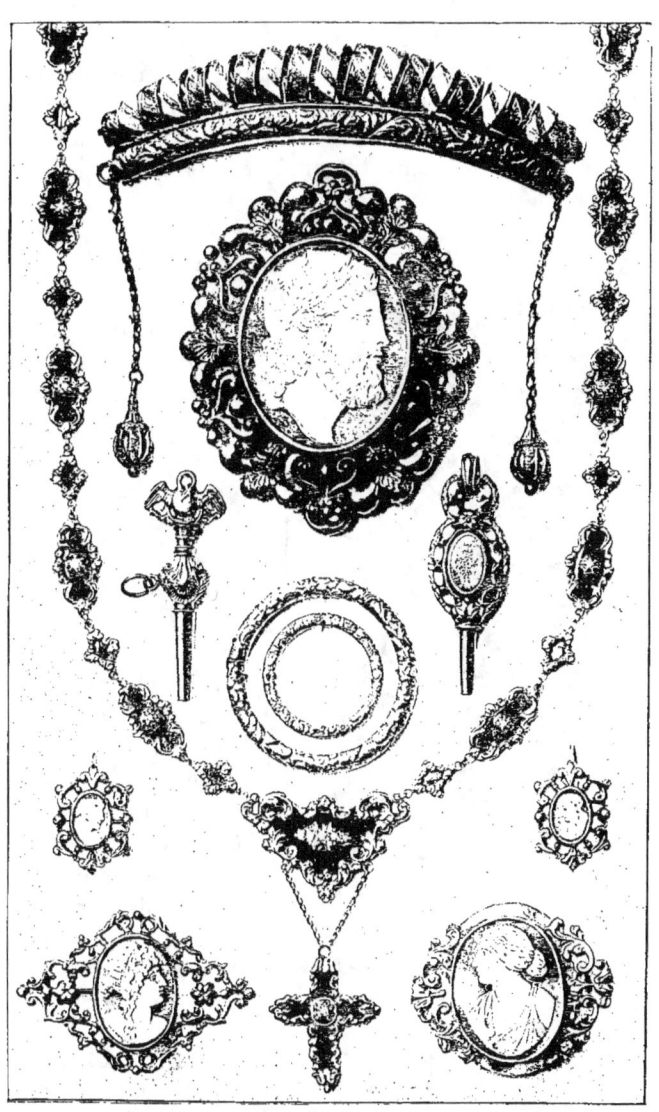

PEIGNE AVEC PENDELOQUES,
COLLIER, ANNEAUX DE BRELOQUES, BROCHES, ETC.

qui avaient conservé les vieilles traditions de métier. Morel fut donc à bonne école. D'autre part, ses dispositions naturelles et son habileté professionnelle étaient si grandes, qu'il arrivait à fabriquer sans difficulté deux tabatières d'or par semaine, ce que ses camarades ne parvenaient pas à faire, malgré tous leurs efforts.

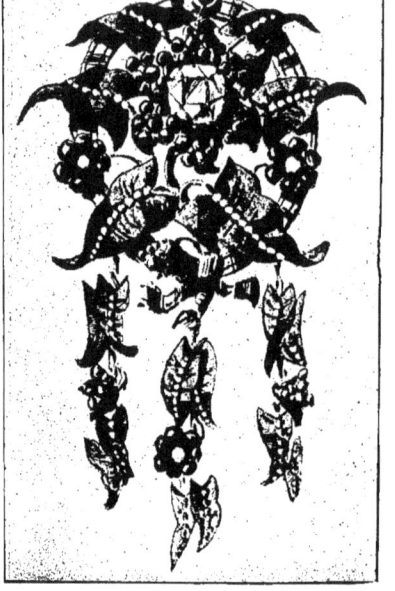

BROCHE AVEC ÉMAUX ET PIERRES
par Morel.

Morel s'exerça successivement à toutes les pratiques d'un métier qu'il aimait passionnément et se familiarisa avec tous les procédés connus de la bijouterie et de l'orfèvrerie[1] ; aussi, devenu rapidement un maître dans son art, fut-il choisi par Fossin comme chef d'atelier.

C'est en cette qualité qu'il travailla à l'épée offerte, en 1838, par la Ville au Comte de Paris. Pour l'exécution de cette épée, dont on fit grand bruit alors, on avait fait appel aux artistes les plus réputés de l'époque. Klagmann en avait sculpté le modèle ; Froment-Meurice avait la direction

---

1. Morel avait été établi antérieurement, puisque nous le trouvons ainsi désigné, dans l'*Azur* de 1833 : « Morel fils, orfèvre, joaillier, bijoutier, rue de la Vieille-Draperie, n° 5, près le Palais de Justice (élève de Vachette). Pour la tabatière d'or, la monture des pièces antiques et des peintures précieuses ; bijoutier, lapidaire, mosaïste ; exécute incrustations, mosaïques en coupes, vases, objets d'art en jaspe, lapis, agathe, etc., ainsi que leur monture en or et en argent, pour les bijoux et les cabinets (*sic*). »

générale du travail, que l'on avait réparti entre plusieurs orfèvres et ciseleurs, au risque de compromettre l'unité de l'œuvre. Fossin avait été chargé de la poignée et de la garde et, en réalité, ce fut Morel, son chef d'atelier, qui la fabriqua et qui, en particulier, repoussa les figures d'or en ronde bosse qui décoraient la garde [1]. On avait

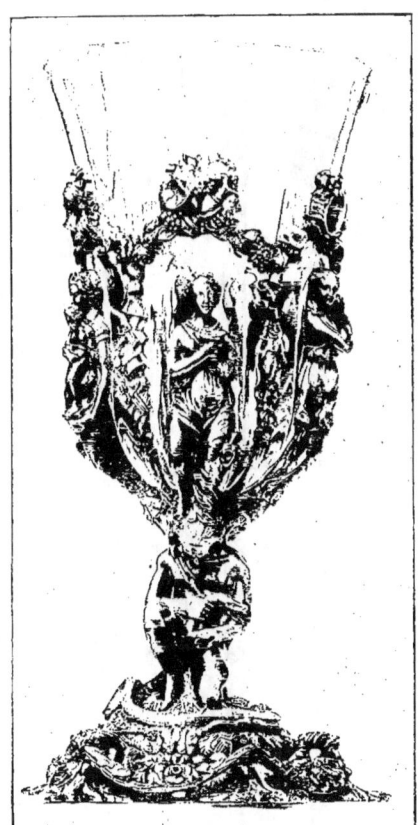

GOBELET EN ARGENT CISELÉ,
ÉPOQUE DE LOUIS-PHILIPPE

Donné par Mme Bacciochi à M. Alphonse Gauthier,
ancien secrétaire général
de la maison de l'Empereur Napoléon III.
(Appartient à M. le lieutenant-colonel E. Nitot.)
Hauteur, 20 centimètres.

[1] « ... Permettez seulement que je vous dise quelques mots de l'épée du Comte de Paris ; c'est l'œuvre de Morel, oui, mais *c'est l'œuvre aussi de Fossin*, qui en a dirigé l'exécution d'un bout à l'autre, je le sais. C'est la ciselure de Vechte, c'est la composition et la sculpture de Klagmann. Disons, c'est justice, la part que chacun a pu y prendre, mais n'effaçons pas, comme on a peut-être été trop porté à le faire, la part de celui qui, étant nominativement chargé de cette lourde affaire, l'a effectivement dirigée, conduite et amenée à bonne fin. » (Notes sur l'orfèvrerie, adressées à M. le Duc de Luynes par F.-D. Froment-Meurice.)

Cette épée avait coûté 50.000 francs, dont 2.500 francs pour la boîte richement ornée qui la renfermait. Vechte reçut pour sa part de ciselure la somme de 6.000 francs.

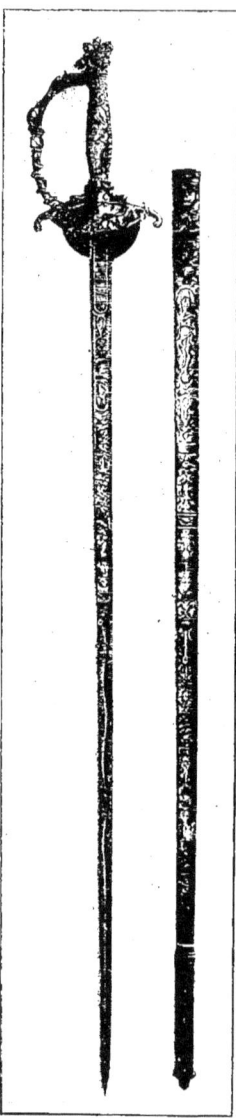

FOURREAU ET ÉPÉE
DU COMTE DE PARIS.

attribué à Lepage[1], armurier du Roi, la lame et le fourreau dont Vechte exécuta la ciselure aux côtés de Morel, dans l'atelier même de Fossin. Ce travail n'alla pas sans incidents, d'après ce que nous a raconté M. Morel fils; une paille qui se trouvait dans l'or fit rompre le fourreau, au grand émoi de tous les collaborateurs, atterrés par la date imminente de livraison qui avait été fixée. On prévint immédiatement le Comte de Rambuteau, alors Préfet de la Seine, par qui la commande officielle avait été faite au nom de la Ville. Il vint en hâte chez Fossin, pour examiner comment le malheur pourrait être réparé. Pendant que Fossin exposait sa manière de voir à ce sujet, il s'embarrassait dans ses explications et, quittant à tout instant la conversation, allait conférer avec son chef d'atelier Morel, si bien que M. de Rambuteau, témoin de ce manège, fit introduire ce dernier et s'entendit directement avec lui. Morel s'acquitta si bien de sa tâche, que le Préfet, voulant lui témoigner sa satisfaction, lui fit remettre, lors de la livraison, une gratification de cinq cents francs.

Voici d'ailleurs ce que raconte

1. M. Fauré-Lepage, fort aimablement, m'a communiqué les archives de sa maison relatives à ce travail; j'y ai trouvé des indications intéressantes.

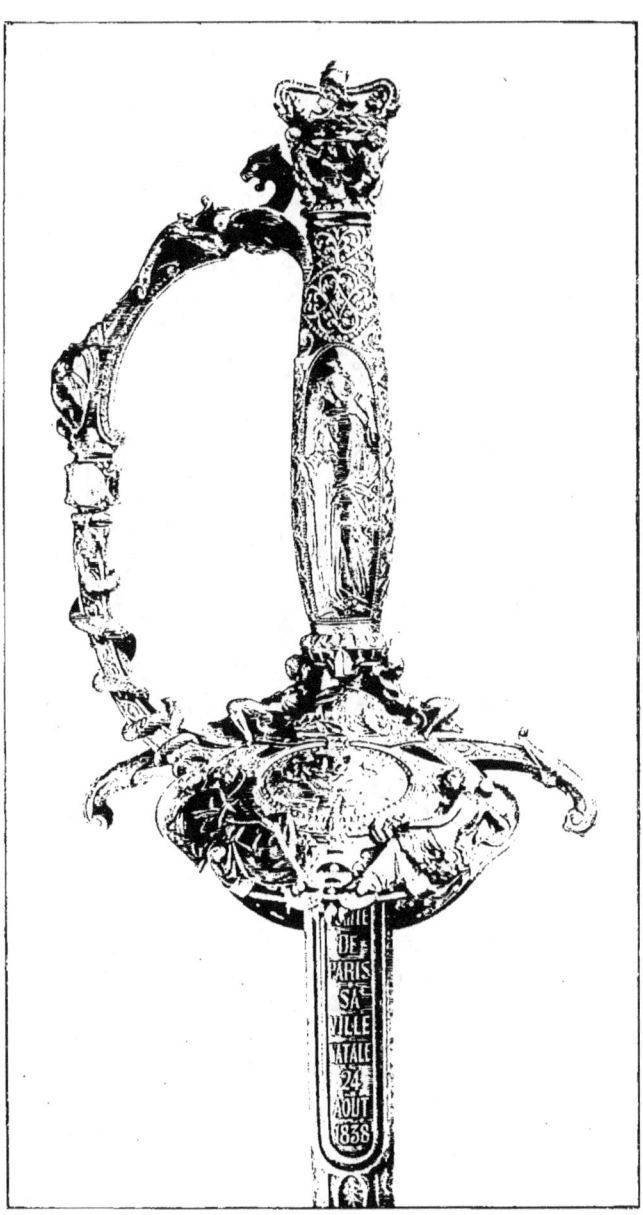

ÉPÉE OFFERTE PAR LA VILLE AU COMTE DE PARIS EN 1841
Composée par Klagmann et exécutée en métaux précieux rehaussés d'émaux.
Appartient à Mgr le Duc d'Orléans.

Imbert de Saint-Amand[1] au sujet de cette épée : « Dans la journée (du baptême), le Corps municipal se rendit au château pour présenter au jeune prince l'épée qui lui était offerte par la Ville de Paris. Commencée en 1838, cette épée n'avait été terminée qu'au mois de mai 1841. C'était un véritable chef-d'œuvre artistique, dont la composition avait été confiée au sculpteur Jules Klagmann et la fabrication à MM. Fossin et Lepage. Sur la poignée en acier fondu, forgé et sculpté, des figures d'or repoussé ou incrusté, repré-

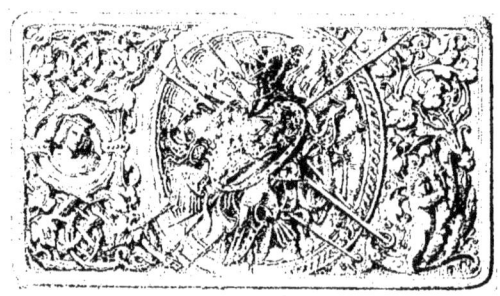

DESSUS DE TABATIÈRE, ÉPOQUE LOUIS-PHILIPPE.
(Maison Morel et Dupouchel.) -- Communiqué par M. Jules Brateau.

sentent l'une la Prudence, l'autre la Force. Au milieu de la coquille, un enfant (le jeune prince) repose sur le vaisseau, symbole de la Ville de Paris. Il y a sur le devant de la garde un coq gaulois, et trois pierres précieuses, un rubis, un saphir, un diamant, emblèmes du drapeau tricolore. La couronne de Prince royal en or plein, supportée par quatre petits génies, forme le pommeau, et la garde se termine par un dragon protégeant l'écu où les armes du prince sont gravées et émaillées. Sous la poignée et sur la lame se trouve cette inscription en lettres d'or : *Au Comte de Paris, sa ville natale, 24 août 1838,* et sur le revers, cette devise en relief : *Urbs dedit : Patriæ prosit.* Ce n'est point seulement une arme de parade, c'est aussi une épée de combat. »

1. *Marie-Amélie et la Duchesse d'Orléans,* par Imbert de Saint-Amand. Paris, E. Dentu, 1893.

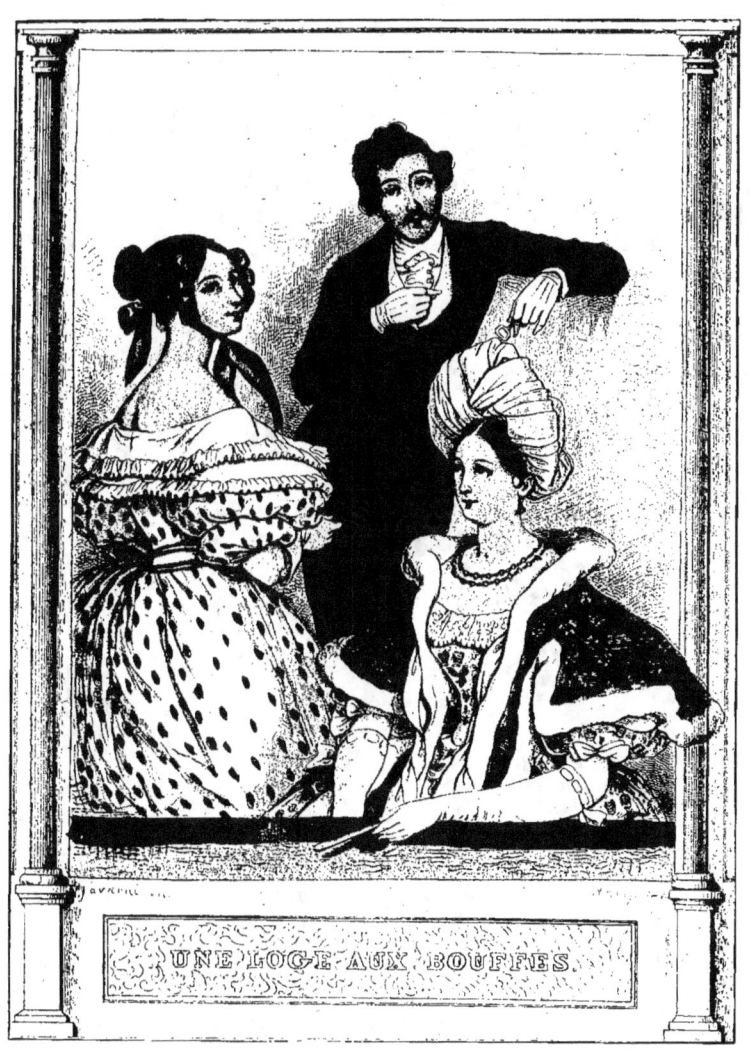

UNE LOGE AUX BOUFFES EN 1835
par Gavarni.
Collier double, pendants d'oreilles, lorgnon en or, éventail.

C'est pendant la fabrication de cette fameuse épée que le sculpteur Klagmann, qui en avait fait le modèle, eut l'occasion de constater le talent et l'habileté de Morel ; aussi s'empressa-t-il de les signaler à Duponchel qui, en 1842 (et non en 1845, comme on l'a écrit souvent), fournit à son futur associé les capitaux nécessaires pour s'établir.

La nouvelle maison s'installa 39, rue Saint-Augustin,

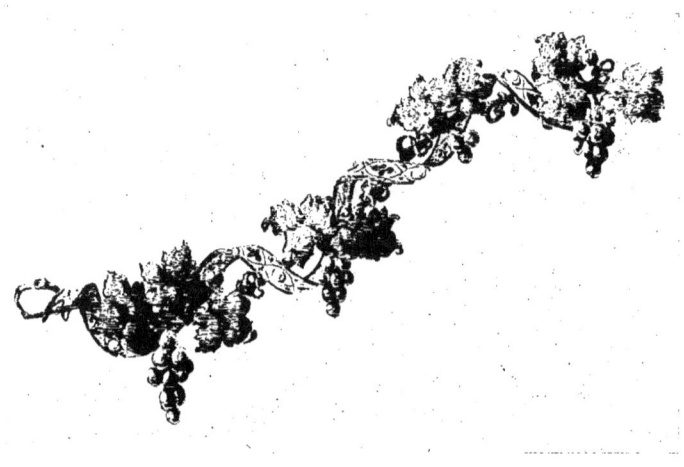

MOITIÉ D'UN ORNEMENT DE COIFFURE
par Morel.
(Dimension : 16 centimètres.)

sous la raison sociale Morel et Cie. Dès son début, elle attira l'attention des hommes du métier, aussi bien que celle des amateurs avisés. Ses belles et riches montures de joaillerie, sa précieuse orfèvrerie, furent très remarquées lors de l'Exposition de 1844[1], et Morel y fut récompensé d'une médaille d'or, qui lui fut décernée personnellement, et non à la raison sociale. Il avait envoyé un grand nombre d'objets remarquables : coupes, buires, coffrets, châtelaines ou bracelets enrichis de petites figurines d'enfants et d'émaux délicats.

1. Morel, d'après le Rapport officiel, occupait alors 80 ouvriers et employait annuellement pour 150.000 francs de métal précieux.

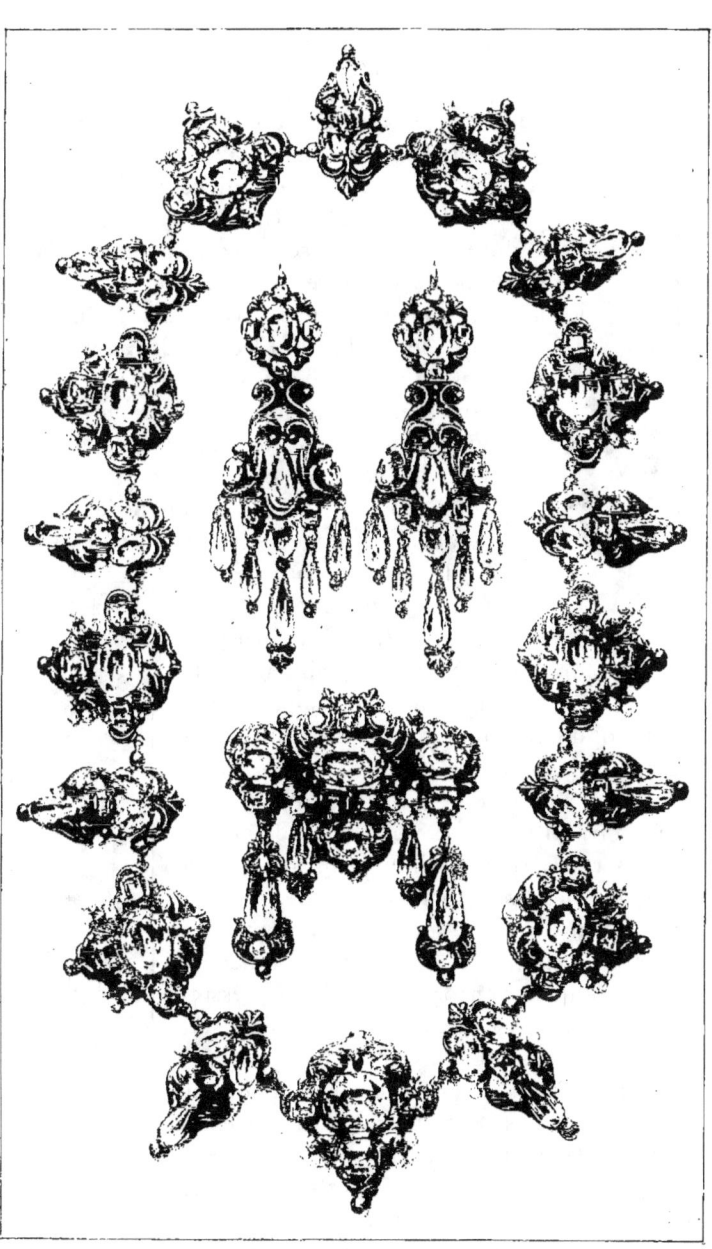

PARURE EN OR AVEC PERLES ET TOPAZES ROSES.

Du reste, dans l'orfèvrerie artistique, Morel semblait se jouer avec les difficultés; familiarisé avec tout travail de lapidairerie, il excellait dans ces gemmes creusées et sculptées, cornalines, jaspes, pierres dures ornées de ciselures, d'émaux, de pierreries, de montures élégantes et précieuses, comme on en faisait au xvie siècle. Il s'inspira, comme le fit plus tard Duron, des admirables pièces de ce genre qui sont conservées dans nos musées, et parvint à produire des objets d'une exécution parfaite, aussi sa réputation devint-elle considérable. Le Comte de Laborde s'exprime ainsi sur le compte de Morel : « Ce qui le distingue surtout, c'est un sentiment d'élégance et une passion pour la perfection qui domine sa nature...Il est devenu le plus habile orfèvre-joaillier que la France ait jamais possédé. » Cette opinion peut aujourd'hui paraître exagérée ; cependant les objets sortis des mains de Morel sont incontestablement d'une fabrication irréprochable et permettent de penser qu'il serait arrivé à un rang artistique tout à fait supérieur si, dans sa jeunesse, il avait pu distraire plus de temps à l'apprentissage et aux nécessités de la besogne quotidienne, pour compléter encore ses études de dessin. D'ailleurs, l'enseignement du dessin était alors sommaire et laissait beaucoup à désirer; il fallait, en quelque sorte, se former soi-même. Les « ouvriers d'art » n'existaient pas, et personne ne songeait à organiser des cours professionnels spéciaux.

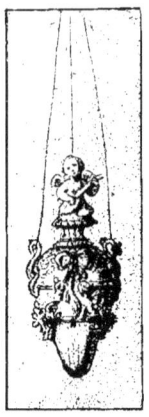

PETITE CASSOLETTE.
(Maison Morel.)

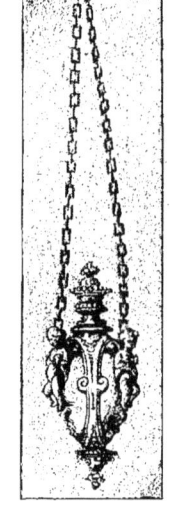

PETITE CASSOLETTE.
(Maison Morel.)

Morel eut le rare mérite de ne pas se contenter de son habileté naturelle très grande, mais de chercher incessam-

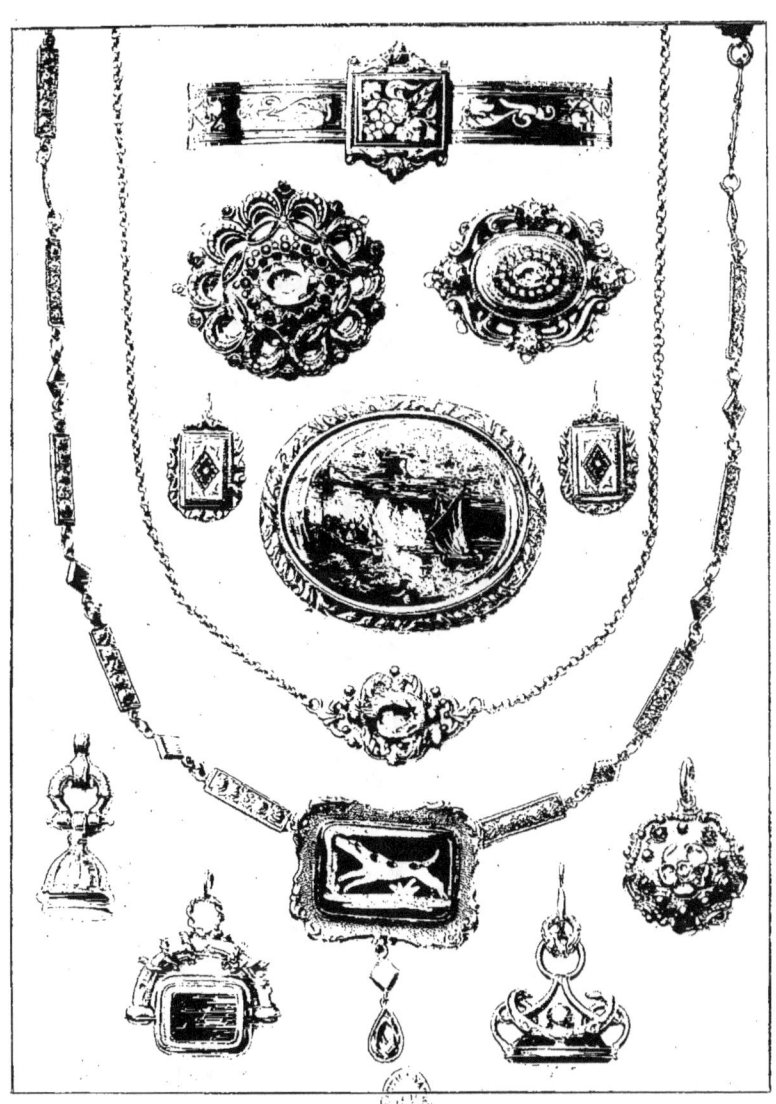

BRACELET, BROCHES, BOUTONS D'OREILLES
FERRONNIÈRE, COLLIER, CACHETS ET MÉDAILLONS

ment, avec une patience et une persévérance à toute épreuve, les moyens de se perfectionner encore. Aussi n'était-il arrêté dans sa profession par aucun obstacle, et il semble

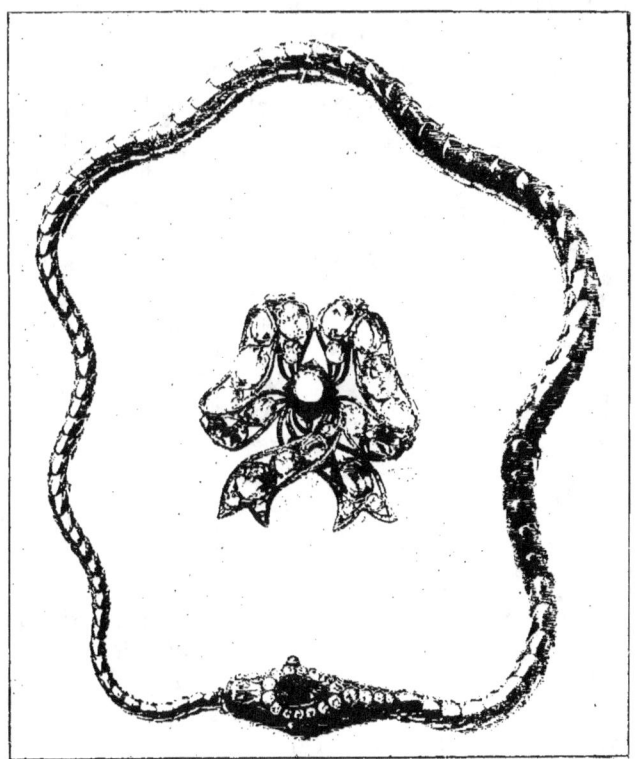

COLLIER SERPENT AVEC ÉMERAUDE, ET BROCHE NŒUD AVEC AIGUES-MARINES.
Appartiennent à Mme la Duchesse de Chartres.

bien, d'après le jugement de ses contemporains et l'examen des œuvres qui sont parvenues jusqu'à nous, que si Morel ne fut peut-être pas un créateur, au sens le plus large du mot, il fut du moins un homme d'infiniment de goût et un exécutant hors de pair.

En 1847, Morel, accompagné de son fils Prosper, alors

âgé de vingt-deux ans, se rendit en Russie pour livrer des œuvres considérables, dont il avait eu la commande en 1845 et 1846[1]. Il fut reçu par le Tsar, qui complimenta vivement l'artiste français. Morel et Duponchel, maintenant associés, avaient alors, passage Saulnier, un atelier où travaillaient plus de soixante ouvriers de toutes spécialités : ciseleurs, émailleurs, orfèvres, estampeurs, lapidaires, fondeurs, etc.,

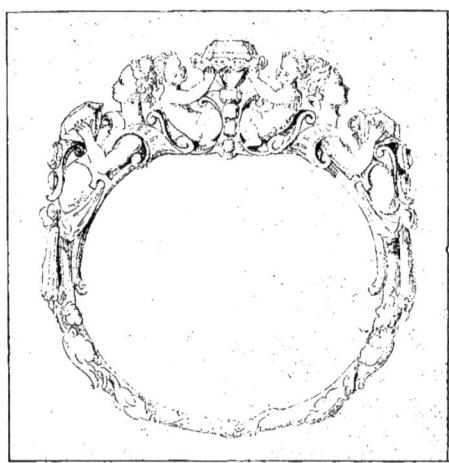

BRACELET DE STYLE RENAISSANCE.
(Maison Morel et Duponchel.)

et dans lequel on faisait absolument de tout.

Mais, à cette époque, de graves dissentiments se manifestèrent entre les deux associés; Morel, toujours à la recherche de la perfection, dépensait l'argent sans compter afin de conserver la supériorité de sa maison, si bien que les capitaux fournis par Duponchel n'ayant pas rendu les résultats espérés et celui-ci n'ayant plus voulu en fournir d'autres, il y eut brouille et procès dont le résultat fut désastreux pour Morel, insuffisamment défendu par son avocat, tandis que c'était le célèbre Chaix d'Est Ange qui plaidait pour Duponchel. Il fut interdit à Morel de s'établir dorénavant dans le département de la Seine, sans qu'il reçût aucune indemnité ou

---

1. Entre autres le grand surtout de table avec candélabres, seaux à glaces, etc., représentant une chasse au sanglier au XIIIe siècle dans une forêt de la Lithuanie, commandé par le Prince Léon Radziwill; le service à thé du Comte de Nesselrode, etc.

compensation quelconque. Pour comble de malheur, les événements de 1848, en arrêtant complètement les affaires,

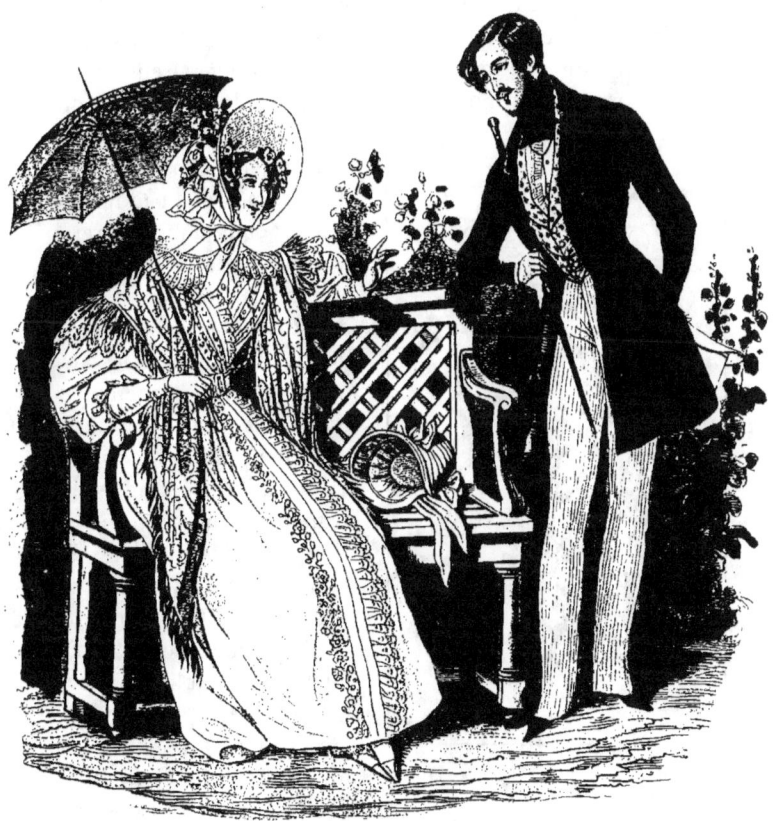

MODES DE 1836
par Lanté.

Chaîne sautoir, boucle, chaîne sautoir d'homme, pomme de canne, boutons de gilet, etc.

vinrent encore porter un coup à l'infortuné bijoutier, qui, n'ayant aucune confiance dans l'avenir du nouveau gouvernement, prit le parti de s'expatrier. Il suivait en cela l'exemple de Vechte, lequel, aussi découragé que lui et, de plus, méconnu, s'était rendu à Londres, où les orfèvres anglais les plus célèbres s'empressèrent d'utiliser son talent. Morel eut la bonne fortune de trouver alors, auprès d'un de ses clients, M. Joly de Bammeville, le concours le plus précieux. Cet admirateur du talent de Morel mit généreusement à sa disposition d'importants capitaux, qui lui permirent de monter, dans New-Burlington Street, la maison modèle dont il avait toujours rêvé, et dans laquelle il réunit une phalange d'habiles collaborateurs, recrutés en partie dans ses anciens ateliers et aussi parmi les artistes que les événements politiques chassaient momentanément de Paris.

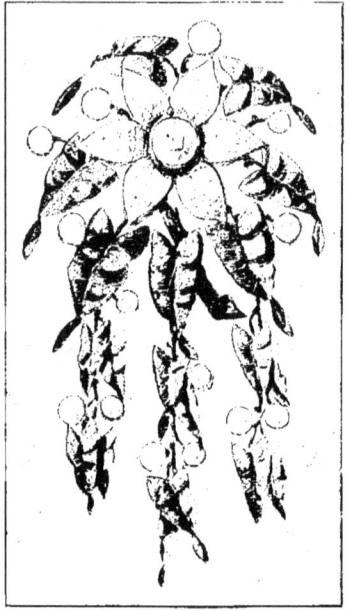

BROCHE JOAILLERIE ET ÉMAIL
par Morel.

Parmi ces hommes de grande valeur se trouvait Névillé, dessinateur de premier ordre, créateur très original, qui, d'abord employé chez Loir, s'était plus tard établi graveur. Ce Névillé, qui travailla aussi pour Duponchel[1] et lui fournit de charmants dessins, resta à Londres, chez Morel, de 1848 à 1852. Il accompagna à Constantinople Morel fils, lorsque celui-ci alla, en 1850 je crois, livrer au Sultan une commande importante de petites tasses d'or, appelées *zarf*, ornées de pierreries, ainsi que de riches tabatières et d'autres joyaux. Mais le dessinateur, malgré tout son talent et la virtuosité de son crayon, n' « enleva » pas les commandes sur lesquelles on comptait, par la raison que les Orientaux ne

1. Névillé passa, plus tard, de chez Duponchel, chez Fourdinois, ébéniste.

s'en rapportent pas aux dessins, fussent-ils « mis à l'effet » de la façon la plus brillante, et que, peu sensibles au jeu des couleurs sur le papier, il préfèrent voir les objets exécutés.

Parmi les artistes qui se trouvèrent en petite colonie dans l'atelier de Morel à Londres, il faut citer encore Désiré Attarge, ciseleur-repousseur de grand talent, qui travailla aussi pour Froment-Meurice ; Fournier, émailleur ; Fourdinois, très bon dessinateur, fils d'un ébéniste alors réputé et qui s'illustra lui-même plus tard dans la profession paternelle ; Marchand, qui, on s'en souvient, s'était fait un renom mérité pour sa bijouterie avec ces enroulements appelés ordinairement « cuirs »[1].

Nous devons mentionner aussi Constant Sévin, artiste décorateur, qui avait été précédemment associé avec les sculpteurs-modeleurs Joyau et Eugène Phénix, et dont le talent souple et varié s'attaquait à tout, mais plus spécialement alors à des compositions d'orfèvrerie très

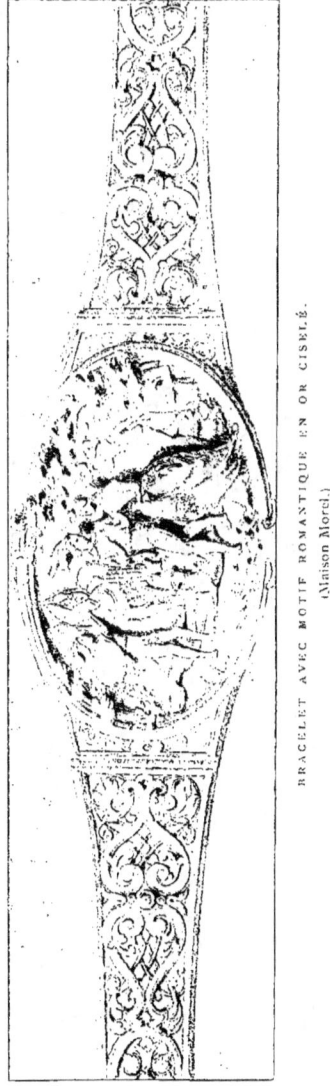

BRACELET AVEC MOTIF ROMANTIQUE EN OR CISELÉ.
(Maison Morel.)

---

[1]. Marchand fut chef d'atelier chez Morel pendant trois ou quatre ans.

remarquables. Sévin, après avoir quitté Morel, entra plus tard chez Barbedienne, avec qui il resta pendant plus de trente ans et qui l'avait en haute estime [1].

C'est à l'Exposition de Londres de 1851, que l'on put admirer les magnifiques pièces exécutées au repoussé par Vechte pour le célèbre orfèvre anglais Elkington et pour Hunt et Roskell, les successeurs de Mortimer, chez lesquels avait travaillé Morel-Ladeuil [2]. Morel, de son côté, y présentait de nombreux ouvrages de bijouterie, des pièces d'art et de la magnifique orfèvrerie. Parmi les pièces de joaillerie, on remarquait aussi un bouquet de rubis et de

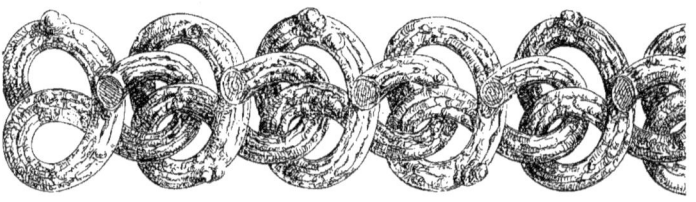

BRACELET A MAILLONS EN OR CISELÉ IMITANT LE BOIS NATUREL.

diamants, formé d'une rose, d'une tulipe et d'un volubilis, que le rapport officiel décrit en ces termes : « Ce bouquet, où les fleurs étaient d'une forme naturelle et élégante, se démontait pièce par pièce pour former des décorations nouvelles, corsage, coiffure, broches séparées; la collection

1. Barbedienne avait une sincère affection pour son brillant collaborateur. M. Victor Champier raconte à ce sujet l'anecdote suivante, qu'il tenait de Constant Sévin lui-même. « C'était à la fin de l'Exposition de 1878; le grand fabricant de bronze reçoit un jour du cabinet du ministre une lettre lui annonçant qu'à la suite de ses succès, il est nommé commandeur de la Légion d'honneur. Il court au ministère : « Je vous remercie pour moi, dit-il, mais que donnerez-vous à mon collaborateur Constant Sévin ? — N'est-il pas chevalier de la Légion d'honneur? — Oui, depuis 1867; mais il mérite la croix d'officier. — C'est que nous ne disposons pas d'un nombre de croix suffisant. — Mais si j'abandonne la croix de commandeur, nommerez-vous Constant officier ? — Oui, ce sera possible. — Alors, nommez Constant. »

Un pareil trait n'honore-t-il pas autant que son auteur celui qui s'est rendu digne de telles preuves d'estime ?

2. Léonard Morel-Ladeuil, né à Clermont-Ferrand en juin 1820, mort à Boulogne-sur-Mer en mars 1888, chevalier de la Légion d'honneur en 1878.

de rubis qui s'y trouvait réunie avait coûté plusieurs années pour la composer; la dimension, l'uniformité de la couleur des rubis, le choix des brillants de première qualité, don-

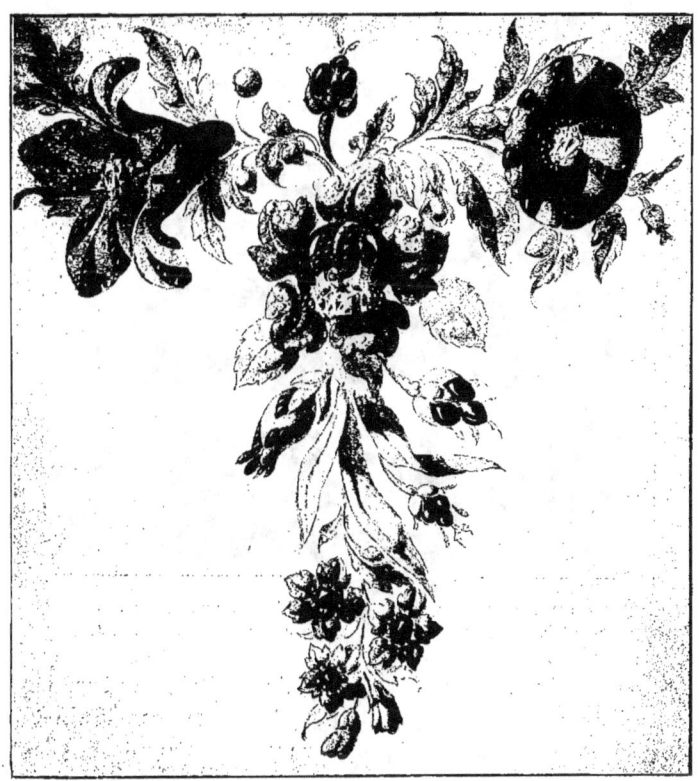

GRAND BOUQUET DE CORSAGE DIAMANTS ET RUBIS
par Morel.
Ayant figuré à l'Exposition de 1851. (Dimensions : 29/30 centimètres.)

naient une grande valeur à cette parure estimée 375.000 francs. Très beau en lui-même, le bouquet de M. Morel se distinguait par le sertissage parfait des pierres; celui des rubis était en or. »

Malgré l'état-major brillant, mais onéreux, dont il s'était entouré, Morel regrettait toujours Paris et ne parvenait pas à s'acclimater sur les bords de la Tamise. C'est pourquoi, en 1852, pensant que les événements allaient prendre une meilleure tournure, et tourmenté, comme ses ouvriers français, par le mal du pays, Morel prit le parti de revenir en France, sinon à Paris, puisque depuis son procès le séjour lui en était malheureusement interdit. Il se rapprocha cepen-

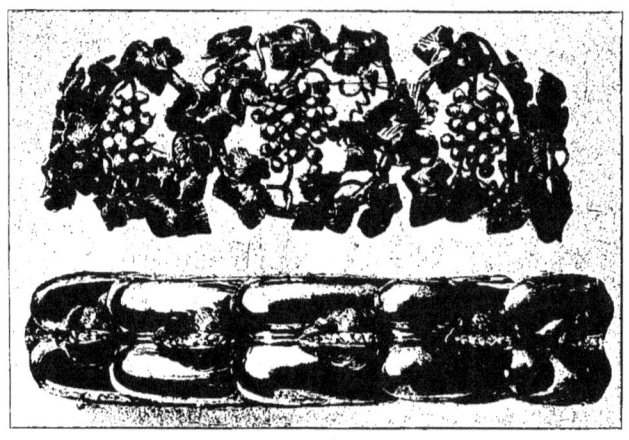

BRACELET BRANCHES DE VIGNE ÉMAIL ET PERLES.
BRACELET ARTICULÉ OR POLI ET FEUILLES ÉMAILLÉES.

dant autant que possible de la capitale et s'établit à Sèvres, où il se livra avec une nouvelle ardeur à ses travaux artistiques.

Nous avons retrouvé une « conversation » — on dirait aujourd'hui une « interview » — avec Morel, que publia jadis le Comte Horace de Viel-Castel[1], à la suite d'une visite qu'il fit à cet atelier de Sèvres nouvellement installé ; il nous semble intéressant de citer quelques passages de ce récit d'un contemporain, au risque de répéter ce que nous avons déjà dit :

« .....Morel nous reçut avec l'empressement et la joie naïve d'un artiste, charmé de montrer le fruit de ses labeurs,

1. *Le Constitutionnel,* 19 mars 1854.

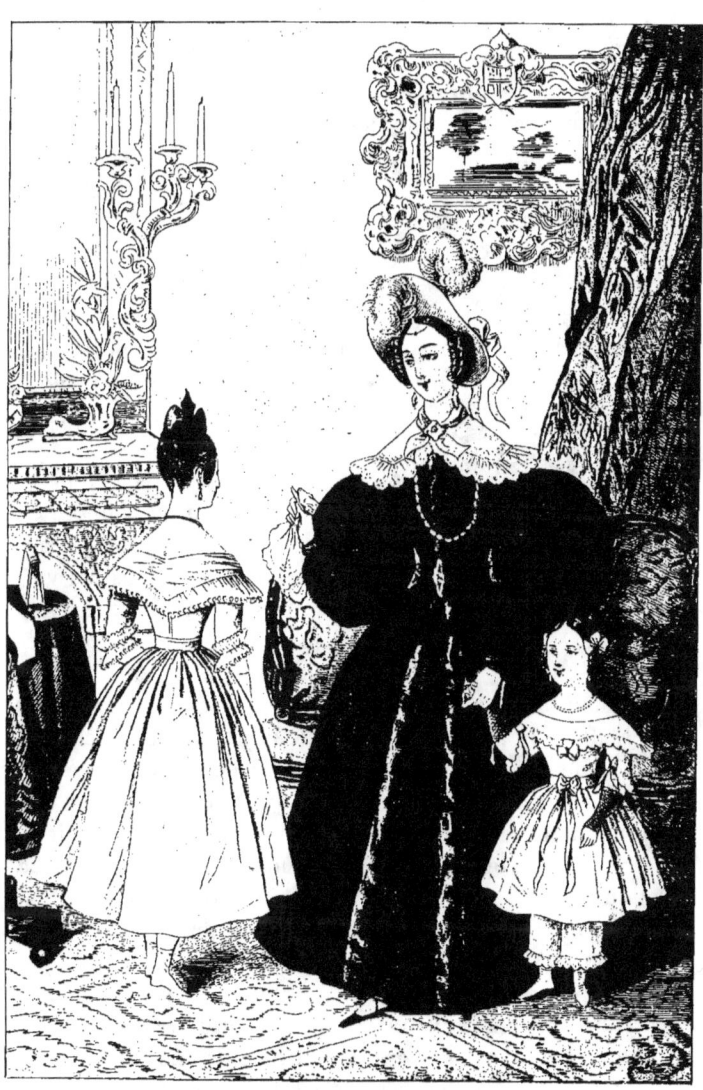

RECOMMANDATIONS MATERNELLES (1836).
Ferronnière, boucles d'oreilles, chaîne sautoir, boucle de ceinture, etc.

et il se mit entièrement à notre disposition, pour nous faire visiter dans leurs moindres détails les travaux de ses ateliers. Cependant, avant de commencer cette revue, nous éprouvions le besoin de causer avec Morel; nous étions venus pour causer d'abord et admirer ensuite, mais principalement pour causer; nous arrêtâmes donc Morel au moment où il nous ouvrait la porte de son cabinet et nous lui dîmes :

» — Êtes-vous satisfait de la situation de vos affaires ? Entrevoyez-vous la possibilité de fonder un vaste et solide établissement ? En un mot, vos longs efforts seront-ils couronnés par le succès que vous poursuivez avec une persévérance si louable ?

BROCHE EN OR GRAVÉ.

» Morel nous répondit, avec simplicité et bonhomie :

» — J'ai entrepris beaucoup de choses dans ma vie; je me suis peu à peu formé à mes travaux actuels par des études bien diverses, et je n'ai jamais désespéré du succès. Deux fois j'ai cru toucher à la réalisation de mes rêves, et deux fois j'ai vu s'écrouler l'édifice de ma fortune; je ne me suis point découragé. Je suis l'élève du fameux Vachette, qui était, monsieur, un bien habile homme, et je suis resté son seul élève. A vingt-quatre ans, je voulus m'établir à mon compte et mettre en pratique les leçons que j'avais reçues de mon excellent maître : mon début fut malheureux; la faillite d'un client m'enleva mes épargnes et m'endetta de dix mille francs.

» Je ne pouvais plus acheter les matières premières nécessaires à mes travaux; j'étais à bout de ressources : je dus chercher dans une autre industrie le moyen de faire honneur à mes affaires et la possibilité de pourvoir à mon existence. Ce fut alors que je ressuscitai l'incrustation du bois, de l'écaille, de la nacre et du burgos, genre d'ornementation depuis longtemps abandonné par la mode. Il

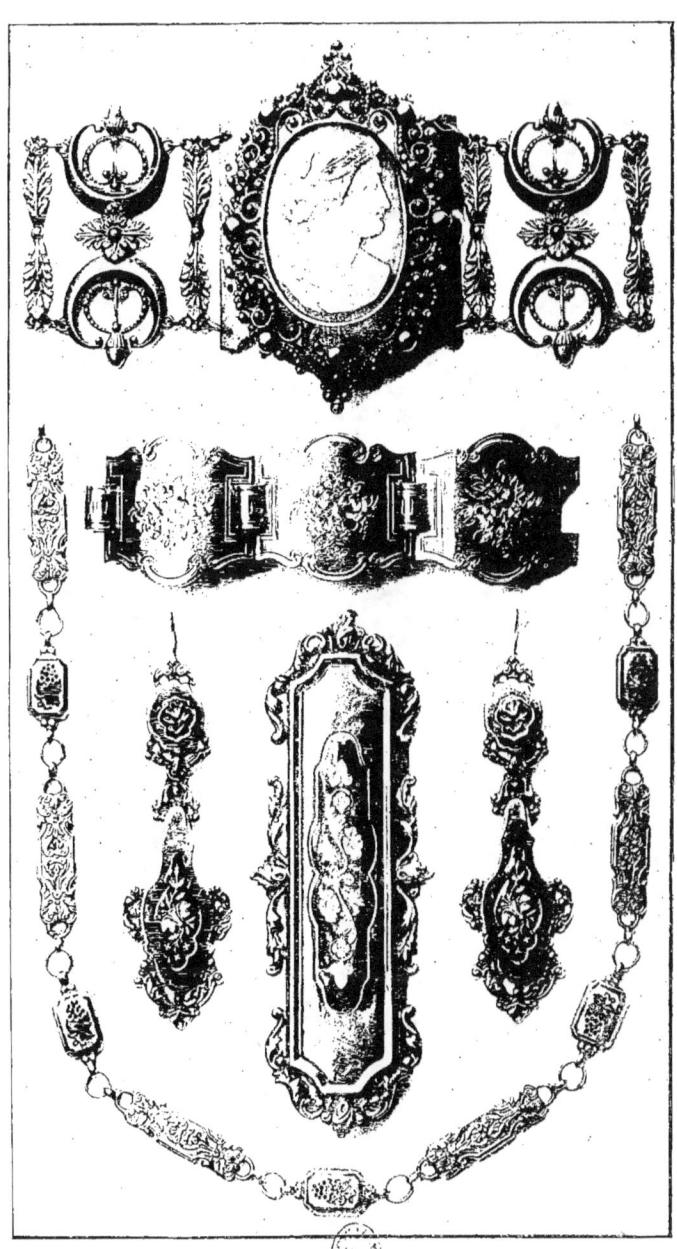

BIJOUX DIVERS AVEC ÉMAIL, GRAVURE, CANNETILLE, ETC.

fallait bien peu d'or pour incruster ces matières, dont l'acquisition m'était possible malgré ma pénurie, et je pus suffire à mes premiers essais ; ils réussirent. Peu à peu, je fus connu et je fis, pour Mme la Duchesse de Berry, une grande pièce en écaille, destinée à monter des peintures qu'elle avait exécutées. Je ne vous parlerai pas, monsieur, d'une foule de coffrets de diverses formes, ornés d'arabesques, de figures en or et en argent, auxquels se mêlait le piqué d'or et qui firent, à cette époque, la fortune de plusieurs marchands de curiosités, mais je ne puis songer à une tabatière que j'envoyai à l'Exposition de 1827, sans déplorer l'ignorance où je suis de son possesseur actuel.

» Ce bijou m'avait été commandé par un marchand nommé Bernauda ; c'était une de ces tabatières que l'on nomme *tabatières à cages* ; cinq sujets incrustés sur écaille et représentant les principaux événements de la vie du Roi Charles X s'y trouvaient encadrés ; 1.800 morceaux ou parcelles d'or, de platine et d'argent, étaient entrés dans la composition de cette boîte.

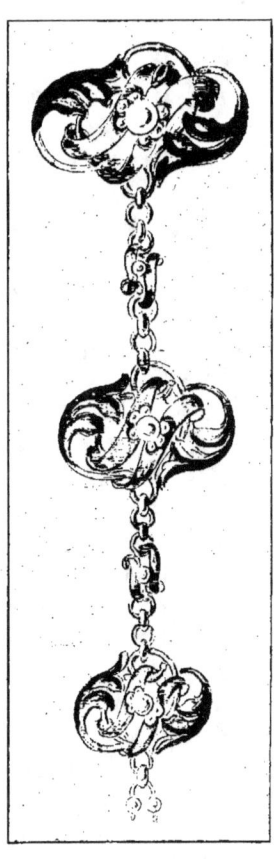

ORNEMENT DE CORSAGE OR,
ÉMAIL ET PIERRES.

» — Comment abandonnâtes-vous cette industrie, qui devait être lucrative, pour revenir à l'orfèvrerie ? demandai-je à Morel.

» — Hélas, monsieur, je fus atteint d'une affection nerveuse au cerveau, produite par les veilles et les fatigues ;

cette affection nerveuse compromit mon existence et me força de suspendre tout travail pendant l'espace de neuf ou dix mois ; mon atelier se désorganisa, et lorsque, en 1828, je revins à la santé, je me trouvai de nouveau dénué de ressources. Ni le désespoir, ni le découragement ne vinrent pourtant m'assaillir ; je quittai Paris et, m'étant retiré, sans aucun ouvrier, dans un hameau près de Château-Thierry, j'y pris comme aides ou comme apprentis de jeunes paysans; pendant six ans, j'exécutai en pierres dures divers objets, tels que coupes, coffrets, garnitures de bureau, porte-crayons et bijoux ; les produits de mon industrie suffirent, non seulement à son alimentation, mais je pus encore une fois acquitter mes dettes arriérées.

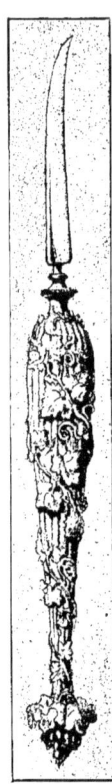

CANIF DE BUREAU par Morel.

» Dans un de mes voyages à Paris, le Roi Louis-Philippe, qui avait vu quelques-uns de mes travaux, et qui savait l'opiniâtreté de ma lutte contre la mauvaise fortune, me fit venir aux Tuileries, et m'encouragea, par des paroles bienveillantes, à me présenter à l'Exposition de 1834 ; mais ma position pécuniaire ne me laissait pas la possibilité d'arriver convenablement à ce concours. Je renonçai à la perspective qui m'était offerte d'attirer sur mes travaux le patronage royal et j'entrai comme chef d'atelier chez M. Fossin. Six ans après, lorsque M. Fossin se retira des affaires, je repris mon atelier; puis, en 1842, je m'associai avec M. Duponchel, et je puis dire, avec un certain orgueil, que, pendant la période de notre association, la maison que nous avions fondée sut faire reprendre à l'orfèvrerie française la haute position qu'elle occupait avant 1789.

» Le surtout exécuté en repoussé, pour le Prince Radziwill me valut, tant en France qu'à la cour de Russie, les éloges les plus flatteurs ; l'avenir me souriait encore une fois, lorsque l'association entre M. Duponchel et moi fut rompue ; je partis pour l'Angleterre, où, malgré des travaux généralement appréciés, la fortune se montra contraire à mes efforts. Alors, monsieur, alors, j'aurais peut-être été excusable de me laisser entraîner au découragement, je ne devais plus avoir cette confiance de la jeunesse en ses propres forces, et j'aurais dû ne plus me nourrir d'illusions ! Je demeurai confiant et rempli d'illusions ; je m'établis à Sèvres où vous venez de me trouver, et j'y recommence en quelque sorte ma carrière... »

Morel remporta un nouveau et légitime succès à l'Exposition de 1855 où figurait le vase fameux fait pour M. Hope, auquel il travailla pendant plusieurs années[1] et qui contribua à lui faire décerner la grande médaille d'honneur.

Hélas ! en dépit de son labeur persévérant et de sa vaillante énergie, Morel ne parvint pas à réussir, de sorte que son fils Prosper dut renoncer à lui succéder immédiatement[2]. Mais il avait toujours travaillé avec tant de courage, se ruinant pour maintenir quand même la suprématie de l'art français, qu'on eut pitié de son infortune et

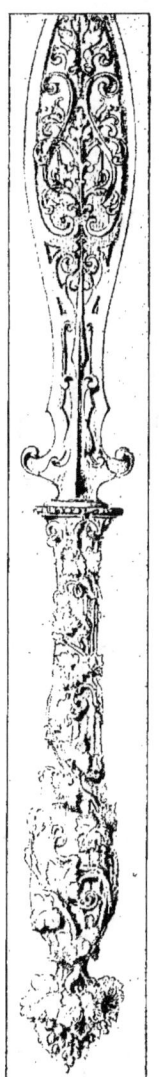

COUPE-PAPIER
par Morel.

1. Ce vase, exécuté par Morel en jaspe, or et émaux, avait été composé par Constant Sévin. La coupe était en forme de coquille, le pied figurait Andromède attachée au rocher et gardée par le Dragon. L'anse représentait Persée monté sur Pégase et prêt à frapper le monstre.

2. Après que Fossin père eût cédé sa maison à son fils Jules, celui-ci se souvint que Morel père avait été jadis le chef d'atelier actif et intelligent qui dirigeait les travaux de la maison paternelle. Il n'ignorait pas non plus que Morel fils avait été le collaborateur de Morel père. Aussi,

que, pour lui permettre de vivre, Napoléon III lui accorda, en 1855, une pension annuelle de douze cents francs, malheureusement réduite à neuf cents francs, sur la proposition du Prince Napoléon. Morel fut décoré le 15 août 1857, malgré sa situation précaire, ce qui prouve bien qu'elle n'était due qu'aux coups répétés de la mauvaise fortune et qu'elle avait laissé intact l'honneur du vieux bijoutier.

Ainsi que nous venons de le voir, Morel eut comme associé, puis comme successeur, Duponchel, qui a laissé des

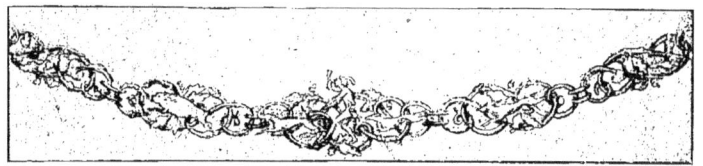

CHAINE DE MONTRE EN OR CISELÉ
REPRÉSENTANT UNE CHASSE AU SANGLIER (FRAGMENT).
Composition de Néville. (Réduction d'un tiers.)

traces également brillantes dans l'histoire de la bijouterie et dans celle de l'Opéra.

Charles-Edmond Duponchel naquit à Paris vers 1795 et y mourut en 1868. Il s'adonna de bonne heure à l'étude du dessin et de l'architecture. Élève de l'École des Beaux-Arts, il continua toute sa vie à s'intéresser particulièrement à l'architecture, malgré la grande diversité de ses travaux. C'est lui qui construisit l'hôtel de la baronne James de Rothschild, au n° 17 de la rue Laffitte, et même, d'après ce que nous a dit M. Émile Froment-Meurice, il dessina les meubles des vastes et luxueux salons du rez-de-chaussée ; ces meubles étaient, paraît-il, ornés de figures

---

lorsque, n'ayant pas d'enfants, il voulut assurer la vitalité et l'avenir de sa maison, Jules Fossin appela auprès de lui Morel fils, à titre de gérant et de futur successeur.

C'est ainsi que Prosper Morel prit la direction de la maison Fossin, d'abord comme gérant, de 1854 à 1862, ensuite de 1862 à 1884 comme propriétaire, avec la raison sociale Morel et Cie. M. Chaumet, son gendre, qui était son collaborateur depuis 1875, lui succéda en 1889.

et de cariatides en bronze fondu et doré et tendus de

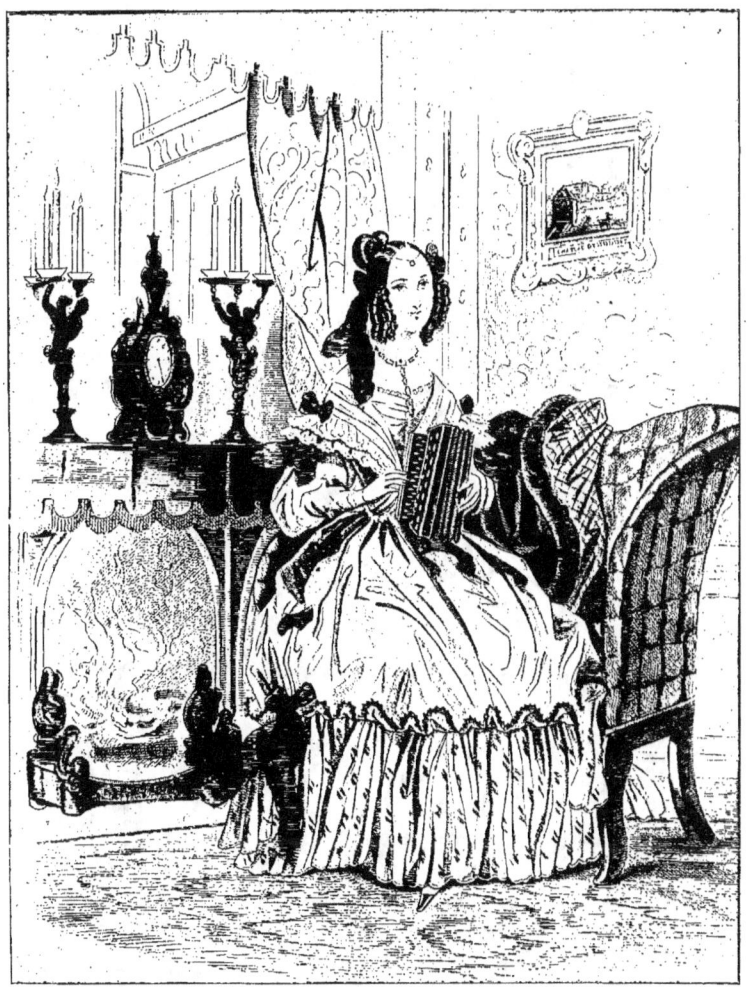

Mlle REISNER, PROFESSEUR D'ACCORDÉON (1837).
Collier-châtelaine, ferronnière.

soie jaune paille, couleur très en vogue à cette époque.

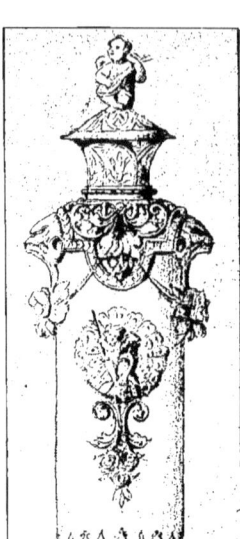

FLACON
CISELURE ET ÉMAUX
par Morel et Duponchel.

Étant jeune homme, Duponchel fit à pied le voyage d'Italie en compagnie de Géricault, et rapporta de cette terre classique des beaux-arts un goût particulier et un sentiment très juste de la décoration. Il resta d'ailleurs en relations constantes avec les principaux artistes de son temps, en particulier avec Delacroix, auquel cependant, en sa qualité d'architecte, il reprochait son dessin plus vigoureux que correct. Duponchel était très élégant de sa personne ; c'était un familier des Princes d'Orléans ; son salon était célèbre et il était fort répandu dans la société de son époque, où son très réel tempérament d'artiste avait su lui donner une place méritée. Déjà, dans cette Académie de Musique, dont il devait, plus tard, et à deux reprises différentes, être le directeur[1], il était très écouté, et l'on recherchait ses conseils, toujours inspirés par un goût très sûr. On lui doit d'heureuses innovations qui, aujourd'hui, paraîtraient de peu d'importance, mais qui, à l'époque, furent de véritables révolutions. C'est ainsi qu'en 1828, dans

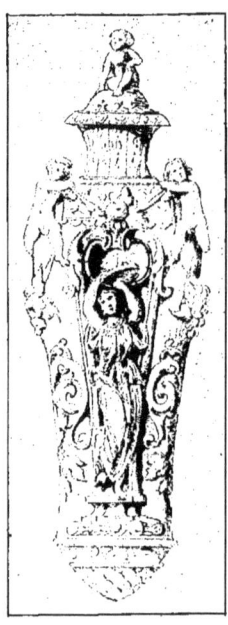

FLACON (1844)
par Morel et Duponchel.

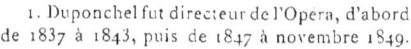

1. Duponchel fut directeur de l'Opéra, d'abord de 1837 à 1843, puis de 1847 à novembre 1849.

la *Muette de Portici*, on eut l'étonnement de voir, sur la scène de l'Opéra, des choristes vêtus en véritables pêcheurs napolitains, tandis que, jusqu'alors, les costumes de théâtre étaient livrés à la fantaisie personnelle des artistes, qui n'avaient aucun souci de l'exactitude, ni même de la vraisemblance.

C'est encore Duponchel qui, en 1831, sur la demande du Dr Véron, son ami, alors directeur de l'Opéra, eut la tâche glorieuse de monter *Robert le Diable*, de Meyerbeer. Le succès fut énorme. Aussi Duponchel fut-il le successeur tout désigné de son ami, lorsque, en 1835, celui-ci quitta l'Académie de Musique après fortune faite. Le nouveau directeur apportait tous ses soins à la mise en scène, se préoccupant à la fois de la moderniser et de lui rendre un peu d'exactitude locale. Il y réussissait, grâce à son goût éclairé et à son véritable tempérament d'artiste, grâce aussi aux nombreux voyages qu'il fit en Europe et principalement en Orient, d'où il rapporta un grand nombre de docu-

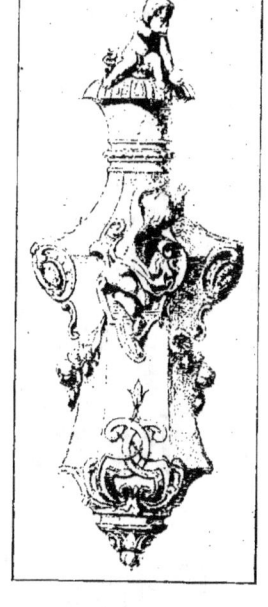

FLACON
« LES BULLES DE SAVON »
(1844)
par Morel et Duponchel.

FLACON
« L'ALOUETTE ET SES PETITS »
(1844)
par Morel et Duponchel.

ments intéressants et où se développa son amour du coloris et son entente de la mise en scène et du décor.

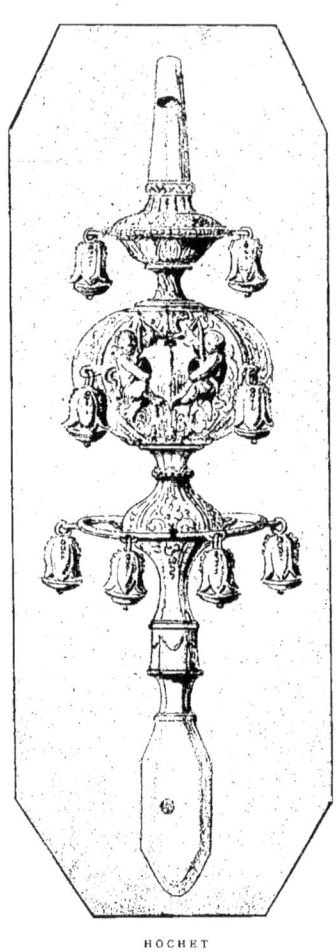

HOCHET
par Duponchel.

Comment Duponchel fut-il amené à s'occuper d'orfèvrerie et de bijouterie ? Voici, paraît-il, en quelle circonstance se dessina sa nouvelle vocation. Architecte de la Baronne James de Rothschild, comme nous l'avons dit, Duponchel était aussi celui des Rothschild de Londres. Un jour qu'il dînait chez ses riches clients, la conversation vint à tomber sur l'art décoratif en général et, dans la discussion, on prétendit qu'il était en décadence marquée dans notre pays. Duponchel, piqué au vif, protesta énergiquement et offrit de prouver le contraire. Il prit, séance tenante, la commande d'un service d'orfèvrerie, qui devait démontrer la supériorité de l'art industriel français. Aussitôt rentré à Paris, il en demanda les dessins à Klagmann, alors très réputé, et s'adressa à Odiot pour l'exécution qui, paraît-il, ne répondit pas à ce qu'en attendait Duponchel, si bien qu'il en refusa livraison. C'est alors que Klagmann[1],

[1] Klagmann, né à Paris (1810-1867), a beaucoup travaillé pour les arts

lui indiqua Morel, qu'il connaissait, ainsi que nous l'avons dit, pour l'avoir vu travailler chez Fossin à l'épée du Comte de Paris. Ce fut l'origine de l'association entre Morel et Duponchel. Celui-ci s'intéressa à ses travaux ; il l'aida beaucoup de ses capitaux et de ses connaissances artistiques ; grâce à ses nombreuses et brillantes relations, il augmenta considérablement la clientèle de la maison. Pour quels motifs l'entente cessa-t-elle d'exister entre les deux associés, il ne nous appartient pas de l'établir. Nous avons relaté les conditions particulièrement rigoureuses qui furent imposées à Morel à la suite

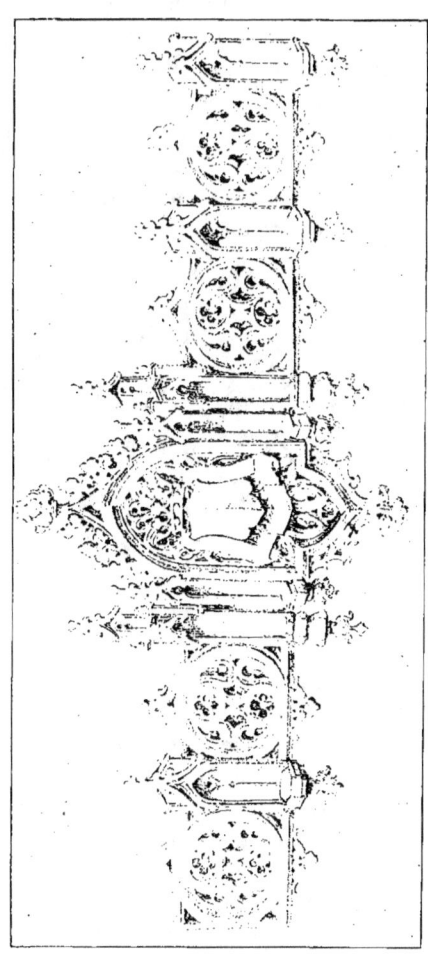

BRACELET GOTHIQUE
par Morel et Duponchel. (Grandeur de l'original : 16 centimètres.)

industriels. Non seulement il a composé des pièces d'orfèvrerie, d'ameublement, etc., mais encore de grandes œuvres de sculpture. On lui doit, entre autres, les statues et la décoration en bronze de la fontaine de la place Louvois (1839), dont Visconti était l'architecte.

du procès qui survint entre eux. Lors du départ de ce dernier pour Londres, Duponchel resta seul à la tête de la maison de Paris et sut lui conserver le rang auquel elle était parvenue, car, à ce moment, il appropria plus particulièrement au dessin industriel ses aptitudes générales si remarquables. Il conserva près de lui la plupart des ouvriers formés ou réunis par son ancien associé, et, continuant à cultiver toutes les branches de cette belle industrie, il acheva, très heureusement, les nombreuses pièces importantes d'orfèvrerie en cours d'exécution et en créa de nouvelles, de

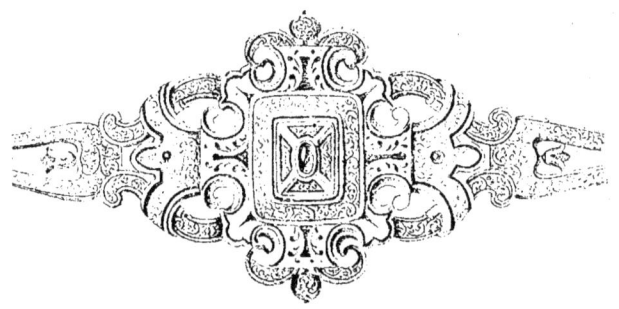

BRACELET EN OR GRAVÉ ET ÉMAILLÉ
dessin de Fregossi.

genre arabe, mauresque et indien, qui lui avaient été inspirées par ses voyages en Orient.

« Ouvrier plein de hardiesse et d'habileté, M. Morel rencontrait, dans son associé M. Duponchel, l'inspiration qui crée et le goût qui dirige et choisit. Aujourd'hui, M. Duponchel lui a succédé; il donne seul l'impulsion aux remarquables artistes formés dans cet atelier bien connu de l'Europe entière. Il continue à fabriquer, avec une égale distinction, la haute orfèvrerie, la joaillerie et la bijouterie. Chez lui, un heureux caprice rencontre de quoi satisfaire les désirs les plus exigeants; la forme est originale sans tomber dans le bizarre, élégante sans toucher à l'affectation. Ses produits sont modelés avec un talent qui, en les variant à l'infini, sait toujours leur conserver le cachet du maître..... Ses bracelets serpent et tigre en or repoussé, et surtout un délicieux mo-

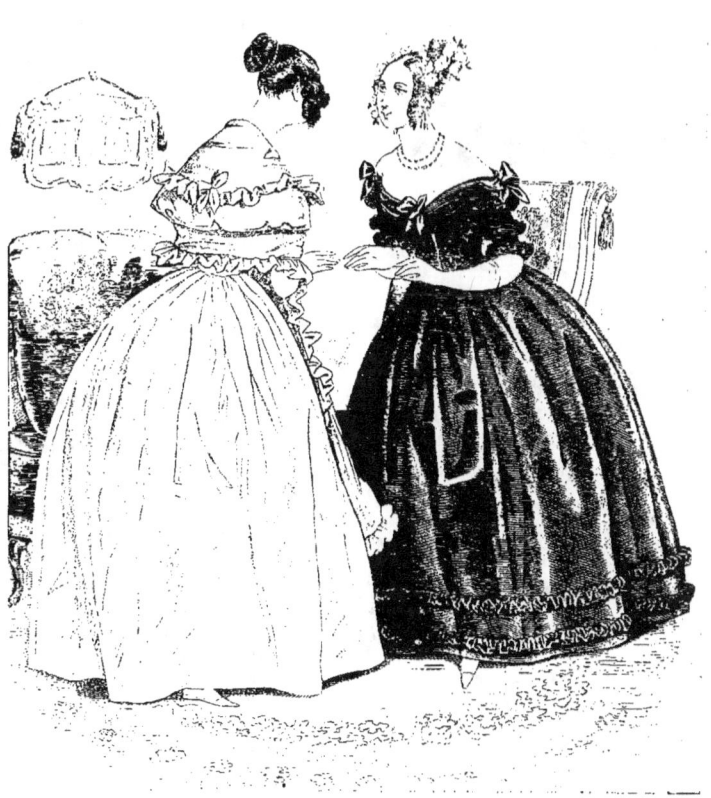

MODES DE 1837 : CONVERSATION
par Gavarni.
Double rivière, pendants d'oreilles, perles dans la coiffure.

dèle, *les Pêcheuses de perles*, méritent des éloges analogues[1]. »

Enfin, à l'Exposition de 1855, il présenta la fameuse *Minerve* du sculpteur Simart, le plus grand spécimen

1. Rapport sur l'Exposition de 1849, par le Vicomte Héricart de Thury.

moderne de la sculpture chryséléphantine dont l'exécution avait demandé plusieurs années[1], et qui valut à Duponchel la médaille d'honneur. Cette statue en ivoire et métaux précieux, inspirée des descriptions antiques de la célèbre œuvre de Phidias[2], avait été commandée par le Duc de Luynes qui, au point de vue archéologique et artistique, en avait suivi l'exécution de très près. Elle se trouve encore aujourd'hui au château de Dampierre[3]. L'œuvre de Morel et de Duponchel comme orfèvrerie est considérable ; mais notre travail se rapportant prin-

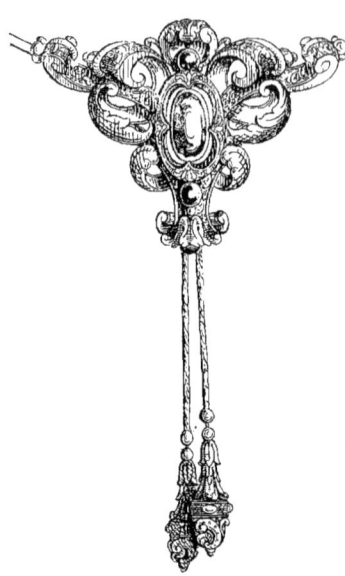

MILIEU DE COLLIER.

1. Elle avait été commencée en 1846, avec Morel, et son exécution fut entravée par les événements politiques.
2. Cette reconstitution du Duc de Luynes mesure environ trois mètres de haut, tandis que l'œuvre de Phidias en avait près de douze. Dans la statue antique, les draperies étaient en or, les parties nues en ivoire, à l'exception des yeux formés de pierres précieuses. La valeur seule de l'or employé représentait plus de trois millions de notre monnaie. Elle fut exécutée vers l'an 448 avant notre ère.

Il faut croire que les critiques grincheux ne datent pas d'aujourd'hui, puisque l'un d'eux a pu écrire en 1855 : « M. Duponchel a exposé aux Beaux-Arts cette Minerve d'argent, d'or et d'ivoire, qui ressemble à celle de Phidias comme M. Simart qui l'a exécutée ressemble à Praxitèle, mais dont tout l'honneur, comme pensée et comme souvenir, revient à M. le Duc de Luynes, qui a eu là une véritable fantaisie historique, dans le sens futur du mot. »

3. C'est pour ce même château de Dampierre que le Duc Honoré de Luynes, dont le nom revient si souvent dans cette étude, commanda à Rude la célèbre statue en argent de Louis XIII adolescent, que le sculpteur modela en 1842. Cette statue, haute de 1m70, y compris la plinthe, fut fondue en argent par les soins de Richard, Eck et Durand, fondeurs, rue des Trois-Bornes, n° 15. Rude toucha 10.000 francs pour son modèle en plâtre, et les fondeurs en reçurent 12.000 pour façon, fonte, réparage et montage (le métal étant compté

cipalement à la bijouterie, nous n'en pousserons pas plus loin l'étude.

Les dessins de bijoux que Duponchel exécuta sont plutôt d'un coloriste que d'un bijoutier ; ils ont cependant un caractère plus artistique que ceux qu'on faisait généralement à cette époque ; ils dénotent le souci de faire remplir à ces objets de parure un rôle décoratif plus accentué et mieux approprié à l'ensemble de la toilette féminine. Ils conservent aussi quelque chose d'un peu théâtral, conséquence naturelle du long et brillant passage de leur auteur à l'Opéra. Duponchel fit du reste fréquemment appel, pour ses dessins d'orfèvre, à la collaboration de ses anciens décorateurs, entre autres à Cambon, à Ciceri, à Diéterle et à Despleschin, artistes d'un remarquable talent ; ce dernier était en outre grand collectionneur de bibelots anciens. Les frères Falize possèdent encore une série d'albums de dessins d'orfèvrerie provenant de Duponchel, et

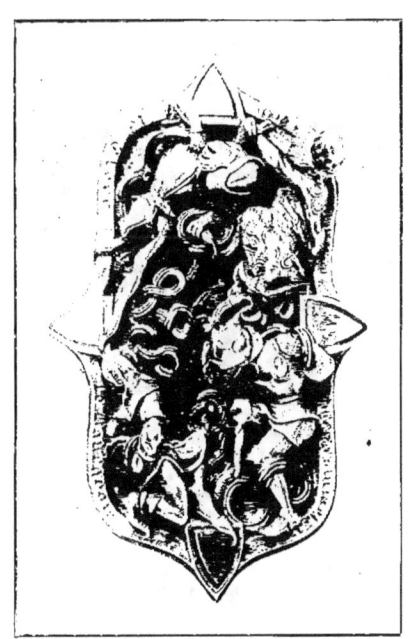

BOUCLE DE CEINTURE DE STYLE GOTHIQUE
(LE ROI, LE CLERC, L'HOMME D'ARMES, LE BOURGEOIS)
(ÉPOQUE LOUIS-PHILIPPE).
Provenant du Comte Demidoff.

à part). Le contrat passé entre les parties mentionne que « l'extrême perfection de toutes les parties du modèle devra exclure tout travail de ciselure ; il ne sera exécuté sur la fonte que le travail nécessaire pour le réparage et faire disparaître les coutures. » (Voir *François Rude, sculpteur, ses œuvres et son temps (1784-1855)*, par L. de Fourcaud.)

qui montrent bien toute la souplesse et la variété de son talent. De son côté, le maître ciseleur J. Brateau nous a confié un recueil de dessins de bijoux extrêmement intéressants, que lui a donné Mme Duponchel et auquel nous avons été heureux de faire plus d'un emprunt. Ces dessins, d'une belle composition, ont été manifestement exécutés par plusieurs artistes dont il est aisé de reconnaître la main; malheureusement, comme il arrive presque toujours en pareil cas, on n'y trouve aucune indication permettant de les identifier d'une manière certaine.

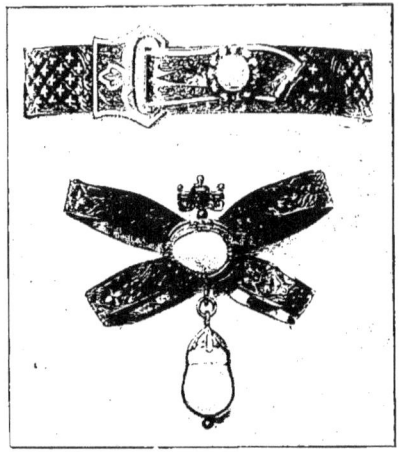

BRACELET ET BROCHE, OR ET ÉMAIL.
(ÉPOQUE LOUIS-PHILIPPE).

Duponchel ayant éprouvé par lui-même l'inconvénient qu'il y a pour un orfèvre à ne pas savoir ciseler personnellement, voulut l'éviter à son fils dont il désirait faire son successeur. Le jeune Duponchel fut donc confié à Honoré[1], dans l'atelier duquel il eut Brateau pour camarade d'apprentissage et ami; cependant, le fils de

---

1. Honoré travailla beaucoup pour Duponchel et même dans ses ateliers. Ce ciseleur de grand talent s'appelait en réalité Bourdoncle (Honoré-Séverin); né à Sedan, le 26 octobre 1823, il mourut au Raincy, le 29 juillet 1893. Il était bègue et éprouvait les plus grandes difficultés pour prononcer son propre nom, principalement la syllabe *Bou* qu'il ne parvenait pas à franchir. C'est pour cette raison qu'il adopta le nom de Honoré, choisi parmi ses prénoms. Élève d'un petit façonnier, il eut des débuts très modestes. Son père cantinier et sa mère cantinière dans un régiment de ligne avaient fait tous deux une partie des campagnes de la fin de l'Empire. Notre futur ciseleur était donc né au régiment et y avait été élevé comme enfant de troupe. (Renseignements communiqués par M. Brateau, son élève.)

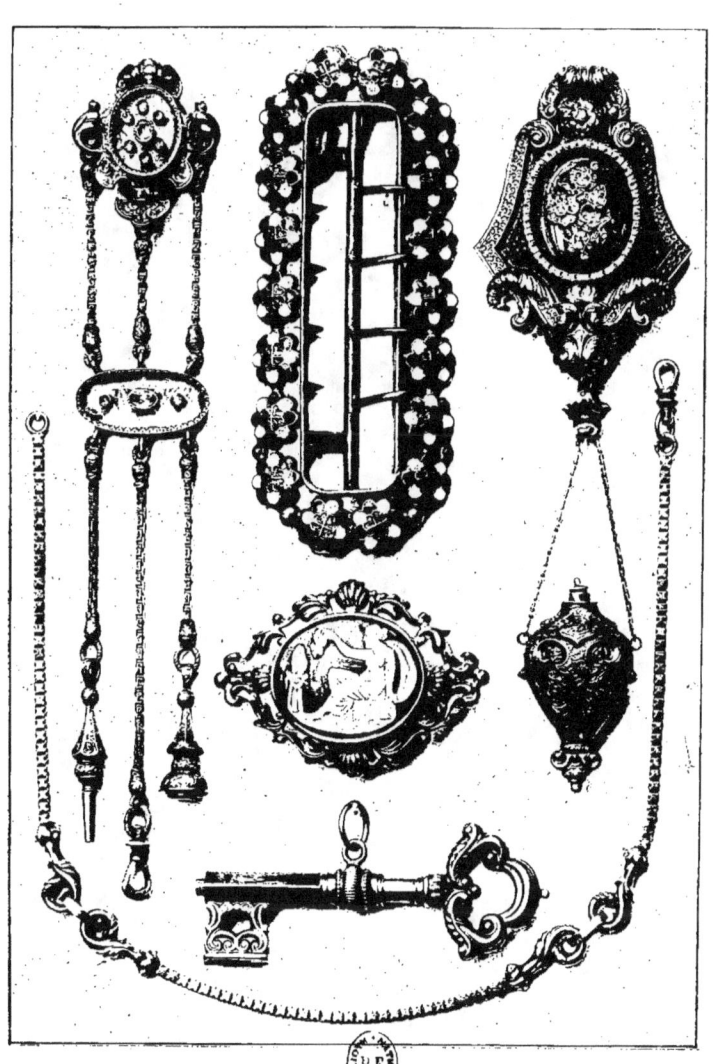

BRELOQUET A FLACON, CHATELAINE,
BOUCLE ÉMAILLÉE, BROCHE, CLÉ-CLÉ, CHAINE DE MONTRE.

l'orfèvre-architecte ne reprit pas la maison paternelle, préférant continuer de faire à l'écart de la ciselure d'amateur. Peut-être était-il peu encouragé par les résultats matériels obtenus par son père qui, malgré toutes ses qualités et une activité dévorante, n'avait pas réalisé une aussi brillante fortune qu'il aurait été en droit de l'espérer. Il est supposable, en effet, que la prospérité de la maison de bijouterie eut à souffrir des lourdes charges qu'imposaient à son chef ses nombreuses entreprises théâtrales[1]. Vraisembla-

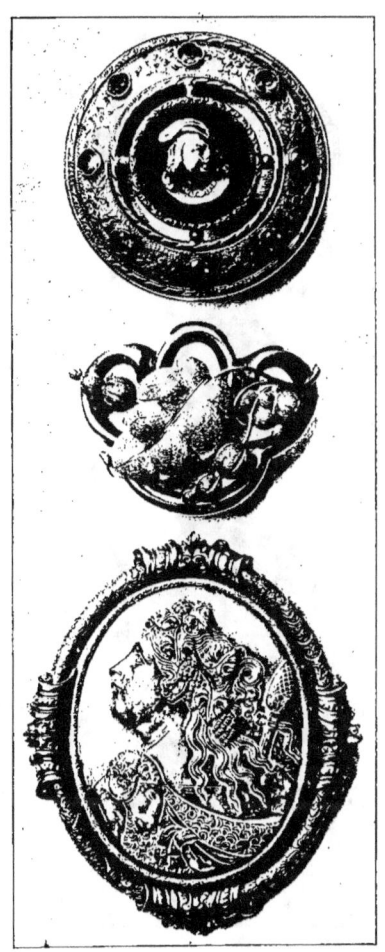

BROCHES LOUIS-PHILIPPE.

[1]. Ce n'est pas ici la place de nous étendre sur le rôle particulièrement actif et brillant de Duponchel à l'Opéra, dont il s'occupait déjà avant d'en être le directeur. Rappelons seulement que c'est lui qui engagea le célèbre ténor Dupré, l'heureux rival de ce pauvre Adolphe Nourrit ; il monta, avec un soin et un luxe alors inusités, un très grand nombre d'opéras, entre autres *les Huguenots* (29 février 1836), dont la mise en scène coûta 160.000 francs, chiffre énorme pour l'époque; *les Martyrs* de Donizetti (1840), *le Freischütz* (1841), *la Reine de Chypre* de Halévy (1841), *Charles VI* (1843), *Lucie de Lammermoor* (1846), *Jérusalem* de Verdi (1847), et enfin *le Prophète* de Meyerbeer (16 avril 1849), dernier ouvrage important dont il s'occupa. Plus il travaillait, plus il perdait d'argent. Après bien des vicissitudes et des associations plus ou

blement aussi, pour sa bijouterie comme pour sa mise en scène, Duponchel, victime de son tempérament ardemment épris du beau, ne reculait devant aucune dépense ni aucun sacrifice, quand il s'agissait d'atteindre au résultat artistique qu'il avait rêvé.

Parmi les maisons qui rivalisaient avec la sienne à cette époque, citons la maison Ouizille et Lemoine, dont la vogue, très grande pendant la Restauration, se continua sous le règne de Louis-Philippe et s'est prolongée jusqu'à nos jours. Cette maison est d'ailleurs une des plus anciennes de Paris.

Nous trouvons en effet, dès 1789, Ouizille père installé place Dauphine, comme successeur de Drais, successeur lui-même d'un certain Du-

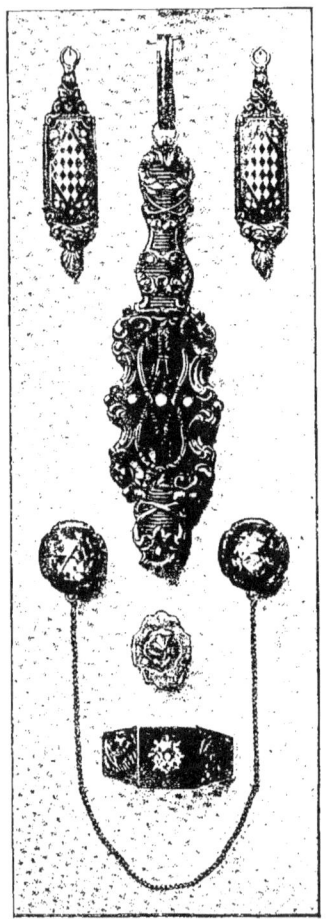

FACE A MAIN, PENDANTS D'OREILLES
BAGUE, BOUTONS DE CHEMISES
RELIÉS PAR UNE CHAINETTE.

moins heureuses, il dut donner sa démission, le 21 novembre 1849. Malgré toutes ses qualités, ses affaires n'avaient pas été brillantes, car, lorsque, en 1847, il s'était associé à Nestor Roqueplan, les nouveaux directeurs avaient pris à leur charge les 400.000 francs de dettes que laissait leur prédécesseur Léon Pillet. D'ailleurs, en 1854, la dissolution de la société Roqueplan et Cie, qui avait un passif de 900.000 francs, fut prononcée.

Mais bien que Duponchel s'occupât d'orfèvrerie, surtout depuis le départ de Morel pour Londres, le démon du théâtre le possédait toujours, car nous le retrouvons associé de M. Dormeuil, lorsque celui-ci obtint la direction du Vaudeville, en 1860.

Duponchel était chevalier de la Légion d'honneur.

crollay[1], ce qui fait remonter la fondation de la maison à une date encore plus ancienne, qu'il ne nous a pas été possible de déterminer.

Sous Napoléon Ier, comme nous l'avons dit, le joaillier

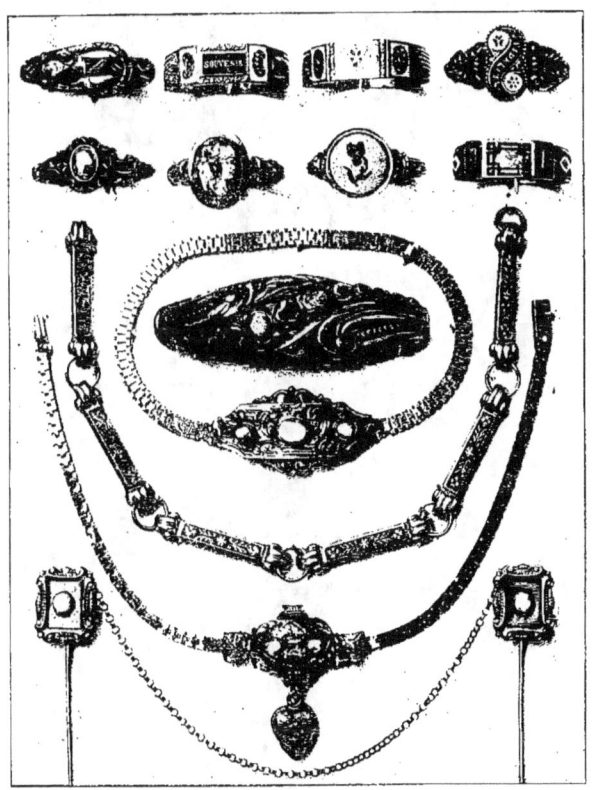

BAGUES ÉMAILLÉES, FERRONNIÈRES MONTÉES EN BRACELETS, ÉPINGLES, ETC.

attitré de la Grande-Chancellerie de la Légion d'Honneur depuis la fondation de l'ordre, en 1802, était Halbout. Ouizille

1. Une carte-adresse du temps de Louis XVI, délicieusement gravée par Choffard, mentionne : « Drais, élève de Ducrollay, bijoutier du Roy, à l'entrée de la place Dauphine, à gauche, près le Pont-Neuf ».

fils, Armand (1784-1878), adjoignit cette maison à la sienne

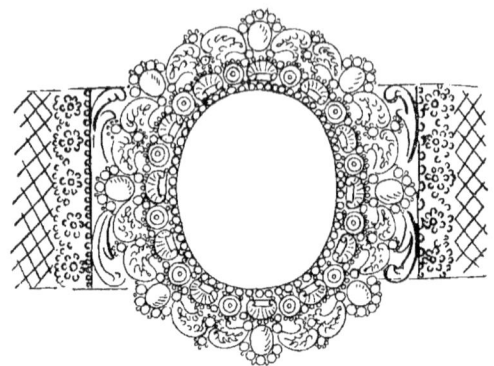

TÊTE DE BRACELET EN GRAINETI ET CANNETILLE
POUR METTRE UN PORTRAIT OU UN CHIFFRE (VERS 1830).
Le corps du bracelet en cheveux. (Archives de la maison Ouizille et Lemoine.)

en 1818 et, après avoir épousé une demoiselle Lemoine, il s'associa avec son beau-frère, Guillaume Lemoine (1791-1871)[1].

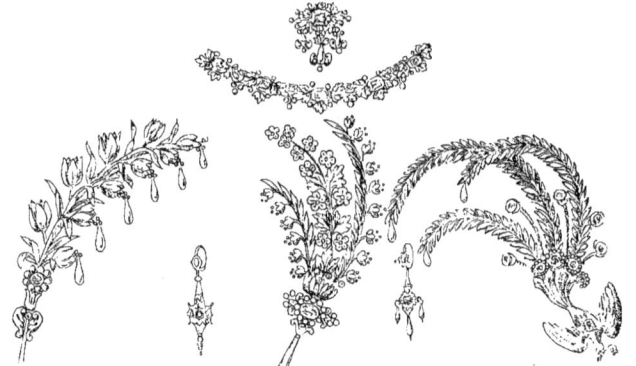

BIJOUX DIVERS EN OR, AVEC PIERRERIES
par Ouizille et Lemoine. (Extrait du journal *la Mode* du 25 février 1833.)

Les affaires étant prospères, la maison Ouizille et Le-

1. M. Ouizille et M. Lemoine s'étaient mariés la même année et, coïncidence curieuse, les deux associés eurent le rare plaisir de pouvoir célébrer tous deux leurs noces d'or.

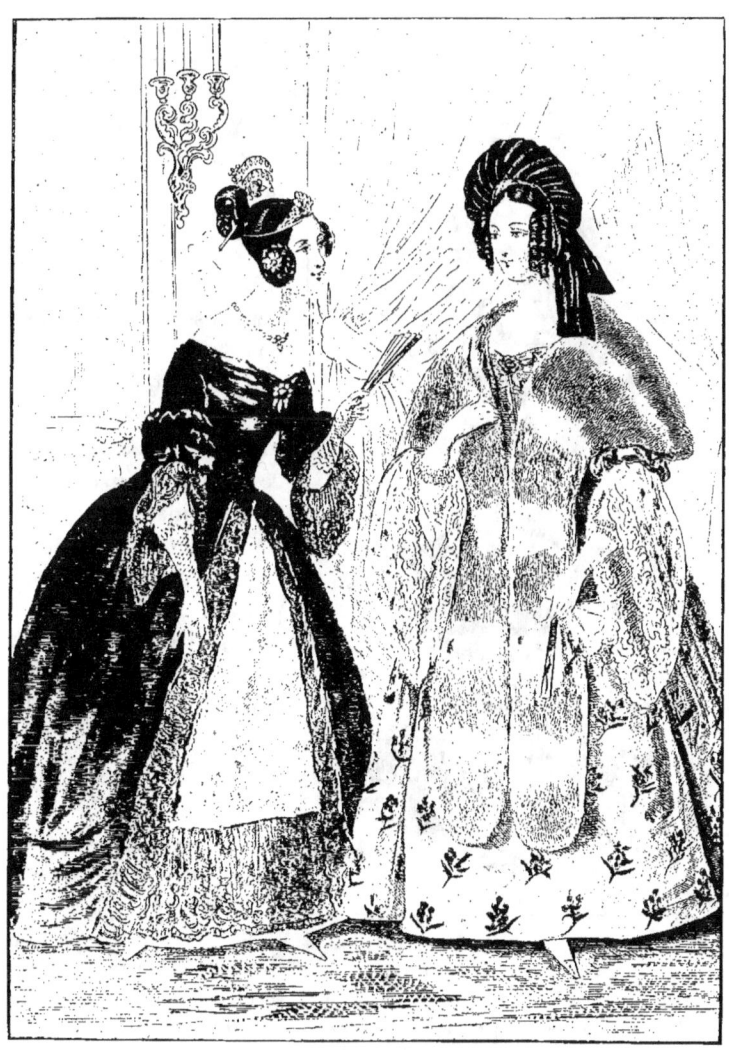

COSTUMES PARISIENS (1838).
Aigrette, diadème, collier, broches, etc. (Bijoux de Guilloet, 49, passage des Panoramas.)

moine, qui était installée quai Conti, n° 7, dans les anciens locaux de Halbout, dut, pour s'agrandir, se transporter en 1842, rue du Bac, n° 1, où elle resta plus de vingt ans.

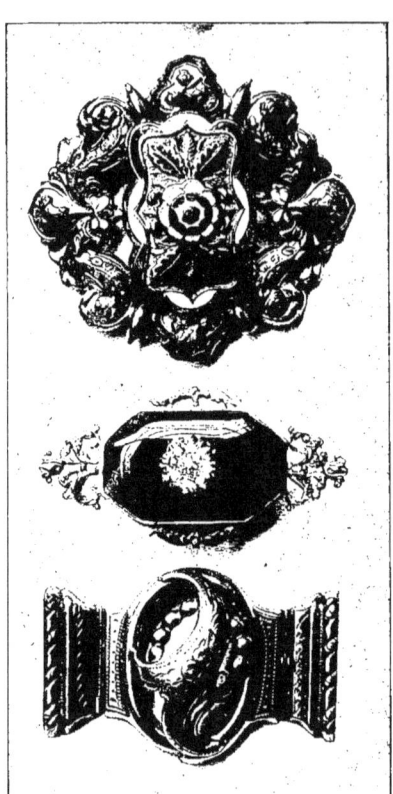

BROCHES ET PLAQUE DE BRACELET
(ÉPOQUE LOUIS-PHILIPPE).

M. Armand Ouizille n'avait que des filles, tandis que son beau-frère et associé avait un fils, M. Victor Lemoine (1815-1891), auquel les deux associés cédèrent, en 1845, la maison qui prit alors comme raison sociale : Ouizille et Lemoine, Lemoine fils successeur. C'était un très bon dessinateur, produisant beaucoup et qui donna une nouvelle impulsion à la maison. Nous reproduisons, d'après le journal *la Mode* du 23 février 1833, des bijoux intéressants, de Ouizille et Lemoine, qui fabriquaient aussi de la joaillerie. Certes, à cette époque, les modes n'étaient pas très artistiques et il était très difficile de créer des chefs-d'œuvre ; néanmoins les bijoux exécutés par Lemoine se faisaient remarquer par un certain goût et par une recherche du dessin, alors bien rare. Ses efforts furent couronnés de succès et, vingt ans plus tard, en 1863, il transporta sa maison au n° 9 de la rue Duphot; en 1875, il la céda à son fils aîné, M. Alfred Lemoine

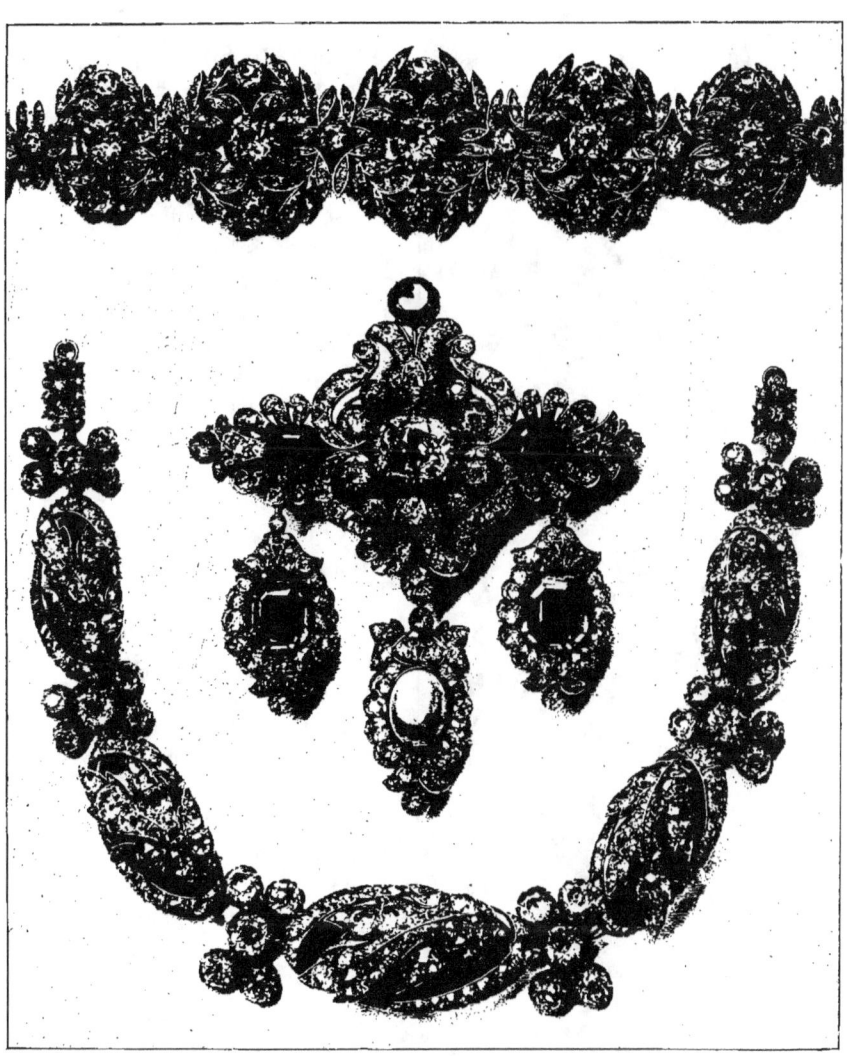

BRACELET ARTICULÉ EN BRILLANTS, COLLIER,
BROCHE JOAILLERIE, SAPHIRS, RUBIS, ÉMERAUDES ET OPALE.

La broche, exécutée en 1834 chez Ouizille et Lemoine,
fut vendue 17.600 francs. Dans ce prix, la façon n'était comptée que pour 500 francs.

(né en 1849), qui s'installa rue Saint-Honoré, 356, au coin de la place Vendôme.

En 1887, M. Georges Lemoine (né en 1861) entra dans la maison de son frère, qui se retira des affaires en 1892, et en 1900, il s'installa dans un magasin luxueux, rue Castiglione, 10, et resta seul à la tête de la maison.

En 1903, il s'associa avec son neveu Jacques Lemoine (né en 1876), fils d'Alfred.

Déjà fournisseurs officiels de la Légion d'honneur, les Ouizille-Lemoine devinrent encore, sous la monarchie, bijoutiers du Roi, fournisseurs des ordres du Saint-Esprit et de Saint-Michel, orfèvres de S. A. R. Madame la Dauphine, etc. Ils ont été sans interruption et sont encore aujourd'hui joailliers-bijoutiers de la Grande-Chancellerie, de sorte que, dans leurs ateliers de bijouterie et de joaillerie, ils ont toujours de sept à huit ouvriers occupés exclusivement à fabriquer des « croix d'honneur » de tout grade et de toute dimension, concurremment avec les fournitures faites au ministère de l'Agriculture de croix du Mérite agricole, dont le modèle fut exécuté dans la maison.

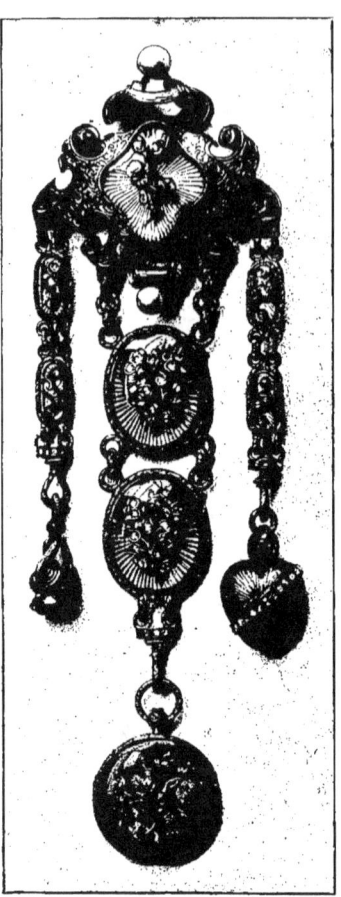

CHATELAINE DE MARIAGE
DE LA PRINCESSE DE JOINVILLE
(1843).
Émail bleu « flinqué » et brillants.

Nous avons déjà cité la maison Janisset, établie pendant

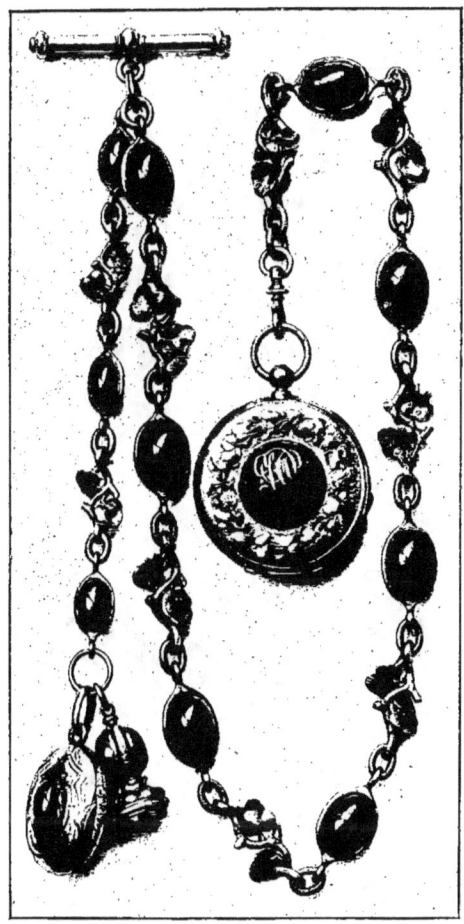

CHAÎNE ET MONTRE AVEC GRENATS CABOCHONS.
(Maison Janisset.)

la Restauration d'abord au Palais-Royal, puis passage des Panoramas; mais si elle avait une certaine renommée à cette époque et même antérieurement[1], c'est surtout sous le règne de Louis-Philippe qu'elle fut véritablement célèbre.

On sait qu'autrefois les femmes de commerçants étaient

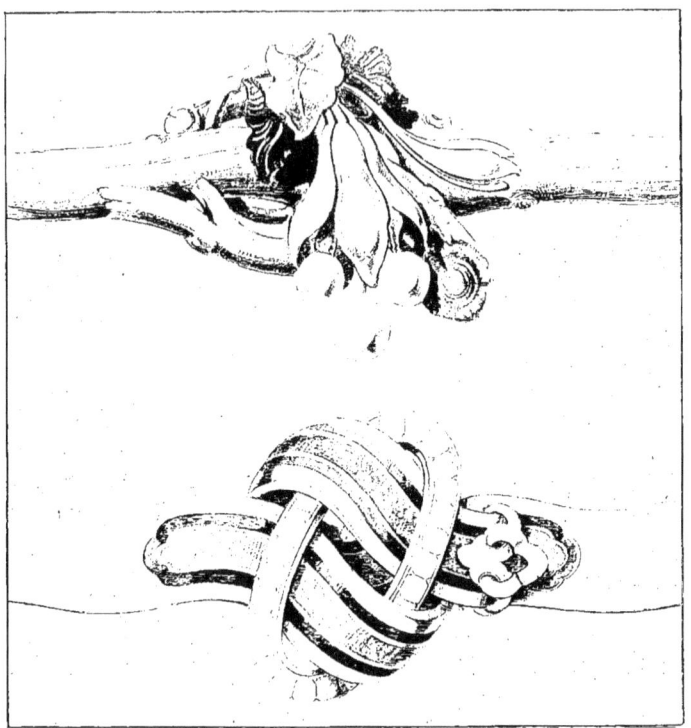

BRACELETS (VERS 1845-1850)
par Jules Chaise. (Grandeur d'exécution.)

généralement à la boutique, s'occupant de la vente ou tenant la comptabilité, la plupart du temps remplissant les deux emplois. Nos grand'mères et nos mères rendaient ainsi de réels services et étaient de précieuses et agréables

[1]. Janisset, rue des Bourdonnais, 14. Boucles d'oreilles et colliers à pierres et à filigrane, crochets à cornaline et autres bijoux de fantaisie. (*Azur*, 1816.)

collaboratrices pour leurs maris. Plus d'une maison leur

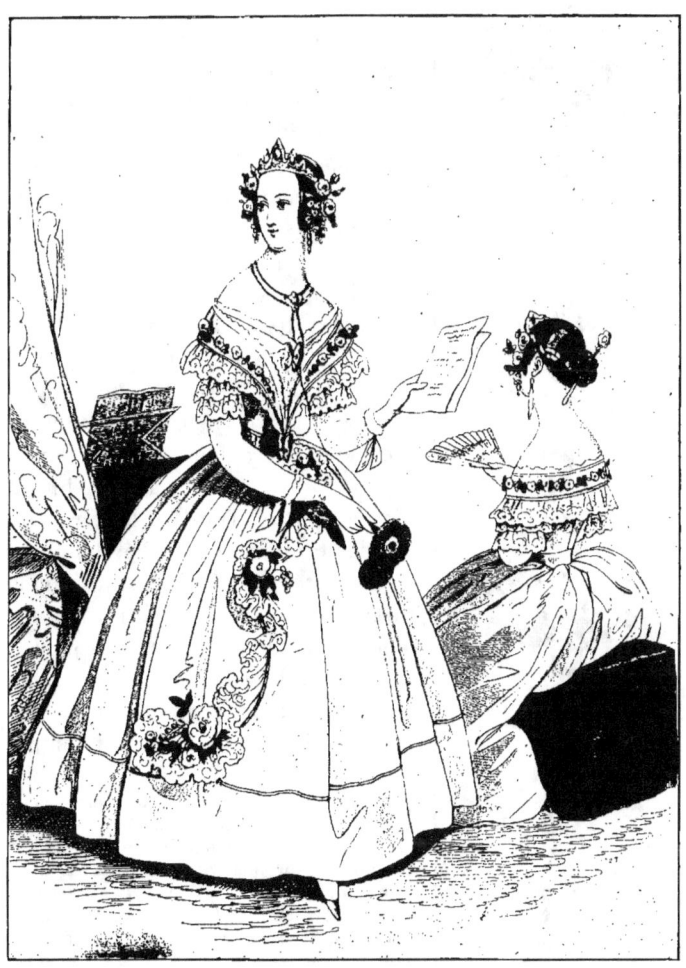

LA ROMANCE (1838).
Diadèmes en or et pierreries, collier-chaine, épingles de coiffure, pendants d'oreilles, etc.

a dû sa notoriété et sa prospérité. C'est à une époque relativement récente que cet usage a pris fin.

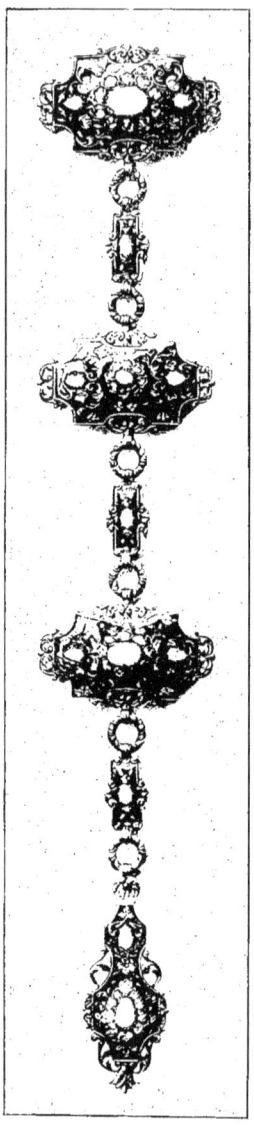

PARURE DE CORSAGE.
(Hauteur, 0m26.)

Mme Janisset était une personne active et particulièrement douée pour les affaires, ce qui fait qu'elle tenait dans la maison de son mari une place prépondérante. Bien que fille d'un maître maçon, elle avait, indépendamment d'une intelligence commerciale remarquable, un sentiment artistique développé et un goût très sûr. De plus, ce qui ne gâtait rien, c'était une jolie femme, avenante, fine, fort distinguée; inutile d'ajouter qu'elle avait beaucoup de succès. C'est dans sa boutique que se donnait rendez-vous la brillante jeunesse de l'époque, « dandys », membres du « Jockey[1] », élégants habitués de la Maison-Dorée[2], lanceurs de modes toujours à la recherche d'une nouveauté. Mme Janisset, alors dans tout l'éclat de sa beauté, très recherchée dans sa mise et toujours gantée de blanc, servait elle-même, avec une bonne grâce parfaite, cette clientèle d'élite. La plupart du temps,

[1]. De 1836 à 1857, le Jockey-Club occupa le premier étage d'un vieil hôtel situé au coin de la rue Grange-Batelière (aujourd'hui rue Drouot) et du boulevard Montmartre. Il se trouvait donc à deux pas de chez Janisset qui, après avoir été passage des Panoramas, se transféra, en 1838, rue Richelieu, n° 112, au coin du boulevard.

[2]. Le restaurant de la Maison-Dorée fut construit en 1839. C'est un spécimen de l'architecture alors en honneur; les ornements, frises, trophées, qui la décorent, sont bien du même style que les joyaux et les orfèvreries romantiques de cette époque.

on s'en rapportait à elle pour le choix du bijou destiné à un cadeau, car on était sûr alors qu'il serait du meilleur goût[1].

La réputation de la maison Janisset allait tous les jours grandissant. Vers 1835, ses affaires prirent un très grand développement et nulle part on ne trouvait un assortiment plus complet et plus varié en bijoux de riche et élégante fantaisie. Un journal de l'époque[2] raconte que « la Mode ayant à compléter sa toilette pour assister à une fête, choisit dans un coffret en argent niellé une jolie parure de riche fan-

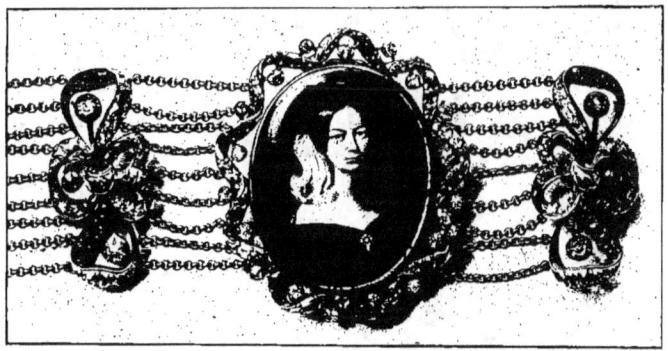

BRACELET AVEC LE PORTRAIT DE Mme LA DUCHESSE D'ORLÉANS (1844).
(Appartenant à Mme la Duchesse de Chartres.)

taisie, montée avec le bon goût de Janisset. La chaîne à un seul rang, tressée en fil d'or, serrait au cou par une espèce d'agrafe en diamans dessinant une feuille de vigne ; une même agrafe fixait la chaîne à la place d'une Sévigné d'où elle descendait jusqu'à la ceinture, y retenant une cassolette. Les boucles d'oreilles, dont les hauts représentent un petit oiseau aux ailes déployées, avaient pour pendants une grappe de raisin en diamans avec le feuillage. Puis, à un seul bras, la Mode plaça un étroit bracelet que Janisset

---

1. La maison Janisset est citée par Balzac dans plusieurs de ses romans, ainsi que par Alfred de Musset, dans une de ses charmantes comédies, *Un Caprice*.
2. *Le Protée*, août 1834.

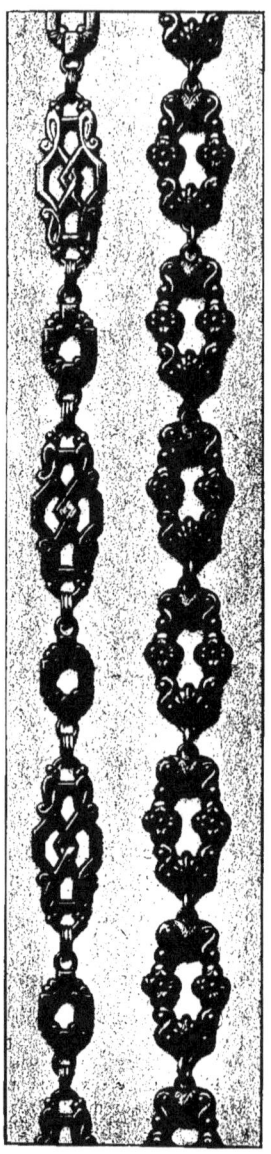

GRANDES CHAÎNES SAUTOIRS.

fit pour compléter toute la parure ; trois tresses en fil d'or, réunies dans un petit sabot, étaient fermées par un cadenas[1] carré long, en émail noir, semé de petits diamans ainsi que les sabots. »

Alexis Falize, le père, qui, comme nous le verrons, était un dessinateur hors ligne, entra chez Janisset, dont il dirigea les ateliers, de 1835 à 1838, avec le plus grand succès. Il ne quitta cette hospitalière maison que pour se marier et s'établir à son tour, mais n'en continua pas moins à fournir des modèles très appréciés à Janisset, établi alors rue Richelieu, n° 112.

C'est Mme Janisset qui, la première, eut le talent de vendre de très beaux bijoux pour hommes et d'un prix élevé ; il n'était pas rare que, son affabilité aidant, elle ne décidât un « fashionable » à emporter une épingle de cravate de deux ou trois mille francs.

Devenue veuve, Mme Janisset épousa en secondes noces M. Rollac, ancien page de Charles X,

1. Les *cadenas* étaient alors ce que l'on a appelé depuis *boîtes de cliquet*. Atteignant parfois d'assez grandes dimensions, ils formaient souvent un véritable motif au milieu du bracelet. Les *sabots*, placés de chaque côté du cadenas central, étaient aussi des sortes de boîtes dans lesquelles s'attachait la partie souple du bracelet : chaînes, tissus d'or, cheveux nattés, etc.

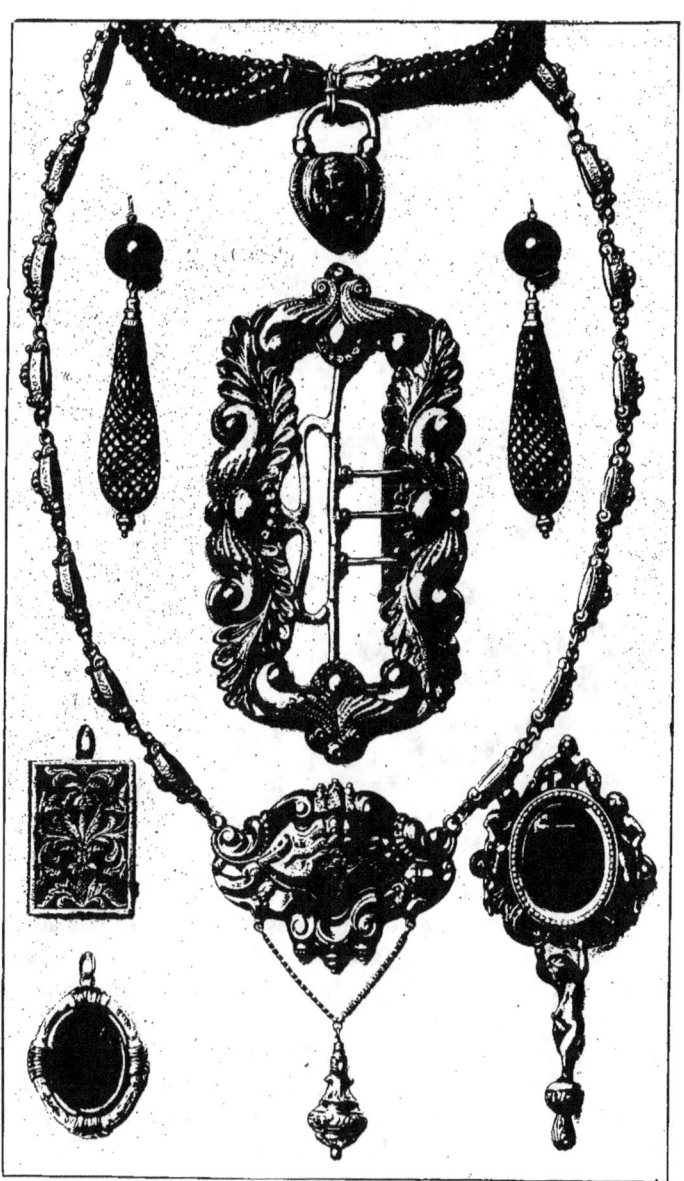

BRACELET CORAIL, PENDANTS D'OREILLES EN CHEVEUX, BOUCLE, COLLIER, ETC.

homme du monde accompli. Il avait conservé de très belles relations, dont profita largement la maison de commerce. D'ailleurs, nous venons de le dire, la clientèle choisie de Mme Janisset avait l'habitude de se donner rendez-vous dans l'arrière-boutique de la belle bijoutière, pour y causer des nouvelles du jour. C'est là que se retrouvaient familièrement les personnalités les plus en vue de l'époque, artistes, littérateurs, boulevardiers, *sport-man,* comme on disait alors. On assure même qu'après 1848, le Prince-Président y fréquentait beaucoup.

Chose étrange, la vogue tant enviée de cette maison entraîna précisément la ruine de ses propriétaires, qui menaient d'autant plus grand train que leurs affaires devenaient plus prospères ; on dépensa sans compter, on acheta une superbe propriété à la campagne, où l'on tenait table ouverte, et ce n'étaient que réceptions, parties de toutes sortes, toilettes nouvelles, etc. De plus, il n'était guère possible de refuser un long crédit à des clients qui se laissaient entraîner d'autant plus facilement à grossir leur compte qu'on ne les tourmentait pas pour le paiement. Les années qui précédèrent les événements de 1848 n'avaient pas été favorables au commerce, mais lorsque survint la Révolution, ce fut un arrêt complet, dont les conséquences furent désastreuses pour beaucoup. La maison Janisset sombra quelques années après, entraînant dans sa chute un grand nombre de ses collaborateurs fabricants, auxquels il était dû de grosses sommes qu'ils ne purent recouvrer. Falize fut de ce nombre.

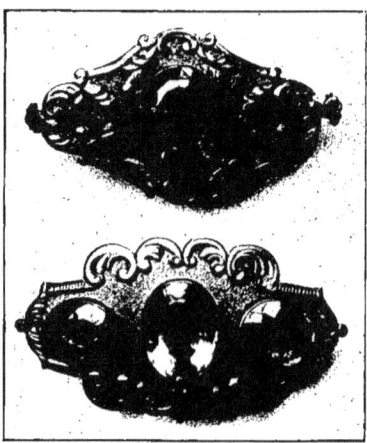

BROCHES EN OR AVEC AMÉTHYSTES
(ÉPOQUE LOUIS-PHILIPPE).

A ce moment, m'a dit un témoin oculaire, la détresse fut si grande chez Janisset, que le marchand d'or refusa toute four-

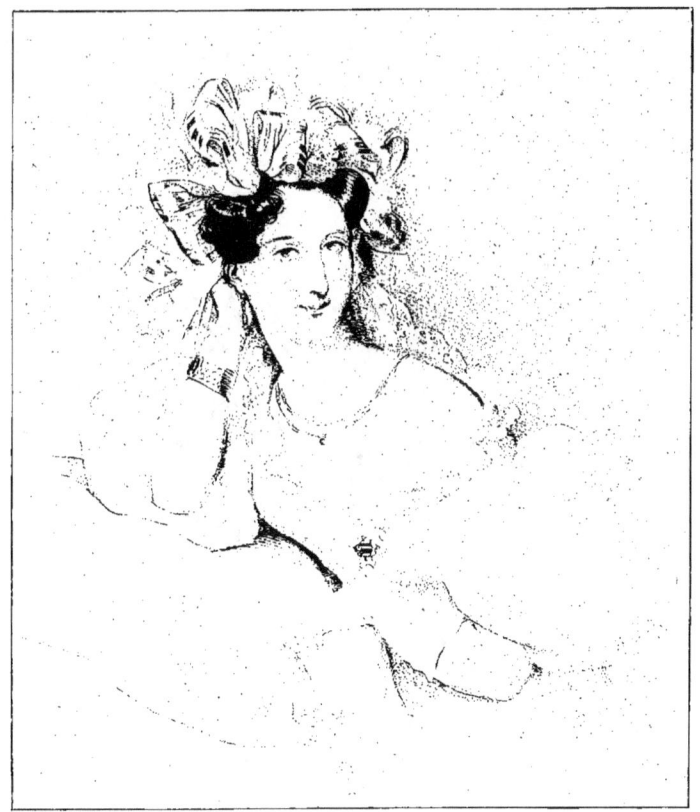

MALICE.
Collier, bracelet, broche, pendants d'oreilles. (Lithographie de A. Devéria.)

niture, si minime qu'elle fût, et un jour qu'il fallait absolument trouver quelques grammes du précieux métal pour exécuter un bijou commandé, « on ramassa toutes les rognures de l'atelier et ce qui restait de limaille dans les peaux, et on le fondit en se servant d'une pipe de terre en guise de creuset. »

Malgré de courageux efforts, la maison ne put jamais se relever complètement de cette secousse. Les clients étaient dispersés, la faveur du public ne revint pas et se porta ailleurs. Jules Chaise, suivant des conseils donnés peut-être à la légère, tenta vainement de ranimer cette maison où l'on avait fait tant d'affaires, et, en 1860, il reprit le fonds de Janisset ; mais, trop confiant, trop bon, il ne put réussir.

Jules Chaise (1807-1870) était fils d'un marchand d'es-

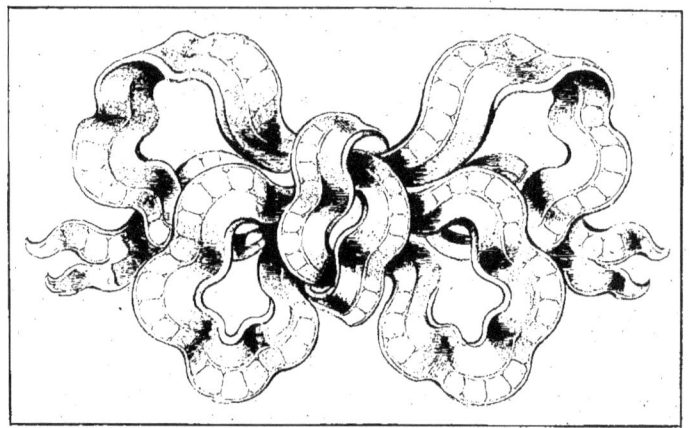

NŒUD EN ÉMAIL BLEU ET BRILLANTS
par Jules Chaise. (Grandeur d'exécution.)

tampes de la rue des Petits-Champs, qui, devenu aveugle, fut mis dans l'impossibilité de continuer son commerce. Ce malheureux événement força son fils, tout jeune encore, à interrompre ses études pour se créer une situation. Entraîné par des goûts artistiques très prononcés, Jules Chaise fit son apprentissage de bijoutier, et, grâce à un de ses oncles qui l'aida, il put bientôt s'établir, à l'âge de vingt-six ans. Ses débuts furent modestes, mais comme il dessinait très bien, qu'il était travailleur et homme de goût, ses affaires ne tardèrent pas à prospérer. Il se maria en 1836 et, quelques années plus tard, se trouvant à l'étroit pour ses affaires qui prenaient chaque jour plus d'extension, il se transporta rue de Richelieu, 10[1].

Sa vogue fut considérable et justifiée. D'une nature très

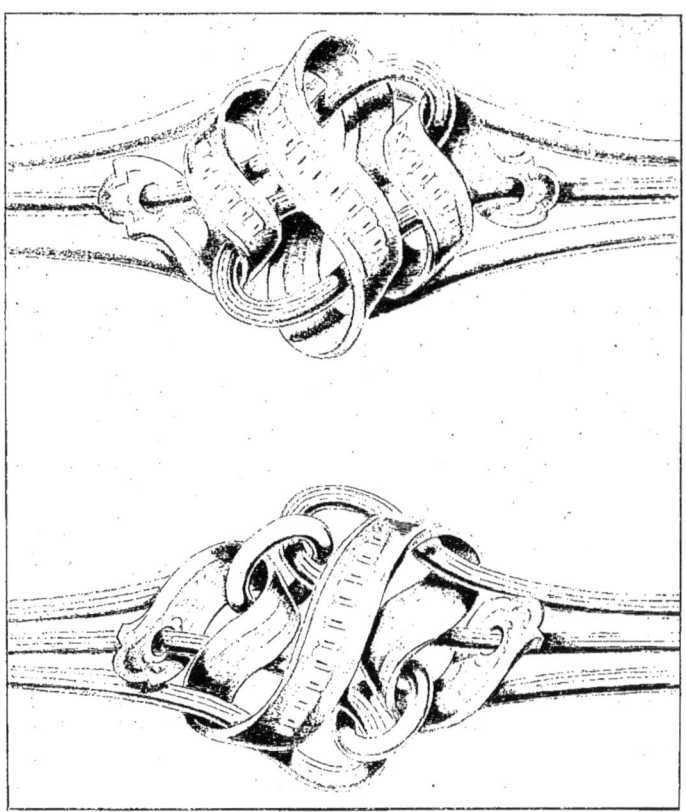

BRACELETS ÉMAIL ET BRILLANTS
par Jules Chaise.
(Grandeur d'exécution.)

sympathique, d'une honorabilité et d'une délicatesse de

1. Chaise (J.), rue Richelieu, 10. Fabrique la joaillerie, ainsi que le bijou. Parure, bracelets, bagues, épingles et généralement toute la fantaisie dans le plus nouveau goût. (Azur, 1847.)

sentiments poussés à l'extrême, la simplicité et la modestie de son caractère[1] plaisaient à tous ceux qui l'approchaient. On recherchait ses conseils et ses critiques, car il avait un véritable tempérament d'artiste, auquel s'ajoutait une grande bonté, et sa compétence professionnelle était très appréciée. Bien des fabricants travaillèrent et se formèrent dans son atelier, qui était connu pour un des meilleurs, et dont,

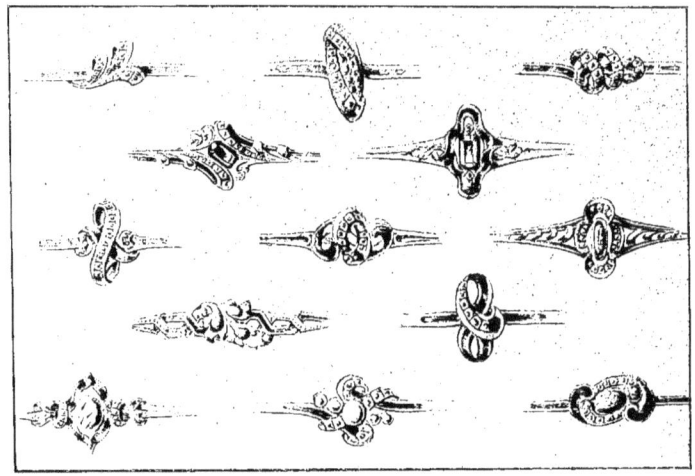

BAGUES
par Jules Chaise.

pendant plusieurs années, Deschamps fut le chef. Le père de notre confrère Coulon fut également employé pendant près de vingt ans dans la maison ; c'est chez Jules Chaise que firent leurs débuts, comme apprentis, Albert Chaise son neveu, Boucheron son cousin, Jacta père et, bien antérieurement, Charles-Martial Bernard.

Les bijoux de Chaise étaient exécutés avec beaucoup de soin et fréquemment rehaussés d'émail. Les reproduc-

1. J. Chaise refusa de figurer à l'Exposition de 1855, préférant ne pas faire concurrence à ses clients habituels et se contentant du succès remporté par ses œuvres dans leurs vitrines.

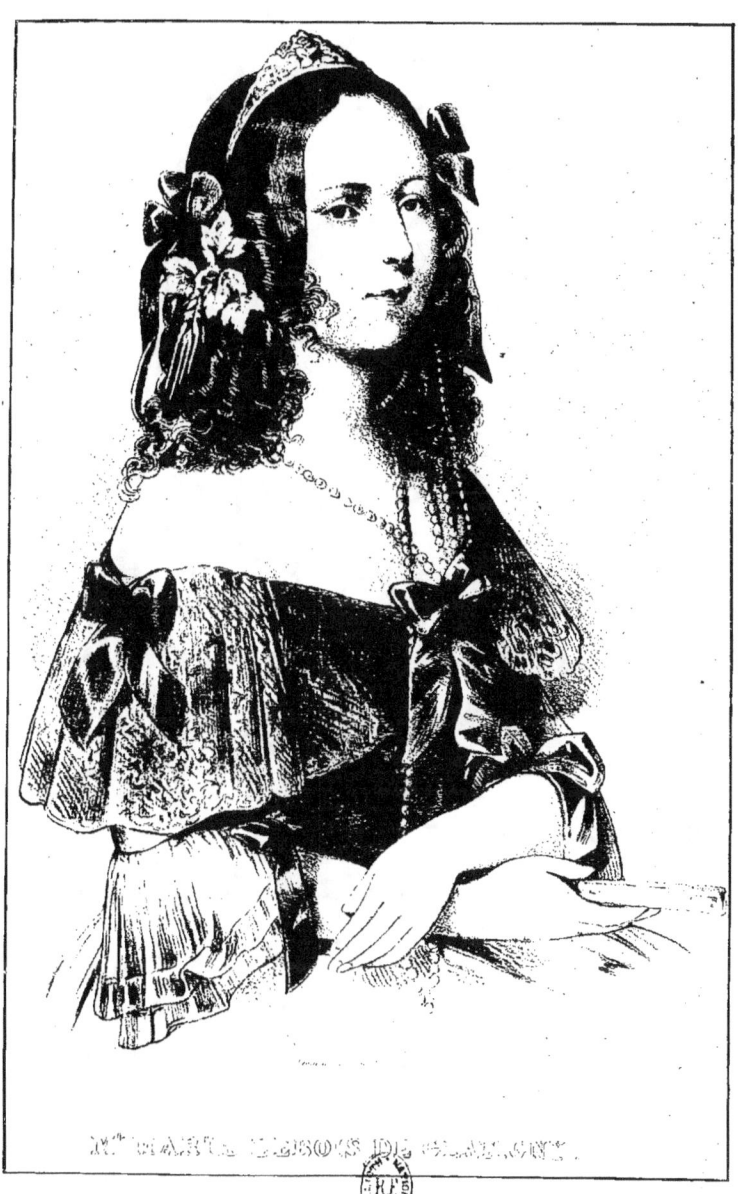

DIADÈME OR ET PIERRERIES, ÉPIS DANS LA COIFFURE, COLLIERS DE PERLES.
Lithographie de Gsell, d'après Alphonse Constant.
(Extrait d'un ouvrage de l'époque : *les Belles femmes de Paris.*)

tions que nous en donnons permettront de se rendre

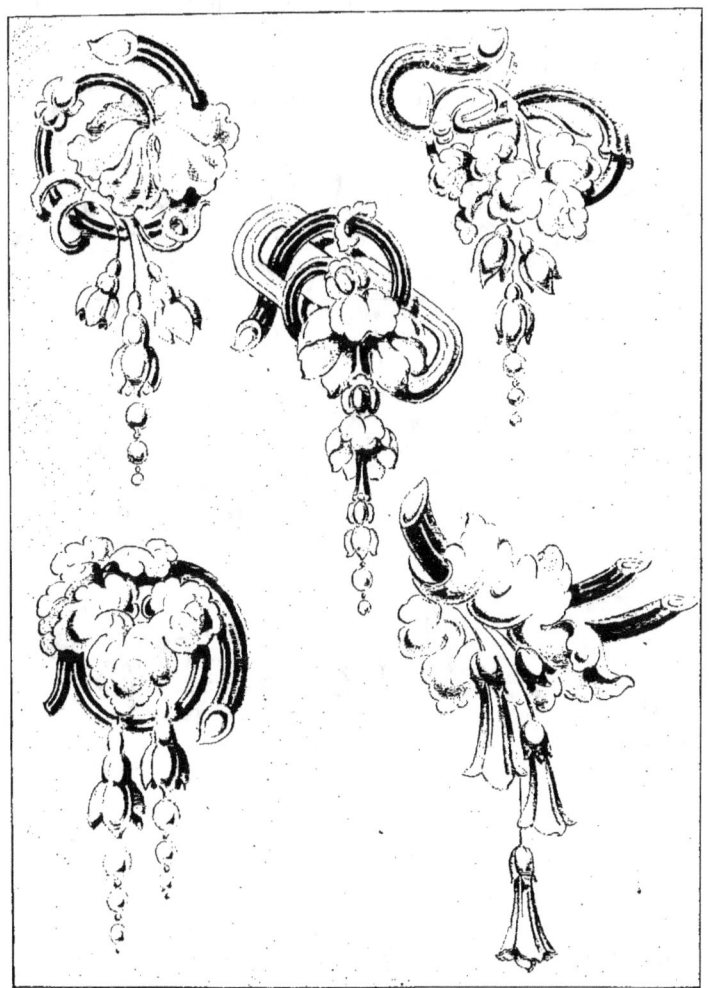

BROCHES ÉMAIL ET PERLES
par Jules Chaise.

compte du genre qui était le plus à la mode à cette époque.

Nous venons de voir qu'il était un des principaux fournisseurs de Janisset ; il travaillait aussi pour plusieurs autres maisons importantes de Paris. Bientôt, ne pouvant plus suffire à composer lui-même tous les dessins nécessaires à ses commandes, il prit comme dessinateur-graveur Charles

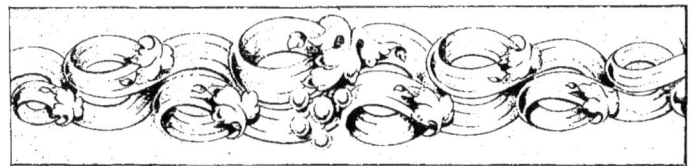

BRACELET ÉMAILLÉ ET ORNÉ DE PERLES
par Jules Chaise.

Duron, qui eut plus tard une grande réputation comme bijoutier-orfèvre. Giacomelli, le peintre bien connu des oiseaux, succéda à Duron comme dessinateur, ensuite ce fut Alphonse Fouquet, le père, qui n'y resta pas longtemps, ainsi que nous le verrons au chapitre suivant, parce que

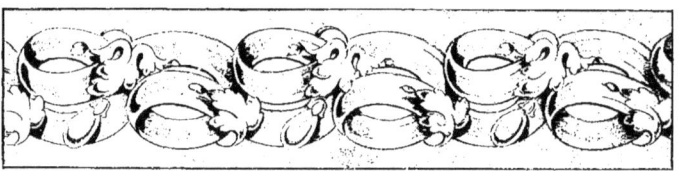

BRACELET ÉMAILLÉ ET ORNÉ DE PERLES
par Jules Chaise.

c'est un dessinateur qu'il fallait et que Fouquet était, à cette époque, plutôt modeleur que dessinateur.

La fin de Jules Chaise fut tragique ; écrasé par une voiture dans laquelle, fatale coïncidence, se trouvait un de ses parents, il dut subir quelque temps après l'amputation successive de la main, puis du bras, et mourut des suites de ces opérations.

Albert Chaise était le neveu de Jules Chaise ; il reprit, en

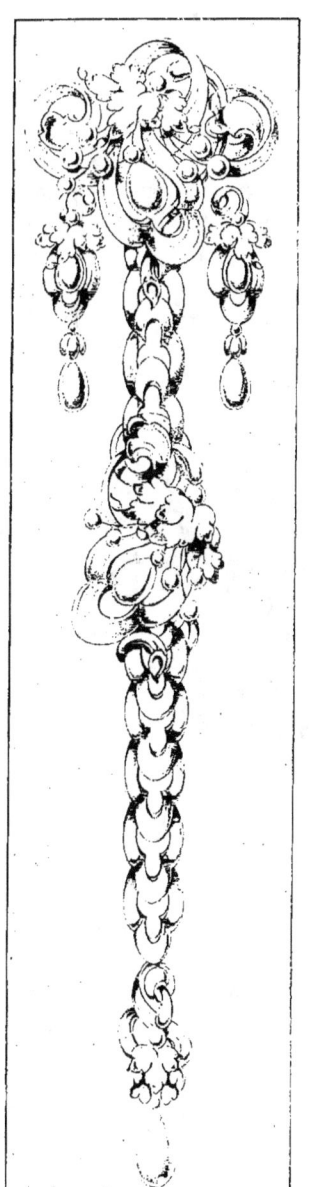 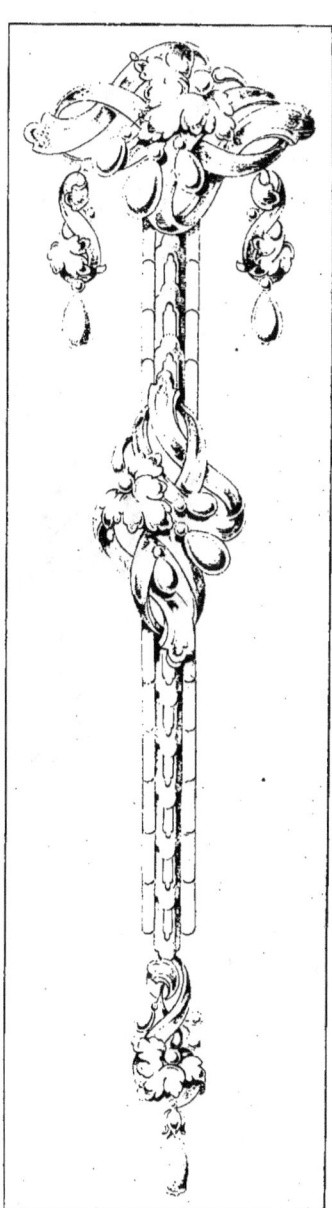

ORNEMENTS DE CORSAGE
par Jules Chaise.

1868, la vieille maison Le Cointe, qu'il transporta dans un magasin de la rue de la Paix, au n° 24, où il resta jusqu'en 1889 [1].

J. Le Cointe [2], après avoir été ouvrier bijoutier, s'établit en 1818 rue de Castiglione, n° 12, et adjoignit l'orfèvrerie à son commerce de bijoutier-joaillier. Grâce à la protection

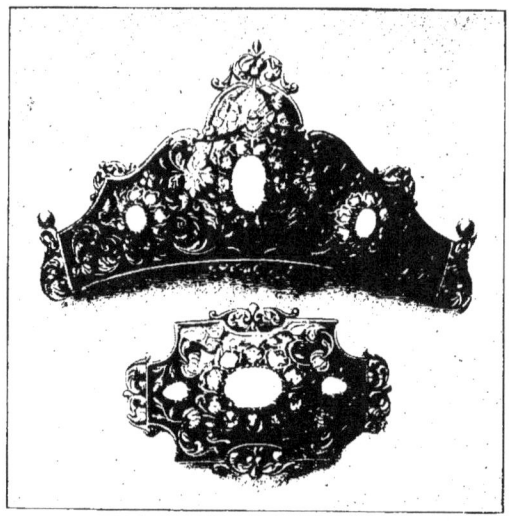

PEIGNE ET BROCHE EN OR FLINQUÉ ET ÉMAILLÉ
AVEC OPALES ET BRILLANTS.

de la Duchesse de Berry, il fut nommé fournisseur du Duc de Bordeaux, par acte authentique du 30 octobre 1822. A cette époque, il exécuta, pour la Duchesse et pour de grands personnages de la Cour, de très belles parures et de nombreux bijoux. Depuis 1841, il avait transporté son établisse-

---

[1]. Albert Chaise (1829-1891) était marchand-bijoutier et non fabricant. Nous le citons ici, pour éviter toute confusion entre son oncle et lui. Il était le gendre de Louis Audouard (1814-1880), l'excellent ciseleur qui travailla beaucoup pour Froment-Meurice.

[2]. Éloi-Joachim Le Cointe, né à Paris, le 26 ventôse an v de la République, mourut en 1849.

ment place Vendôme, n° 26, au premier étage, au-dessus de l'emplacement actuel de Boucheron, où sa clientèle aristo-

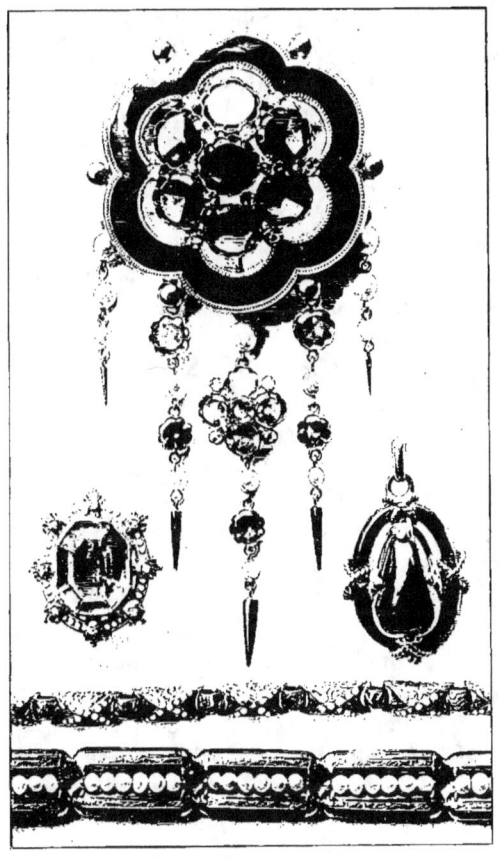

BRACELETS A MAILLONS ARTICULÉS
(le plus petit a été exécuté en 1836)
BROCHE ÉMAIL NOIR, PERLES ET GRENATS (VERS 1847)
par Jules Chaise.

cratique l'avait suivi fidèlement, lorsqu'il mourut en 1849, emporté par le choléra.

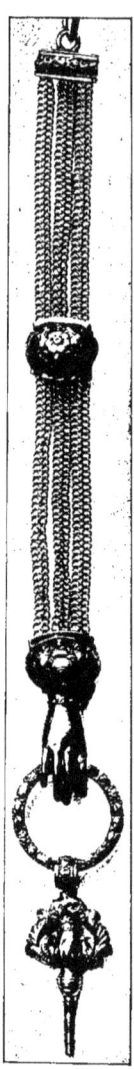

CHAINE DE MONTRE
AVEC CLÉ BRELOQUE.
(Réduction d'un tiers.)

Son fils[1], qui avait alors à peine 23 ans, prit la suite des affaires. Il y avait été préparé de bonne heure par son père qui, aussitôt les années de collège terminées, lui avait fait faire, sous la direction de différents maîtres, de fortes études de dessin et de sculpture qu'il perfectionna à l'École des Beaux-Arts. C'est ainsi que Léon Le Cointe put donner par la suite à sa maison une impulsion nouvelle, et exécuter des œuvres d'un caractère plus artistique. Son orfèvrerie et sa bijouterie étaient très appréciées. Il exécuta, entre autres pièces, un grand vase d'argent pour le Comte de Dion, et plus tard un important service à thé qui fut acquis par Napoléon III. En 1855, Le Cointe obtint une médaille de première classe pour son exposition.

Mais, malgré ses succès, son tempérament le portait à faire de l'Art proprement dit; c'est pourquoi, à partir de 1850, sans abandonner ses travaux d'orfèvre et de bijoutier, envoyat-il à peu près régulièrement, aux différents Salons et expositions, des œuvres pour lesquelles Le Cointe mérita des récompenses dont il pouvait être fier. Ses statues de Diderot et de Sedaine, coulées en bronze, furent acquises par la Ville de Paris[2]. Il contribua aussi, comme sculpteur, à l'ornementation de l'Hôtel de Ville actuel.

Enfin, depuis le jour où il céda sa maison à Albert Chaise, en 1868, comme nous venons de le dire, il s'est consacré exclusivement à la sculpture.

---

1. Aimé-Joachim-Léon Le Cointe, né à Paris, rue de Castiglione, le 22 avril 1826.
2. Elles ornent actuellement le square d'Anvers, à Paris.

Avant de clore ce chapitre, il nous reste à parler d'un bijoutier artiste dont le nom, presque oublié de la géné-

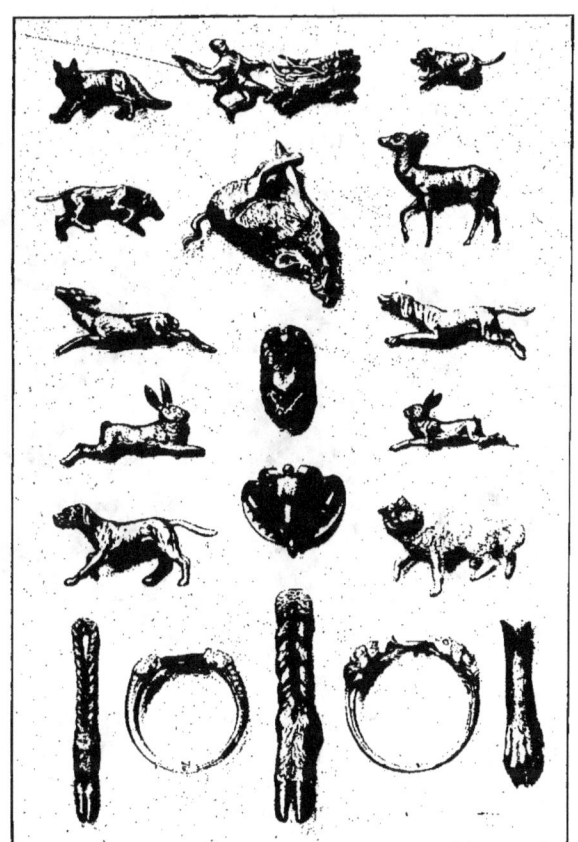

ÉPINGLES, BRELOQUES ET BAGUES A MOTIFS DE VÉNERIE
par Hubert Obry.

ration actuelle, mérite mieux qu'une simple mention.
Hubert Obry (1808-1853) était un animalier de réelle valeur, modeleur et ciseleur remarquable. M. Arthur

Maillet, dans *les Arts du métal*[1], lui a déjà consacré un très intéressant article qui met bien en relief cette curieuse figure. D'un caractère original, mais d'un cœur excellent, Hubert Obry menait une existence fantaisiste et nomade, qui n'excluait cependant pas une grande ardeur au travail. Obry se faisait gloire de ses excentricités et tirait presque plus de vanité de son remarquable talent de sonneur de trompe que de son habileté de bijoutier. Il faut dire qu'il avait passé son

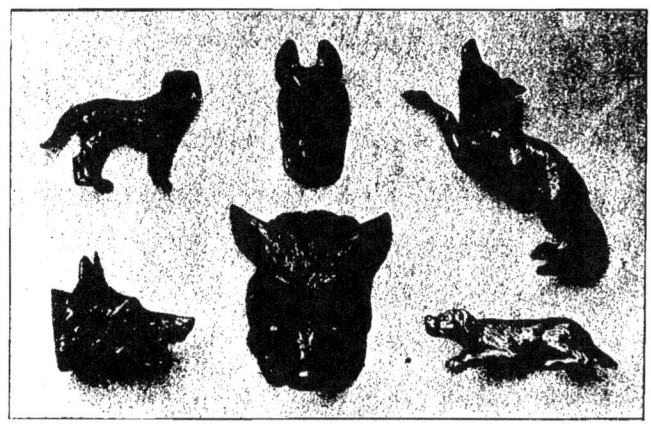

ANIMAUX DIVERS
par Hubert Obry.

enfance aux côtés de son père, un des plus célèbres piqueurs de l'époque, un de ceux qui, d'après le manuel du Comte Le Couteulx de Canteleu, ont contribué à maintenir la gloire de la Vénerie française et dont le nom mérite d'être transmis aux générations futures des fervents de cet art.

Le père de notre bijoutier, d'abord piqueur chez le Duc de Berry, fut plus tard à la tête du célèbre équipage du Baron Schickler, qui égalait presque l'équipage princier de Chantilly, et se composait de quatre piqueurs à cheval, de quatre valets à pied et de cent trente chiens de meute. Ce

1. *Les Arts du métal*, 2ᵉ année, septembre 1893, p. 178 et suiv.

n'est donc pas sans raisons que notre ciseleur reçut, lors de son baptême, le nom du grand saint Hubert[1], patron des chasseurs, et que, plus tard, lorsqu'il eut à se choisir un poinçon de maître, il le composa d'un « massacre »[2] avec une croix entre les bois.

Le jeune Hubert aimait passionnément la chasse, avec

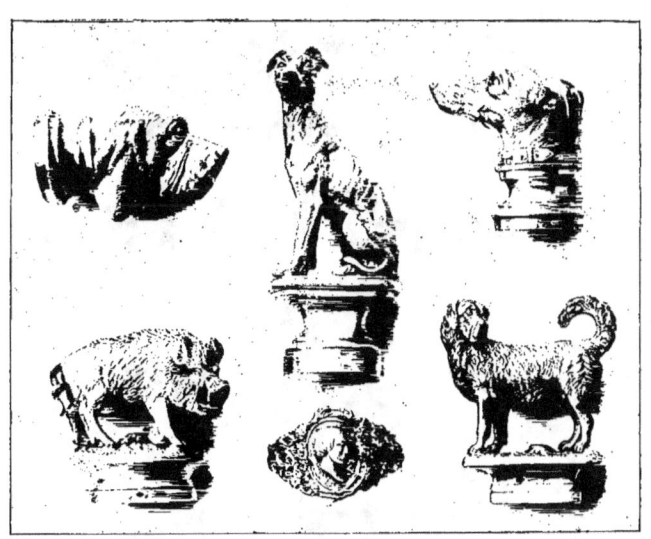

BAGUE A L'EFFIGIE DU COMTE DE CHAMBORD
ANIMAUX DIVERS
par Hubert Obry.

la vie libre et fortifiante dans les bois ; c'est ainsi que, dans le merveilleux décor de la nature, il apprit à connaître à fond les hôtes de la forêt : cerfs, sangliers, loups, renards, observant leurs mœurs, étudiant minutieusement leurs

1. Hubert Obry était le troisième fils du premier piqueur du duc de Berry ; ses deux frères passèrent également leur vie dans la vénerie et, selon l'usage, furent gratifiés d'un surnom : l'un s'appelait Labranche, l'autre Landouiller. Notre ciseleur ayant reçu en naissant le nom prédestiné d'Hubert, on ne le modifia pas.

2. *Massacre*, terme de vénerie et de blason : ramure d'un cerf avec une partie de crâne.

formes, leurs allures et leurs attitudes. Aimant à ce point les animaux, le désir lui vint bientôt de les reproduire et de les modeler en cire. Les premiers essais qu'il fit spontanément portaient une telle empreinte de vie et de sincérité, qu'un personnage haut placé les ayant vus par hasard, un

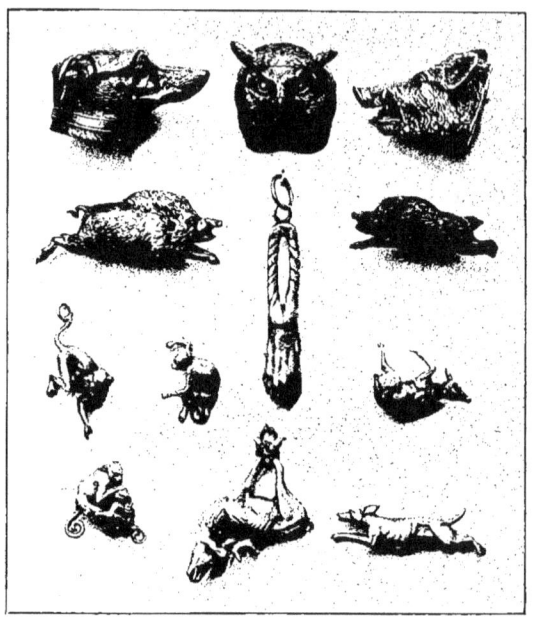

ANIMAUX DIVERS POUR BRELOQUES ET ÉPINGLES
par Hubert Obry.

jour de « laisser courre », fit entrer leur auteur à l'école des Arts et Métiers de Châlons, où le jeune artiste apprit la ciselure et ne tarda pas à faire des progrès rapides, grâce à son intelligence singulièrement ouverte et à son habileté de main peu commune. Non seulement il y développa sans effort ses qualités naturelles, mais il imagina même certains perfectionnements techniques et créa des outils spéciaux lui permettant d'imiter plus facilement le différent poil des animaux qu'il ciselait, car Obry se montrait consciencieux jusqu'au scrupule dans l'exécution de ses œuvres, les-

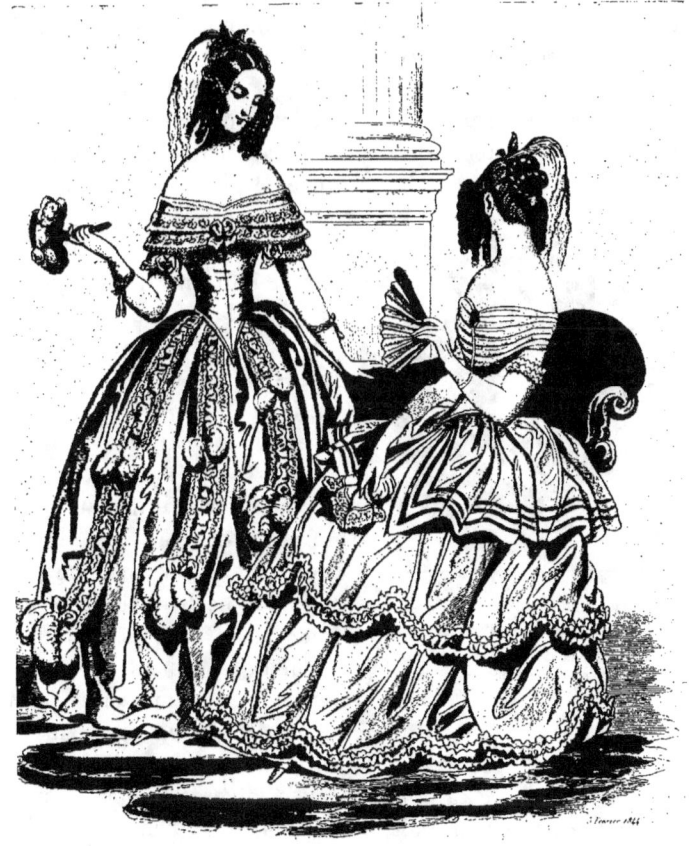

AU BAL DE LA LISTE CIVILE, EN 1844.
Oiseaux de paradis en or ciselé terminés par des aigrettes retombantes,
épis de diamants dans la coiffure,
broche, bracelets en or avec glands, éventail ciselé.

quelles, malgré leurs dimensions minuscules, présentent toutes les qualités de vérité que Barye devait porter à un si haut degré. Notre bijoutier ne se contentait pas, comme beaucoup d'artistes, de reproduire indéfiniment le même type d'animal avec d'insignifiantes variantes, il donnait à chacune de ses répétitions une physionomie particulière, qui en faisait, pour ainsi dire, un véritable portrait.

Mais les travaux artistiques d'Obry à l'école de Châlons, loin de calmer sa passion cynégétique, ne faisaient au contraire que l'entretenir et l'exaspérer; aussi, dès que l'automne revenait, notre jeune homme se sentait tourmenté par le démon de la chasse, si bien qu'un jour, n'y tenant plus, il laissa là ses outils et s'en fut à sa chère forêt revoir, agiles et pleins de vie, les animaux qu'il reproduisait avec tant d'habileté dans le métal. Il reprit son existence de plein air et utilisa tous ses instants de loisir à perfectionner encore son talent de sonneur de trompe. Devenu bientôt de première force, il donna des leçons fort recherchées[1], en même temps qu'il composait pour son instrument favori des airs qui eurent beaucoup de succès et qui se jouent encore aujourd'hui, entre autres une *Messe de saint Hubert* et diverses fanfares, qu'il dédiait à des propriétaires d'équipages de chasse réputés.

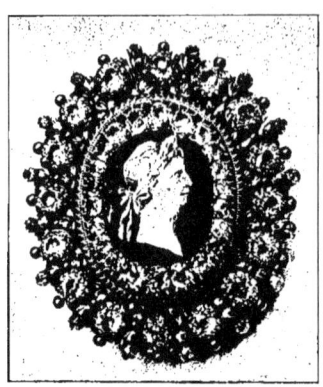

PLAQUE DE BRACELET AVEC CAMÉE
EXÉCUTÉE EN 1834.
Les brillants du cercle extérieur ont un entourage de petites roses.

1. Si, comme tout fils de piqueur, Obry avait de bonne heure façonné ses lèvres à l'embouchure de la trompe, il n'était pas, dit-on, toujours bien « embouché » avec ses élèves, même les plus titrés, auxquels il appliquait les épithètes les plus mal « sonnantes », les gratifiant parfois des noms de ces animaux qu'il modelait avec tant d'habileté, lorsque leurs lèvres paresseuses ou maladroites ne parvenaient pas à faire sortir un son correct de l'instrument. On raconte que la jeune noblesse s'amusait fort de ces boutades et que les princes eux-mêmes venaient quelquefois, par plaisir, se faire en...courager par cet original.

De ce nombre sont *la Courval, la de Mun, la Sivry, la Perthuis,* etc. Bien qu'une sonnerie de trompe n'ait guère de rapport avec la bijouterie, on m'excusera de n'avoir pu résister à l'envie de reproduire dans cette étude une page de la musique d'Obry, qui donnera une idée du talent de notre ciseleur, et dont nous avons pris copie à la bibliothèque du Conservatoire national de musique[1].

Entré comme piqueur chez le Duc d'Angoulême, il continua cependant à s'occuper de modelage et de ciselure avec un tel succès, qu'en raison des commandes nombreuses que lui adressaient de tous côtés les grands chasseurs, il dut quitter ses fonctions cynégétiques et ouvrir à Paris un atelier qui, à un certain moment, compta un assez grand nombre de compagnons, collaborateurs à un double titre de leur maître. En effet, Obry, qui vivait avec eux plutôt en camarade qu'en patron, se montrait cependant d'une intransigeance absolue sur un point particulier : il exigeait que

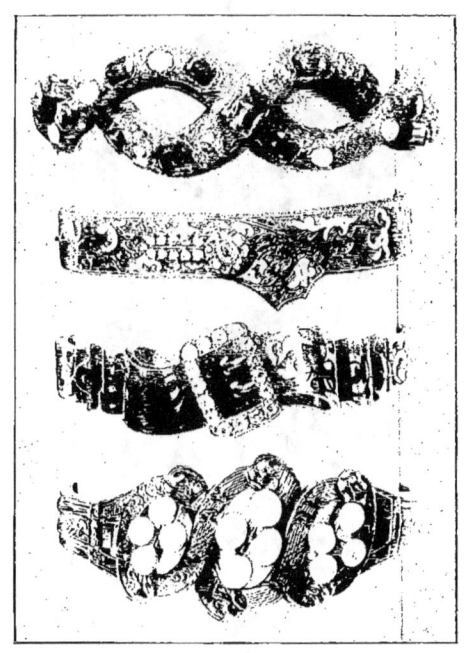

BRACELETS DU TEMPS DE LOUIS-PHILIPPE
avec pierres, gravures, émaux.
Appartenant à Mme la duchesse de Chartres.

1. Un certain nombre des œuvres de Hubert Obry ont été publiées dans la *Nouvelle méthode de Trompe,* éditée par Normand, rue Duphot, n° 12.

ses élèves fussent des sonneurs de trompe accomplis et congédiait sans pitié ceux qui n'avaient pas un culte suffisant pour ce noble instrument. C'est qu'Obry savait l'utiliser, non seulement pour satisfaire ses goûts de mélomane, mais aussi pour propager sa renommée et étendre ses affaires commerciales. Nous avons vu que, par intermittences, la nostalgie des bois le prenait et que nulle force humaine ne pouvait l'empêcher d'y retourner. Il emmenait alors ses élèves, la trompe en sautoir, et la journée se passait à exécuter à pleins poumons les fanfares les plus variées. Ce n'est pas seulement aux environs de Paris qu'il promenait ainsi son humeur vagabonde; il parcourait les provinces et même parfois l'étranger, toujours à pied, comme il était d'ailleurs assez d'usage à cette époque. Nos artistes partaient alors légers d'argent, mais riches d'insouciance et de gaîté. Ils emportaient toutefois un assortiment des œuvres de bijouterie qu'ils avaient produites pendant leur dernière période de travail, et voici généra-

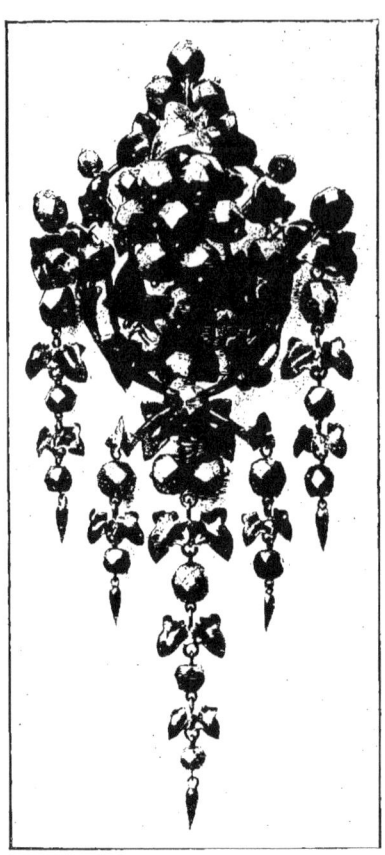

BROCHE EN ARGENT
FEUILLAGES DE LIERRE ÉMAIL VERT,
GRAINES EN CORAIL FACETÉ
(1845-1850).

LA TIVOLI
FANFARE POUR TROMPE DE CHASSE
Par HUBERT OBRY
CISELEUR

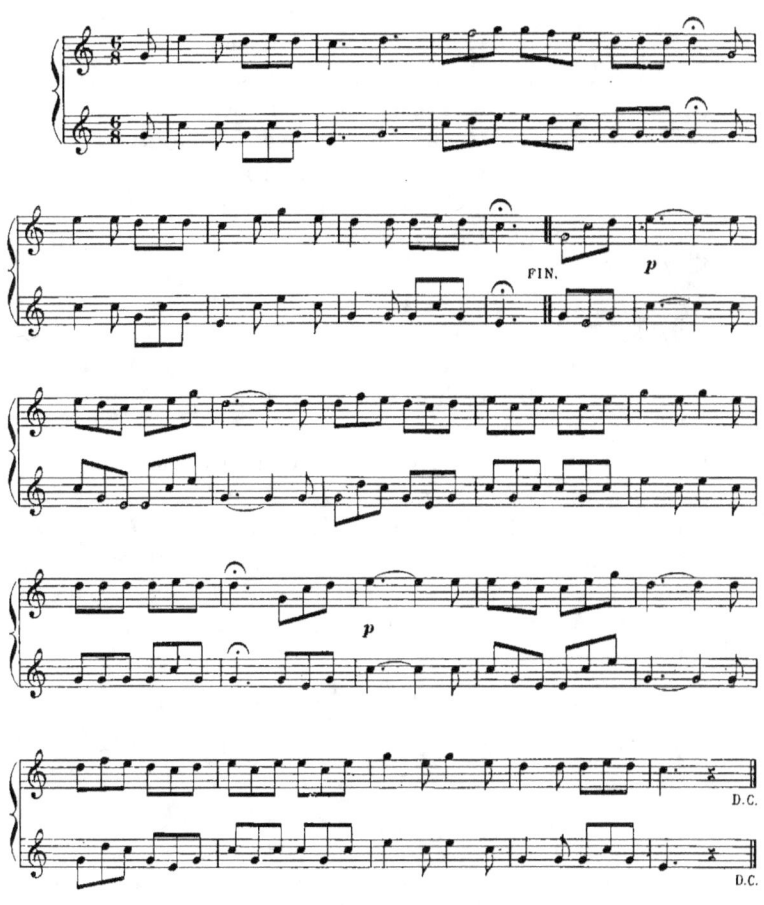

lement comment procédait Obry qui, malgré le peu de régularité de ses habitudes et la fantaisie de son caractère, n'en était pas moins un commerçant très avisé, ne négligeant rien pour faire des affaires. Ses voyages l'y aidaient particulièrement. Il opérait un peu à la façon des rétameurs et des marchands de robinets, mais avec cette différence qu'au lieu d'un instrument mal défini, au son bizarre et désagréable, il avait recours au noble cor de chasse, qui reprenait ainsi son antique rôle d'olifant.

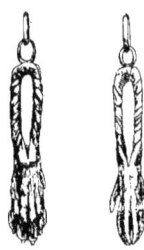

BRELOQUES
par H. Obry.

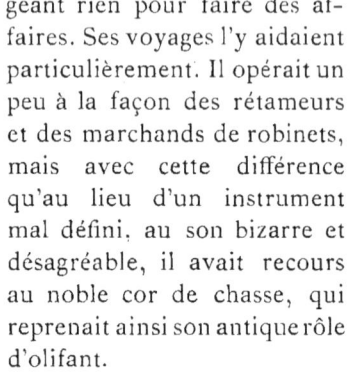

TÊTE D'ÉPINGLE
par H. Obry.

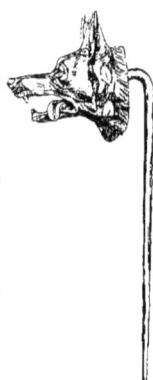

ÉPINGLE
TÊTE DE LOUP
par H. Obry.

Obry et ses compagnons se dirigeaient vers un des châteaux voisins de leur route et là, dissimulés dans les bois et placés préalablement à bon vent, ils commençaient à sonner les plus beaux airs de leur répertoire. Comme ce concert sylvestre était exécuté par de véritables virtuoses, les châtelains et leurs invités, aussi charmés que surpris, ne manquaient pas d'envoyer à la découverte de ces artistes ambulants, pour les ramener triomphalement et les régaler. Mais lorsqu'on apprenait

BRACELET A MAILLONS D'OR GRAVÉ.

qu'on était en présence d'Obry lui-même, on lui faisait fête, on le retenait à la table du château, car sa réputation d'esprit et de bonne humeur était solidement établie, et l'on savait d'avance qu'il divertirait tous les convives par ses histoires de chasse et ses propos fantaisistes. Voulait-on par

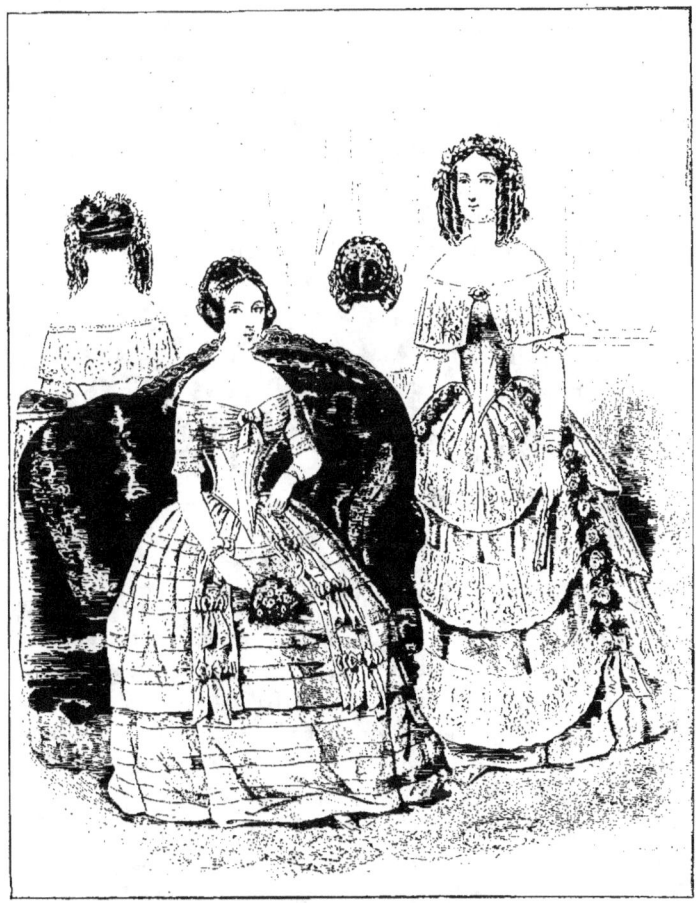

DANS UN SALON, EN 1845.
Coiffures de diamant, peignes, pendants d'oreilles, bracelets, broche en joaillerie.
Éventail en or ciselé.

la suite rétribuer les musiciens de leur aubade, Obry, drapé dans sa dignité d'artiste et de compositeur, répondait qu'il n'avait sonné que pour être agréable à ses hôtes et non pour en recevoir quoi que ce soit. Toutefois, il ajoutait négligemment qu'étant ciseleur, il pouvait présenter un joli choix de ses œuvres et, comme en réalité c'étaient de petites merveilles, chacun était heureux d'en acquérir et de les payer largement. C'est ainsi que la troupe errante repartait l'escarcelle garnie et le cœur content, sauf à recourir plus loin au même procédé, peu banal, mais efficace, dès que le besoin s'en faisait sentir.

C'est de cette manière qu'en 1850 la bande se rendit un jour à Wiesbaden où se trouvait alors Henri de France,

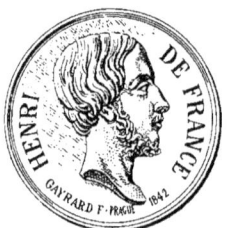 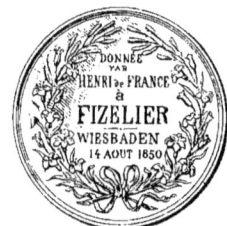

MÉDAILLE DONNÉE PAR LE COMTE DE CHAMBORD A OBRY ET A SES COMPAGNONS
LORS DE LEUR VOYAGE A WIESBADEN.

Comte de Chambord, car Obry, à force de vivre au milieu des familles nobles, était devenu un légitimiste convaincu et même quelque peu militant. Le Prince reçut avec bienveillance cette petite troupe d'artisans français venus de si loin pour lui présenter leurs hommages; il s'intéressa vivement au récit des incidents de leur odyssée et, après avoir fait emplette de divers objets ciselés par eux, fit remettre à chacun une médaille commémorative de leur pèlerinage à Wiesbaden. Leur retour en France se fit par la Belgique, où ils tinrent à visiter le champ de bataille de Waterloo. Obry retrouva dans les environs un de ses anciens élèves, au service de l'Infante d'Espagne et du Duc de Montpensier, qui le présenta à ses maîtres. Ceux-ci firent à nos voyageurs un excellent accueil et leur achetèrent les quelques bijoux qui leur restaient encore.

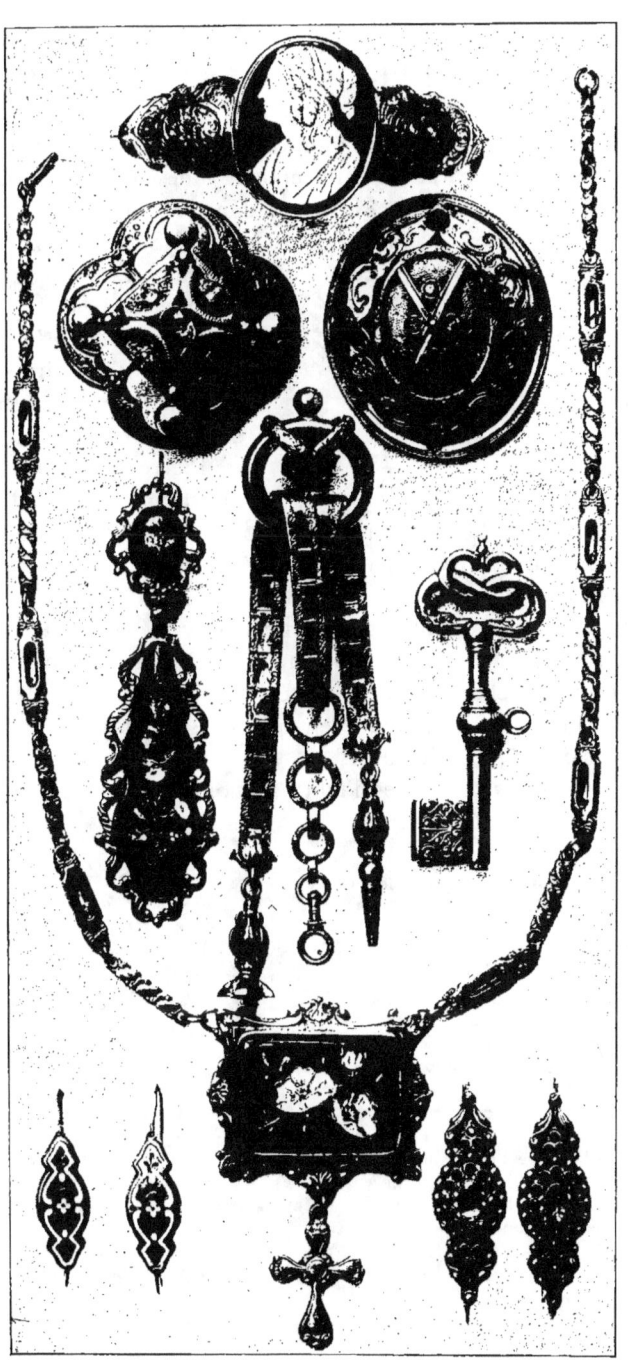

BIJOUX DIVERS (DERNIÈRES ANNÉES DU RÈGNE DE LOUIS-PHILIPPE).

Les animaux d'Obry, montés en épingles de cravate ou en breloque, eurent à cette époque une grande vogue et devinrent les cadeaux à la mode dans le monde élégant où la chasse était en honneur.

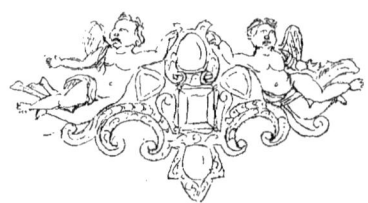

CROQUIS DE BROCHE
par Jean-François Mellerio.

C'est ainsi que, chaque année, à la veille du 1er janvier, Léopold Ier, Roi des Belges, faisait faire chez notre ciseleur un choix de ses plus belles pièces.

Pierre qui roule n'amasse pas mousse, dit-on ; Hubert Obry devait, lui aussi, démontrer la justesse du proverbe, car il mourut pauvre[1]. Il dépensait d'ailleurs l'argent aussi facilement qu'il le gagnait. Il faut ajouter à sa louange qu'il avait la main généreusement ouverte pour tous les artistes besogneux qui disaient le connaître. Ces bohêmes trouvaient chez lui l'hospitalité la plus large et même une affection véritable pour peu qu'ils se donnassent comme amis du trône et de l'autel[2].

Plusieurs des élèves d'Obry se montrèrent dignes de leur maître[3], entre autres

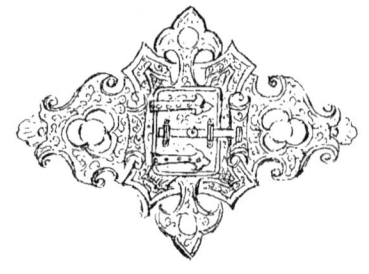

BROCHE (LOUIS-PHILIPPE).

1. Lorsque Obry mourut en janvier 1853, il était établi au numéro 16 de la rue Sainte-Anne. Précédemment son atelier se trouvait place Dauphine, n° 1.
2. Obry recueillait des conspirateurs déséquilibrés et miséreux qui trouvaient chez lui asile et sécurité. Même après sa mort, de pauvres diables, qui sortaient de prison pour délits politiques, venaient prendre gîte et pension chez la veuve d'Obry, qui, elle-même dans la misère et très éprouvée par la perte de son fils et de son neveu, enlevés comme Hubert par la phtisie, dut porter au Mont-de-Piété, non seulement les dernières œuvres, mais jusqu'aux modèles de son mari.
3. M. Jerdelet, professeur à l'École des Arts industriels de Genève, qui a connu Obry et est entré comme ciseleur dans son atelier peu de temps après

Henri Farnier et Fizelier père. Ce dernier, ciseleur de talent, s'adonna aussi à l'étude des animaux, obtint le prix Crozatier pour l'exécution d'un lévrier, je crois, et travailla beaucoup pour le sculpteur-animalier Peyrol-Bonheur, beau-frère de Mme Rosa Bonheur. Inutile d'ajouter que Fizelier était un sonneur de trompe émérite.

Deux autres compagnons d'Obry sont également bien connus : Honoré, le maître-ciseleur

sa mort, m'indique encore, parmi ses autres élèves, outre son fils (qui n'avait alors que 18 ans) et son neveu, le nom de Cleff (signalé par le Duc de Luynes comme ayant aussi travaillé pour Rudolphi), ceux de Mercier et de Tropiné.

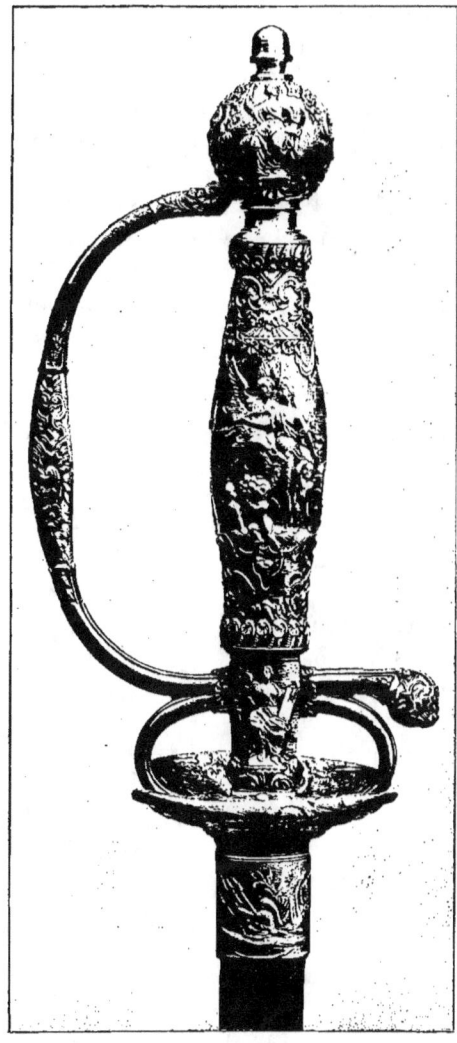

ÉPÉE OFFERTE PAR LE CONSEIL MUNICIPAL DE PARIS
A L'OFFICIER VENU ANNONCER OFFICIELLEMENT LA NAISSANCE
DU PRINCE IMPÉRIAL (1856).
Composée et exécutée par Paul Bled.

dont nous avons déjà parlé, chez qui Brateau fit son apprentissage, et Paul Bled, né à Falaise (1807-1881) qui, s'étant trouvé à l'École de Châlons en même temps qu'Obry, devint son élève et resta son ami jusqu'à la fin de sa carrière.

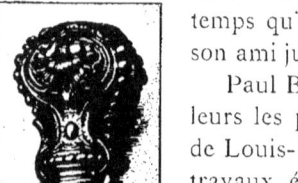

POMMEAU
DE CRAVACHE
par Paul Bled.

Paul Bled fut un des ciseleurs-modeleurs les plus réputés pendant les règnes de Louis-Philippe et de Napoléon III ; ses travaux étaient fort appréciés. Il composa et exécuta pour Lepage de très belles armes, fusils, épées couvertes d'une ciselure précise et souple, dans laquelle se rencontrent souvent de gracieuses figures de nymphes ou de dryades. Morel, Odiot et bien d'autres, eurent recours à son talent. C'est en partie à son fils, M. Georges Bled, actuellement joaillier et directeur de l'École de Dessin de la Chambre Syndicale de la Bijouterie de Paris, que je dois les éléments de cette petite biographie d'Obry, tels qu'il les tenait de son père. C'est lui aussi qui m'a confié, ainsi d'ailleurs que mon ami Brateau, plusieurs des charmantes petites pièces reproduites dans cette étude. M. Bled possède également des moulages d'animaux ayant été exécutés en bronze comme presse-papiers, et l'œuvre la plus importante de Hubert Obry, mesurant

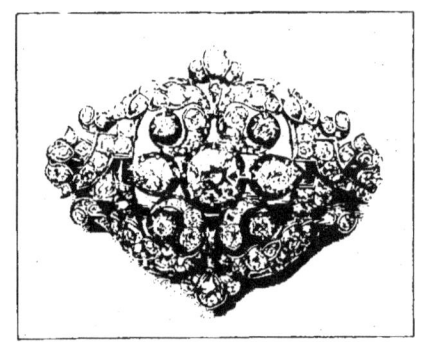

BROCHE EN JOAILLERIE.
On en portait généralement trois semblables placées l'une sous l'autre, au corsage.

30 centimètres de hauteur sur 34 de largeur, et qui représente un cerf poursuivi par les chiens et franchissant un

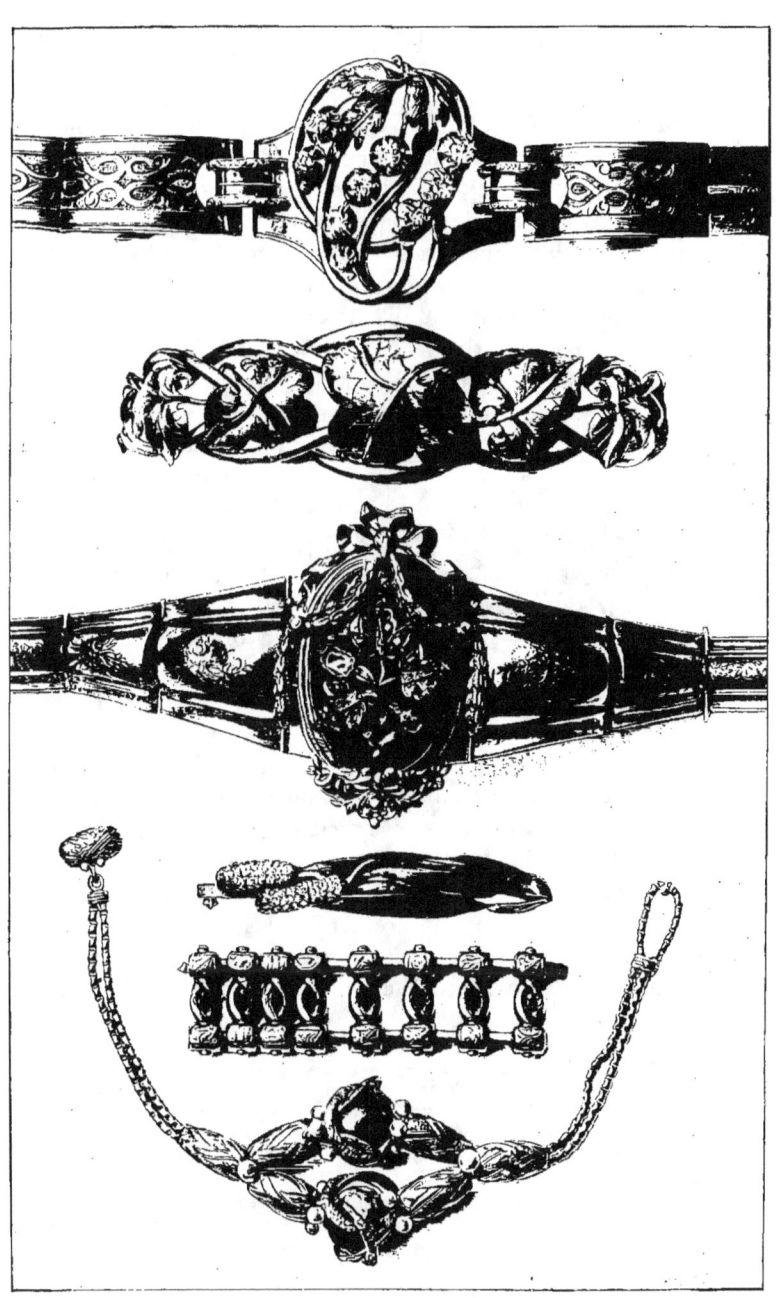

SPÉCIMENS DE BRACELETS DE LA FIN DU RÈGNE DE LOUIS-PHILIPPE.

tronc d'arbre[1]. On y retrouve toutes les qualités habituelles de notre artiste : l'exactitude de l'observation, la précision du détail et la perfection de la ciselure[2].

Nous avons cru devoir insister un peu sur la personnalité originale d'Obry, car elle nous semblait présenter un intérêt particulier, en raison de cette existence, pour ainsi dire en partie double, qu'il consacrait alternativement, et avec la même ardeur, à la bijouterie, à la ciselure et aux migrations parfois lointaines dans les bois où s'était écoulée son enfance, et qui lui avaient inspiré ses œuvres si caractéristiques.

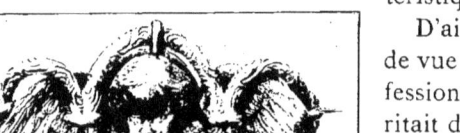

BROCHE AVEC TÊTE D'ANGE
(FIN LOUIS-PHILIPPE).

D'ailleurs, au point de vue purement professionnel, Obry méritait de nous arrêter quelques instants. Ses envois assez réguliers aux expositions, qui se tenaient alors à l'Orangerie, étaient remarqués. Le Duc de Luynes s'exprime ainsi à son sujet, dans son rapport sur l'industrie des métaux précieux : « A l'Exposition de 1849[3], une mention honorable fut seulement accordée au modeleur-ciseleur M. Aubry, pour ses épingles, cachets et groupes d'animaux très remarquables dans leur petite dimension et examinés avec beaucoup d'intérêt par les amateurs, qui voyaient avec plaisir le goût de l'artiste

---

1. L'original de cette pièce figure dans le catalogue de la vente San Donato, en 1869.

2. Obry exécuta, non seulement plusieurs pièces d'assez grandes dimensions, telles qu'un *Limier au travail*, un *Sanglier sur le qui-vive*, etc., mais il avait fait la maquette très poussée d'un monument funéraire, destiné à être élevé par souscription à la mémoire du Duc de Berry. Ce projet ne put se réaliser.

3. Le vicomte Héricart de Thury, le rapporteur de l'Exposition de 1849, signale Hubert Obry comme un modeleur-ciseleur excessivement habile.

s'allier avec celui de l'ouvrier. Nous avons cité les paroles du jury, et si nous nommons ici un artiste qui a seulement obtenu une mention honorable, c'est que son talent très véritable lui méritait cette exception. »

On remarquera, malgré la différence d'orthographe [1], que c'est bien de notre artiste qu'il s'agit. La désignation des objets ne laisse aucun doute à cet égard, et le Duc de Luynes semble regretter qu'Obry — et non Aubry — n'ait pas obtenu la récompense qui aurait dû lui être décernée.

Un autre ciseleur-modeleur également fort habile, Louis Meissner, sans être son élève direct, peut se

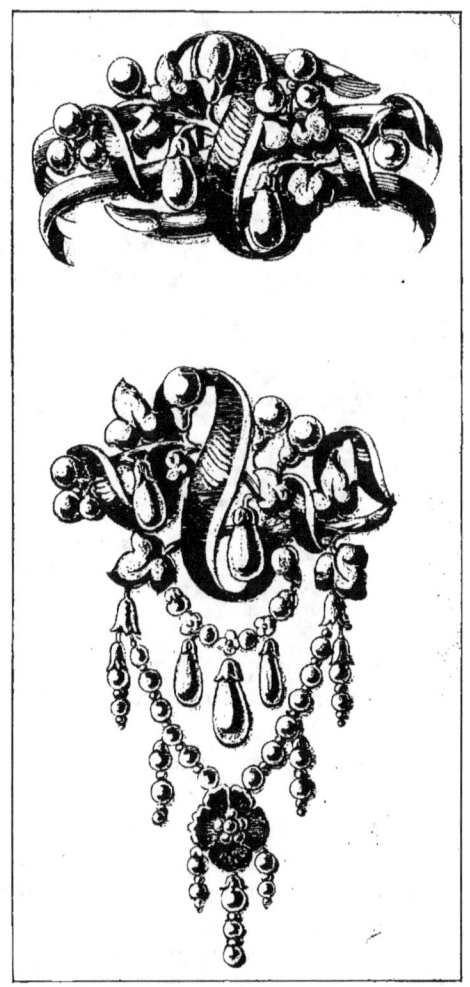

BRACELET ET BROCHE ÉMAIL GROS BLEU ET PERLES.

1. Le poinçon de maître d'Obry porte les initiales *H. O.*

rattacher à Obry, en raison des petits animaux de genre analogue qu'il continue à exécuter, et aussi parce qu'il est l'éditeur des modèles de notre sonneur de trompe. En effet, il racheta à la veuve du malheureux artiste les reconnaissances du Mont-de-Piété qui étaient à peu près le seul héritage que lui eût laissé son mari. C'est ainsi qu'un grand nombre de « modèles » d'Obry furent préservés de la dispersion et de l'oubli, et que nous pouvons aujourd'hui en donner la reproduction.

Meissner (né en 1827) eut fort jeune un vif penchant pour le modelage et la ciselure. Il obtint en 1846, puis en 1847,

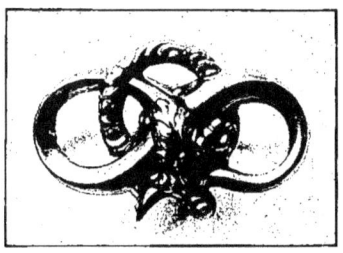

BROCHE SERPENT EN OR ESTAMPÉ
(FIN LOUIS-PHILIPPE).

des médailles aux expositions des Beaux-Arts de Berlin où il résidait alors. On sait qu'à cette époque Vienne était considéré comme un centre artistique, où les arts du métal étaient très en honneur; Meissner n'hésita pas à s'y rendre pour se perfectionner dans son métier; il ne quitta la capitale de l'Autriche que pour entreprendre un grand voyage d'études en Allemagne, en Italie, en Suisse, allant à pied, sac au dos, ses outils dans son petit bagage, s'arrêtant dans toutes les villes intéressantes, observant, travaillant en route, prolongeant ses séjours lorsqu'il trouvait de l'ouvrage et complétant ainsi au contact des hommes et des choses ses connaissances professionnelles. C'est ainsi qu'il exécuta des portraits, charmants petits bustes pour épingles de cravate, ainsi que des animaux très finement ciselés qui ne sont pas toujours faciles à distinguer de ceux d'Obry. Le couronnement d'un aussi long voyage était nécessairement Paris; notre jeune artiste y arriva, toujours à pied, en 1852. Il ne l'a pas quitté depuis. Là, son talent fut vite apprécié et utilisé, car il travailla presque aussitôt au grand surtout de

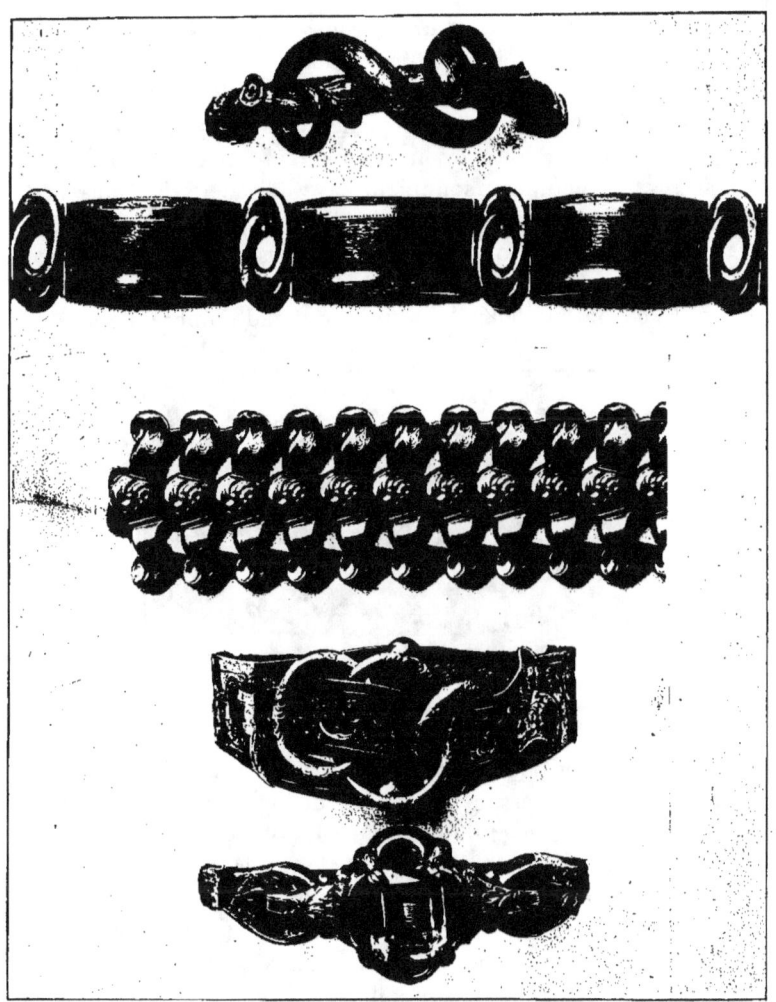

BRACELETS D'OR AVEC GRAVURE ET ÉMAIL
(FIN LOUIS-PHILIPPE).

table que Christofle avait entrepris pour Napoléon III[1] et auquel collaborèrent les principaux ciseleurs de l'époque : Honoré, Fannière, Dalberque, Poux, Laflar, Deubergue, Dony, Gaume, Rouger, Lavigne, etc. Meissner travailla aussi beaucoup avec les frères Fannière et exécuta, entre autres, la figure personnifiant la Ville de Paris, dans le surtout de table de l'Hôtel de Ville, que l'on put voir à l'Exposition de Londres en 1861, puis à celle de Paris en 1867.

Excellent ciseleur, il exécuta un grand nombre d'objets,

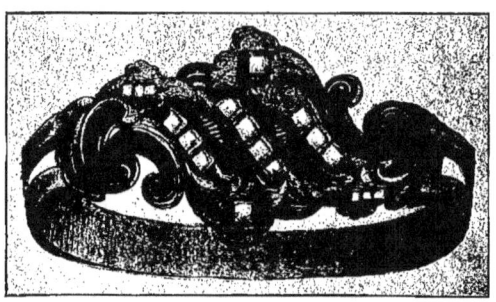

BRACELET OR REPOUSSÉ ET CISELÉ
AVEC ÉMAIL ET BRILLANTS.

non seulement pour les principaux orfèvres et bijoutiers de l'époque, mais aussi pour les grandes maisons de bronze, d'articles de Paris et d'objets d'art les plus en renom, telles que Tahan, — que l'on appelait alors « la providence du monde fashionable », — Susse, Giroux, etc.

Le manche du couteau de chasse dont nous donnons la reproduction et que Meissner exécuta pour le Prince de Chimay, permettra de se rendre compte combien le style romantique était profondément enraciné dans certains ate-

---

[1]. Ce surtout fut exposé pour la première fois en 1855. Retrouvé dans les décombres après l'incendie des Tuileries, il figura en 1900 à l'Exposition centennale de l'Orfèvrerie. Il appartient maintenant au musée des Arts décoratifs. Obry y exécuta quatre bœufs, un aigle, un chamois, etc. Meissner eut pour sa part un aigle, deux figures d'hommes, trois figures de femmes, un socle.

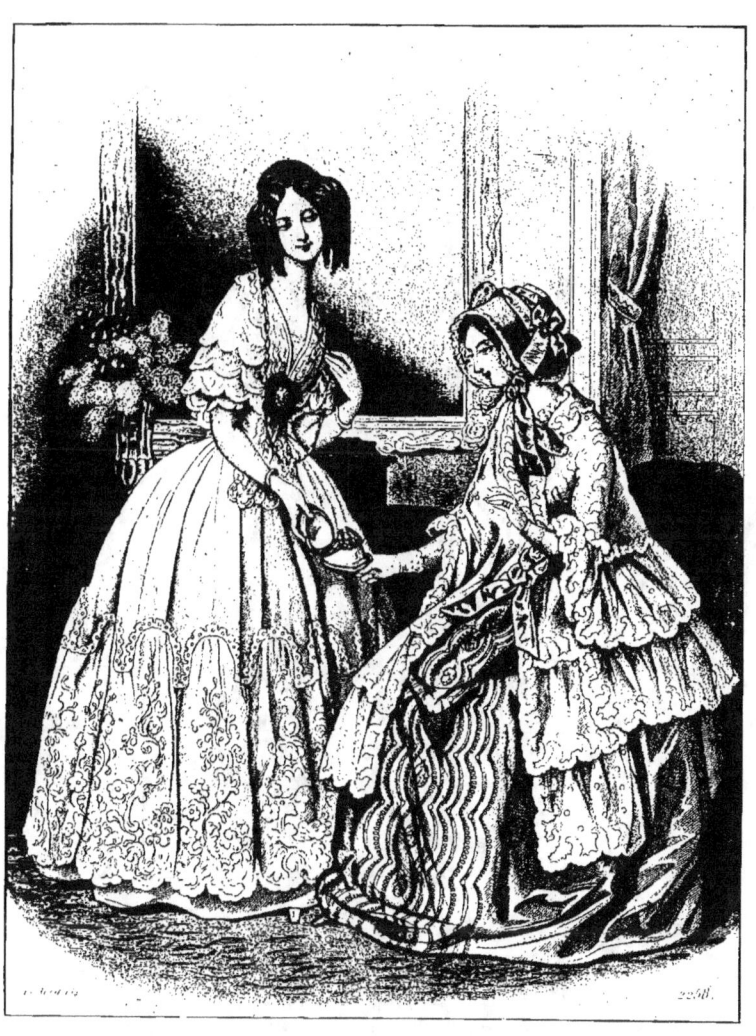

« LE NOUVEAU BRACELET »
Chaîne sautoir, broche, bracelets, bagues.
(*Petit Courrier des Dames*, avril 1847.)

liers. En effet, cette pièce, bien qu'exécutée vers 1866, est encore un spécimen du genre qui florissait sous le règne de Louis-Philippe[1].

Nous reproduisons également deux poignards, spécimens

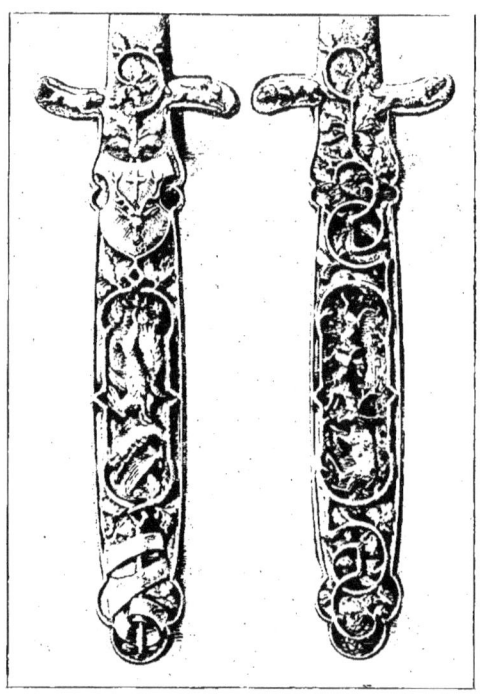

MANCHE DE PETIT COUTEAU DE CHASSE
par Meissner.

bien caractéristiques d'un genre d'objets qui se firent en grande quantité et datant des années voisines de 1840 ou 1845. Ces deux poignards sont l'œuvre de Berr, qui était aussi un ciseleur apprécié.

[1]. Pour compléter la même remarque, signalons des pistolets « gothiques », admirablement ornés et ciselés, qui figuraient à l'Exposition de 1851, où ils furent très admirés.

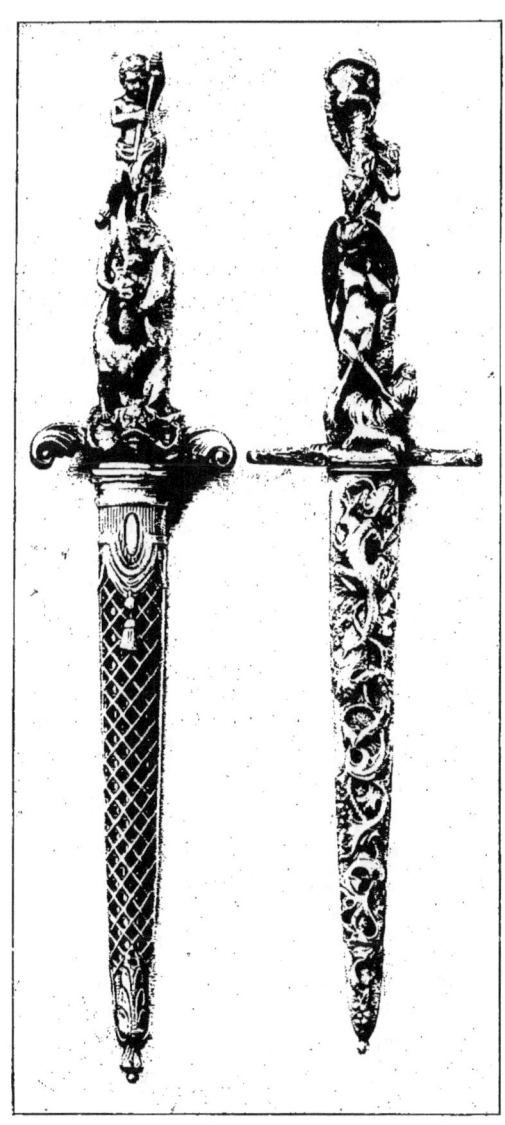

POIGNARDS EN ARGENT CISELÉ, PAR BERR
(VERS 1845).

Nous craignons véritablement d'abuser de la bonne volonté et de la patience de nos lecteurs en prolongeant un chapitre déjà très chargé. Aussi nous contenterons-nous, pour finir, de citer encore les noms de quelques bijoutiers qui acquirent une certaine notoriété vers la fin du règne de Louis-Philippe. Notre but n'est pas seulement de rendre justice à leurs mérites réels, quoique de moindre importance, mais cet examen très rapide donnera bien le sentiment de ce que fut alors l'ensemble, la moyenne honorable, de la bijouterie, en dehors des personnalités d'élite que nous avons déjà étudiées. D'ailleurs, ces citations, en dépit de quelque monotonie, sont, croyons-nous, propres à donner le sentiment du genre de bijouterie le plus en usage alors, et nous fourniront l'occasion de signaler quelques-unes de ces fantaisies caractéristiques d'un moment, que l'on voit à toutes les époques surgir soudainement, obtenir presque instantanément une vogue rapide, puis disparaître peu après, pour faire place à d'autres, inspirées par le caprice toujours changeant de la mode.

C'est ainsi que nous relevons dans l'*Azur*, dès 1833, le nom de Barbary [1], qui s'était fait une spécialité des « crayons à mines rentrant sans coulants, des cachets et des garnitures de bureau, des nécessaires à ouvrages pour dames, etc. ». Le Duc de Luynes le signale dans son rapport comme « exécutant et exploitant avec intelligence ces produits éminemment parisiens et commerciaux ». Il cite également son concurrent Bruneau, qui obtint en 1849 une médaille de seconde classe pour des objets similaires.

Charpentier fils aîné fabriquait spécialement les bagues chevalières massives, imprimées (probablement estampées), à pistons (?), à pans ou trois plaques. — Dupré, indépendamment des chaînes de montre de toutes sortes, faisait « les clés, cachets, les clés de cou, les clés-clés... [2] ». — Gueudet,

---

1. Barbary, successeur de Beauvisage, rue Meslay, 67.
2. Les *clés-clés* avaient la forme de clefs de serrure; elles étaient d'assez grande dimension.

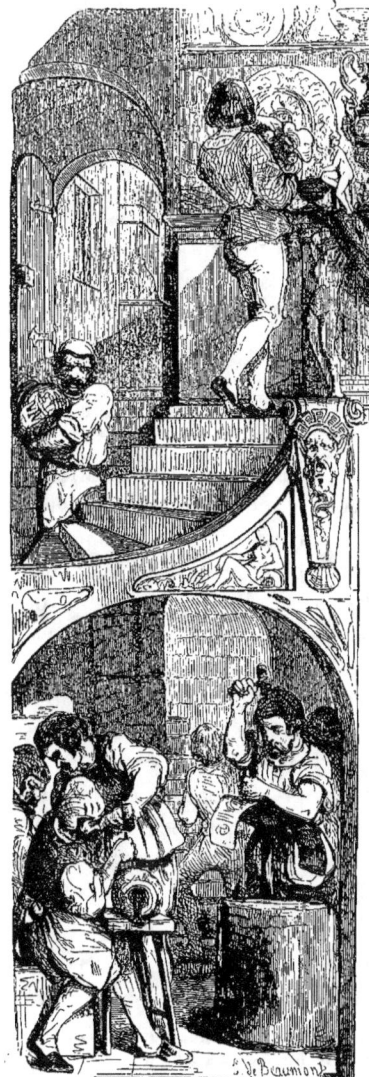

LA MAISON D'UN ORFÉVRE.
Encadrement de page par E. de Beaumont.
(*Album-Revue
de l'Industrie parisienne*, 1844.)

en même temps que d'autres bijoux, fabriquait des boucles d'oreilles à grappes, des crochets de boa, etc. — Maurice Mayer[1], établi en 1839, obtint aux Expositions de 1844 et de 1849, des médailles d'argent pour ses bijoux, coupes, objets d'art, etc.; sa maison,

1. Nous reproduisons un encadrement de page extrait de l'*Album-Revue de l'Industrie parisienne* publié en 1844. Il accompagnait un article sur Mayer et montre l'idée qu'on se faisait alors d'un atelier d'orfèvre. On comparait tout à Cellini, dont le portrait figure en bas-relief sur le comptoir surchargé de vases aux formes tourmentées.

située rue Vivienne, 20, était bien achalandée; on y fabriquait aussi beaucoup d'orfèvrerie. — Filard et Billet, 84, rue Montmartre, bijoutiers, joailliers, fabricants d'épingles, bagues, boutons, cordons de montres, cachets et breloques. A cette époque, la fortune ne fut pas favorable à Filard, mais chacun sait quelle revanche éclatante il sut prendre sur elle plus tard, lorsqu'il créa pour ainsi dire la spécialité de la bague joaillerie, dont il a perfectionné la monture au point que, pendant longtemps, il fut sans rival. — Nansot et Charpentier, successeurs de Lelièvre, fabriquaient beaucoup pour la province, où leurs modèles étaient appréciés. — Pâris avait la spécialité de « la grande et petite parure, des chaînes de côté pour dames, broches imperdables par un nouveau procédé », etc.

Il serait aussi tout à fait injuste de passer sous silence des maisons très honorables qui ont tenu un rang distingué, sinon prééminent, dans la Corporation à cette époque, et dont plusieurs sont encore très bien représentées de nos jours, souvent par des petits-fils ou des petits-neveux de leurs fondateurs. Telles sont les maisons Caillot, Savard (fondée en 1829), Crouzet père, dont nous parlerons plus loin; J. Darche, qui, après avoir été apprenti, puis employé chez Mention et Wagner, qui l'envoyèrent à Panama et, plus tard, aux Indes orientales pour y acheter des perles, entra chez Bapst et s'établit ensuite pour son propre compte en 1840, passage des Panoramas, 55, et devint le joaillier de S. A. R. Mgr le prince de Joinville [1]; Cœuré, Bassot, Jacta [2], Fouilhoux, Morize et Vatard; Maignan, joaillier de la Reine, rue Saint-Honoré, 177; Soufflot, qui avait succédé, en 1843,

1. La maison fut continuée par son fils Édouard Darche, qui était installé dans la partie de la rue de la Paix démolie lors de la construction de l'avenue et de la place de l'Opéra.
2. « ... Comme tous les industriels dont la spécialité se rattache aux objets de luxe, Jacta aura eu à souffrir du moment de crise; mais, cependant, son genre de bijoux est si particulier, si caractérisé, que l'on a continué à aller au 21 bis, boulevard des Italiens, pour y faire emplette de bracelets, d'épingles et de bagues d'été; car maintenant, chaque saison a ses bijoux distincts. » (*La Mode*, avril 1848.)

à son patron d'apprentissage et faisait de la joaillerie avec des chatons estampés à arcades doubles, genre *dalhia ;* Templier, Prudhomme, Leriche [1], Moïana, Bourguignon [2], qui faisait le vrai et l'imitation ; Martincourt, Fontana (fondée en 1840), Debacq et Sabe [3], dont la maison, fondée par Meunier en 1826, fut continuée par Labitte en 1836 et, par une sorte d'alternance assez fréquente, fut reprise ensuite par

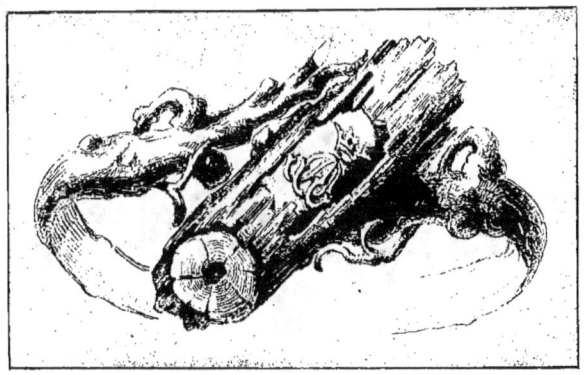

BRACELET FIGURANT DU VIEUX BOIS
AVEC MONOGRAMME SUR FOND D'ÉMAIL BLEU (VERS 1848).

un descendant de Sabe ; Linzeler et Laurent, Borgnis-Galanty, E. Lefèvre ; Aucoc aîné, breveté du Roi, rue Saint-

1. Leriche père (mort en 1848), fonda en 1835 sa maison, rue Pagevin. Son fils Eugène, qui travaillait avec son père, lui succéda et se transporta rue Montesquieu. Il mourut en 1867. M. Durand (Ernest), qui était alors employé chez Mellerio depuis cinq ans, acheta, en 1868, la maison à la veuve d'Eugène Leriche, dont il épousa la fille l'année suivante. Il prit alors le nom de Durand-Leriche. Depuis vingt-deux ans, il est le dévoué et sympathique trésorier de la Chambre syndicale de la Bijouterie.

2. « Bourguignon (Paul) et Marion, passage de l'Opéra, galerie de l'Horloge, 8, orfèvrerie, joaillerie, bijouterie. Leurs magasins de bijoux imités, même galerie, 19 et 20. Joailliers lapidaires admis aux Expositions de 1819 et 1823, ont obtenu une médaille à l'Exposition de 1827. Tiennent les objets montés en pierres adamontoïdes, pour lesquelles ils sont brevetés d'invention, achètent les masses et le brut. Leur fonderie, pour les pierres, est place du Trône, 5 » (*Azur*, 1833). Le neveu de ce Bourguignon, et qui portait le même nom, vendait à la même date des bijoux en strass, rue de la Paix, n° 1.

3. Sabe était le neveu de Debacq.

Honoré, 154[1]; Tixier[2], Marret, rue Vivienne, 16, maison importante et bien connue, qui, entre autres objets, avait envoyé à l'Exposition de 1839, où une médaille d'honneur lui fut décernée. « un magnifique diadème ou guirlande de fleurs en brillants, servant de coiffure et se démontant par branches à volonté ».

Un certain nombre de ces maisons continuèrent à avoir de la notoriété sous le règne suivant et même au-delà. Nous les retrouverons d'ailleurs au cours de cette étude, car le

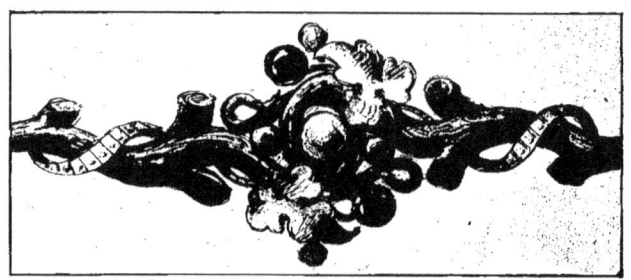

BRACELET IMITANT LE BOIS NATUREL, AVEC PERLES
ET FEUILLES D'ÉMAIL.

plan que nous avons adopté ne permet pas de classer rigoureusement dans tel ou tel chapitre certaines personnalités dont la carrière commerciale a été longue, et qui ont conservé leur vogue sous plusieurs régimes. C'est ce qui nous oblige à chevaucher, malgré nous, sur des règnes différents. On voudra bien nous en excuser. Nous avons cru devoir

---

1. J.-B.-Casimir Aucoc aîné, qui fabriquait principalement les nécessaires, avait succédé, en 1821, à Maire. En 1835, lorsqu'il s'installa rue de la Paix, il adjoignit l'orfèvrerie à sa fabrication. A son tour, Louis Aucoc aîné qui lui succéda en 1854, ajouta, un peu plus tard, la bijouterie et la joaillerie.

2. « Tixier, successeur de Genty, rue Saint-Martin, 20, chez le papetier, près la rue Saint-Merry. Fabricant de peignes, argent doré et or de couleur, ainsi que boucles de ceintures, binocles, lorgnons, agrafes de manteaux et crochets de montres du même genre, boutons or sur nacre et boutons d'argent. Son épouse brode les retroussis pour militaires » (1833). A la même date, il existait un autre Tixier, orfèvre-joaillier-bijoutier, Palais-Royal, 19.

adopter comme règle habituelle de les faire figurer au moment où leur réputation a commencé de s'affirmer.

Nous pensons qu'il serait oiseux de citer un plus grand nombre de maisons dont la fabrication était bonne assurément, mais ne présentait pas de caractère plus particulier. Notre but est de donner des documents inédits ou, tout au moins, peu connus, et non de commenter simplement l'an-

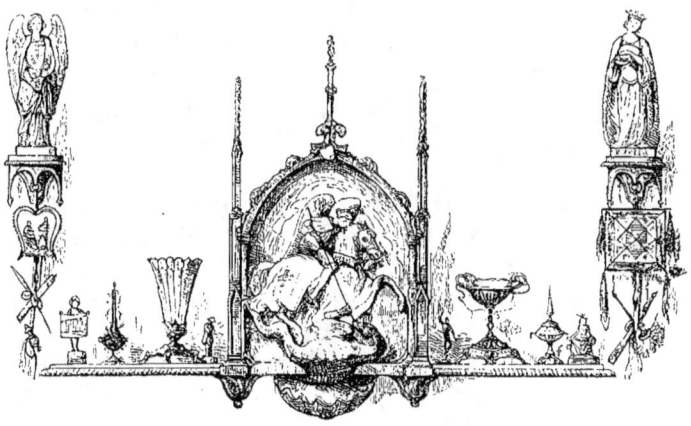

BÉNITIER, PAR LE COMTE DE NIEUWERKERKE
ET OBJETS DIVERS EXPOSÉS CHEZ SUSSE, EN 1844.
D'après une gravure de l'époque.

nuaire des fabricants et marchands bijoutiers, que tout le monde connaît sous le nom d'*Azur,* et auquel on pourra d'ailleurs se reporter[1]. On y trouvera, accompagnés de renseignements intéressants, les noms des fabricants de ces bijoux dont il existait alors une grande variété, tels que : cassolettes, chaînettes de boutons et de ferronnières, alliances à facettes et ciselées, *bonne-foi* à mains, colliers de chien à mains, bracelets crémaillères, bracelets serpents, têtes de serpents pour garnitures de cheveux ; cadenas, barils, etc.,

---

1. La Chambre syndicale de la Bijouterie, 2 *bis*, rue de la Jussienne, possède une collection à peu près complète, depuis 1811, de l'almanach *Azur*, qui fut fondé en 1804.

et quantité d'autres spécialités dont on fit pendant longtemps une si grande consommation et dont quelques-unes sont presque complètement oubliées aujourd'hui.

Nous voulons dire un mot de certains bijoux de deuil, puisque le deuil lui-même a ses parures, et qui eurent alors un très grand succès. Il ne s'agit pas du jais, qui donnait lieu à un commerce considérable, mais de la bijouterie en fonte de fer, que l'on appelait fonte de Berlin parce qu'elle y a été inventée, et « qui était une chose nouvelle en France en 1827 »[1]. Plusieurs fabricants s'en occupèrent à Paris, entre autres MM. Dumas, dont la production était si parfaite et si bon marché, que les fabricants étrangers avaient dû baisser leurs prix. Nous donnons la reproduction de quelques pièces de cette fabrication, en faisant remarquer que le camée en fer de l'un des bracelets (la tête vue presque de face) est l'œuvre de Caqué, qui était alors graveur de la Monnaie de Paris. On exécuta ainsi des bijoux d'une grande finesse, des éventails en fonte « aussi légers et aussi bien repercés que s'ils eussent été faits en ivoire[2] »; des broches, colliers, bracelets, boucles, épingles, etc. Il s'en portait beaucoup pour les deuils de Cour et les deuils officiels. On fit également en fonte de fer « déli-

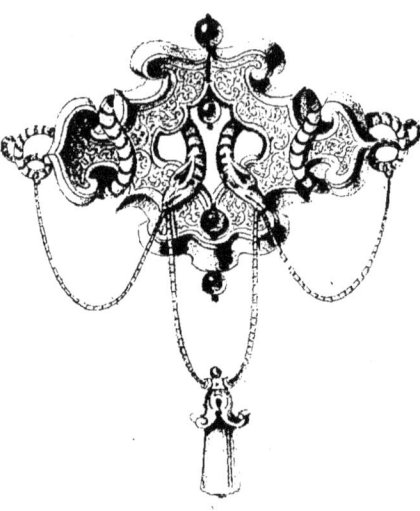

BROCHE AVEC SERPENTS
EN OR GRAVÉ ET ÉMAILLÉ.
Dessin de Fregossi.

1. De Luynes.
2. Ibid.

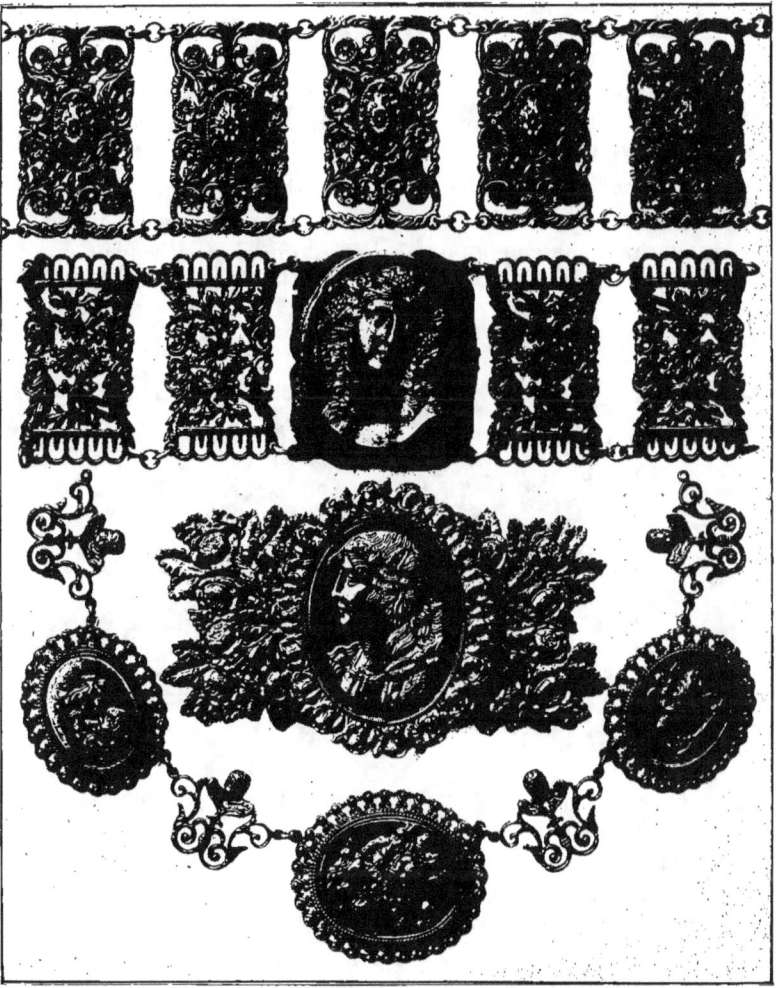

BIJOUX FRANÇAIS EN FER DIT DE BERLIN.
La plaque de bracelet, camée en fer (tête de face), est signée par Caqué, qui était alors graveur de la Monnaie de Paris.

catement ciselée » des objets de garniture de cheminée ou d'oratoire et des articles de bureau. On attribue à la présence du phosphure de fer la grande fusibilité de la fonte de Berlin, et la perfection de ses empreintes à la finesse des moules en tripoli.

Indépendamment des maisons de bijouterie parisiennes que nous avons citées plus haut et parmi lesquelles nous avons dû certainement faire quelques omissions, il y avait en province des fabriques locales qui pouvaient rivaliser avec

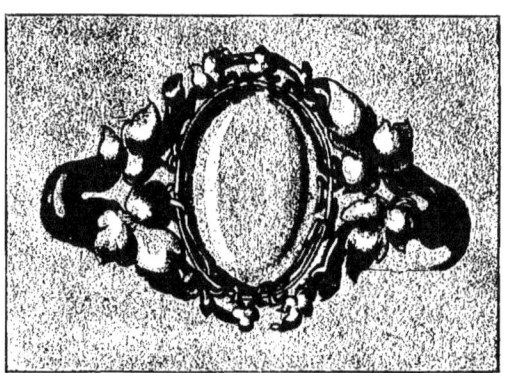

BRACELET A PORTRAIT, AVEC ÉMAUX.

celles de la capitale, les communications rapides avec Paris n'ayant pas encore pris l'extension qu'elles ont aujourd'hui. Les signaler nous entraînerait trop loin. Cependant, il nous semble difficile de passer sous silence la maison que Barbaroux de Mégy avait fondée à Marseille pour l'exploitation et la vente du corail, et qui avait pris une extension très importante sous le règne de Louis-Philippe. Le Duc de Luynes la cite comme ayant obtenu des récompenses en 1839, en 1844 et en 1849. Barbaroux fit une concurrence habilement soutenue aux fabricants de Naples qui jusque-là avaient, pour ainsi dire, le monopole des coraux et en faisaient un grand commerce avec la Russie, les Indes et l'Amérique. La nouvelle maison française employait plus de deux cent cinquante ouvriers tailleurs, graveurs, ciseleurs, lapidaires, polisseurs, et exportait annuellement, tant en Europe qu'aux Indes orientales, dans le Levant, la Guinée, le Sénégal, le Brésil, etc., pour 700.000 francs de marchandises. En 1844, Barbaroux employait de 3 à 4.000 kilogrammes de corail, de la valeur de 150 à 180.000 francs, pour fabriquer de 7 à 800.000 francs de coraux ouvrés. La maison Bœuf et Garaudy, également établie à Marseille,

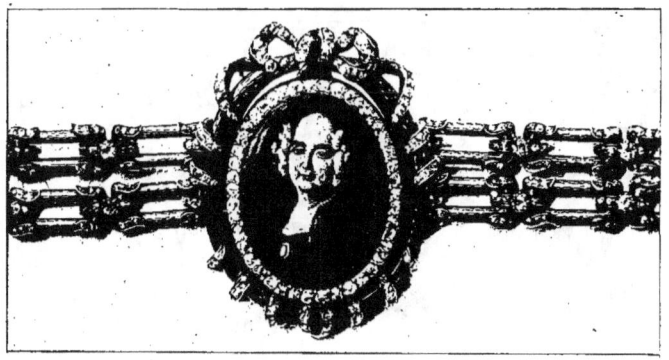

BRACELET A MAILLONS D'ÉMAIL « FLINQUÉ », REHAUSSÉ DE JOAILLERIE
AVEC LE PORTRAIT DE Mme LA MARÉCHALE DAVOUST.
(Appartient à Mme la Duchesse d'Abrantès.)

s'occupait de la même industrie et employait une centaine d'ouvriers.

La grande vogue du bijou de corail se ralentit sensiblement après 1845.

Comme nous l'avons fait jusqu'ici, nous allons citer quelques extraits de journaux du temps qui, mieux que les commentaires que nous pourrions faire, nous imprègnent, pour ainsi dire, de l'esprit de l'époque.

« Au moment où nous écrivons (1834), la forme des bijoux est généralement romaine. Tantôt c'est un serpent d'or, aux yeux de rubis, roulé autour du bras, tantôt le bracelet se compose d'une collection de grands médaillons enchaînés les uns aux autres par des cercles de métal ; quelquefois, enfin, c'est une paire de girandoles composées de trois poires à longue dimension, suspendues à une plaque qui touche elle-même à un anneau. » (*Encyclopédie des Gens du Monde.*)

« Les épingles d'homme les plus nouvelles sont des fleurs ou des petits animaux, par exemple une mouche, un papillon en diamants, une rose avec ses feuilles, une marguerite ; ou, plus simples, un chien, un loup ou un renard en or mat finement ciselé. » (*Le Protée,* août 1834.)

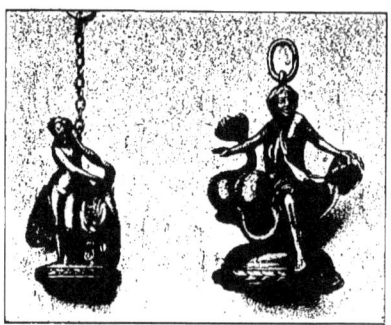

CACHET-BRELOQUE « LÉDA »
ET « ENLÈVEMENT D'UNE NAÏADE ».

« Retour des diamants : on avait tant abusé du mérite du diamant, que trop peu de femmes en portaient. On y reviendra lentement. Les bijoux seront en or plein, massifs et incrustés de pierres fines. » (1835.)

« Un seul bracelet est une mode élégante. Trois chaînons d'or réunis, un serpent ou des plaques brisées (articulées), avec une pierre *cabochon,* figurent le cadenas. »

« Les plus nouvelles chaînes sont des tresses plates en fil d'or délicat ; les femmes portent ces chaînes à un seul rang, serrant au cou et tombant droites jusqu'à la ceinture ; pour les hommes, elles sont plus délicates, arrondies, et se mettent dans le gilet, avec une montre plate en or guilloché. »

« Les cassolettes en or baziné[1] sont simples et généralement de bon goût. Quelquefois les femmes les portent

---

1. On appelait or *baziné* celui qui était recouvert d'un certain travail régulier de gravure ou de guilloché mat, rappelant le grain de l'étoffe nommée bazin.

avec une chaîne courte, retenue dans la ceinture par un crochet. »

« Les chaînes de cou sont en or lisse, à chaînons ara-

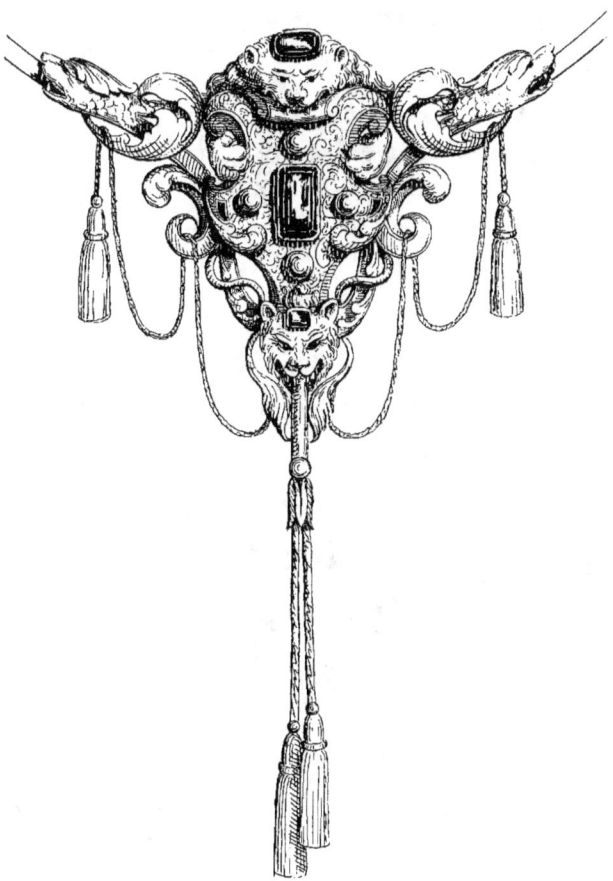

DEVANT DE COLLIER (1840-1850).

besques; de petites dimensions, plus ou moins travaillées comme dessin, mais toujours en or uni, sans émail ni ciselure. De jolies épingles sont des têtes d'animaux, une mouche, un petit oiseau. Pour bracelet, une tresse d'or, un cadenas en or mat, enchâssant des perles ou des pierres arrondies, sans facettes (cabochons); pour boucles d'oreilles, de petites pierres enfermées dans de l'or bruni. »

Nous bornons là ces extraits que l'on pourrait multiplier

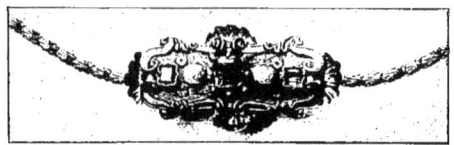

FERRONNIÈRE.

à l'infini, car, en réalité, ils ne nous apprennent que peu de chose. D'ailleurs, nous espérons que nos gravures auront suffi à donner l'idée des changements successifs apportés dans le bijou par les variations de la mode[1], et en particulier

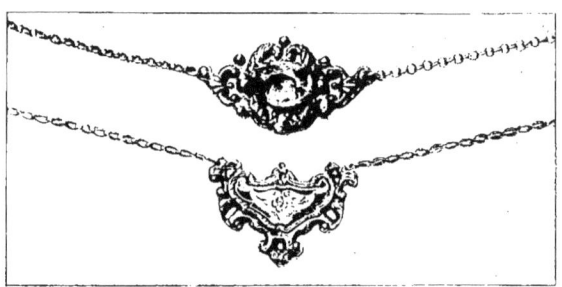

DEUX FERRONNIÈRES.

en ce qui concerne les *ferronnières*, qui rappelaient celles que l'on portait du temps de François I[er][2]. Certes, on vit bien

[1]. Gavarni (1804-1866) débuta très jeune par des dessins de modes, où son goût bien parisien pouvait se donner libre cours. Aussi, lorsqu'en 1829 Émile de Girardin fonda *la Mode*, sous le patronage de la Duchesse de Berry, il prit Gavarni comme collaborateur assidu de sa revue. La vogue de certains bijoux a été assurée et propagée grâce à l'insistance avec laquelle il les représentait dans ses gravures.

[2]. Voir le portrait présumé de *Lucrezia Crivelli* par Léonard de Vinci, au musée du Louvre et la *Diane de Poitiers* de Jean Goujon.

quelques élégantes, et non des moindres, s'en parer pendant

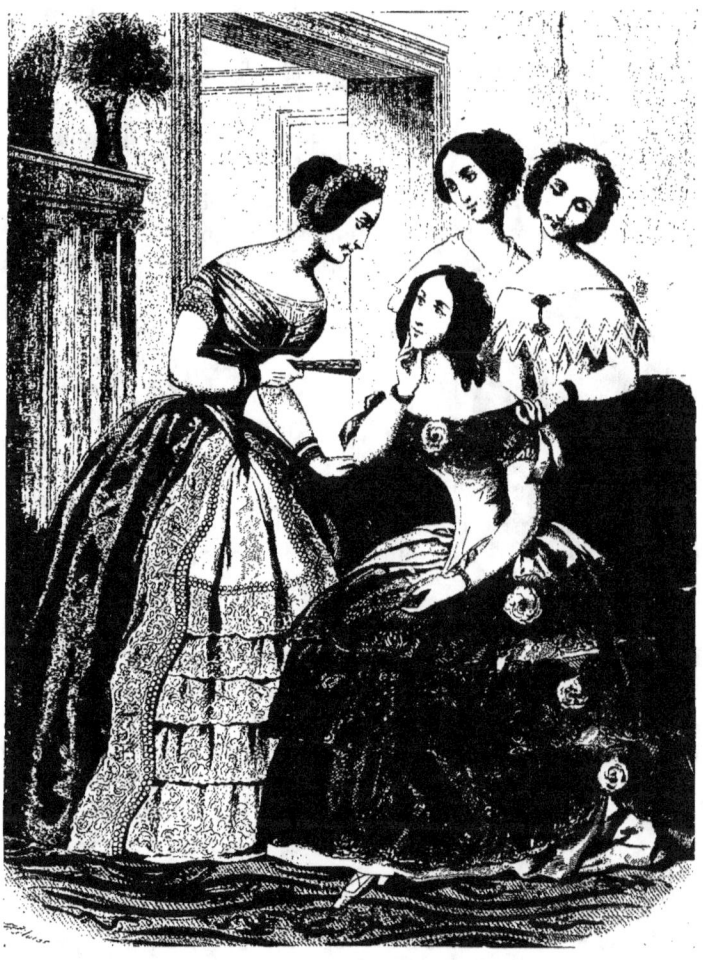

LA MODE EN 1849.
Coiffure de diamants, bracelets, broche double.

le premier Empire (voir entre autres le portrait de Joséphine, par Prud'hon, au Louvre), mais c'était plutôt exceptionnel, et ce n'est guère que sous Charles X que l'on commença à en porter sans crainte de se singulariser. Cette mode, très caractéristique, qui dura plus de trente ans, alla en augmentant vers la fin de la Restauration; elle fit véritablement fureur sous le règne de Louis-Philippe, et atteignit son apogée aux environs de 1840. A cette époque, presque toutes les femmes, qu'elles fussent en chapeau ou en cheveux, avaient le front orné d'une ferronnière. Les anges et les séraphins eux-mêmes, qui furent un des motifs ornementaux les plus en faveur, étaient représentés avec des ferronnières. On alla jusqu'à en mettre à ces petites filles dont les longs pantalons descendent sous la jupe jusqu'à la cheville et nous font rire aujourd'hui. Il y en eut de toute sorte : tantôt c'était un ornement en or mince estampé, orné de gravure sans intérêt et de quelques menues pierres sans valeur, que retenait une fine chaînette-jaseron ou à maillons de fantaisie, ou simplement même un étroit ruban de velours; tantôt c'était un camée de petite dimension, ou un motif insignifiant, suspendu comme un médaillon ou une pendeloque à cette même chaîne. Il y avait même des spécialistes pour « chaînes de ferronnière ». Après la Révolution de 1848, la mode en passa si complètement qu'aujourd'hui il m'a été très difficile d'en retrouver deux ou trois spécimens authentiques. Presque toutes ont été fondues ou utilisées comme petits bracelets.

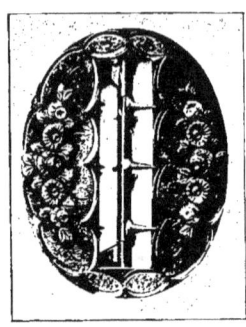

BOUCLE DE CEINTURE.
(VERS 1850).
(Grandeur d'exécution.)

Puisque nous parlons des bracelets, rappelons que c'est sous le règne de Louis-Philippe principalement qu'on les pourvut de ces longs cliquets à crémaillère, qui étaient une sécurité pour le bijou et permettaient en outre de le porter plus ou moins haut sur le bras, selon le cran de la crémaillère.

On porta énormément de boucles de ceinture; elles

étaient généralement très hautes et plus étroites que pendant la Restauration ; l'or, l'argent, la nacre, l'émail, les pierre-

ORNEMENT DE TÊTE ENCADRANT LA FIGURE (VERS 1850).

ries, les ciselures, contribuaient à faire de ces objets d'utilité des bijoux fort appréciés. Parmi les bagues, celles dont le chaton était formé par deux mains placées l'une sur l'autre, s'appelaient *mains-touchées* et, plus généralement, *bonne-foi*. C'était l'emblème des fiançailles ou d'une vive amitié. Afin de pouvoir y graver une inscription ou des dates, on les fit ouvrantes, par glissement, en écartant les deux mains d'or, chacun des deux anneaux pivotant sur une goupille placée à la partie inférieure de la bague. La main de femme était généralement distinguée de la main de l'homme par les bagues dont elle était ornée. On fit ainsi des colliers *bonne-foi,* des bracelets *bonne-foi,* toujours avec deux mains se touchant ou tenant un motif ou une pierre fine.

Les croix en or, les longues boucles d'oreilles, les colliers en jaseron, se portaient toujours sans grand changement : « A l'angle de la rue Charlot, dit Théophile Gautier, et tout près du Jardin Turc, se trouvait le Cadran Bleu, cher à Paul de Kock, et célèbre par sa belle écaillère à la robe de droguet rouge, de grosses coques de perles aux oreilles et le col cerclé de cinquante tours de jaserons ; — c'était le temps des belles écaillères, des belles limonadières, des belles charcutières !... »

Les femmes se souviennent qu'elles sont filles d'Ève, c'est sans doute pour cette raison que les bijoux avec ser-

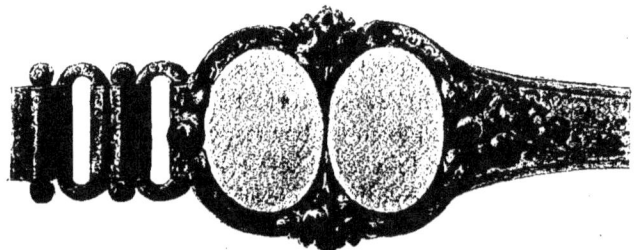

BRACELET EN OR CISELÉ ET GRAVÉ (VERS 1850).

pents leur ont toujours plu. Nous en avons reproduit un certain nombre. A cette époque, on en fit beaucoup de toutes sortes : colliers, broches, bagues, bracelets, avec ou sans émail. Certains étaient souples et très ingénieusement émaillés. D'ailleurs, la fabrication mécanique avait fait de grands progrès. C'est ainsi que l'on parvint à estamper des bijoux pris sur une feuille d'or, tellement légère et tellement mince qu'on la comparaît couramment à une *pelure d'oignon*. Par ce procédé on obtenait à la fois la ciselure, la gravure, le champlevé, etc. Certaines pièces émaillées sur des fonds cloisonnés, obtenus à l'estampage mince, sont de véritables merveilles, non de goût, hélas ! mais de fabrication. Comme on portait beaucoup de sautoirs à grands maillons, on les fabriquait ainsi au meilleur compte possible tout en leur donnant beaucoup d'apparence. La grande chaîne, dont nous donnons la reproduction (p. 357) ne pèse pas plus de 92 grammes, bien qu'elle soit en or, émaillée, et qu'elle ait une longueur de 1ᵐ33.

D'ailleurs, comme on l'a dit, « le beau n'était pas encore un besoin », mais le bon marché était, lui, un très impé-

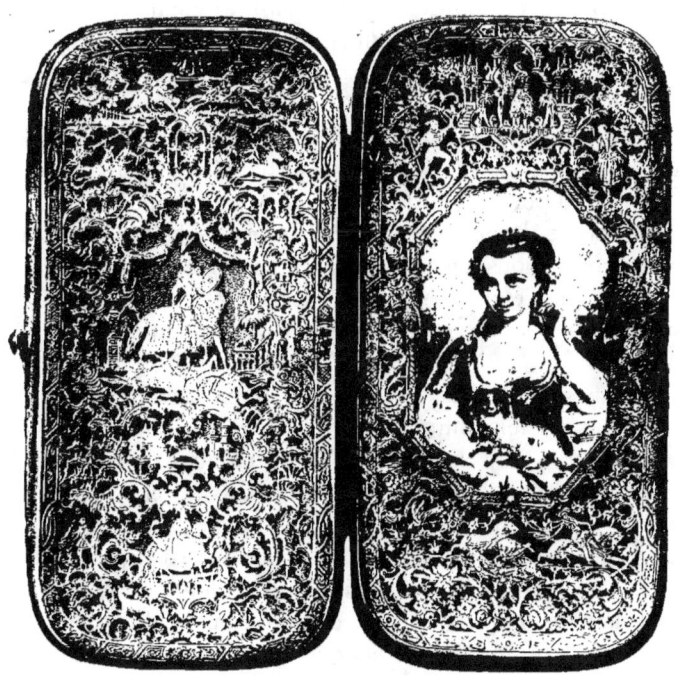

ÉTUI A CIGARES
avec miniature et ornementation en vermeil, repercée et gravée,
appliquée sur fond d'émail (hauteur, 0ᵐ14).

rieux besoin qui fut désastreux pour l'art. La qualité des bijoux s'abaissa à mesure que l'usage en devint plus général. Le Duc de Luynes le déplore et l'explique lorsqu'il dit : « ... l'année 1840 commence une période nouvelle pour l'industrie française : les artistes industriels devenus beaucoup plus nombreux, trouvaient, dans leur imagination et leur talent, les ressources nécessaires pour tenir en éveil la curiosité et l'intérêt des acheteurs. Une foule de petites pièces de décoration et d'ameublement étaient mises, par leur bon marché, à la portée des fortunes moyennes. Dans cette profusion de produits d'art et d'industrie, un goût très équivoque, appelé style Louis XV, dont le jury de 1834 pressentait l'approche, se développait malgré les efforts des plus habiles fabricants, et les entraînait dans le courant dont le nombre des acheteurs formait la puissance irrésistible. L'industrie, qui a pour but de produire afin de vendre, ne peut pas maîtriser le public; quand celui-ci veut des produits de mauvais aloi sous les rapports de l'art, du travail et de la solidité, mais à bon marché, le plus habile fabricant est obligé de renoncer à ses convictions et à ses œuvres consciencieuses pour se prêter à des exigences aussi impérieuses et qui, si elles n'étaient pas obéies, mettraient en péril sa situation commerciale. »

Ce besoin de bon marché fut, à un certain moment, poussé à un tel point, que l'or *pelure d'oignon* lui-même parut encore trop cher ! On lui substitua donc un alliage qui imite assez bien l'aspect du métal précieux : le chrysocale ou *similor,* composé de cuivre jaune et d'étain, sorte de laiton sans aucune valeur[1]. Cette circonstance, il est vrai, a sauvé bien des objets de la destruction et de la fonte, et nous permet, aujourd'hui, de voir un certain nombre de spécimens de la fabrication de cette époque qui auraient indubitablement disparu s'ils eussent été en or. De plus, la même raison d'économie fit qu'on ne s'adressait plus que rarement aux vrais artistes pour l'établissement des modèles, mais on recourait à de médiocres dessinateurs et à des modeleurs sans talent, et l'on peut s'imaginer ce que produisirent ces gens sans goût, au moment où les meilleurs même n'en

---

1. Cette industrie, encouragée par la Cour à l'époque de la Restauration, avait fait des progrès inattendus en ouvrant un grand commerce à l'exportation. Elle était déjà très en vogue en 1825 et se perfectionna graduellement par l'application de la dorure, d'abord au feu, ensuite par immersion et selon les procédés de MM. Elkington et de Ruolz. (Voir de Luynes.)

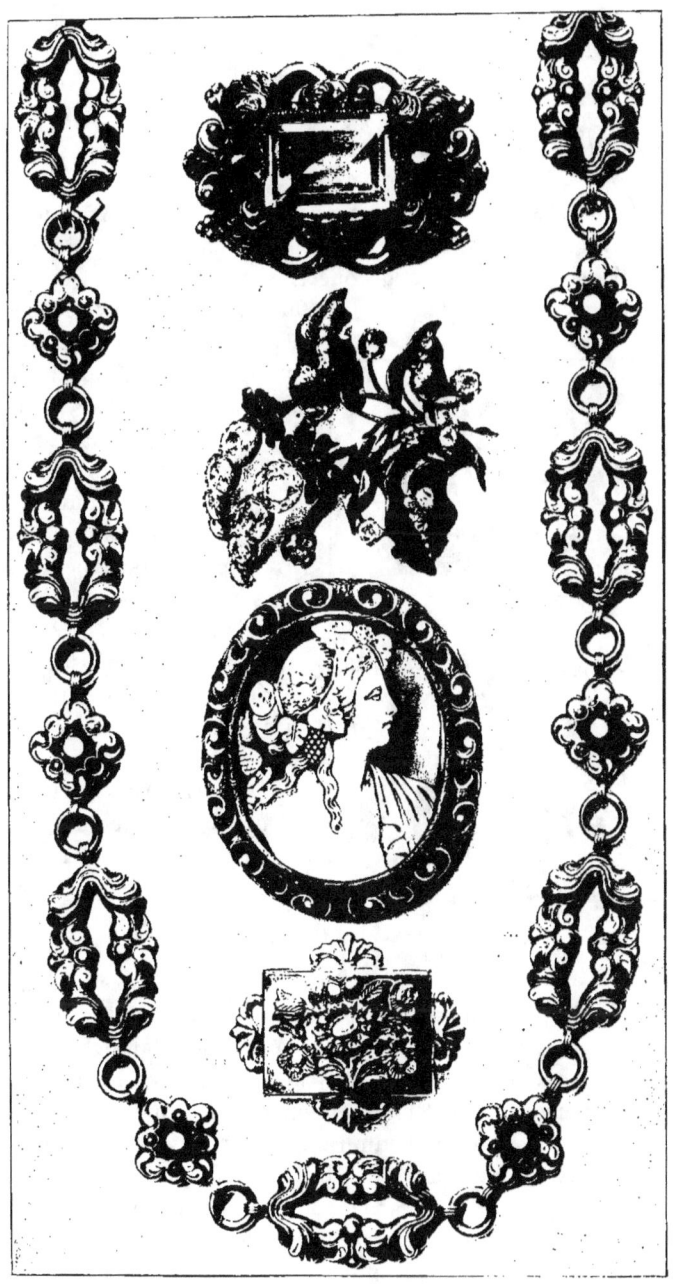

BROCHES DIVERSES.
GRANDE CHAINE SAUTOIR EN OR ESTAMPÉ, TRÈS MINCE ET ÉMAILLÉE
(Longueur, 1 m. 33; poids, 92 grammes).

avaient guère ! Faut-il s'étonner, dès lors, que les bijoux du temps de Louis-Philippe ne soient, en général, pas beaux. Il en fut, d'ailleurs, de même de tous les arts industriels ; on a pu dire avec raison que cette époque navrante fut « d'une médiocrité rétrograde et déconcertante. » Théophile Gautier s'écrie : « ... La laideur est un fait moderne contre lequel les artistes se débattent tant qu'ils peuvent ; nos maisons, nos habits, nos meubles, nos voitures, nos attelages, nos armes, nos ustensiles, sont hideux ; pour s'en convaincre, il n'y a qu'à les faire peindre ou sculpter... [1] »

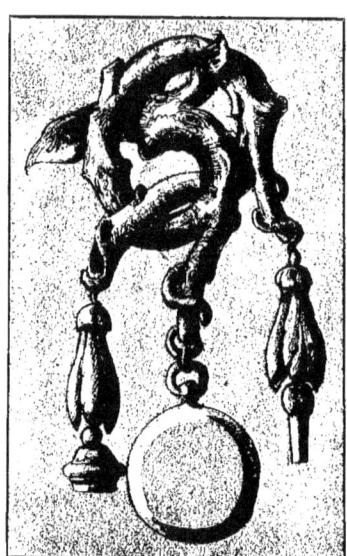

CROCHET DE MONTRE
IMITANT LE BOIS NATUREL.

D'ailleurs, malgré cette absence de goût artistique, il se fit alors beaucoup d'affaires, et de belles affaires. Ce n'est pas que les soirées familiales et austères de la Reine Amélie, passées autour d'une table à ouvrage, aient pu donner une bien grande impulsion au commerce de luxe, mais cette simplicité de vie respectable et patriarcale, ces vertus bourgeoises non dépourvues de dignité royale, plaisaient à la classe moyenne, qui y retrouvait ses propres habitudes. Victor Hugo a résumé l'impression générale en disant : « Ce groupe domestique était admirable : les vertus y coudoyaient les talents. » Aussi la Monarchie de Juillet acquit-elle sans effort une grande popularité bourgeoise et inspira-t-elle au monde des affaires la plus entière confiance.

1. *La Presse*, 17 juin 1844. Article sur l'Exposition de l'Industrie.

Le magnifique et rapide essor que prirent alors l'Industrie et le Commerce était dû, comme nous l'avons signalé au début de ce chapitre, à la transformation de la main-d'œuvre et surtout à l'extension des chemins de fer, — et non, comme sous Napoléon Ier, aux exemples de luxe et de dépense donnés par la Cour. Au contraire, on manquait d'entrain et on avait plutôt le goût de l'épargne que celui des distractions. Lamartine avait dit : « La France s'ennuie », et Guizot avait répondu : « Enrichissez-vous ! » Ce conseil avait été entendu et suivi par beaucoup. Déjà, après une longue rivalité, les financiers de la Chaussée d'Antin avaient très fortement diminué l'influence politique et sociale de la noblesse du faubourg Saint-Germain. Ce fut bientôt le tour de la bourgeoisie d'être battue en brèche par la classe ouvrière, qui la voyait d'un œil jaloux prospérer et s'enrichir.

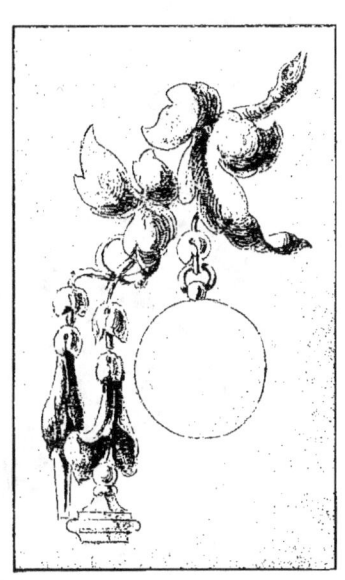

CROCHET DE MONTRE.

Comme le dit Imbert de Saint-Amand[1] : « …L'oligarchie bourgeoise touchait au terme de son règne. L'heure approchait où le prolétariat entrerait en scène. Les grands travaux publics, et spécialement la construction des fortifications de Paris, avaient amené dans la capitale une armée d'ouvriers, qui ne voulaient plus en sortir. Ils en aimaient le bruit, le mouvement, les plaisirs, les cafés, les théâtres. Ils s'occupaient de politique, ils lisaient les journaux, ils prenaient goût aux doctrines socialistes. C'était un élément

1. *Marie-Amélie et la Société française en 1847*. Paris, Dentu.

nouveau avec lequel on serait bientôt obligé de compter. Mais en 1847, la bourgeoisie parisienne croyait n'avoir rien à craindre des masses ouvrières, dont on ne soupçonnait pas encore la force. Paris reposait en paix. Il croyait naïvement que l'ère des révolutions était définitivement close. Les ambitieux, les mécontents de la Chambre des députés devaient la rouvrir.

» Une bourgeoisie, qui ne demandait à la royauté que

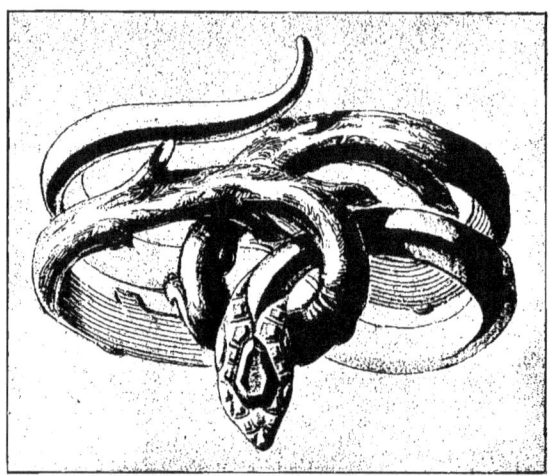

BRACELET SERPENT ET BOIS AU NATUREL ÉMAILLÉ.

d'être la meilleure des républiques, se souciait médiocrement de la couronne. Cette bourgeoisie, qui voulait faire prendre au gouvernement les allures d'une compagnie industrielle, où toutes les opérations se font en vue du bénéfice que les sociétaires peuvent en retirer, songeait bien moins au trône qu'à ses boutiques, à ses comptoirs et à ses maisons de banque.

» ...Dans les premières années de son règne, Louis-Philippe n'eut qu'à se louer de la garde nationale qui le considérait comme son délégué, son fondé de pouvoirs. Toute fière d'avoir élevé un trône, elle défendait ce trône comme

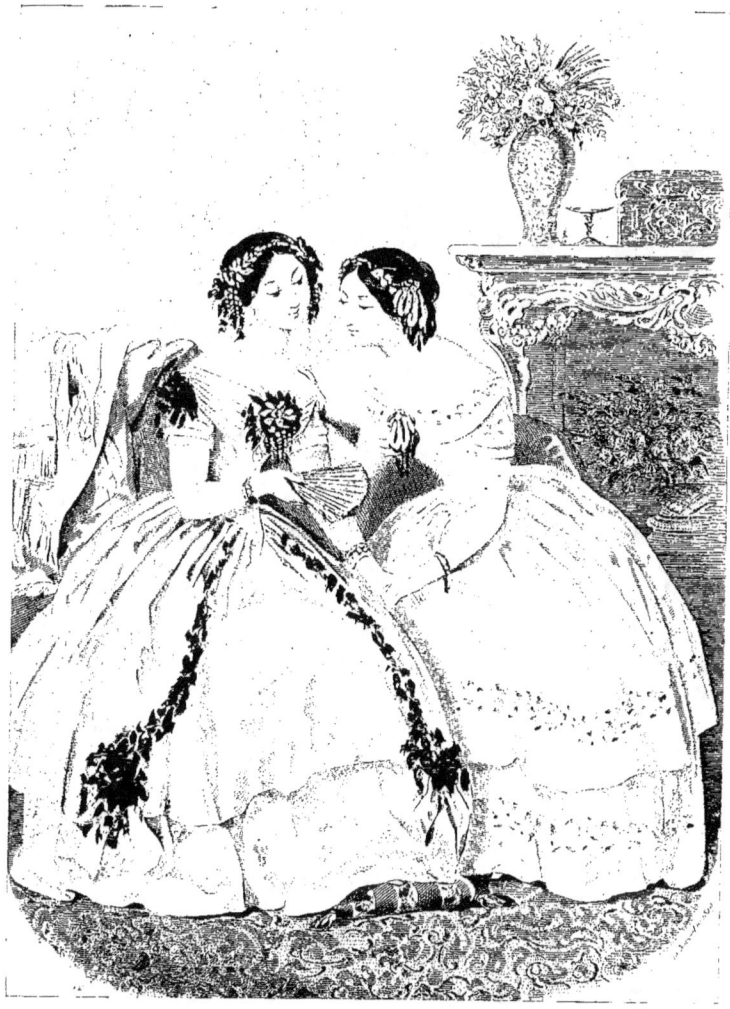

AVANT LE BAL.
(Modes de novembre 1849, par Anaïs Toudouze.)
Parures de joaillerie dans les cheveux et au corsage ; bracelets.

un bien personnel. Brave devant l'émeute, elle montrait de la discipline et du bon sens. Mais elle revint promptement aux instincts frondeurs de la bourgeoisie parisienne ; se croyant au-dessus de la nation elle-même, elle eut la prétention de diriger et dominer les majorités parlementaires; elle accueillit dans son sein l'esprit de désordre qu'elle avait chassé de la rue; des factieux furent choisis par elle comme officiers. »

C'est ce qui explique qu'en 1847 on criait : « A bas les bourgeois ! » Un grand malaise commençait à peser sur les affaires dès le commencement de 1848 ; la chute de la monarchie constitutionnelle, les sanglantes journées de juin, causèrent à Paris et dans la France entière une stupeur et une inquiétude qui en amenèrent la suspension presque complète[1]. Il se produisit comme une sorte de panique : on vendait, on détruisait ses bijoux pour les fondre et les réaliser. « Pendant plusieurs mois, l'Hôtel de la Monnaie a été assiégé par les citoyens qui demandaient à transformer en pièces d'or et d'argent les objets devenus pour eux une ressource précieuse aux jours de détresse... Le bureau de garantie était vide et inoccupé ; on fondait les articles d'orfèvrerie, on n'en créait pas[1]. » Un décret du 9 mars, qui cette fois n'eut heureusement pas de suite, ordonna la vente des Diamants de la Couronne.

Le commerce de luxe fut naturellement celui qui eut le

---

1. « Pour donner un exemple frappant du contre-coup que les événements politiques ont sur les affaires, M. Aucoc, orfèvre, qui occupait 60 ouvriers et fabriquait annuellement pour la valeur de 500.000 francs, vit, en 1848, sa fabrication presque réduite à néant et le nombre de ses ouvriers à deux » (Rapport du Duc de Luynes, p. 49). En 1847, les affaires de la bijouterie, à Paris, se sont élevées à 41.599.934 francs, sans compter la valeur des pierres fines employées; 4.401 ouvriers ont été occupés la même année par les fabricants. Pour 1848, l'importance des affaires s'est réduite de 13.210.000 francs et le nombre des ouvriers à 1.702. Dans la joaillerie, de 19.288.900 francs le chiffre est tombé, en 1848, à 9.258.800 francs.

Les affaires de la bijouterie fausse se sont élevées, en 1847, à la somme de 6.525.332 francs et occupaient 2.182 ouvriers; elles tombèrent, en 1848, à 2.360.213 francs et le nombre des ouvriers à 763 (chiffres officiels).

2. Rapport officiel du Comte Wolowski sur l'Exposition de 1849.

plus à souffrir pendant cette période troublée. Les ateliers se désorganisèrent, d'abord, en raison du manque d'ouvrage[1], puis aussi par suite du départ pour l'étranger de nombreux ouvriers plus ou moins compromis comme anciens défenseurs des barricades. Dans ces conditions, il est naturel que les fabricants et les artistes industriels, n'étant plus stimulés par des commandes, n'aient pas cherché à créer des modèles nouveaux et se soient contentés de continuer à exploiter la formule romantique qui leur avait valu naguère de si beaux succès. C'est ce qui explique pourquoi

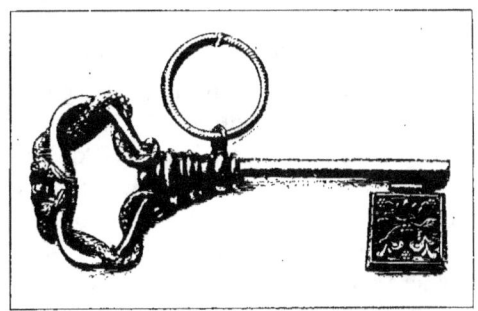

BRELOQUE « CLÉ-CLÉ » POUR SAUTOIR DE DAME.

il est difficile de constater une différence quelque peu notable entre les bijoux exécutés en 1847, par exemple, ou en 1853. Il suffit, pour s'en convaincre, de voir les envois faits aux Expositions qui eurent lieu pendant cette période, véritable période d'attente où la vie industrielle resta comme en suspens.

L'Exposition de 1849, au Carré des Champs-Élysées, fut la onzième et dernière des Expositions nationales des produits de l'industrie. Décrétée par l'Assemblée nationale le 22 novembre 1848, elle fut inaugurée le 1er juin suivant

---

1. Pour donner de l'occupation, sinon de l'ouvrage, aux milliers d'ouvriers qui étaient alors sans travail à Paris, on institua en 1848 les Ateliers nationaux, où 120.000 ouvriers recevaient un salaire de un franc par jour.

par Louis-Napoléon, président de la République. Il va sans dire qu'on ne pouvait s'attendre à rencontrer dans les produits exposés rien de bien nouveau ; il est juste cependant de reconnaître que cette manifestation industrielle et commerciale, au lendemain de la Révolution, contribua grandement à rassurer l'opinion publique et à affirmer aux yeux de l'étranger la puissante vitalité de la France.

A l'Exposition de Londres, en 1851, la France fut représentée par plusieurs maisons, dont quelques-unes avaient envoyé des objets fabriqués spécialement pour la circonstance, et d'ailleurs fort bien exécutés ; mais au point de vue de l'invention, ces pièces ne présentaient, pour ainsi dire, aucun caractère inédit : c'étaient de simples variations sur un thème connu. Il ne faudrait peut-être pas trop le reprocher à nos confrères d'alors ; n'avaient-ils pas pour excuse, d'abord les événements pénibles qu'ils venaient de traverser, et aussi la tendance bien naturelle qu'ont un grand nombre d'artistes de continuer à exploiter le genre auquel ils doivent leur réputation.

Ce n'est guère que dans les premières années du règne de Napoléon III qu'on pourra constater des tendances artistiques nouvelles, qui coïncideront du reste avec une reprise très accentuée des affaires, encouragées par l'Empereur et son entourage.

FIN DU TOME PREMIER

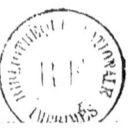

INDEX ALPHABÉTIQUE

DES NOMS CITÉS DANS CE VOLUME

Attarge (Désiré), ciseleur, p. 267.
Aubert, orfèvre-joaillier, p. 121.
Aubry, ciseleur. (Voir Obry.)
Aucoc aîné (Casimir), orfèvre, p. 341.
Aucoc aîné (Louis), bijoutier, p. 342, 362.
Audouard (Louis), ciseleur, p.
Auguste, orfèvre, p. 22, 24, 40, 114.

Babeur, ouvrier bijoutier, p. 182.
Bachman, orfèvre-joaillier, p. 122.
Bapst, joaillier, p. 2-3, 7, 22, 44, 99, 102, 120-126, 194-195, 197-199, 340. (Voir Bapst et Falize.)
Bapst (Charles), joaillier, p. 122, 198.
Bapst (Charles-Frédéric), joaillier, p. 123-124.
Bapst (Constant), joaillier, p. 122, 198.
Bapst (Georges-Frédéric), joaillier, p. 121.
Bapst (Georges-Michel), orfèvre-joaillier, p. 120-121.
Bapst (Germain), orfèvre-joaillier, écrivain, p. 28-29, 64, 68, 120, 124.
Bapst (Jacques-Eberhard), joaillier, p. 122-124.
Bapst (Paul), joaillier, p. 64, 126, 198.
Bapst et Falize, joailliers, p. 2-3, 60, 91, 99, 103, 105, 113. (Voir Bapst.)
Bapst-Ménière, joailliers. (Voir Bapst et voir Ménière.)
Barbaroux de Mégy, corail, p. 346-347.
Barbary, bijoutier, p. 338.
Barbedienne, fabricant de bronzes, p. 268.
Barye, sculpteur, p. 112, 317.
Bassot, bijoutier, p. 340.
Baucheron, bijoutier, p. 208.
Baugrand père, joaillier, p. 202.

Baurain, joaillier, p. 46.
Beauvisage, bijoutier, p. 338.
Belhate, bijoutier, p. 42.
Benière, bijoutier, p. 116.
Bernard, fabricant de bronzes, p. 202.
Bernard, joaillier. (Voir Martial Bernard.)
Bernauda, bijoutier, p. 119, 273.
Berr, ciseleur, p. 336-337.
Biennais, orfèvre, p. 22, 24, 26-27, 42, 112.
Billet, bijoutier, p. 340.
Blanchet, bijoutier, p. 252.
Bled (Paul), bijoutier et ciseleur, p. 327-328.
Bled (Georges), bijoutier-joaillier, p. 328.
Blomart, orfèvre-joaillier, p. 22.
Boehmer, joaillier, p. 120.
Bœuf, corail, p. 347.
Borgnis-Gallanty, joaillier, p. 250-251, 341.
Bossange, joaillier, p. 120.
Boucheron (Frédéric), joaillier-orfèvre, p. 306, 311.
Bouchot (Henri), écrivain, p. 96, 106, 128, 130.
Boulanger, orfèvre, p. 24.
Bourdillat, dessinateur, p. 144, 154.
Bourdoncle (Honoré), ciseleur. (Voir Honoré.)
Bourguignon, bijoutier, p. 167, 341.
Boutet, armurier, p. 36.
Brateau (Jules), ciseleur, p. 258, 286, 328.
Bréguet, horloger, p. 42.
Bruneau, bijoutier, p. 338.
Burty (Philippe), critique d'art, p. 148, 176.

Cablat, bijoutier, p. 42.
Cahier, orfèvre-joaillier, p. 28, 112.
Caillot, bijoutier, p. 116, 340.
Caïn, sculpteur, p. 190.
Calmette, bijoutier, p. 183-184.
Cambon, décorateur, p. 285.
Capperone, caméiste, p. 42.
Caqué, graveur en médailles, p. 344-345.
Cardillac, joaillier, p. 174.
Carré, bijoutier, p. 200.
Cavelier (Jules), statuaire, p. 166, 178, 180, 182.
Chaine, joaillier, p. 52.
Chaise (Albert), bijoutier, p. 306, 308, 310, 312.
Chaise (Jules), bijoutier, p. 212, 296, 304-309, 311.
Champier (Victor), publiciste, p. 268.
Charpentier, bijoutier, p. 338, 340.
Châtenay, orfèvre, p. 120.
Chaudet, sculpteur, p. 25.
Chaumet, joaillier, p. 49, 53, 220, 276.
Christofle (Charles), bijoutier, puis orfèvre, p. 183-186, 188, 334.
Christofle (Isidore), fabricant de boutons, p. 188.
Christofle (Paul), orfèvre, p. 184-185.
Christofle et Rouvenat, bijoutiers, p. 187-188.
Cicéri, décorateur, p. 285.
Cleff, ciseleur, p. 190, 327.
Cœuré, bijoutier, p. 340.
Colter, ouvrier bijoutier, p. 182.
Conrado, bijoutier, p. 42.
Couilli, bijoutier, p. 192.
Coulon père, p. 306.
Crosville, orfèvre, p. 182.
Crouzet père, bijoutier, p. 221, 340.
Cuviller, dessinateur, p. 25.

Dafrique, bijoutier, p. 192, 194-195.
Dalberque, ciseleur, p. 334.
Daras, joaillier, p. 221.
Darche (Édouard), bijoutier, p. 340.
Darche (Joseph), bijoutier, p. 340.
Dauffe, bijoutier en acier, p. 108.
Daux, joaillier, p. 22, 118.
David d'Angers, statuaire, p. 166, 178.
Debacq, bijoutier, p. 341.
Deferney, bijoutier en acier, p. 108.

Depresle, bijoutier, p. 42.
Deschamps, bijoutier, p. 306.
Despleschin, décorateur, p. 285.
Deubergue, ciseleur, p. 182, 334.
Diéterle, décorateur, p. 285.
Dieu, bijoutier, p. 98.
Dollbergen, ciseleur, p. 190.
Dony, ciseleur, p. 334.
Douy, ciseleur, p. 190.
Drais, bijoutier, p. 288-289.
Dubief, joaillier, p. 22, 118.
Dubuisson, bijoutier, p. 116.
Ducrollay, bijoutier, p. 289.
Dumas, bijouterie en fer de Berlin, p. 344.
Dumont, sculpteur, p. 25.
Duponchel (Charles-Edmond), orfèvre-joaillier, architecte, directeur de l'Opéra, p. 258, 260, 264, 266, 274-276, 278-280, 282, 284-288. (Voir Morel et Duponchel.)
Dupré, bijoutier, p. 338.
Dupré, graveur en médailles, p. 68.
Durand (Ernest), bijoutier, p. 341.
Durand, fondeur, p. 62, 284.
Durand-Leriche (E.), bijoutier, p. 341.
Duron (Charles), orfèvre-bijoutier, p. 262, 308.
Duvivier, graveur en médailles, p. 120.

Eck, fondeur, p. 62, 284.
Elkington, orfèvre, p. 186, 268, 356.

Falize père (Alexis), orfèvre-joaillier, p. 200, 208, 230, 300, 302.
Falize (Lucien), orfèvre-joaillier, écrivain, p. 8. (Voir Bapst et Falize.)
Falize (Les frères), orfèvres-joailliers, p. 285.
Fannière (Auguste), orfèvre, p. 114, 182.
Fannière (Joseph), orfèvre, p. 114, 182.
Fannière (Les frères), orfèvres, p. 114, 180, 334.
Farnier (Henri), ciseleur, p. 327.
Fauconnier, orfèvre, p. 24, 110-112, 114, 163-164.
Fester (Théodore), joaillier, p. 163.
Feuchères (Jean), statuaire, p. 166, 178, 180, 182.

INDEX ALPHABÉTIQUE

Filard, bijoutier, p. 340.
Fister, bijoutier, p. 42.
Fizelier père, ciseleur, p. 324.
Foncier, joaillier, p. 29-30, 42, 74-75, 92.
Fonsèque, bijoutier, p. 208.
Fontaine, architecte, p. 6, 19, 42.
Fontana, bijoutier, p. 341.
Fontenay (Eugène), bijoutier, p. 225-226, 229.
Fossin père (Jean-Baptiste), joaillier-orfèvre, peintre et sculpteur, p. 44, 116, 160, 217-222, 254-256, 258, 274-276, 281.
Fossin fils (Jules-Jean-François), joaillier, p. 217, 221-222, 275-276.
Fouilhoux, bijoutier, p. 340.
Foullé (Pierre-Louis), bijoutier, p. 251.
Foullé (Henry), bijoutier, p. 251-252.
Foullé (Raoul), bijoutier, p. 252.
Fouquet père (Alphonse), bijoutier, p. 308.
Fourdinois, ébéniste, p. 266-267.
Fournier, émailleur, p. 267.
Fournier, graveur de matrices, p. 112.
Franchet, bijoutier, p. 116-118.
Fregossi, dessinateur, p. 206, 282, 344.
Frémonteil, orfèvre, p. 182.
Frichot, bijoutier en acier, p. 108, 110.
Friese, bijoutier, p. 42.
Froment (François), orfèvre, p. 168
Froment-Meurice fils (Émile), orfèvre-joaillier, p. 169, 276, 310.
Froment-Meurice père (François-Désiré), orfèvre-joaillier, p. 26, 154, 158, 160, 166-182, 197, 254-255, 267.

Garaudy, corail, p. 347.
Garneray, peintre, p. 25.
Garnier (Hippolyte), graveur, p. 222.
Gatteaux, graveur en médailles, p. 68.
Gaultier (Vve), orfèvre, p. 110.
Gaume, ciseleur, p. 334.
Gautier (Théophile), p. 148, 168, 177, 354, 358.
Gayrard, graveur en médailles, p. 324.
Genty, bijoutier, p. 86, 342.
Geoffroy de Chaumes, sculpteur, p. 166, 190-192.

Giacomelli, peintre et dessinateur en bijoux, p. 308.
Gibert (Henry), joaillier, p. 208-209, 211.
Gibert père (Louis-Armand), joaillier, p. 209.
Giroux, orfèvre, p. 24.
Giroux, articles de Paris, p. 334.
Goesin (E.), dessinateur, p. 202.
Gouthière, ciseleur-bronzier, p. 22.
Grancher, joaillier, p. 22.
Grisée, émailleur, p. 182.
Gueudet, bijoutier, p. 338.
Guilloet, bijoutier, p. 291.

Halbout, bijoutier, p. 116-117, 289, 292.
Halphen (Joseph), joaillier-diamantaire, p. 32.
Halphen (Salomon), joaillier-diamantaire, p. 22, 32.
Héger, bijoutier, p. 200.
Henriet, bijoutier en acier, p. 110.
Héricart de Thury (Vicomte), p. 190, 283, 330.
Hollander, bijoutier, p. 42.
Honoré (Bourdoncle), ciseleur, p. 182, 286, 327, 334.
Hunt et Roskell, orfèvres, p. 268.

Imbert de Saint-Amand, p. 258, 359.

Jacquemart, p. 182.
Jacquemin, orfèvre-joaillier, p. 121.
Jacta père, bijoutier, p. 306, 340.
Janisset (Mme), bijoutière, p. 118, 295-296, 298-300, 302-304, 308.
Jeannety, orfèvre, p. 119-120.
Jerdelet, ciseleur, p. 326.
Jeuffroy, graveur en médailles, p. 68.
Johannot (Tony), peintre, p. 152.
Joureau (Mlle), commerçante en pierres fines, p. 200.
Joyau, sculpteur-modeleur, p. 267.
Justin, p. 180, 182.

Klagmann (Jules), sculpteur, p. 166, 180, 190, 254-255, 257-258, 260, 280.

Laborde (Comte de), p. 2, 10, 14, 18, 262.

Laffitte, dessinateur, p. 19.
Laflar, ciseleur, p. 334.
Lasteyrie (F. de), écrivain, p. 18, 114, 179.
Laurençot, bijoutier, p. 118.
Laurent, bijoutier, p. 341.
Laval, bijoutier, p. 204.
Laval et Turge, bijoutiers, p. 204.
Lavigne, ciseleur, p. 334.
Lazard, joaillier, p. 22.
Le Cointe (Joachim), orfèvre-joaillier, p. 310.
Le Cointe fils (Léon), orfèvre-bijoutier, p. 312.
Leconte, joaillier, p. 22.
Lefèvre (E.), bijoutier, p. 341.
Lefournier, émailleur, p. 182.
Lelièvre, bijoutier, p. 340.
Lelong, bijoutier, p. 42.
Lemale, joaillier, p. 22.
Lemoine père, bijoutier, p. 116-117, 290. (Voir Ouizille.)
Lemoine (Alfred), joaillier, p. 292.
Lemoine (Georges), joaillier, p. 294.
Lemoine (Guillaume), joaillier, p. 290.
Lemoine (Jacques), joaillier, p. 294.
Lemoine fils (Victor), joaillier, p. 292.
Lempereur, joaillier, p. 218.
Lenglet, ciseleur, p. 169.
Lepage, armurier, p. 256, 258, 328.
Lépine, horloger, p. 42.
Leriche père, bijoutier, p. 341.
Leriche fils (Eugène), bijoutier, p. 341.
Leroux, bijoutier, p. 86.
Leroy, bijoutier, p. 190.
Le Roy (Pierre), orfèvre-joaillier, p. 8.
Lesage, bijoutier, p. 116.
L'Hérie, bijoutier, p. 118.
Liénard, dessinateur-sculpteur, p. 180, 182.
Lignereux, bijoutier, p. 28.
Linzeler, bijoutier, p. 341.
Loir, bijoutier, p. 266.
Lormeau, bijoutier, p. 118.
Lourdel (Charles), bijoutier, p. 189.
Luynes (Honoré, Duc de), p. 2, 25, 60, 62, 85, 115, 170, 174-175, 190, 255, 284, 330-331, 338, 344, 346, 355-356, 362.

Mac-Henry, bijoutier, p. 252.
Maignan, joaillier, p. 340.
Maillet (Arthur), publiciste, p. 314.
Maire, fabricant de nécessaires, p. 342.
Maison-Haute, bijoutier, p. 116.
Manfredini frères, bijoutiers, p. 204.
Manini, bijoutier, p. 240.
Magnus, orfèvre, p. 190.
Mailliez, bijoutier, p. 208.
Marchand aîné (Édouard), bijoutier, p. 224-226, 228, 267.
Marchand (Eugène), bijoutier, p. 224.
Marguerite (B.-A.), joaillier, p. 22, 29, 40, 42, 44.
Marion, bijoutier, p. 341.
Marrel (Benoît), bijoutier, p. 196.
Marrel (Les frères), bijoutiers, p. 165, 196-197.
Marret frères, joailliers, p. 224, 342.
Martial-Bernard (Charles), joaillier, p. 212, 214-216, 250, 306.
Martial-Bernard (Henri), p. 216.
Martial-Bernard (Jean-Benoît), joaillier, p. 208-211, 213-215.
Martincourt, bijoutier, p. 341.
Marx (Les frères), bijoutiers, p. 42.
Massin, joaillier, p. 32, 34, 162-163, 218, 228.
Masson (Frédéric), écrivain, p. 40, 42, 54, 62.
Mayer (Maurice), bijoutier-orfèvre, p. 339.
Meissner (Louis), ciseleur, p. 331-332, 334, 336.
Meller, joaillier. (Voir Mellerio).
Mellerio (Antoine), joaillier, p. 216, 244-246, 248, 250.
Mellerio (Charles), joaillier, p. 250.
Mellerio (François), joaillier, p. 236-237, 240, 242-243, 245, 251.
Mellerio (Jean-Antoine), dit *Tony*, bijoutier, p. 236.
Mellerio (Jean-Baptiste), dit *Mylord*, bijoutier, p. 233-234.
Mellerio (Jean-François), bijoutier, p. 238, 241, 243-246, 248, 326.
Mellerio (Jean-Jacques), bijoutier, p. 243, 245.
Mellerio (Jean-Marie), colporteur en bijouterie au XVIe siècle, p. 231.

INDEX ALPHABÉTIQUE

Mellerio (Jean-Marie), dit *le Gros*, p. 233.
Mellerio (Jérôme), colporteur en bijouterie, p. 231.
Mellerio (Joseph), publiciste, p. 231, 251.
Mellerio (Louis), joaillier, p. 250.
Mellerio (Maurice), joaillier, p. 250.
Mellerio (Raphaël), joaillier, p. 250.
Mellerio-Borgnis, joaillier, p. 250-251.
Mellerio-Meller, joaillier, p. 22, 42, 182, 231-232, 236, 238, 242, 244-246, 251-252. (Voir Mellerio.)
Méneval (de), p. 63-64.
Ménière (Paul-Nicolas), joaillier, p. 92, 120, 122.
Mention, bijoutier, p. 190, 340. (Voir Wagner.)
Mercier, ciseleur, p. 327.
Messin, bijoutier, p. 42.
Meunier, bijoutier, p. 341.
Meurice (Paul), littérateur, p. 169, 182.
Meurice, orfèvre, p. 169. (Voir Froment-Meurice.)
Meyer, ouvrier bijoutier, p. 182.
Minier, joaillier, p. 22.
Moïana, joaillier-diamantaire, p. 22, 341.
Montmorency (Duc de), p. 114.
Moreau, dessinateur, p. 25.
Morel (Jean-Valentin), bijoutier-joaillier-orfèvre, p. 160, 166, 197, 201, 222, 226, 252, 254-256, 258, 260, 262-264, 266-270, 272-276, 281-282, 284, 328. (Voir Morel et Duponchel.)
Morel fils (Prosper), orfèvre-joaillier, p. 256, 263, 266, 275-276.
Morel (Valentin), lapidaire, p. 252.
Morel et Duponchel, orfèvres-joailliers, p. 278-279, 281.
Morel-Ladeuil (Léonard), orfèvre-ciseleur, p. 268.
Morize et Vatard, bijoutiers, p. 340.
Mortimer, orfèvre, p. 268.
Mugner, horloger, p. 42.
Mulleret, ciseleur, p. 114, 180, 182.

Nansot, bijoutier, p. 340.
Nanteuil (Célestin), peintre-graveur, p. 152.

Nathan (Hippolyte), joaillier, p. 202.
Névillé, dessinateur-graveur, p. 266.
Nieuwerkerke (Comte de), p. 343.
Nitot (Étienne), joaillier, p. 21-22, 28-30, 32, 34, 36-37, 39-40, 42, 44-47, 49-50, 52-53, 62, 72, 88, 92, 116, 122, 217.
Nitot fils (François-Regnault), joaillier, p. 36, 46, 116.

Obry (Hubert), ciseleur, p. 313-324, 326-328, 330-332, 334.
Odiot, orfèvre, p. 24-25, 58, 62, 111, 280, 328.
Odiot (Mme Vve), orfèvre, p. 24.
Oliva, marchand de corail, p. 42.
Olive, bijoutier, p. 208.
Oppenheim (S.-M.), joaillier-diamantaire, p. 52.
Ouizille, bijoutier, p. 116-117, 288-289. (Voir Lemoine.)
Ouizille fils (Armand), joaillier, p. 289-290.
Ouizille et Lemoine, joailliers, p. 288, 290, 292-294.

Papegay-Lorrain, bijoutier, p. 192.
Pardonneau, bijoutier, p. 252.
Paris (Comte de), p. 254-258, 281.
Pâris, bijoutier, p. 340.
Pascal, statuaire, p. 179.
Paul frères, bijoutiers, p. 116.
Percier, architecte, p. 6, 19, 27, 42, 58.
Perret, bijoutier, p. 42.
Petiteau père (Simon), bijoutier, p. 116, 196, 202, 208, 227, 229, 231.
Petiteau fils (Eugène), p. 228-231.
Phénix (Eugène), sculpteur-modeleur, p. 267.
Pitaux, joaillier, p. 22, 42.
Plouin (Alexandre), graveur, p. 190.
Plouin (Jules), graveur, p. 190.
Pouget, joaillier, p. 92, 218.
Poussielgue-Rusand, orfèvre, p. 112.
Poux, ciseleur, p. 182, 192, 334.
Pradier, statuaire, p. 166, 174, 178.
Préault (Auguste), statuaire, p. 178, 182.
Prevost (Vve), orfèvre, p. 120.

Prudhomme, bijoutier, p. 341.
Prudhon (P.-P.), peintre, p. 25, 58, 62, 351.

Radiguet, sculpteur, p. 62.
Radu, bijoutier, p. 118.
Rambert, dessinateur-graveur, p. 182.
Ramsden (Alfred), bijoutier, p. 251.
Raviro, sculpteur-ciseleur, p. 18.
Régent (Le diamant le), p. 7, 28, 34, 36, 49, 51, 54, 63-64.
Rey, bijoutier, p. 208.
Richard, fondeur, p. 284.
Richard, joaillier, p. 22.
Riester, dessinateur et graveur d'ornement, p. 182.
Robin (Aristide), dit Joureau, bijoutier, p. 200.
Robin (Denis), bijoutier, p. 200.
Robin père (Jean-Paul), bijoutier, p. 116, 199-202, 204, 206, 208-209, 227.
Robin fils (Paul), bijoutier, p. 200, 202-204, 206.
Robin (Richard), dit Joureau-Robin, bijoutier et négociant en pierres, p. 200-202.
Roguet (ou Roguier), sculpteur, p. 25, 62.
Rolland, sculpteur, p. 62.
Rossigneux (Charles), architecte-ornemaniste, p. 169.
Rouger, ciseleur, p. 334.
Rouillard (P.), sculpteur, p. 179-180, 182.
Rouvenat (Auguste), bijoutier, p. 189.
Rouvenat (Léon), bijoutier-joaillier, p. 188-189. (Voir Christofle et Rouvenat.)
Rouvenat-Desprès, joailliers, p. 186.
Rudolphi, bijoutier, p. 159, 164, 168, 190-192.
Ruolz, chimiste, p. 186, 356.

Sabe, bijoutier, p. 341.
Savard, bijoutier, p. 340.
Schey, bijoutier en acier, p. 110.
Schœnewerk, statuaire, p. 179.
Scotto, marchand de corail, p. 42.

Seiffert, dessinateur, p. 99, 105, 123.
Sévin (Constant), décorateur, p. 267-268, 275.
Soitoux, sculpteur, p. 182.
Sollier, émailleur, p. 180-182.
Soufflot père, joaillier, p. 340.
Soulens (E.), bijoutier, p. 208.
Soyer, ciseleur, p. 114.
Strass, bijoutier, p. 120.
Susse, articles de Paris, bronzes, etc., p. 334, 343.
Sykes, bijoutier en acier, p. 108.

Tahan, articles de Paris, bronzes, etc., p. 334.
Tallien (Mme), p. 16, 97.
Tamisier, ciseleur, p. 112, 114.
Tatout, ouvrier bijoutier, p. 202.
Teibaker, caméiste, p. 42.
Templier père, bijoutier, p. 341.
Téterger (Eugène), bijoutier, p. 208.
Téterger (Hippolyte), bijoutier, p. 208.
Thomire, bronzier et ciseleur, p. 58, 62.
Tixier, orfèvre-joaillier, p. 342.
Tixier, bijoutier, p. 342.
Tourrier, bijoutier, p. 42.
Tropiné, ciseleur, p. 327.
Turge, bijoutier, p. 204.

Uzanne (Octave), littérateur, p. 75.

Vacher, bijoutier, p. 28.
Vachette, fabricant de tabatières, p. 252, 254, 272.
Vandrimer, bijoutier, p. 192.
Vatard, bijoutier. (Voir Morize et Vatard.)
Vechte, orfèvre-ciseleur, p. 114, 166, 180, 255, 256, 265, 268.
Verraux (Édouard), orfèvre, p. 190.
Viel-Castel (Comte Horace de), p. 270.
Viennot, joaillier, p. 163.

Wagner (Charles), bijoutier-orfèvre, p. 159-160, 163-168, 190, 192, 340.
Wagner (Émile-Auguste-Albert), orfèvre de Berlin, p. 164.
Wiese, ciseleur, p. 182.
Wolowski (Comte), p. 362.

TABLE DES GRAVURES HORS TEXTE

	Pages
Spécimens de joaillerie à plat de la fin du xviiie siècle, par Bapst.	7
Bijoux de l'époque du Consulat	11
Colliers et pendants d'oreilles, camées têtes de nègres, grands anneaux d'oreilles (époque du Consulat)	13
Boucles d'oreilles dites « poissardes »	15
Quelques bijoux du commencement du xixe siècle, par Debucourt et Boilly.	17
Peigne carquois, peigne avec perles, chaine sautoir, cachet-breloque, bague	19
Pendants de cou, plaques de médaillons, lorgnons (commencement du xixe siècle)	21
L'Impératrice Joséphine en 1805, par Gérard	25
Peigne camée coquille, perles et émail bleu, boucles d'oreilles, collier (commencement de l'Empire)	29
L'Impératrice Joséphine en 1807, par Guillon Le Thière	35
Épée du Sacre de Napoléon Ier, avec *le Régent* sur la garde, exécutée par Nitot en 1803, démontée en 1811	37
Le Sacre de Napoléon Ier à Notre-Dame (partie centrale du tableau de David)	39
Diadème de l'Impératrice Joséphine, formé d'un camée coquille avec applications d'ornements en or et pierreries	41
Napoléon Ier et l'Impératrice Joséphine au mariage du Prince Jérôme et de la Princesse de Wurtemberg (1807), par J.-B. Regnault	47
La Reine Hortense, mère de Napoléon III, par J.-B. Regnault (1807)	63
Colliers avec camées et émaux, boucles d'oreilles, paniers avec petites perles, bague tournante, avec les portraits du Roi de Rome, de Napoléon et de Marie-Louise	65
Parures avec camées (an 8, an 9, an 13, 1812)	69
Peignes du premier Empire	77
Bijoux divers, éventails, etc.	85
Modes en 1814, par Horace Vernet	89
Parure en ors de couleurs et topazes	93
Grands peignes, lorgnons, plaque de bracelet (époque de la Restauration)	101
Bracelet souple en graineti et or ciselé, collier, pendeloques, plaques de bracelets, bracelet (époque de la Restauration)	107
Lorgnons, plaques de colliers, boucles de ceinture (époque de la Restauration)	109
Fermoir de sac à main, ciseaux, boucle, breloques, etc.	111
Carnet de dame, montres, pendants d'oreilles, cachets-breloques (époque de la Restauration)	119
Boucle de ceinture romantique « au pèlerin », cachet-breloque, plaques de colliers et de bracelets, fermoirs, etc.	121

La Duchesse de Berry, d'après le tableau de Dubois-Drahonnet.   127
Bagues, montre, pendant, bourse, bracelet (époque de la Restauration) .   129
Peignes, broches, pendants d'oreilles (le grand peigne et la demi-parure
    ayant appartenu à la Duchesse de Berry)   133
Bijoux divers (époque de la Restauration)   139
Collier en topaze et or ciselé (vers 1830). Collier en or avec mosaïques
    (vers 1840)   141
Grande parure en or estampé, peigne, bracelets, broche, pendants
    d'oreilles, collier   143
Bracelet articulé formant diadème, collier à motifs égyptiens, etc. . . .   163
Parure rubis et diamants (1843), provenant de la Princesse de Joinville.   165
Jeune femme, par Grevedon. Ornement de front avec pendeloque, broche,
    bijoux d'épaule   173
Flacon romantique en vieil argent, collier de gros jaseron avec plaques,
    montres gravées et émaillées (époque Louis-Philippe) 175
Bijoux en or émaillé (époque Louis-Philippe)   183
Bracelets estampés, spécimens de fabrication courante du temps de Louis-
    Philippe   187
Boucles de ceinture, bracelet souple avec topazes   191
Collier-châtelaine, chaînes sautoirs, pendants d'oreilles, boutons de che-
    mise, médaillon   193
Bijoux de fabrication courante (époque Louis-Philippe)   197
La Princesse Marie d'Orléans, née le 3 avril 1812, lithographie de Villain. 199
Épée offerte au Maréchal Gérard, à l'occasion de la prise d'Anvers (1832),
    exécutée par la maison Martial Bernard 213
Mlle Dupont, du Théâtre Français, lithographie de Léon Noël   219
Bijoux divers, pendants d'oreilles, ferronnière avec Saint-Esprit, etc. .   233
Un jour avant le mariage, lithographie par A. Deveria.   245
Bracelet, broches, boutons d'oreilles, ferronnière, etc.   263
Bjoux divers avec émail, gravure, cannetille, etc.   273
Breloquet à flacon, châtelaine, boucle émaillée, broche, clé-clé, chaîne
    de montre   287
Mlle Maria Lebois de Glatigny, lithographie de Gsell, d'après Alphonse
    Constant.   307

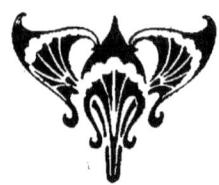

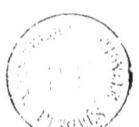

TABLE DES GRAVURES DANS LE TEXTE

	Pages
Quatre peignes, d'après des dessins originaux de la maison Bapst (vers 1800)	2, 3
Diadème et pendant d'oreilles joaillerie (1er Empire)	4
Parure saphirs et diamants de la Reine Marie-Antoinette	5
Diadème joaillerie (1er Empire)	6
Collier avec plaques pour cornalines, camées ou miniatures	6
Composition de Percier et Fontaine	6
Projet d'épée pour le Premier Consul, avec le Régent sur la garde	7
Citoyenne de l'an VIII	8
Colliers, épingles, médaillons, bracelets, etc.	9
Costume de bal, vers 1800	11
Bijoux révolutionnaires	13
Manches et corsage ornés de bijoux	15
Napoléon en petit costume, par Isabey, avec le bouton de chapeau	17
L'Impératrice Joséphine, par Isabey	19
Maréchal d'Empire (Murat), portant la couronne du Sacre de Napoléon Ier (dessiné par Isabey)	21
Collier en or avec chaînettes estampées, pendants d'oreilles avec agates arborisées	23
En-tête de facture de Biennais	26
Adresse de Biennais	27
La Duchesse de La Rochefoucauld et Mme de La Valette	29
L'Impératrice Joséphine au Sacre	30
Toilettes de cour, par Boilly	31
Glaive du Premier Consul, à poignée d'or et d'ivoire	33
Costume de bal montrant des bracelets à chaînettes et une chaîne en sautoir sur l'épaule (an VIII)	35
Madame Mère, ayant à sa gauche la maréchale Soult et à sa droite Mme de Fontanges, assistant au Sacre de son fils, à Notre-Dame	37
Plaque en or du baudrier de Napoléon Ier	38
Glaive et épée de Napoléon Ier, en or, avec fourreau de nacre et d'écaille	39
L'Impératrice Joséphine avec une parure de perles	40
Citoyenne de l'an X (1802). Double collier avec camées	41
Composition de Percier et Fontaine pour le Livre du Sacre	42
L'Impératrice Joséphine, par Gérard	43
Diadème feuilles de laurier, diamants et rubis, exécuté par Bapst pour l'Impératrice Eugénie, d'après un prototype du temps de Napoléon Ier	44
Épée de Napoléon Ier en forme de glaive en or ciselé	45
Perle de 337 grains achetée par Napoléon Ier à Nitot en 1811	46
Toilette de bal (1811)	47
Peigne en joaillerie (vers 1811)	48

Diadème rubis et diamants, exécuté en 1807 pour l'Impératrice Joséphine.	48
La Princesse Borghèse (Pauline Bonaparte), par R. Lefebvre.	49
Baudrier de Napoléon Ier, par Nitot et fils (1812).	50
Glaive de Napoléon Ier (1812), avec *le Régent* sur le pommeau	51
Grande parure de rubis et brillants, exécutée par Nitot et fils.	53
Colliers, d'après une gravure des *Meubles et objets de goût*, par La Mésangère.	55
Collier serpent en tissu d'or souple, petites aumônières en or (an VIII).	56
Mariage de Napoléon Ier et de Marie-Louise au Louvre (2 avril 1810), par Rouget.	57
Armes de l'Empire, par Percier.	58
Aigrette joaillerie (1er Empire).	58
L'Impératrice Marie-Louise, par Gérard.	59
Peigne joaillerie sur fond d'or (archives de la maison Bapst et Falize).	60
Bouquet de joaillerie (extrait de l'ouvrage de Vallardi, vers 1811).	61
Boutique de Nitot, place du Carrousel.	62
Citoyenne de l'an VIII.	63
Composition de Ch. Percier.	64
Toilette de bal (1813).	65
Breloquet en or, acheté en 1810	66
Parure camées et perles, envoyée de Rome par Napoléon Ier à l'Impératrice Joséphine	67
Marie-Pauline Bonaparte, Princesse Borghèse, par Robert Lefèvre (1806).	69
Bracelet camées coquille.	70
Caroline Bonaparte, Reine de Naples, par Mme Vigée-Lebrun.	71
Bracelet avec pierres formant devise.	72
Collier acheté en 1810	73
Tabatière offerte par l'Impératrice Joséphine à Foncier, son joaillier.	74, 75
Boucles d'oreilles, petit pendant, médaillon, applique, cachets	77
Élégante de l'an IX portant une chaine à gros maillons	78
Lorgnon en or.	79
Pauline Bonaparte, Princesse Borghèse, par Mme Benoit	81
Collier or tricoté, fermoir avec cannetille, boite ronde avec ornementation d'or filigrané, motif en verre églomisé.	83
Élégante de l'an IX, avec chaine ornée de plaques carrées	84
Peignes en perles, en corail faceté, en émeraudes (fin de l'Empire)	85
Ornement de coiffure posé sur le front, collier avec plaque en losange (1804).	86
Colliers d'or avec plaques.	87
Tabatière en or ciselé sur écaille, avec le profil de Napoléon en camée.	88
Collier en joaillerie (époque de la Restauration).	90
Peignes en or jaune maté avec perles (époque de la Restauration).	91
Mode de 1815, par Horace Vernet	93
Bouquet de joaillerie, épis et marguerites	94
S. A. R. Madame la Duchesse d'Angoulème, fille de Louis XVI, par le Baron Gros	95
Chaîne-sautoir avec breloques, ornement d'or sur la ceinture (1817).	96
Diadème rubis et brillants, exécuté en 1816.	97
Broche en or avec ornements en cannetille et grainti.	98
Bracelets joaillerie, vers 1820, par Seiffert, dessinateur de la maison Bapst.	99

TABLE DES GRAVURES DANS LE TEXTE

Fermoir de collier (Restauration). 100
Toilette de bal (1821). 101
Costume d'homme en 1819 102
Projet de ganse avec bouton de chapeau en joaillerie (maison Bapst et Falize). 103
Épis de diamants, collier de joaillerie, broche et pendants d'oreilles en topaze (1827). 104
Diadème joaillerie, épis et fleurs des champs, exécuté par Bapst 104
Toilettes de cour (1825). 107
Collier avec plaques, broche et montre. 109
Bracelet en or ciselé et gravé avec perles en brillants (1825-1835). 110
Peigne avec améthystes cabochons, collier à deux rangs avec pendentif (1827). 111
Boucle de ceinture 112
Peignes en joaillerie (maison Bapst et Falize). 113
Broche joaillerie (époque de la Restauration) 114
Clefs de montre avec topazes, boucles de ceinture en or. 115
Boutique de Franchet fils, bijoutier de Mme la Duchesse de Berry. 116
Plaque de bracelet et devant de collier avec ornements en graineti et cannetille 117
Chaîne de galérien en or (1828) 119
Bouquet de joaillerie, exécuté en 1788 par Bapst, pour la Reine Marie-Antoinette. 121
Diadème saphirs et brillants, exécuté en 1819, par Bapst, pour la Cour . 122
Diadème émeraudes et brillants, exécuté en 1820, par Bapst 123
Épée du Sacre de Charles X, exécutée par Bapst en 1825. 124
Grand bouquet de joaillerie, offert en 1820, à la Duchesse de Berry, à l'occasion de la naissance du Duc de Bordeaux, exécuté par Bapst. . 125
Pendants d'oreilles en joaillerie. 126
Bagues joaillerie (époque de la Restauration) 127
Boucle de ceinture, broche émaillée 128
Grande chaîne à gros maillons d'or ciselé et émaillé, supportant un flacon à sels (1830) 129
Peigne joaillerie et or (époque de la Restauration). 130
Colliers et plaques en or, rehaussés d'émaux (époque de la Restauration). 131
Ornements de ceinture en or jaune maté, avec perles 133
Montres en or ciselé (époque de la Restauration). 134
La Duchesse de Berry, lithographie de Pointel du Portail. 135
Bijoux et tabatière en or émaillé (époque de la Restauration) 137
Coiffure de cour avec *barbes* de dentelle et bijoux (1829). 138
Coiffure ornée de perles et de pavots d'or, collier et boucles d'oreilles avec pendeloques, bracelets sur la manchette (1827) 139
Peigne en or ciselé. 140
Ferronnière en perles sur le front, collier, agrafes de manches, bracelet en or (1830) 141
Pendants d'oreilles (Restauration). 142
Agrafe de manteau en argent (époque de la Restauration) 142
Boucles d'oreilles en or estampé et gravé (1845) 144
Plumier en argent ciselé. 145
Broche en or (Louis-Philippe) 146
Petit carnet de dame en argent repercé et gravé (Louis-Philippe) 147

Grande épingle de coiffure en or estampé avec camée.	148
Plaques de bracelets, flacons se portant à la ceinture, bracelet et collier avec améthystes.	149
Boucle de ceinture, avec émaux de style chinois ; broche avec camée.	150
Deux amies en 1831, par Nargeot, d'après Gavarni	151
Pendants d'oreilles or avec camées coquilles.	152
Bracelet, variante de « l'Oiseau défendant ses œufs contre un serpent ».	153
Épingle de cravate, serpent et œufs	153
Épingles par Bourdillat (1845).	154
Bracelet gothique représentant des épisodes de la vie de saint Louis, exécuté par F.-D. Froment-Meurice en 1842.	154
Bracelet (1848), montres, médaillon-cassolette (1831), boucles d'oreilles (1840-1850), etc.	155
Broche en or, émeraudes et perles avec « cuirs » genre Renaissance.	156
Demi-parure en or poli repercé, chaîne-sautoir avec coulant mobile	157
Broche Renaissance, par F.-D. Froment-Meurice (vers 1857).	158
Épingle de coiffure en or, couverte d'ornements gravés.	158
Broches et bracelet, style de la Renaissance romantique (genre de travail de Wagner et Rudolphi).	159
Mlle Laure Devéria, lithographie par Achille Devéria (1832).	160
Mme Menessier-Nodier, lithographie par Achille Devéria (1832)	161
Petit cachet, par Wagner	163
Bague avec figurines ciselées, par Wagner.	163
Broche ronde avec incrustation ; broche en vieil argent ciselé avec partie centrale réservée pour des cheveux, par Ch. Wagner.	165
Bracelet de style Renaissance romantique, par F.-D. Froment-Meurice, modèle de Pradier (1841).	166
Turban orné de pierreries des magasins de M. Bourguignon (1830-1835).	167
Épingles et bracelet, par F.-D. Froment-Meurice (1839).	168
Bracelet, par F.-D. Froment-Meurice (1842).	169
Broche, par F.-D. Froment-Meurice (1845).	169
Bracelet rehaussé d'émaux et de pierreries, par F.-D. Froment-Meurice.	170
Reliure de missel en orfèvrerie de style Renaissance romantique, par F.-D. Froment-Meurice.	171
Bracelet offert par souscription à Mme la Comtesse de Chambord (Marseille, 1847), par F.-D. Froment-Meurice.	173
Carnet de dame de style gothique en vermeil sur fond de nacre.	175
Coiffure en joaillerie (1840-1845).	176
Marie-Amélie, Reine des Français (peinture par Hersent, lithographie par Léon Noël).	177
Châtelaine Jeanne d'Arc, par F.-D. Froment-Meurice	178
Broche romantique, par F.-D. Froment-Meurice (1835).	179
Fragment d'une grande châtelaine à sujets romantiques, par F.-D. Froment-Meurice (1839).	179
Trois bagues ciselées exécutées en 1844 par Froment-Meurice (modèles de Klagman).	180
Toilette de bal (1830-1835).	181
Bracelet corde, or et perles (maison Mellerio).	182
« Vue générale des quatre bâtiments de l'Exposition de l'Industrie en 1834, sur la place Louis XV »	183
Corbeille en filigrane d'argent, par Charles Christofle (1839).	184

Oiseaux en filigrane d'argent sur une branche de corail, par Charles
    Christofle (1839)... 185
Broche oiseau en émail avec pierreries......................... 186
Épée offerte par le Congrès de la Nouvelle-Grenade au général Thomas
    Cipriano de Mosquera, exécutée vers 1848 par Christofle et Rouvenat. 187
Grandes chaînes sautoirs à maillons d'émail.................... 188
Toilette de soirée (1830-1835)................................. 189
Branche d'éventail, par Rudolphi, composition de Klagman 190
Bracelet en argent oxydé, par Rudolphi......................... 191
Bracelet en argent ciselé (époque romantique) 191
« Enlèvement d'une naïade », bracelet en argent ciselé avec pierreries.. 192
Coiffure en joaillerie (1845-1850)............................. 193
Broche perles et brillants, exécutée par Bapst pour la famille d'Orléans
    (1835)... 194
Parure avec saphirs, exécutée par Bapst pour la famille d'Orléans (1846). 195
Devant de corsage joaillerie et émeraudes...................... 196
Broche exécutée par Bapst vers 1840-1850 197
Broche romantique, par Robin père (vers 1835) 199
Broche fuschia, joaillerie rehaussée d'émaux (maison Paul Robin).... 200
Bijoux divers, par J-P. Robin père............................. 201
Bracelet avec serpent, or, émail et pierres (1849) (maison Paul Robin).. 202
Bracelet avec serpent et oiseau, or, émail et pierres (vers 1849) (maison
    Paul Robin).. 203
Bracelet avec serpent et flèche, or, émail et pierres (vers 1849) (maison
    Paul Robin).. 203
Bracelet or ciselé et pierres (vers 1840) (maison Paul Robin) .. 204
Parure complète en or émaillé.................................. 205
Bracelet en or gravé et émaillé (dessin de Fregossi, maison Paul Robin). 206
Toilette de théâtre (1830-1835)................................ 207
Peigne avec turquoises, par Henry Gibert et Martial Bernard (fin du
    1er Empire).. 208
Peigne, par Henry Gibert et Martial Bernard (fin du 1er Empire) .. 209
Épingles de cravate et bagues, par J.-B. Martial Bernard 210
Diadème joaillerie, exécuté en 1817 pour la Princesse Koronini, par
    Henry Gibert et Martial Bernard............................ 211
Broche or, émaux et pierres.................................... 212
Coiffure en joaillerie (1845-1850), par Martial Bernard........ 213
Tabatière en or et brillants aux initiales de Louis-Philippe, par
    J.-B.-Martial Bernard...................................... 214
Tabatière en or ciselé avec le monogramme de Louis-Philippe en brillants, par J.-B.-Martial Bernard................................ 215
Dessus de tabatière avec le monogramme de Louis-Philippe et de la
    Reine Marie-Amélie... 216
Ornement de tête en joaillerie, perles et émail (vers 1845).... 217
Moitié d'un ornement de tête en joaillerie (vers 1847) 218
Croquis de broche, par Fossin.................................. 220
Diadème joaillerie, par Fossin................................. 220
Broche de corsage, émail, brillants et opales 221
Chaîne et collier.. 222
Toilette habillée (1831), par Gavarni.......................... 223
Broche genre cuir roulé (vers 1838), par Ed. Marchand 224

Broche ruban, avec ornements gravés (vers 1840), par Ed. Marchand . . 224
Broche nœud de passementerie (vers 1845), par Marchand aîné. 224
Broche avec encadrement gravé (vers 1849) 225
Broche camée coquille avec rouleaux d'or ciselé (vers 1843), par Marchand aîné. 225
Parure en or et perles (époque Louis-Philippe). 226
Épingles de cravate (époque Louis-Philippe) 227
Bracelet souple or et brillants (époque Louis-Philippe) 227
Devant de corsage. 220
Diadème en ors de couleur avec petites turquoises (1820), par Simon Petiteau 229
Plaque de bracelet (époque de la Restauration), par Simon Petiteau. . . 229
Bracelet articulé, bois naturel, en or ciselé et émaillé avec brillants. . . 230
Diadème joaillerie (Louis-Philippe) 230
Broche en argent avec émail noir et corail (vers 1850), décor mauresque, par E. Petiteau 231
Pendeloques (Louis-Philippe) 232
Pendant de cou (fin Louis-Philippe) (maison Mellerio) 233
Pendants d'oreilles en or (vers 1835) 234
Grande parure en or mat (vers 1825-1830), avec ornements de cannetille et de graineti. 235
Broche or et perles (maison Mellerio) 236
Boucle d'oreille or et perles. 236
Toilette de promenade (1832), par Gavarni. 237
Broche grappes de raisin, émail et pierres (vers 1848) (maison Mellerio). 238
Page d'album, croquis de J.-F. Mellerio. 239
Pendeloque 240
Boucle de ceinture 240
Bracelets, par J.-F. Mellerio 241
Milieu de collier 242
Bracelet ruban d'or, couvert d'ornements gravés 242
Parure en or ciselé, émeraudes et perles. 243
Bracelet à personnages. 244
Boucles de ceinture. 245
Pendants d'oreilles (époque Louis-Philippe). 246
Le Thé (1834), colliers, pendants d'oreilles, ornements de coiffure. . . 247
Chaîne-sautoir en or (fin Louis-Philippe). 248
Bracelet en or estampé et émaillé. 248
Bracelets en cheveux tissés, avec plaques estampées, etc. 249
Boucles de ceinture (époque Louis-Philippe) 250
Boucles de ceinture avec émaux et camées. 251
Broches en or estampé et émaillé (vers 1840) 252
Peigne avec pendeloques, collier, anneaux de breloque, etc. 253
Broche avec émaux et perles, par Morel. 254
Gobelet en argent ciselé (époque Louis-Philippe) 255
Fourreau et épée du Comte de Paris (1841) 256
Épée offerte par la Ville au Comte de Paris en 1841 257
Dessus de tabatière (époque Louis-Philippe) (maison Morel et Duponchel). 258
Une loge aux Bouffes en 1835, par Gavarni 259
Moitié d'un ornement de coiffure, par Morel 260
Parure en or, avec perles et topazes roses 261

Petites cassolettes (maison Morel)	262
Collier serpent avec émeraude et broche nœud avec aigues-marines	263
Bracelet de style Renaissance (maison Morel et Duponchel)	264
Modes de 1836, par Lanté	265
Broche joaillerie et émail, par Morel	266
Bracelet avec motif romantique en or ciselé (maison Morel)	267
Bracelet à maillons en or ciselé imitant le bois naturel	268
Grand bouquet de corsage, diamants et rubis, par Morel	269
Bracelet branches de vigne émail et perles ; bracelet articulé or poli et feuilles émaillées	270
Recommandations maternelles (1836)	271
Broche en or gravé (Louis-Philippe)	272
Ornement de corsage or, émail et pierres	273
Canif de bureau, par Morel	274
Coupe-papier, par Morel	275
Chaîne de montre en or ciselé, représentant une chasse au sanglier (composition de Névillé)	276
Mlle Reisner, professeur d'accordéon (1837)	277
Flacon, ciselure et émaux, par Morel et Duponchel	278
Flacon (1844), par Morel et Duponchel	278
Flacon, « les Bulles de savon » (1844), par Morel et Duponchel	279
Flacon, « l'Alouette et ses petits » (1844), par Morel et Duponchel	279
Hochet, par Duponchel	280
Bracelet gothique, par Morel et Duponchel	281
Bracelé en or gravé et émaillé, dessin de Fregossi	282
Modes de 1837 : Conversation, par Gavarni	283
Milieu de collier	284
Boucle de ceinture de style gothique : le roi, le clerc, l'homme d'armes, le bourgeois (époque Louis-Philippe)	285
Bracelet et broche, or et émail (époque Louis-Philippe)	286
Broches Louis-Philippe	287
Face-à-main, pendants d'oreilles, bagues, etc.	288
Bagues émaillées, ferronnières montées en bracelets, etc.	289
Tête de bracelet en graineti et cannetille pour mettre un portrait ou un chiffre (vers 1830) (maison Ouizille et Lemoine)	290
Bijoux divers en or avec pierreries, par Ouizille et Lemoine	290
Costumes parisiens 1838	291
Broche et plaque de bracelet (époque Louis-Philippe)	292
Bracelet articulé en brillants, collier, broche joaillerie, saphirs, rubis, etc. (1834)	293
Châtelaine de mariage de la Princesse de Joinville (1843)	294
Chaîne et montre avec grenats cabochons (maison Janisset)	295
Bracelets (vers 1845-1850), par J. Chaise	296
La Romance (1838)	297
Parure de corsage	298
Bracelet avec le portrait de Mme la Duchesse d'Orléans (1844)	299
Grandes chaînes-sautoirs	300
Bracelet corail, pendants d'oreilles en cheveux, etc.	301
Broches en or avec améthystes (époque Louis-Philippe)	302
Malice, lithographie de A. Devéria	303
Nœud en émail bleu et brillants, par Jules Chaise	304

Bracelets émail et brillants, par Jules Chaise 305
Bagues par Jules Chaise. 306
Broches émail et perles, par Jules Chaise 307
Bracelets émaillés et ornés de perles. 308
Ornements de corsage, par Jules Chaise. 309
Peigne et broche en or flinqué et émaillé, avec opales et brillants. 310
Bracelets à maillons articulés, broche émail, perles et grenats, par Jules
    Chaise 311
Chaîne de montre avec clé-breloque 312
Épingles, breloques et bagues à motifs de vénerie, par Hubert Obry. . . 313
Animaux divers, par Hubert Obry 314
Bague à l'effigie du Comte de Chambord, animaux divers, par Hubert
    Obry 315
Animaux divers pour breloquet et épingles, par Hubert Obry. 316
Au bal de la Liste civile, en 1844 317
Plaque de bracelet avec camée, exécutée en 1834. 318
Bracelets du temps de Louis-Philippe 319
Broche en argent, feuillage de lierre émail vert (1845-1850) 320
La Tivoli, fanfare pour trompe de chasse, par Hubert Obry, ciseleur . . 321
Breloques, tête d'épingle, épingle, par Hubert Obry 322
Bracelet à maillons d'or gravé 322
Dans un salon, en 1845 323
Médaille donnée par le Comte de Chambord à Obry et à ses compagnons,
    lors de leur voyage à Wiesbaden 324
Bijoux divers (dernières années du règne de Louis-Philippe) 325
Croquis de broche, par J.-F. Mellerio 326
Broche (Louis-Philippe). 326
Épée offerte par le Conseil municipal de Paris à l'officier venu annoncer
    officiellement la naissance du Prince Impérial (1856), par Paul Bled. 327
Pommeau de cravache, par Paul Bled 328
Broche en joaillerie 328
Spécimens de bracelets de la fin du règne de Louis-Philippe 329
Broche avec tête d'ange (fin Louis-Philippe) 330
Bracelet et broche, émail gros bleu et perles 331
Broche serpent en or estampé (fin Louis-Philippe). 332
Bracelets d'or avec gravure et émail (fin Louis-Philippe). 333
Bracelet or repoussé et ciselé, avec émail et brillants. 334
« Le Nouveau bracelet » (extrait du *Petit Courrier des Dames*, avril 1847). 335
Manche de petit couteau de chasse, par Meissner 336
Poignards en argent ciselé, par Berr (vers 1845) 337
La Maison d'un orfèvre, encadrement de page, par E. de Beaumont (1844). 339
Bracelet figurant du vieux bois (vers 1848). 340
Bracelet imitant le bois naturel, avec perles et feuilles d'émail 342
Bénitier, par le Comte de Nieuwerkerke, et objets divers, chez Susse (1844). 343
Broche avec serpent en or gravé et émaillé, d'après Fregossi 344
Bijoux français en fer de Berlin. 345
Bracelet à portrait, avec émaux 346
Bracelets à maillons d'émail « flinqué », avec le portrait de la Maréchale
    Davoust 347
Cachet-breloque « Léda » et « Enlèvement d'une Naïade ». 348
Devant de collier (1840-1850) 349

TABLE DES GRAVURES DANS LE TEXTE 381

Ferronnières 350
La mode en 1849 351
Boucle de ceinture (vers 1850) 352
Ornement de tête encadrant la figure (vers 1850) 353
Bracelet en or ciselé et gravé (vers 1850) 354
Étui à cigares 355
Broches diverses, grande chaîne sautoir 357
Crochet de montre imitant le bois naturel 358
Crochet de montre 359
Bracelet serpent et bois au naturel émaillé 360
Avant le bal, modes de 1849, par Anaïs Toudouze 361
Breloque « clé-clé » pour sautoir de dame 363

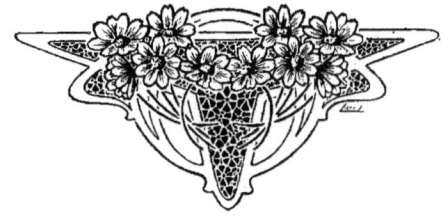

TABLE DES MATIÈRES

Pages

Avant-Propos.   1

LE CONSULAT ET L'EMPIRE

Influence néfaste pour le bijou de la période révolutionnaire. — Désorganisation des ateliers par la suppression des Maîtrises. — Modes à l'antique sous le Directoire. — Influence du peintre David. — La confiance renaît pendant le Consulat ; reprise du luxe. — Percier et Fontaine. — Les grands orfèvres : Auguste, Odiot, Biennais. — Les grandes commandes de l'Empereur à l'occasion de son Sacre. — Ses fournisseurs. — Nitot. — La prodigalité de Joséphine ; son goût prononcé pour les bijoux. — Foncier. — Les réceptions et les fêtes aux Tuileries ; les dépenses somptuaires obligatoires pour le monde officiel. — Mariage de Napoléon et de Marie-Louise : la corbeille. — Bijoux caractéristiques du Premier Empire : camées, peignes, sautoirs, etc.   7

LA RESTAURATION

Vogue décroissante du style antique. — Retour des émigrés ; simplicité des toilettes. — Économie dans les bijoux ; emploi des pierres peu dispendieuses : topazes, améthystes, aigues-marines, etc. — La Duchesse de Berry. — Le mouvement romantique ; engouement pour le Moyen-Age. — Les bijoux gothiques et sentimentaux. — L'orfèvre Fauconnier. — Les principaux bijoutiers-joailliers. — Les Bapst. — Le Sacre de Charles X. — Les bijoux d'acier, de corail, les boucles de ceinture, les croix *à la Jeannette*, les *bonne-foi*, etc.   89

LOUIS-PHILIPPE

Développement du commerce et transformation de la grande industrie ; facilité des transports. — Le faubourg Saint-Germain boude le Château. — Importance croissante de la bourgeoisie et de la haute banque. — Enrichissement du monde des affaires. — Continuation du mouvement romantique dans les lettres et les arts. — Le style Renaissance. — Restauration du château de Versailles ; retour aux styles Louis XIV et Louis XV. — Les *dandys*, les *lions*, les *fashionables*. — Le bijou redevient en faveur. — Les principaux joailliers :

Wagner, Froment-Meurice, Fossin. — Ruolz et les procédés galvaniques ; Christofle. — Bapst et les Diamants de la Couronne pendant l'émeute. — Les bijoutiers : Robin père, Martial Bernard, Marchand, Petiteau, les Mellerio. — L'épée offerte au Comte de Paris exécutée en collaboration. — Morel. — Duponchel. — Ouizille et Lemoine. — Mme Janisset. — Jules Chaise. — Hubert Obry et sa fanfare de ciseleurs. — Les modes : les ferronnières, l'or mince et le bijou estampé ; l'émail, le similor. — La révolution de 1848 désastreuse pour le commerce de luxe. — Les Expositions de 1849 et de 1851 143

Index alphabétique 365

Table des Gravures hors texte 371

Table des Gravures dans le texte 373

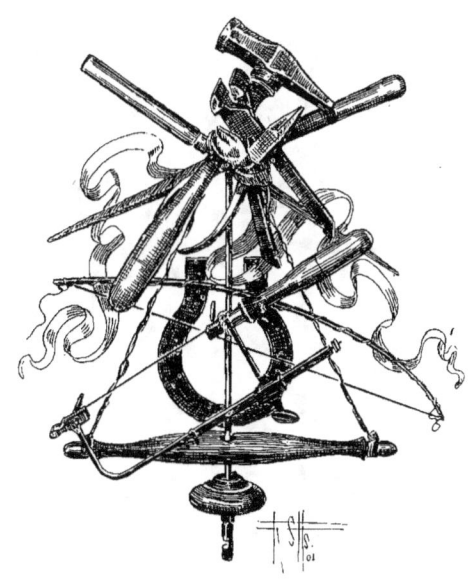

IMPRIMERIE GEORGES PETIT
JULES AUGRY, DIRECTEUR
12, RUE GODOT-DE-MAUROI, 12
PARIS

H. FLOURY, ÉDITEUR
1, Boulevard des Capucines, 1

Vient de paraître :
LA
BIJOUTERIE FRANÇAISE
AU XIXe SIÈCLE
(1800-1900)

PAR

HENRI VEVER
BIJOUTIER-JOAILLIER

Un volume in-8° jésus, illustré de 415 gravures dans le texte et de 50 gravures hors texte, tiré à 1.000 exemplaires numérotés à la presse.
PRIX : Broché. . . . . **40** Francs.

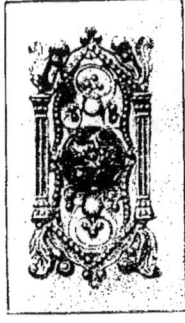

FERMOIR DE COLLIER
(RESTAURATION).

De nos jours, les études historiques ont une tendance de plus en plus marquée à rechercher le détail des événements, à s'enquérir du goût et, pour ainsi dire, de la mentalité des contemporains de l'époque qu'elles examinent. Nous sommes curieux d'inédit, mais aussi, il faut bien le reconnaître à notre louange, nous exigeons que cet inédit soit exact. Ainsi s'explique le grand succès actuel des Mémoires.

L'ouvrage que nous offrons au public nous semble réunir ces qualités de précision et de nouveauté qu'on apprécie tant, et à juste titre, aujourd'hui. L'auteur parle de choses qu'il connaît bien, pour les avoir pratiquées lui-même. Bijoutier, fils et petit-fils de bijoutier, il a utilisé pour son étude, non seulement son expérience personnelle, mais aussi ses souvenirs et les indications que, dans sa propre famille et autour de lui, il a pu recueillir de la bouche même de témoins contemporains des époques qu'il décrit.

Mais il a tenu à les contrôler et à les compléter, en s'entourant de documents patiemment et judicieusement rassemblés, de telle sorte que le lecteur assiste, pour ainsi dire, à l'évolution du bijou français pendant le xixe siècle.

Cette étude ne se ressent pas, dans sa forme, du travail considérable qu'elle a occasionné ; malgré sa véritable valeur scientifique, elle est écrite dans un style qui n'a rien d'austère et sa lecture en est des plus attachantes. Agrémentée d'anecdotes curieuses inédites, elle est en outre accompagnée d'un nombre considérable de gravures, reproduites directement d'après les objets de l'époque et qui constituent une sorte d'album des plus intéressants, où plus de mille bijoux et objets sont représentés avec une irréprochable fidélité.

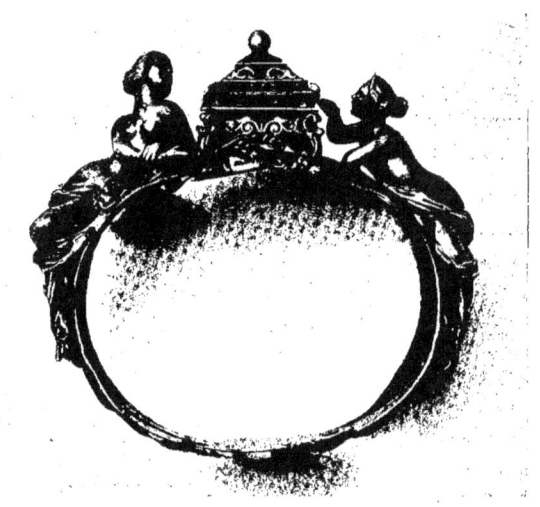

BRACELET DE STYLE RENAISSANCE ROMANTIQUE AVEC CASSOLETTE,
REHAUSSÉ D'ÉMAUX (1841).
(Composition de Pradier.)

L'histoire du bijou au xix° siècle n'avait pas encore été écrite; c'est donc une véritable lacune que M. Henri Vever a fort heureusement comblée, et son ouvrage, traité avec une autorité indiscutable, a sa place marquée dans toutes les bibliothèques. Il s'adresse, en effet, aussi bien à l'artiste qu'à l'amateur ou à l'homme de métier ; tous y trouveront une ample moisson de documents inédits sur une époque qu'il n'est que temps d'étudier, bien qu'elle soit d'hier.

C'est que les bijoux, en raison même de leur nature et de leur valeur intrinsèque, sont destinés à disparaître plus ou moins rapidement. Sans parler des bouleversements politiques, des

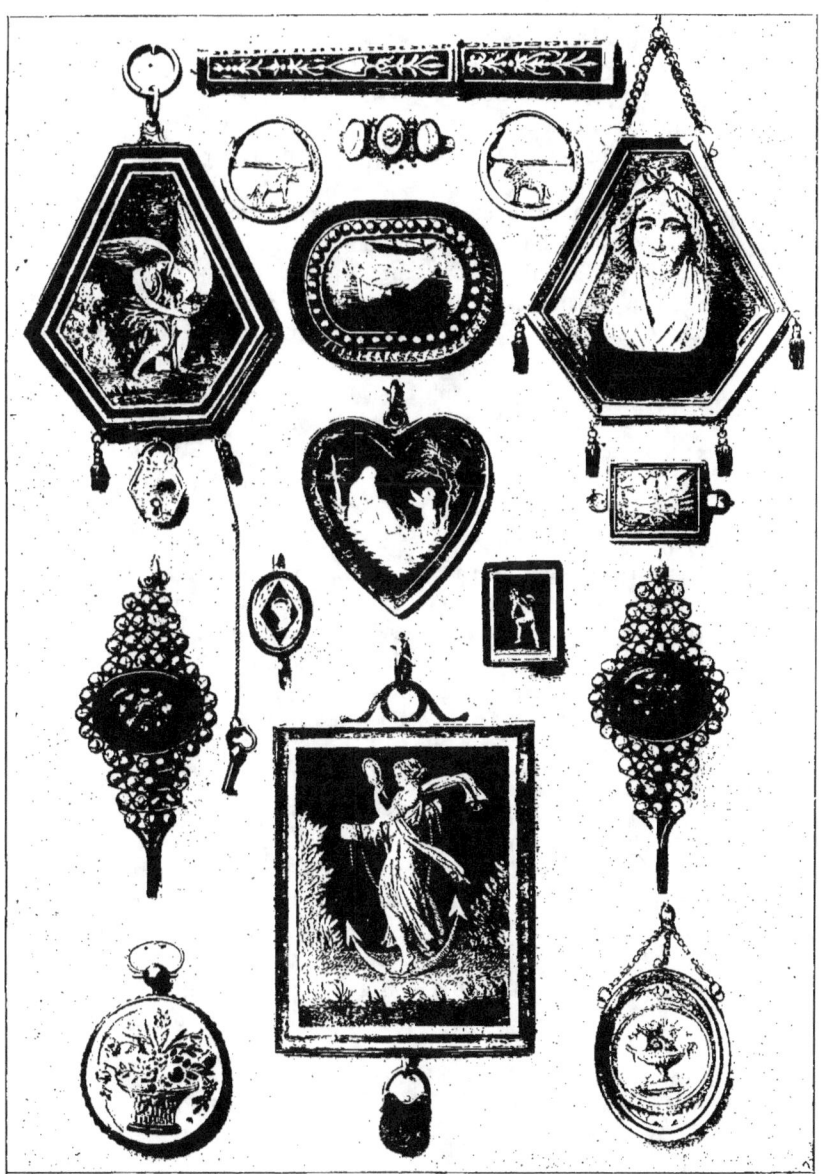

BIJOUX DE L'ÉPOQUE DU CONSULAT.
(Pendants de cou à cadenas, avec sujets en verre églomisé; boucles d'oreilles, médaillons, etc.)

catastrophes financières qui obligent parfois leurs possesseurs à les réaliser, les fréquents changements de la Mode font qu'on est amené tout naturellement à les transformer ou même à les démonter, afin de pouvoir en utiliser les matériaux précieux dans des joyaux d'un style plus conforme au goût du jour.

Déjà les bijoux de l'époque de Louis-Philippe, du moins ceux qui sont parvenus jusqu'à nous intacts et sans avoir subi de modifications, commencent à être peu communs ; à plus forte raison ceux de la Restauration sont-il encore plus difficiles à rencontrer en bon état. Quant aux beaux spécimens des parures du commencement du XIXe siècle, il n'en existe pour ainsi dire plus que dans quelques collections privilégiées. D'une manière générale, pour toutes ces périodes, mais plus particulièrement pour celle de l'Empire, on peut dire que les pièces de joaillerie sont beaucoup plus rares encore que les objets de bijouterie.

Indépendamment des causes déjà citées, le remaniement des diamants de la Couronne sous Louis XVIII a contribué fortement à la disparition des grandes parures exécutées pour Napoléon Ier.

Mais il ne suffisait pas de décrire ou de représenter les bijoux isolément et d'en étudier seulement le style ou la forme. M. H. Vever a eu l'idée ingénieuse et nouvelle de nous montrer comment ils s'adaptaient à la toilette féminine. Par un choix judicieux de documents empruntés aux meilleures sources, portraits, gravures de modes, nous voyons revivre successivement les « merveilleuses » avec leurs grands peignes et leurs bijoux à l'antique, les beautés de la Cour impériale parées de riches diadèmes ou de camées, les duchesses de la Restauration et leurs parures filigranées ornées de topazes ou d'aigues-marines. Nous assistons à l'éclosion des modes romantiques et de ces extraordinaires productions moyenâgeuses, châtelaines et ferronnières, que portaient les « lionnes » de 1830, comme aussi des bijoux plus modestes, croix à la Jeannette, jaserons, dont se contentaient sous Louis-Philippe les bourgeoises nos grand'mères. C'est un défilé complet et très amusant, qui suffirait à lui seul pour assurer le succès de cet ouvrage.

D'autre part, le goût et le soin avec lesquels il est édité, le nombre limité d'exemplaires qui en sera tiré, le feront apprécier et rechercher par tous les amateurs de beaux livres.

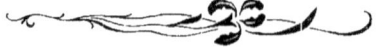

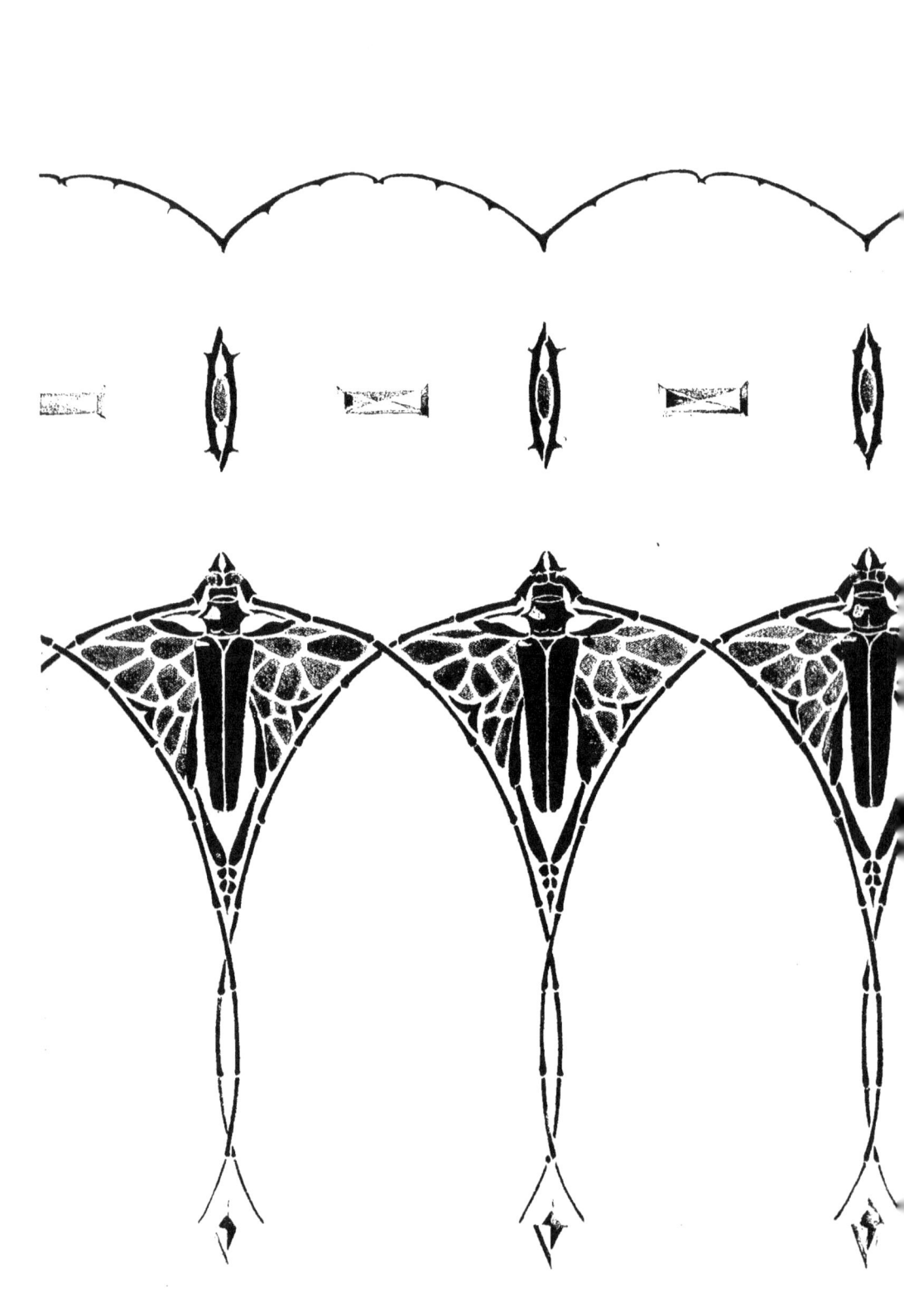

www.ingramcontent.com/pod-product-compliance
Lightning Source LLC
Chambersburg PA
CBHW050149230526
45470CB00001B/26